T·R·O·D·U·C·T·O·R·Y | S·T·A·T·I·S·T·I·C·S

통계학 개론

나종수 · 이영천 지음

INTRODUCTORY
STATISTICS

KYOWOOSA 教友社

머리말

첨단 기술의 발달과 정보화, 세계화, 개방화, 다원화가 가속화됨으로서 하루가 다르게 변하고 있는 어느 날, 주변의 생활정보 데이터가 모두 사라져 버린다면 어떻게 될까? 생각만 해도 끔찍한 일이며, 단 몇 초만이라도 지속 되어서는 안 될 것이다. 불확실성 시대를 실감케 하는 오늘, 현재의 상황을 분석한 그 결과로 미래를 정확하게 예측하는 리더의 역할이 자신과 조직의 성패를 좌우 한다는 것을 알고 있다면 주저하지 말고 지금 당장 우리는 통계학을 접해야할 것이다.

통계학은 어떤 현상에 대하여 관측한 자료를 정리・분석하여 미래를 예측하고, 우연 현상에 대한 규칙적인 성질을 발견하여 불확실한 상황에서 합리적인 의사 결정과 과학적인 해결 방법을 제시하여 주는 학문이다. 따라서 오늘날 통계학은 자연과학뿐만 아니라 공학, 의학 및 인문・사회과학, 경영학 등의 학문 분야에서 널리 활용되고 있으며, 그 실용성이 날로 증대되고 있다.

이 책은 이러한 점을 감안하여 대부분의 학문분야에서 필요한 통계학의 개념과 이론들을 기초지식이 전혀 없는 초보자라도 스스로 이 책을 공부하는데 별 어려움 없이 읽어나갈 수 있도록 가능한 한 설명을 자세히 하였으며, 주어진 내용을 반복・숙달시키는 과정에서 독자들이 실생활에 쉽게 적용할 수 있는 다양하고 풍부한 예제 문제를 소개하였다. 또한 각 장의 마지막에는 많은 연습 문제를 각 전공 분야에 따라 골고루 취급하였고 연습 문제를 통해 자기실력을 측정하고 배운 내용을 더욱 잘 이해하는데 도움이 되도록 하였다.

이 책의 내용은 대체로 네 부분으로 나눌 수 있다.

첫 번째 부분은 자료의 수집이나 정리, 요약하는 방법을 다루는 기술통계학으로서 1장과 2, 3장이 해당된다.

두 번째 부분은 통계이론이나 분석방법을 이해하는데 필수적이고 기본적인 확률론을 다루었다 3장에서 7장이 해당된다.

세 번째 부분은 현대통계학의 중요한 부분인 추측통계학의 개념 및 이론을 다룬 것으로 8장, 9장, 10장이 해당된다.

마지막으로 네 번째 부분은 모든 통계응용분야에서 자주 이용되고 있는 구체적인 통계분석 방법에 관한 내용으로서 11장에서 15장까지 해당된다.

이 책은 통계학 입문과정에서 주당 3시간, 한 학기의 강의로 학부에서 교재로 사용하는데는 별로 어려움 없이 사용 가능하도록 하였다. 그러나 상황에 따라 모든 내용을 다루기 힘들 경우는 1장부터 10장까지는 우선적으로 강의하고, 나머지 부분은 수강학생이나 일반 독자들의 전공분야에 따라 적절히 선택함이 바람직할 것이다.

본서가 통계학을 배우고자 하는 학생들이나 실제로 통계를 필요로 하는 실무자에게 큰 도움이 되기를 바라며, 저자의 뜻하지 않는 오류나 결점이 있으면 많은 충고나 조언을 바란다.

끝으로 이 책이 출판되기까지 많은 협조를 아끼지 않으신 교우사 오판근 사장님께 감사드리며 교우사의 무궁한 발전이 있기를 바란다.

어등산 자락 연구실에서

저자

차 례

4장 확 률 / 52

5장 확률변수 / 72

6장 기본적인 확률분포 / 93

7장 표본분포 / 124

8장 추 정 / 142

9장 가설 검정 / 168

10장 두 모집단에 관한 통계적 추론 / 191

11장 표본추출법 / 220

12장 비모수적 방법 / 230

13장 선형 회귀와 선형 상관 / 250

14장 분산분석 / 285

15장 시계열분석법 / 307

Chapter 01 통계학의 개요

통계학은 현재 거의 모든 학문 분야에서 연구 또는 응용을 위해 활용되고 있는 기초과학이라고 할 수 있다. 이러한 통계학의 활용은 불확실한 현상에 대한 관심이 증가하고, 공유하는 정보가 다양해짐에 따라 점점 확대 되어왔고 더욱 심화될 것으로 보인다. 이 장에서는 "통계학이란 무엇인가"라는 정의와, 통계학의 분류, 그리고 통계학의 발달사에 대하여 개관해 보고자 한다.

1.1 통계학의 정의

현대를 살아가는 우리들은 과학 문명의 발달과 함께 끊임없이 쏟아지는 정보(Information)의 홍수 속에서 살아가고 있다. 보다 나은 내일을 위하여 이들 정보를 기초로 의사결정(Decision making)을 내리고 이에 따라 행동을 선택하게 된다.

예를 들어 어떤 과학자는 실험실에서 다양하게 조건을 바꾸어 가면서 실험 자료를 얻는다. 그 실험의 결과는 그 자체로서 여러 가지 원인의 집결체라고 볼 수 있지만 여기에는 밝혀지지 않은 우연적인 요소도 포함되는 것이다. 그래서 그 우연성을 배제하고 필연성을 도출하기 위해 실험을 반복적으로 계속하여 결론을 이끌어 내게 된다.

어떤 환자는 배가 몹시 아파 병원에 가서 진찰을 받는다. 의사는 여러 가지 현대적 의료장비를 가지고 신체 내부의 여러 기관의 상태를 점검하고 자료를 수집하여 어디가 어느 정도 나빠졌다는 결론을 내린다.

어떤 공장에서 제품이 생산되고 있다. 제품의 품질이 정상적인 수준을 유지하고 있는지 정기적으로 검사하여 자료 분석을 하게 된다.

어떤 농업 전문가는 종자 개량을 위하여, 또는 생산성 향상을 위하여 끊임없이 실험하고 자료를 수집하여 분석한다.

이상에서 우리는 자료를 수집 종합하여 하나의 현상에 대한 결론을 이끌어내는 사실을 보았다. 이러한 모든 문제에 대한 의사결정은 정보가 충분치 않고 불확실한 상황에서 이루어져야 하므로 객관적인 자료의 정확한 분석에 의하여 의사결정을 내려야 한다.

따라서 한국통계학회에서 발간한 통계용어사전에는 통계학을 다음과 같이 정의하고 있다. **통계학**(statistics)이란 연구목적에 필요한 자료 및 정보를 최적한 방법으로 수집하고, 수집된 자료를 과학적이고 논리적인 이론에 의하여 정리 분석하는 학문이다. 즉 제한된 자료나 정보를 토대로 불확실한 사실에 대하여 과학적인 판단을 내리는 합리적이고 실용적인 학문이다.

이렇게 보면 통계학은 모든 사람과 관계될 뿐만 아니라 모든 분야와 연관을 맺고 있기 때문에 종합학문으로써 그 효용성이 더욱 증대되고 있는 실정이다.

1.2 통계학의 분류

통계적 연구 대상이 되는 모든 조사단위의 집단을 **모집단**(population)이라 하고 이 모집단을 구성하는 모든 조사단위의 일부분을 **표본**(sample)이라 한다. 모집단은 **유한모집단**(finite population)과 **무한모집단**(infinite population)으로 분류되며 모집단 전체를 조사하는 것을 **전수조사**(census)라 하고 모집단의 일부분을 조사하는 것을 **표본조사**(sample survey)라 한다.

모집단에 관한 특성값[모평균(μ), 모분산(σ^2), 모표준편차(σ), 모비율(p) 등] 즉 **모수**(parameter)를 알기 위해서는 모집단 전체를 조사할 수도 있으나, 비용절감, 시간절약 등의 여러 가지 사유로 표본조사를 하는 경우가 많으며 파괴적인 실험을 할 경우에는 더욱 표본조사를 할 수밖에 없다. 그 이유는 생산품 전체를 파괴시켜 실험 자료를 얻는 것은 무의미하기 때문이다. 한번 검사한 생산품은 다시 시장에 팔 수 없으므로 경제적으로도 많은 피해를 준다.

통계학을 전통적인 분류방식에 의해 분류하면 기술통계학과 추측통계학으로 나눌 수 있다. **기술통계학**(descriptive statistics)은 자료를 수집하고 표나 그림으로 나타내거나 또는 대표값, 산포도, 상대적 위치의 측도, 분포의 형태 등을 구하여 수집된 자료의 특성을 쉽게 파악할 수 있도록 자료를 정리 요약하는 방법에 관한 통계학 분야이다. 즉 기술통계학은 수집된 자료 자체의 정리요약에 그칠 뿐 모집단 추론에는 무관하다. **추측통계학**(inferential statistics)은 올바른 의사결정을 위해 표본자료에 내포된 정보를 분석하여 현재의 상태를 파악하거나 미래의 현상을 예측하는데 도움을 주는 통계적 추론을 다루는 학문 분야이다. 즉 모집단의 여러 가지 특성에 관하여 과학적으로 추론하는 방법에 관한 통계학 분야이다.

오늘날 통계학은 정부, 기업체, 금융계, 학계, 언론계 등 거의 모든 분야에서 이용되고 있다. 최근에는 학문 영역별로 통계학의 독자적인 연구방향이나 대상에 따라서 여러 가지 이름으로 불려 지기도 한다. 의학이나 보건 생물분야에 대한 생물통계학(biostatistics), 경제현상에 대한 경제통계학(econometrics), 심리현상에 대한 심리통계학(psychometrics), 사회현상에 대한 사회통계학(sociometrics), 공업분야에 대한 공업통계학(techometrics) 등이 있다.

1.3 통계학의 발달사

통계학을 말하는 Statistics라는 용어는 원래 국가를 뜻하는 라틴어 status에서 유래되었다. 따라서 통계학은 국가와 밀접한 관계가 있음을 알 수 있다. 고대의 통치자들은 국가의 통치를 위하여 납세의 부과, 토지의 분배, 징병의 소집 등을 위하여 기록부를 작성하고 기본적인 통계를 활용하였다. 그러나 그것이 오늘날과 같은 통계의 모습은 아니고, 통계학이 학문으로서 발판을 굳히는 데는 오랜 세월이 흘렀다. 통계학의 기원은 인구조사로부터 시작되었다고 할 수 있다. 인류 최초의 인구조사는 모세가 20세 이상의 남자 유태인 전투 병력에 대한 조사이었으며, B.C. 1400년경에는 이집트에서 토지조사 및 재분배를 위한 행위가 이루어졌고, 중국에서도 B.C. 2300년경 토지 측량, 인구조사를 종교적 행사 목적으로 행해졌다는 것이 공자의 저서 서경에 나타나 있다.

17세기에 들어와서 최초의 통계학 체계로서 **국상학**(Staateskunde)이 독일의 콘링(H. Conring)에 의하여 창시되었다. 국상학은 정치, 경제, 사회, 문화 등 각종 국가적 현상을 통계적 수치보다는 문장의 형태로 설명하고 있다. 이 학파에 속하는 대표적인 학자로서는 18세기의 아헨발(G. Achenwall)이 있는데, 그는 '통계학'이란 말을 최초로 사용하여 통계학의 아버지라고 불리고 있다.

영국에서는 독일의 국상학과 거의 같은 시기에 **정치산술**(Political Arithmetic)이라는 통계적 학문체계를 탄생시켰다. 이 학파에 속한 학자로서는 그란트(John Grant), 페티

(William Petty) 홀리(Edmund Hally) 등이 있는데, 정치산술학이 독일의 국상학과 다른 점은 모든 정치적 경제적 사회적 문화적 현상을 수량적인 자료로서 분석 설명하고 있는 점이며, 이점이 국상학보다는 좀 더 통계학적 방법에 접근하고 있다고 볼 수 있다.

고전적 확률의 기본법칙은 최초로 갈릴레이(Galileo Galilei)에 의하여 논의되어 파스칼(Blaise Pascal)이 근대 확률이론의 기원을 이루었다. 그 후 베르누이(Jacob Bernoulli)의 **대수의 법칙**(law of large number), 1733년 모아브르(Abraham De Moivre)에 의한 정규분포곡선이 고안되었다.

근대 기술통계학은 이상과 같은 세 가지 학문적 배경인 국상학, 정치산술학, 근대확률이론을 토대로 발전을 거듭하여 현대의 추측통계학의 발판을 마련하였다.

19세기에 접어들어 피어슨(Karl Pearson)의 상관관계 이론과 갈톤(Francis Galton)의 회귀분석 방법에 대한 기초가 마련되었으며, 20세기 초에 들어와 고셑(William S, Gosset)은 영국의 수리통계학 잡지에 Student라는 익명으로 $t-$분포를 고안 발표하였고, 피셔(Ronald A. Fisher)는 귀무가설 개념과 분산분석에 대한 통계학적 기법을 개발함으로써 추측통계학 발전에 크게 기여하였다. 1920년대는 쉐화르트(W. A. Shewhart), 도찌(H. F. Dodge), 로미그(H. G. Romig) 등이 오늘날 통계적 품질관리의 기초를 닦았다.

그 후 수많은 통계학자들의 노력에 의하여 추정이론과 검정이론이 수학적으로 완전히 체계화됨에 따라 오늘날 모든 학문분야에 분석을 위한 중요한 도구의 역할을 하게 되었고, 최근 급속한 컴퓨터의 발달로 현대통계학의 발전은 더욱 가속화되고 있다.

연습문제 Exercises

1. 다음 용어를 설명하여라.
(a) 모집단, 표본 (b) 모수, 통계량

2. 통계학의 정의는 학자마다 조금씩 다르다. 통계용어사전에서 정의한 통계학이란?

3. 통계학의 기본 개념과 연구 목적에 관하여 설명하여라.

4. 기술통계학과 추측통계학을 설명하여라.

5. 통계학은 어떻게 분류 되는가.

6. 학교, 기업체, 기획재정부 같은 정부 각 기관에서 통계학이 이용되는 실 예를 들어라.

7. 현대 추측통계학 발전의 토대가 된 학문적 배경은 무엇인가.

Chapter 02 자료의 분류와 정리

일반적으로 어떤 주장이나 결론을 이끌어 내기 위한 목적으로 수집된 사실 또는 숫자 등을 자료(data)라고 한다. 자료는 통계학에서 다루는 기본 재료이기 때문에 자료의 수집이나 정리방법이 올바르게 이루어지지 않는다면 그로부터 얻은 통계적 결론은 쓸모없게 된다. 본 장에서는 우리가 접할 수 있는 자료의 종류를 분류하고, 자료의 구조를 파악하기 위해 표를 만들고, 그래프를 그려 자료를 요약하고 정리하는 방법에 관하여 알아보고자 한다.

2.1 자료의 분류

자료는 질적자료, 순서자료, 측정자료 등 크게 세 가지로 분류된다. **질적자료**(qualitative data)는 성별이나 혈액형 등과 같이 숫자로 나타낼 수 없는 자료를 말하고, **순서자료**(ordinal data)는 1, 2, 3, ⋯ 이나 A, B, C, ⋯ 등과 같이 순서를 나타내는 자료이며, **측정자료**(metric data)는 시간이나 무게, 길이 등과 같이 크기를 측정하야 얻어지는 자료를 말한다. 또한 **도수자료**(frequency data)는 개체의 개수를 나타내는 자료를 말한다. 질적자료, 순서자료, 도수자료는 모두 **이산형자료**(discrete data)이고, 측정자료는 **연속형자료**(continuous data)인 경우와 이산형자료인 경우가 있다.

예제 2-1

사람의 혈액형은 A, B, O, AB형으로 분류된다.

(a) 어떤 학생의 혈액형이 O형이었다면 이것은 무슨 자료인가?

(b) 어떤 학급학생을 혈액형별로 분류하였다면 이것은 무슨 자료인가?

풀이 (a) 질적자료
(b) 도수자료

예제 2-2

다음은 국가 대표 체조 선수의 신체적 특성을 연구하기 위한 자료이다.

이름	연령	성별	신장 (cm)	체중 (kg)	혈액형	맥박수 (분당)	적성평가 순위
이선수	15	여	150	43	A	58	2
김선수	18	남	163	51	O	62	6
정선수	20	남	165	56	B	65	4
박선수	16	여	153	38	O	60	1
최선수	18	여	155	40	AB	63	3
유선수	17	남	162	48	A	60	5

(a) 위의 표에서 질적자료에 해당되는 것은?
(b) 위의 표에서 측정자료에 해당되는 것은?

풀이 (a) 성별, 혈액형, 적성평가 순위
(b) 신장, 체중, 맥박수

예제 2-3

대학생들의 학점은 A, B, C, D, F 등급으로 주어진다.
(a) 어떤 학생이 A등급을 받았다면 이것은 무슨 자료인가?
(b) 40명의 학생중 A가 7명, B가 10명, C가 13명, D가 6명, F가 4명이면 이것은 무슨 자료인가?

풀이 (a) 순서자료
(b) 도수자료

2.2 자료의 집단화

수집된 자료가 매우 많은 경우에는 자료를 집단화(grouping)하여 어떤 **범주**(category)나 **계급**(class)으로 나누어 **도수분포표**(frequency distribution table)로 나타내는 것이 편리하다.

예를 들어, 사람의 연령에 관한 분포에 대해 관심이 있다면 연령을 0~19, 20~39, 40~59, 60~79, 80~99, 100~119와 같이 6개의 계급으로 나누어 각 계급의 도수를 관찰하는 것이 더 편리하다.

도수분포표는 먼저 몇 개의 계급으로 나누어야 할 것인가를 결정해야 한다. 계급의 수를 많이 하면 자료의 요약이 되지 않으며, 계급의 수를 적게하면 정보의 손실이 크게 되어 보통 계급의 수는 6내지 20개 정도로 하고 있다. 이에 대하여 H. A. Sturges는 1926년에 그의 논문에서 계급의 수 k를

$$k = 1 + \frac{\log n}{\log 2} = 1 + 3.322 \log n$$

으로 할 것을 제안하였다. 여기에서 n은 자료의 수를 나타내고 log는 상용대수이다.

다음에 결정해야 할 일은 각 계급의 구간이다. 각 계급의 구간은 서로 중복되지 않아야 하며, 모든 자료값은 어느 하나의 계급구간 안에 포함될 수 있어야 한다. 일반적으로 계급의 폭을 결정할 때 범위를 계급의 수로 나누어 더 큰 정수로 몫을 정하여 계급 구간으로 사용하는 경우도 있다.

계급의 폭과 각 계급이 결정된 후에는 각 계급에 속한 도수를 세어야 한다. 도수를 세는 것은 개개의 관찰값을 체계적으로 살펴보면서 세어나가면 편리하다.

도수분포표를 만드는 방법을 순서대로 요약하면 다음과 같다.

도수분포표 작성순서

1. 자료의 최대값에서 최소값을 빼어 범위를 구한다.
2. 계급의 수를 결정한다. 대개 6-20개로 한다.
3. 계급구간을 결정한다. 범위를 계급의 수로 나눈 다음 계급 폭을 결정한다.
4. 각 계급구간에 속하는 도수를 구한다.
5. 상대도수를 구한다.

예제 2-4

다음은 어느 농가에서 수확한 감자 40개를 랜덤하게 추출하여 그 무게(단위 : g)를 재어서 만든 도수분포표이다.

〈표 2.1〉 도수분포표

계 급	도 수	계급중간값	상대도수	누적상대도수	누적도수
30 ~ 40	3	35	0.075	0.057	3
40 ~ 50	1	45	0.025	0.100	4
50 ~ 60	8	55	0.200	0.300	12
60 ~ 70	10	65	0.250	0.550	22
70 ~ 80	7	75	0.175	0.725	29
80 ~ 90	7	85	0.175	0.900	36
90 ~ 100	4	95	0.100	1.000	40
계	40		1.000		

<표 2.1>에서 각 계급구간의 작은 쪽 끝을 **계급하한**(lower class limit), 큰 쪽 끝을 **계급상한**(upper class limit)이라 하며, 두 개의 연속된 계급 상한들의 차를 계급구간(class interval), 각 계급구간의 중앙에 위치하는 값 즉 계급하한과 계급상한의 값을 더하여 둘로 나눈 값을 **계급값** 또는 **계급중간값**(class mark), 총 도수에 대한 각 계급 도수의 비율을 **상대도수**(relative frequency)라 한다. 여기서 유의할 점은 계급하한은 그 값 이상을 나타내고, 계급상한은 그 값 미만을 나타내기로 한다. 예를 들어 계급구간 30~40은 30이상 40미만을 나타낸다.

계급구간은 때때로 10~19, 20~29, 등과 같이 계급과 계급사이가 불연속되게 만들어지는 경우도 있다. 이때 첫 번째, 두 번째 계급에서 10과 20은 계급하한이 되고, 19와 29는 계급상한이 된다. 그러나 계급과 계급사이를 연속되게 하거나 다음 절에서 다루게 될 히스토그램을 그리기 위해서는 계급경계선을 정의할 필요가 있다. 여기에서 첫번째 계급의 9.5는 **계급경계선하한**(lower class bondary), 19.5는 **계급경계선상한**(upper class bondary)이 되고, 두 번째 계급에서 19.5는 계급경계선하한, 29.5는 계급경계선상한이 된다.

예제 2-5

다음 돗수분포표는 80명의 통계학 시험 성적 자료에 대한 계급하한, 계급상한 및 계급중앙값, 구간 경계선을 나타낸 표이다

〈표 2.2〉 통계학 시험 성적에 대한 돗수분포표

구간	계급하한	계급상한	구간 경계선하한	구간 경계선상한	계급 중앙값
5～19	5	19	4.5	19.5	12
20～34	20	34	19.5	34.5	27
35～49	35	49	34.5	49.5	42
50～64	50	64	49.5	64.5	57
65～79	65	79	64.5	79.5	72
80～94	80	94	79.5	94.5	87

2.3 그래프와 도표

주어진 자료의 분포상태를 한 눈에 알아볼 수 있도록 요약하여 나타내는 방법으로서 그래프나 도표를 이용하는 여러 가지 방법이 있다. 예를 들면 **히스토그램**(histogram), **점도표**(dot plot), **원형도표**(pie chart), **막대그래프**(bar graph), **그림그래프**(pictogram), **선그래프**(line graph), **막대도표**(bar chart) 등이 있다.

도수 히스토그램은 가로축에 계급을, 세로축에 도수를 표시하여 직사각형의 기둥 모양을 붙여서 그리고, 상대도수 히스토그램은 가로축에 계급을, 세로축에 상대도수를 표시하여 그린다. 두 개의 자료를 서로 비교하는데 히스토그램을 사용하고 있으며, 이후에 배우게 될 확률 분포를 이해하는데 커다란 도움을 준다.

예제 2-6

다음 [그림 2.1]과 [그림 2.2]는 [예제 2.4]의 도수분포표를 이용하여 도수 히스토그램과 상대도수 히스토그램을 각각 그린 것이다.

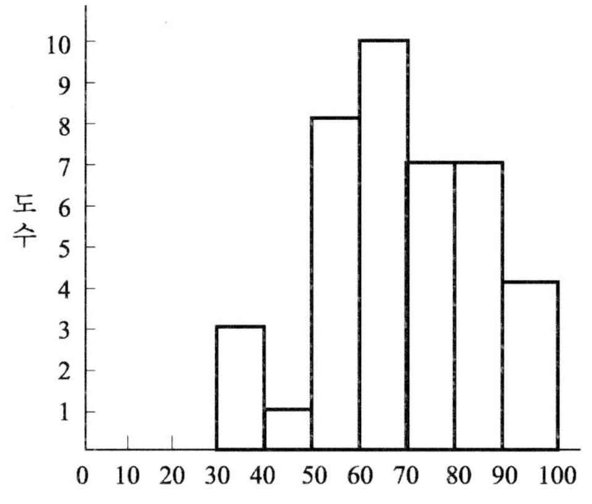

[그림 2.1]

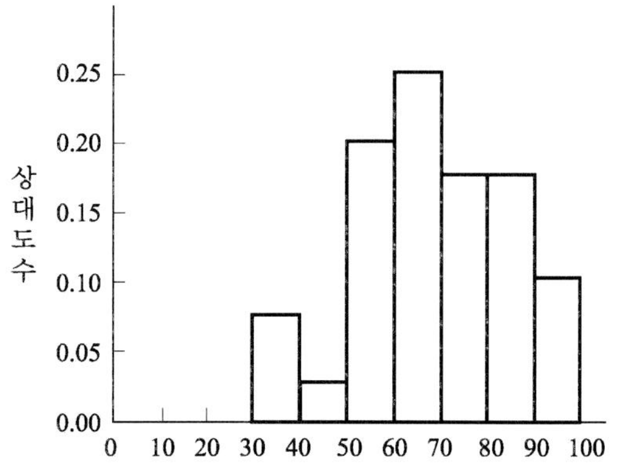

[그림 2.2]

점도표는 도수를 수평축 위의 좌표상에 도수의 크기만큼 점을 찍어 나타낸다.

예제 2-7

다음은 15명으로 구성된 어느 동호회원의 나이이다.

58	62	67	57	64	60	55	61
62	65	61	60	67	61	62	

이것을 점도표로 나타내면 [그림 2.3]과 같다.

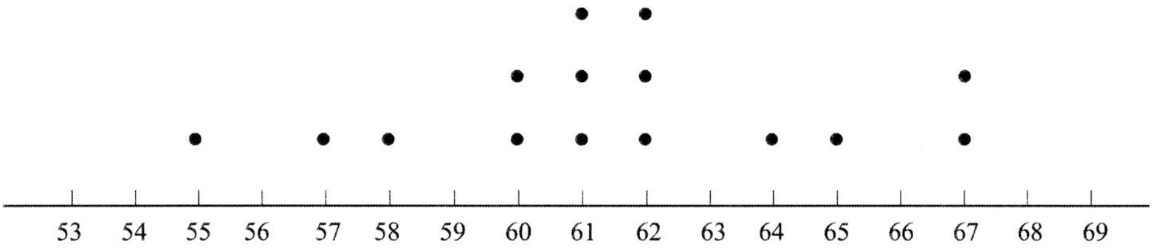

[그림 2.3]

원형도표는 상대도수의 크기에 따라 원 전체를 100%로 잡고 원을 분할하여 그림으로 나타낸다.

막대그래프는 도수 막대그래프와 상대도수 막대그래프가 있으며 히스토그램과 비슷하나 한 가지 다른 점은 막대, 즉 사각형들이 서로 붙어 있지 않고 거리를 두고 그려지는 점이다.

그림그래프는 통계집단의 분포된 상태를 쉽게 관찰할 수 있도록 단위량을 그림으로 정하여 나타낸 것을 그림그래프라 한다. 그림그래프는 한 눈에 알아 볼 수 있어야 하므로 단위량을 적당하게 정하여야 한다. 단위량을 너무 적게 정하면 통계의 내용을 제대로 나타낼 수 없을 뿐만아니라 통계의 내용이 너무 세밀하여 쉽게 알아볼 수 없다.

그림그래프는 보는 사람의 흥미나 편의를 위하여 그림이나 도안 등으로 수량을 나타내는 그래프이므로, 그림의 길이, 넓이, 개수 등을 수량에 비례하도록 나타내면 된다.

그림그래프에서는 그림 하나가 얼마의 수량을 나타내는가를 분명히 하고, 자료의 특징을 가장 쉽게 나타낼 수 있는 그림을 선택하는 것이 중요하다.

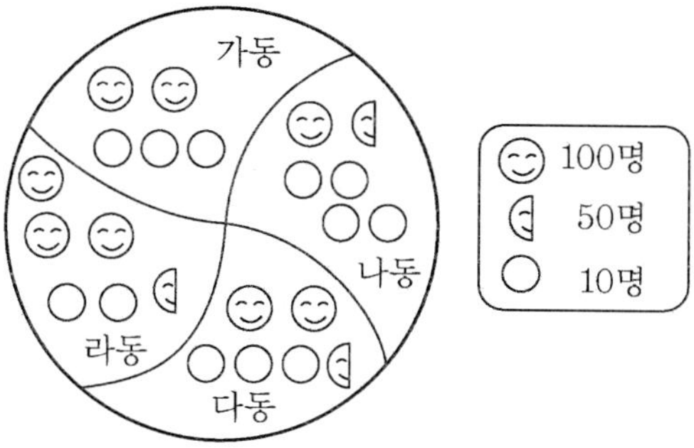

[그림 2.4] 동별 거주자 수

선 그래프는 연도별 시계열자료와 같이 그 증감을 볼 수 있도록 어떤 변화의 양상을 선으로 연결하여 그린다.

막대도표는 하나의 직사각형 기둥에 어떤 연도의 여러 가지 자료의 크기를 백분율로 사각형으로 분할하여 나타내고, 다른 똑같은 크기의 직사각형 기둥에 다른 연도의 자료를 백분율로 사각형으로 분할하여 나타내어 각 연도별 자료의 증감의 변화를 한눈으로 비교하기에 편리하도록 만들어진 그림이다.

이 외에도 히스토그램 사각형 정상의 중앙값들을 선으로 연결한 도형을 **도수다각형**(frequency polygon)이라 하고, 상대도수 히스토그램 사각형 정상의 중앙값들을 선으로 연결한 도형을 **상대도수다각형**(relative frequency polygon)이라 한다.

상대도수 히스토그램을 계급에 따라 점차 누적해 가면서 그려나가면 누적상대도수 히스토그램을 만들 수 있는데, 여기서 각 사각형 정상의 계급경계선상한을 선으로 연결하여 만든 그림을 **누적상대도수다각형**(cumulative relative frequency polygon) 또는 **ogive**라 하며, 이것은 중위수 또는 백분위수를 구하는 데도 이용된다.

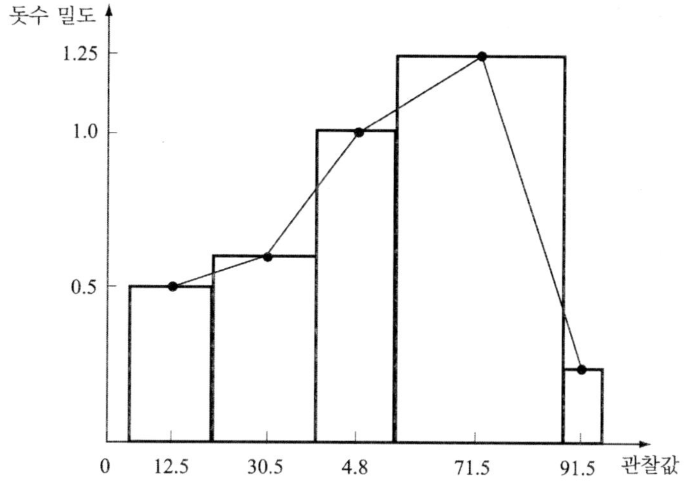

[그림 2.5] 히스토그램을 이용하여 만든 돗수다각형

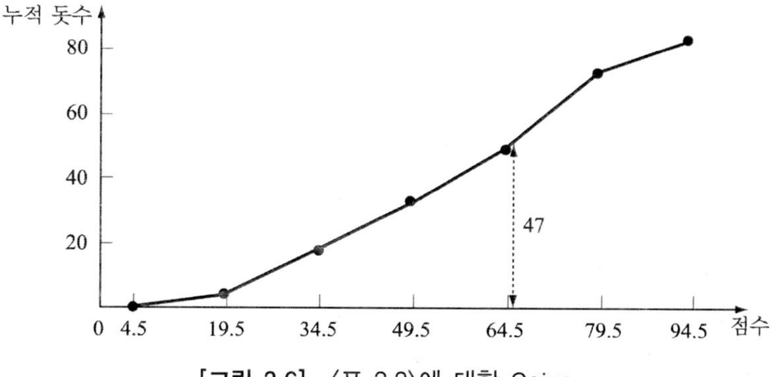

[그림 2.6] 〈표 2.2〉에 대한 Ogive

2.4 줄기-잎 그림

자료를 정리하는 새로운 방법으로 **줄기-잎 그림**(stem-and-leaf diagram)이 있다. 이것은 미국 Princeton 대학교 John W. Tukey 교수에 의하여 고안되었으며, 1977년에 그의 저서 탐색적 자료분석법(Exploratory Date Analysis)에서 소개되었다. 이 방법은 경우에 따라서 도수분포표나 히스토그램을 작성하는 것보다 더욱 용이하며 정보의 손실도 적다.

예제 2-8

다음은 어느 농가에서 수확한 키위 40개의 무게(단위 : g)를 소수점 이하 사사오입하여 얻은 자료이다.

70	62	75	57	51	64	38	56	53	36
99	67	71	47	63	55	70	51	50	66
64	60	99	55	85	89	69	68	81	79
87	78	95	80	83	65	39	86	98	70

이 자료를 이용하여 줄기-잎-그림을 그려보면 [그림 2.7]과 같다.

줄기	잎
3	8 6 9
4	7
5	7 1 6 3 5 1 0 5
6	2 4 7 3 6 4 0 9 8 5
7	0 5 1 0 9 8 0
8	5 9 1 7 0 3 6
9	9 9 5 8

[그림 2.7] 줄기-잎 그림

줄기-잎-그림의 장점으로는 줄기-잎-그림에서 원래의 자료값을 구할 수 있고 잎에 해당되는 부분을 크기순으로 나열하면 중위수 또는 백분위수 등을 쉽게 구할 수 있다는 점이며, 그림 자체로서도 히스토그램의 기능을 수행한다.

줄기-잎-그림은 줄기의 수를 적당히 늘리거나 줄일 수 있다. 그러나 너무 늘리거나 줄이면 자료의 정리가 되지 않으며, 줄기의 수를 몇 개로 할 것인가를 정하는 일정한 규칙은 없다.

줄기의 수를 줄이거나 늘리면 분포의 모양도 달라질 수 있다는 점, 자료의 수가 많을 때에는 부적당 하다는 점은 줄기-와-잎 그림의 단점이다.

줄기-잎-그림의 잎을 크기순으로 배열한 것을 **순서 줄기-잎 그림**(ordered stem-and-leaf diagram)이라고 하며 이것은 빈도수의 배열상태를 볼 수 있는 장점이 있으며, 중위수 및 백분위수를 구하는 데 용이하다.

[예제 2.8]의 자료에 대한 순서 줄기-잎 그림은 [그림 2.8]과 같다.

줄기	잎
3	6 8 9
4	7
5	0 1 1 3 5 5 6 7
6	0 2 3 4 4 5 6 7 8 9
7	0 0 0 1 5 8 9
8	0 1 3 5 6 7 9
9	5 8 9 9

[그림 2.8] 순서 줄기-잎 그림

연습문제 Exercises

1. 다음 용어를 설명하여라.

(a) 연속형 자료, 이산형 자료

(b) 질적자료, 양적자료

(c) 돗수, 상대돗수

(d) 계급중앙값, 구간경계선

(e) 누적돗수, 상대누적돗수

2. 우리나라의 특별시, 광역시, 도별 면적과 인구를 집계하였다.

(a) 면적은 무슨 자료를 나타내는가?

(b) 면적을 크기순으로 나타내면 이것은 무슨 자료인가?

(c) 인구수는 무슨 자료인가?

3. 우리나라의 50대 기업체의 매출액을 기록하였다.

(a) 매출액이 많은 순서로 번호를 붙이면 이것은 무슨 자료인가?

(b) 매출액은 무슨 자료인가?

4. 다음에서 연속형자료는 어느 것인가?

(a) 높이

(b) 무게

(c) 성별

(d) 전구의 수명

(e) 자녀의 수

5. 질적자료에서 계급하한, 계급상한, 계급중간값은 어떤 의미를 갖는가?

6. 다음은 어느 과일가게에서 판매하고 있는 사과 40개의 무게(단위:g)를 소수점이하 반올림하여 기록한 것이다. 계급수를 7로하고 계급간격을 9로하여 도수분포표를 작성하여라. 단, 첫 번째 계급은 117.5～126.5, 두 번째 계급은 126.5～135.5 등으로 하여

작성하여라. 또 상대도수와 계급중간값도 구하여라.

138	164	150	132	144	125	149	157	161	150
146	158	140	147	136	148	152	144	145	146
168	126	138	176	163	119	154	165	135	145
146	173	142	147	135	153	140	135	142	128

7. 문제 6의 자료를 이용하여 도수분포표를 작성하되 계급수는 7로 하고 계급구간은 9로하여라. 첫 번째 계급은 118~126, 두 번째 계급은 127~135 등으로 하고 문제 6에서 작성한 도수분포표와 비교하여 계급중간값에 차이가 있는가 알아보자.

8. 문제 6의 자료와 작성된 도수분포표를 이용하여 다음을 그려라.

(a) 도수 히스토그램

(b) 상대도수 히스토그램

(c) 점도표

(d) 원형도표

(e) 그림그래프

(f) 도수다각형

(g) 상대도수다각형

(h) ogive

9. 문제 7에서 작성한 도수분포표를 이용하여 각 계급의 계급하한, 계급상한, 계급경계선하한, 계급경계선상한을 구하고 도수 막대그래프, 상대도수 막대그래프, 도수 히스토그램, 상대도수 히스토그램을 그려라.

10. 문제 6의 자료를 이용하여 줄기의 수를 적당히 정하여 줄기-잎-그림과 순서 줄기-잎-그림을 그려라.

11. 자료의 수가 100개인 경우에도 도수분포표를 만들려면 계급의 수를 몇 개로 하는 것이 좋겠는가를 Sturges가 제안한 공식을 이용하여 구하여라.

Chapter 03 자료의 요약

본 장에서는 관찰된 자료로부터 산술적인 계산을 하고 자료를 요약하여 대표값, 산포도, 상대적 위치의 측도, 분포의 형태 등 수치적 측도로 나타내는 방법에 대하여 공부한다.

3.1 대표값

자료의 분포 상태를 하나의 수로 나타낼 때는 먼저 그 분포의 중심 위치가 어디인지를 살펴보아야 하며 이러한 자료를 요약한 대표값(averages)으로서는 산술평균, 기하평균, 조화평균, 중위수, 최빈수, 절사평균, 원저화평균, 제곱평균제곱근 등이 있다.

3.1.1 산술평균

산술평균(arithmetic mean)은 중심적 경향을 나타내 주는 대표값 중에 가장 중요하고 보편적으로 사용되며 여러 가지 좋은 점을 가지고 있기 때문에 대표값으로서 가장 많이 이용된다. N개의 자료로 된 모집단

$$x_1,\ x_2,\ x_3,\ \cdots,\ x_N$$

에서 n개의 표본을 추출 했을 때 모평균(population mean) μ와 표본평균(sample mean) $\overline{x}$는 각각 다음과 같이 정의된다.

모평균 μ와 표본평균 $\overline{x}$

$$\mu = \frac{1}{N}\sum_{i=1}^{N} x_i$$

$$\bar{x} = \frac{1}{n}\sum_{i=1}^{n} x_i$$

도수분포표에 의한 평균

$$\mu = \frac{f_1x_1 + f_2x_2 + \cdots\cdots + f_nx_n}{f_1 + f_2 + \cdots\cdots + f_n} = \frac{\sum_{i=1}^{n} f_ix_i}{\sum_{i=1}^{n} f_i} \qquad (\sum_{i=1}^{n} f_i = \text{도수의 총합})$$

산술평균은 모든 자료 값이 평균계산에 참여하기 때문에 극단적으로 큰 값이나 작은 값은 평균에 커다란 영향을 준다. 따라서 이와 같은 극단적인 값, 즉 **이상점**(outlier)이 있을 때에는 평균은 대표값으로 부적당한 경우가 많다. 이때에는 이상점을 제외한 나머지로 구한 산술평균이나 중위수 등 다른 대표값을 사용하는 것이 좋다.

예제 3-1

어떤 대학 써클은 8명의 남학생으로 구성되어 있는데 그 키(단위 : cm)는 다음과 같다.

168, 170, 165, 175, 164, 180, 168, 194

산술평균은

$$\bar{x} = \frac{1}{8}(168 + 170 + 165 + 164 + 180 + 168 + 194) = 173$$

이 된다. 여기서 194cm를 하나의 이상점으로 보아 그것을 제외하고 나머지 7명만의 평균을 내면

$$\bar{x} = \frac{1}{7}(168 + 170 + 165 + 175 + 164 + 180 + 168) = 170$$

이 된다. 이것은 170cm 이하의 학생이 다수인 것을 고려하면 대표값으로서 타당한 것으로 보여진다.

예제 3-2

80명 학생들에 대한 시험 성적이 <표 3.1>의 도수분포표와 같다. 평균을 구하여라.

계급	도수(f)	계급중앙값(x)	$f \cdot x$
5~19	4	12	48
19~34	12	27	324
35~49	15	42	630
50~64	16	57	912
65~79	22	72	1584
80~94	11	87	957
합계	80		4,455

풀이 도수분포표에 의한 산술평균은

$$\mu = \frac{\sum_{i=1}^{n} f_i x_i}{\sum_{i=1}^{n} f_i}$$

이므로

$$\mu = \frac{4455}{80} = 55.6875$$

이다.

3.1.2 기하평균

기하평균은 인구변동률이나 물가의 변동률과 같은 변동률의 평균을 나타낸다. 예를 들어, 지난 n년 동안에 인구가 연차적으로

$$a_0,\ a_1,\ a_2,\ \cdots,\ a_n$$

이었다고 하면 매년의 인구 변동률은 각각

$$r_1 = \frac{a_1}{a_0},\ r_2 = \frac{a_2}{a_1},\ \cdots,\ r_n = \frac{a_n}{a_{n-1}}$$

이다. n년 동안의 인구변동률은 $\frac{a_n}{a_0}$ 이므로

$$\frac{a_n}{a_0} = \frac{a_1}{a_0} \cdot \frac{a_2}{a_1} \cdots \frac{a_n}{a_{n-1}} = r_1,\ r_2,\ \cdots,\ r_n$$

이 되고, n년 동안의 연평균 인구변동률을 r이라 하면

$$r_1, r_2, \cdots, r_n = r, \cdots, r = r^n$$

이 되므로, 여기에서 r을 구하면 $r = \sqrt[n]{r_1, r_2, \cdots, r_n}$이 되고, r은 기하평균이 된다.

평균 변동률은

$$r = \sqrt[n]{\frac{a_n}{a_0}}$$

으로 나타낼 수 있으므로 실제 계산은 양변에 로그를 취하여

$$\log r = \frac{1}{n}\sum_{i=1}^{n}\log r_i$$

또는

$$\log r = \frac{1}{n}\log\frac{a_n}{a_0}$$

에 의하여 로그표를 이용하여 r을 구할 수 있다. 또 변동률의 평균을 r라 하면 평균증가율 $k = r - 1$이 된다.

자료의 값이 $x_1, x_2, \cdots, x_n$으로 주어질 때 **기하평균**(geometric mean) G는 다음과 같이 정의된다.

기하평균

$$G = \sqrt[n]{x_1, x_2, \cdots, x_n}$$

예제 3-3

어떤 세균 배양실험에서 100개의 세균이 3일후에 400개로 늘어났을 때 하루 평균 증가율은 얼마인가?

풀이

$$r = \sqrt[3]{\frac{a_3}{a_0}} = \sqrt[3]{\frac{400}{100}} = \sqrt[3]{4} = 1.587$$

$k = r - 1 = 0.587$이므로 평균증가율은 58.7%이다.

이 문제를 다음과 같이 풀어보자.

$$1\text{일 후의 총세균수} = 100 + 100k = 100(1+k)$$
$$2\text{일 후의 총세균수} = 100(1+k) + 100(1+k)k = 100(1+k)^2$$
$$3\text{일 후의 총세균수} = 100(1+k)^2 + 100(1+k)^2k = 100(1+k)^3$$
$100(1+k)^3 = 400$이므로
$1+k = \sqrt[3]{4}$, $\quad k = \sqrt[3]{4} - 1 = 1.587 - 1 = 0.587$이다.

3.1.3 조화 평균

속도의 평균을 구하는 문제를 생각해보자. 속도는 거리와 시간으로 결정된다. 일정한 거리를 지나는데 걸리는 시간이 각각 얼마라고 되어있는 경우에는 걸리는 시간의 평균은 산술 평균으로 구한다. 그러나 단위 시간당 지나는 거리가 각각 얼마라고 되어있는 경우에는 단위시간당 지나는 거리와 평균은 조화 평균으로 구한다.

예를 들어 100m거리를 달리는데 각각 10초와 12초가 걸렸을 때의 평균속도는 산술평균으로 11초가 된다. 그러나 일정한 거리를 갈 때는 시속 4km로 걷고, 올 때는 시속 6km로 걸었다고 하고 두 지점간의 거리를 Akm라고 하면

$$\text{갈 때 걸리는 시간} = \frac{A}{4}\text{시간}$$
$$\text{올 때 걸리는 시간} = \frac{A}{6}\text{시간}$$
$$\text{왕복 걸리는 시간} = \frac{A}{4} + \frac{A}{6}\text{시간}$$

이므로 평균속도는

$$\frac{2A}{\frac{A}{4} + \frac{A}{6}} = \frac{2}{\frac{1}{4} + \frac{1}{6}} = 4.8(\text{km/h})$$

가 되며, 이것은 조화평균이다.

자료의 값이 $x_1, x_2, \cdots, x_n$으로 주어졌을 때 **조화평균**(harmonic mean) H는 다음과 같이 정의된다.

조화평균

$$H = \frac{n}{\frac{1}{x_1} + \frac{1}{x_2} + \cdots + \frac{1}{x_n}}$$

예제 3-4

서울에서 광주까지 340km의 고속도로를 승용차로 왕복 운전한다고 하자 갈 때는 110 km/h로, 올 때는 100 km/h로 운전했다면 왕복 평균속력은 얼마인가?

풀이 총 운전한 거리는 680km이고,

총 운전시간은 $\frac{340}{110}+\frac{340}{110}$ 이므로

왕복 평균 속력은 다음과 같다.

$$\mathrm{H}=\frac{680}{\frac{340}{110}+\frac{340}{100}}=104.6\,\mathrm{km/h}$$

자료의 값 $x_1, x_2, \cdots, x_n$이 모두 양수일 때 산술평균 A, 기하평균 G, 조화평균 H, 사이에는 일반적으로

$$H\le\ G\le\ A$$

의 관계가 있으며, 등호가 성립하는 것은 모든 자료값이 같은 경우이다.

3.1.4 중위수

자료를 크기순으로 나열 하였을 때 가운데에 위치한 자료값을 **중위수**(median) 또는 **중앙값**이라고 말한다. 자료의 수를 n이라 할 때 중위수는 다음과 같다.

중위수

n이 홀수일 때 : $\frac{n+1}{2}$ 번째 자료값

n이 짝수일 때 : $\frac{n}{2}$ 번째와 $\frac{n}{2}+1$ 번째 자료값의 평균

중위수는 이상점의 영향을 받지 않으므로 자료가 고르지 않을 때는 가끔 대표값으로 이용된다.

예제 3-5

다음 자료는 15개로 되어있다. 그러므로 자료를 크기순으로 나열했을 때 8번째의 자료값 61이 중위수이다.

58	62	67	57	64	50	55	61
62	65	61	60	67	61	62	

예제 3-6

자료 40개에 대한 순서 줄기-잎 그림이 아래와 같다. 그러므로 20번째의 자료값 67과 21번째의 자료값 68의 평균인 67.5가 중위수이다.

줄기	잎
3	6 8 9
4	7
5	0 1 1 3 5 5 6 7
6	0 2 3 4 4 5 6 7 8 9
7	0 0 0 1 5 8 9
8	0 1 3 5 6 7 9
9	5 8 9 9

[그림 3.1] 순서 줄기-잎 그림

3.1.5 최빈수

대표값을 구할 때 자료가 취하는 값 중에서 빈도수가 가장 많은 자료 값을 구해야 하는 경우가 있다. 예를 들면 가장 인기 있는 스포츠 종목이나 가장 많이 판매된 음악 디스크 등, 이와 같이 자료의 값 중에서 가장 많이 발생한 값을 **최빈수**(mode) 또는 **최빈값**이라고도 한다. 최빈수는 질적자료나 측정자료 모두에 사용된다. 최빈수는 이상점에 영향을 받지 않으므로 자료가 고르지 않을 때 대표값으로 가끔 이용된다. 최빈수의 단점으로는 최빈수가 존재하지 않는 경우도 있고 두 개 이상 존재하는 경우도 있어서 대표값을 구하는 것이 곤란하거나 불합리한 때도 있다.

예제 3-7

자료 2, 2, 5, 7, 9, 9, 9, 10, 10, 11, 12, 18의 최빈수는 9이다.
자료 3, 5, 8, 10, 12, 15, 16의 최빈수는 없다.
자료 2, 3, 4, 4, 4, 5, 5, 7, 7, 7, 9의 최빈수는 4와 7이다.

주어진 자료 분포의 모양이 하나의 봉우리를 형성하는 단봉형(unimodal)일 때 산술평균 A, 중위수 M_e, 최빈수 M_o사이의 실험적 관계는

$$A - M_o = 3(A - M_e)$$

임을 Karl Pearson 이 그의 경험적 사실에 의하여 밝혔다. 이때 오른쪽이 완만한 경사를 이루는 **단봉형 우비대칭**(positive skewness)인 경우에는

$$M_o \le M_e \le A$$

좌측이 완만한 경사를 이루는 **단봉형 좌비대칭**(negative skewness)인 경우에는

$$A \le M_e \le M_o$$

가 되어 중위수는 언제나 가운데에 위치한다. 분포가 대칭인 경우에는 등호가 성립한다.

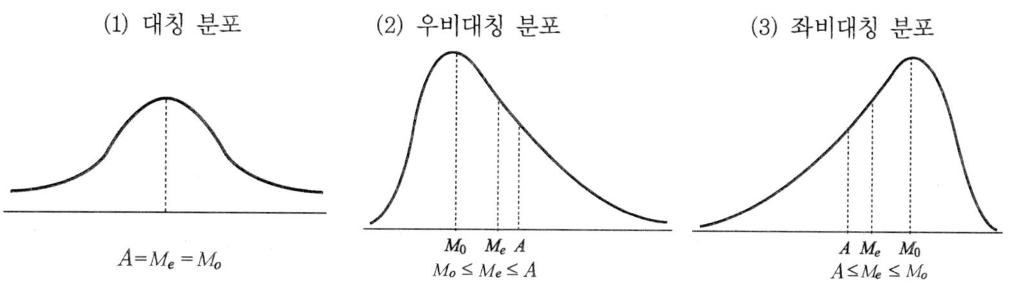

[그림 3.2] 대표값의 대소 관계

3.1.6 기타의 대표값

우리는 극단적인 이상점이 있을 때 산술평균이 대표값으로 부적당하므로 이때에는 중위수나 최빈수가 이용된다는 것을 배웠다. 그러나 중위수를 결정하는 데에는 모든 자료값이 반영되지 않고 크기순으로 나열된 자료 가운데 하나 또는 두 개의 값으로 결정되기

때문에 정보의 손실이 크다. 최빈수도 빈도수가 가장 많은 자료값만이 반영되고 나머지 자료값은 모두 무시되기 때문에 역시 정보의 손실이 크다. 이러한 점을 고려하여 산술평균, 중위수, 최빈수의 장단점을 절충하고 보완한 것이 절사평균(Trimmed mean)과 윈저화평균(Winsorized mean)이다.

- **절사평균**(Trimmed mean) : 제 1사분위수 Q_1보다 작은 자료값과 제 3사분위수 Q_3보다 더 큰 자료값을 모두 제외한 나머지 자료값들의 산술평균이다.
- **윈저화평균**(Winsorized mean) : Q_1보다 작은 자료값들은 Q_1으로, Q_3보다 큰 자료값들은 Q_3로 바꾸어 계산한 산술평균이다.

다음으로, 자주 쓰이지는 않지만 물리학에서 대표값으로 가끔 쓰이는 것으로 제곱평균제곱근(root mean square; R.M.S)이 있다.

자료값이 $x_1, x_2, \cdots, x_n$으로 주어졌을 때 제곱평균제곱근 R.M.S는 다음과 같이 정의된다.

제곱평균제곱근

$$R.M.S = \sqrt{\frac{1}{n}\sum_{i=1}^{n} x_i^2}$$

이것은 자료가 음수를 포함하고 있을 때 모두 양수로 되며, 절대값이 큰 자료값일수록 더 큰 비중이 주어져 자료의 어떤 경향을 강하게 반영시키는 대표값이라고 볼 수 있다.

예제 3-8

자료값 1, 3, 4, 5, 7의 산술평균과 중위수와 제곱평균제곱근을 구하여 그 크기를 비교하여라.

풀이 산술평균 $\overline{x} = \frac{1}{5}(1+3+4+5+7) = 4$

중위수 $M_e = 4$

제곱평균제곱근 $R.M.S = \sqrt{\frac{1}{5}(1^2+3^2+4^2+5^2+7^2)} = 4.47$

3.2 산포도

우리가 앞절에서 배운 대표값만으로는 자료의 분포상태를 충분히 알 수 없다. 예를 들어 두 집단의 대표값이 같을지라도 대표값을 중심으로 자료의 밀집된 정도는 다를 수 있다.

자료가 대표값을 중심으로 밀집되어 있는가 또는 멀리 떨어져 분포되어 있는가 하는 측도를 **산포도**(measure of dispersion)라 한다.

산포도에는 범위 사분위수범위, 사분위편차, 평균편차, 표준편차, 변이계수 등이 있다.

3.2.1 범위

산포도의 측도로써 직관적으로 생각할 수 있는 것이 자료에 대한 최대값과 최소값의 차이다. 이 차를 **범위**(range)라고 한다.

범위

$$R = \text{자료의 최대값} - \text{자료의 최소값}$$

범위가 적으면 고른값을 가지며, 범위가 크면 자료가 고르지 않음을 나타내므로 이것은 산포도의 역할을 할 수 있음을 알 수 있다. 범위는 산포도 중에서 가장 쉽게 구할 수 있으며 많이 이용되고 있다.

3.2.2 사분위수범위와 사분위편차

범위는 극단값에 영향을 많이 받으므로 이와 같은 단점을 보완한 것이 사분위수 범위이다. 사분위수는 자료를 크기순으로 배열하여 4등분 하였을 때 그 중 첫 번째 분할점의 자료값 즉 $\frac{1}{4}$ 위치에 있는 값을 **제1사분위수**(first quartile) Q_1, 두 번째 분할점의 자료값을 **제2사분위수**(second quartile) Q_2, 세 번째 분할점의 자료값을 **제3사분위수**(third quartile)

Q_3라 한다. 여기에서 제2사분위수 Q_2는 중위수와 같다.

사분위수범위(interquartile range) $I\ Q\ R$과 **사분위편차**(quartile deviation; or semi-interquartile range) Q는 각각 다음과 같이 정의 된다.

사분위수범위와 사분위편차

$$I\ Q\ R = Q_3 - Q_1, \quad Q = \frac{Q_3 - Q_1}{2}$$

범위는 자료 가운데 극단적인 값인 이상점이 있을 때 산포도로서는 부적당하다. 이때 이상점을 제외시키고 범위를 수정하고 보완하여 고안된 것이 사분위수범위이고, 중위수를 중심으로 근방에 분포되어 있는 전체의 절반에 해당하는 자료의 범위라고 볼 수 있다. 또 사분위편차는 사분위수범위의 절반값이다.

Q_1과 Q_3를 구하는 방법은 자료가 짝수개일 때는 크기순으로 나열된 자료를 2등분하여 그 각각에서 중위수를 구하면 Q_1과 Q_3가 되고, 자료가 홀수개일 때는 먼저 Q_2를 구한 다음에 Q_2를 분할된 양쪽에 포함시킨후 그 각각에서 중위수를 구하면 Q_1과 Q_3가 얻어진다.

예제 3-9

다음 자료는 크기순으로 나열한 것이다.

164, 165, 168, 168, 170, 175, 180, 194

자료의 수가 짝수개이므로 2등분하면

164, (165,) (168,) 168 170, (175,) (180,) 194

와 같이 된다. 각각 등분된 자료에서 Q_1과 Q_3를 구하면

$$Q_1 = 166.5, \quad Q_3 = 177.5$$

가 되고, 사분위수범위 I Q R과 사분위편차 Q는 각각

$$I\ Q\ R = Q_3 - Q_1 = 11$$

$$Q = \frac{Q_3 - Q_1}{2} = 5.5$$

가 된다.

예제 3-10

위의 예제 3.9의 자료에 자료값 195가 추가되었다고 하자. 그러면 Q_2는 170이므로 170을 분할된 양쪽에 포함시키면

164, 165, 168, 168, 170　　　　170, 175, 180, 194, 195

와 같이 된다. 각각 등분된 자료에서 Q_1과 Q_3를 구하면

$$Q_1 = 168,\ Q_3 = 180$$

이 되고, 사분위수범위 IQR과 사분위편차 Q는 각각

$$IQR = Q_3 - Q_1 = 12$$

$$Q = \frac{Q_3 - Q_1}{2} = 6$$

이 된다.

3.2.3 평균편차

각 자료값과 평균의 차를 평균에 대한 **편차**(deviation)라 한다. 평균에 대한 편차는 양의 값과 음의 값이 있을 수 있다. 지금 n개의 자료값이 $x_1, x_2, \cdots, x_n$으로 주어졌고 그 평균을 $\overline{x}$라 하면 평균에 대한 편차의 합은

$$\sum_{i=1}^{n}(x_i - \overline{x}) = \sum_{i=1}^{n} x_i - n\overline{x} = n\overline{x} - n\overline{x} = 0$$

이 된다. 편차의 합이 0이 안되게 하기 위하여 그 절대값의 합을 구한다. 따라서 편차의 절대값의 평균을 **평균편차**(mean daviation)라고 한다.

평균편차

$$M.D = \frac{1}{n}\sum_{i=1}^{n}|x_i - \overline{x}|$$

예제 3-11

예제 3.9의 자료에서 평균을 구하면 $\overline{x} = 173$이고 편차는 각각

$$-9,\ -8,\ -5,\ -5,\ -3,\ 2,\ 7,\ 21$$

이 되어 그 합은 0이 된다. 이들 값의 절대값의 합을 구하여 평균편차를 계산하면

$$M.D = \frac{1}{8}(9+8+5+5+3+2+7+21) = 7.5$$

가 된다.

3.2.4 분산과 표준편차

평균에 대한 편차의 합은 0이 되는데 0이 안되게 하기 위한 또 하나의 방법은 편차를 제곱하여 합을 구하는 것이다. 따라서 편차를 제곱하여 평균한 것을 분산이라고 한다. 분산은 모집단 자료의 분산과 표본자료의 분산이 정의가 다르다. N개의 자료로 된 모집단 $x_1, x_2, \cdots, x_N$에서 n개의 표본을 추출했을 때 **모분산**(population variance) σ^2과 **표본분산**(sample variance) s^2은 다음과 같이 정의된다.

모분산과 표본분산

$$\sigma^2 = \frac{1}{N}\sum_{i=1}^{N}(x_i-\mu)^2 \quad \mu\text{는 모평균}$$

$$s^2 = \frac{1}{n-1}\sum_{i=1}^{n}(x_i-\overline{x})^2 \quad \overline{x}\text{는 표본평균}$$

표본분산 s^2에서 $n-1$을 자유도(degree of freedom)라고 하는데, 이는 평균에 대한 n개의 편차의 합이 0이므로 $n-1$개만이 자유로운 편차의 값을 취하고 나머지 한 개는 자동적으로 결정되기 때문이다.

표본분산을 구할 때 편차의 제곱합을 n으로 나누지 않고 자유도 $n-1$로 나누는 이유는 이렇게 계산된 표본분산 s^2의 기대값이 모분산 σ^2이 되어 s^2이 σ^2의 좋은 추정량이 되기 때문이다. 만일 자유도 $n-1$로 나누지 않고 n으로 나눈 값을 표본분산으로 하면 그 표본분산의 기대값은 모분산 σ^2이 되지 못한다.

분산의 양의 제곱근을 **표준편차**(standard deviation)라 한다. 따라서 σ는 **모표준편차**(population standard deviation), s는 **표본표준편차**(sample standard deviation)가 된다.

표준편차는 산포도들 중에서 가장 많이 이용된다.

모분산 σ^2과 표본분산 s^2을 구할 때에는 위의 식을 변형하여 다음과 같은 식을 이용하면 편리하다.

모분산과 표본분산

$$\sigma^2 = \frac{1}{N}\sum_{i=1}^{N} x_i^2 - \mu^2$$

$$s^2 = \frac{1}{n-1}\left\{\sum_{i=1}^{n} x_i^2 - n(\overline{x})^2\right\}$$

예제 3-12

어떤 모집단에서 뽑힌 표본의 값이 다음과 같다.

5, 8, 4, 6, 2, 7, 4, 6, 3

표본분산 s^2과 표본표준편차 s를 구하면 다음과 같다.

$$\begin{aligned} s^2 &= \frac{1}{n-1}\left\{\sum_{i=1}^{n} x_i^2 - n(\overline{x})^2\right\} \\ &= \frac{1}{8}(5^2+8^2+4^2+6^2+2^2+7^2+4^2+6^2+3^2-9\times 5^2) \\ &= 3.75 \end{aligned}$$

$$s = \sqrt{3.75} = 1.936$$

3.2.5 변이계수

표준편차를 산술평균으로 나눈 값을 **변이계수**(coefficient of variation; C.V) 또는 **변동계수**라고도 한다. 즉 모집단과 표본에 대한 변이 계수는 각각 다음과 같이 정의된다.

모집단과 표본의 변이계수

$$\text{모집단} \quad \text{C.V} = \frac{\sigma}{\mu}$$

$$\text{표본} \quad \mathrm{C.V} = \frac{s}{\bar{x}}$$

변이계수는 단위평균에 대한 표준편차이므로 상대적 산포도라고 볼 수 있으며, 단위가 없는 무명수이므로 여러 집단 간의 산포도를 비교하는데 이용된다.

예제 3-13

A, B 두 회사의 어느 달에 지급된 봉급의 평균과 표준편차는 다음과 같다.

	평균	표준편차	변이계수
A 회사	50만원	10만원	0.2
B 회사	80만원	12만원	0.15

위의 표에서 표준편차를 비교하면 A 회사보다 B 회사의 봉급이 고르지 않은 듯이 보이지만 그것은 봉급평균을 고려하지 아니한 비교이므로 타당하지 않다. 단위평균에 대한 산포도, 즉 변이계수를 비교해 보면 오히려 A 회사가 고르지 않은 편이다.

사분위수에 의하여 정의된 변이계수는 제1사분위수 Q_1과 제3사분위수 Q_3의 평균 $\frac{1}{2}(Q_1 + Q_3)$는 하나의 중심위치의 측도인 대표값이고, $Q = \frac{1}{2}(Q_3 - Q_1)$은 사분위편차로서 하나의 산포도이다. 따라서 상대산포도의 하나의 측도로서 **사분위변이계수**(quartile coefficient of variation) $Q.C.V$는 다음과 같이 정의되는가?

사분위변이계수

$$Q.C.V = \frac{\frac{1}{2}(Q_3 - Q_1)}{\frac{1}{2}(Q_1 + Q_3)} = \frac{Q_3 - Q_1}{Q_3 + Q_1}$$

예제 3-14

예제 3.9에서 $Q_1 = 166.5$, $Q_3 = 177.5$이므로 사분위변이계수 $Q.C.V$는

$$Q.C.V = \frac{Q_3 - Q_1}{Q_3 + Q_1} = \frac{177.5 - 166.5}{177.5 + 166.5} = \frac{11}{344} = 0.032$$ 이다.

3.3 상대적 위치의 측도

앞에서 우리는 중위수와 사분위수에 대하여 공부하였다. 이제 조금더 자료를 세분하여 십분위수와 백분위수에 대하여 알아보자.

3.3.1 십분위수와 백분위수

자료를 크기순으로 나열하여 십등분하였을 때 분할점의 자료값을 **십분위수**(deciles)라 하고 그중 첫번째 분할점의 자료값을 **제1십분위수**(first decile) D_1, 두 번째 분할점의 자료값을 **제2십분위수**(second decile) D_2, ⋯, 마지막 아홉 번째 분할점의 자료값을 **제9십분위수**(ninth decile) D_9라 한다.

자료의 수가 많을 때 이것을 크기순으로 나열하여 백 등분 하였을 때의 각 분할점의 자료값을 **백분위수**(percentiles)P_i, $i = 1, 2, \cdots, 99$라 한다. 따라서 제i 백분위수는 주어진 자료를 크기순으로 나열하였을 때 i %의 자료가 그 값보다 작거나 같고, 또한 $(100 - i)$% 의 자료가 그 값보다 크거나 같게 되는 값이다.

사분위수, 십분위수, 백분위수 등은 모두가 전체자료에 대한 상대적인 위치에 있는 자료값을 나타낸다. 따라서

$$Q_1 = P_{25}, \quad Q_3 = P_{75}$$

$$\text{Median} = Q_2 = D_5 = P_{50}$$

등이 성립된다.

예제 3-15

[그림 3.1]의 순서 줄기-잎 그림을 이용하여 제80백분위수 P_{80}을 구해보자.

전체 자료수가 40이므로 제80백분위수보다 작거나 같은 자료값은 적어도 $40 \times 0.8 = 32$개 이고, 그보다 크거나 같은 자료값은 적어도 $40 \times 0.2 = 8$개 이어야 한다. 따라서 제80백분위수는 32번째의 83과 33번째의 자료값 85의 중간값인 84이다.

예제 3-16

예제 2.4의 도수분포표를 이용하여 ogive를 그리면 [그림 3.3]과 같다. [그림 3.3]을 이용하여 대략적인 제1사분위수 Q_1, 중위수 Me, 제70백분위수 P_{70}을 구하면 다음과 같다.

$$Q_1 = 58.13,\ Me = 68.5,\ P_{70} = 79.29$$

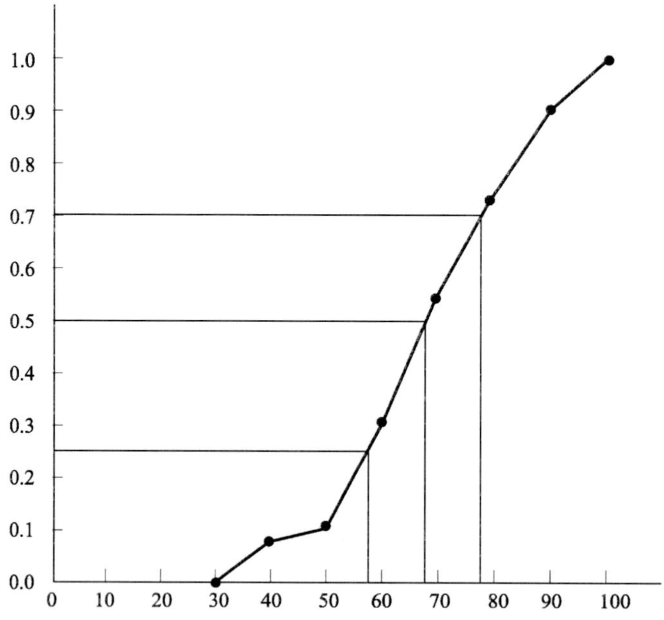

[그림 3.3] Ogive

3.3.2 Chebychev 부등식

이것은 1875년 Chebychev에 의하여 발표된 확률에 관한 부등식으로서 다음과 같다.

체비셰프(chebyshev) 부등식

μ는 평균, σ는 표준편차, X는 확률변수라 할 때
임의의 실수 $k \geq 1$에 대하여 다음식 이 성립한다.

$$P(\mu - k\sigma \leq X \leq \mu + k\sigma) \geq 1 - \frac{1}{k^2}$$

체비셰프 부등식의 뜻은 다음 그림을 통해 알 수 있듯이 n개의 관측값 중 적어도 $1-\frac{1}{k^2}$만큼이 구간 $(\mu-k\sigma,\ \mu+k\sigma)$ 안에 있다는 것이다.

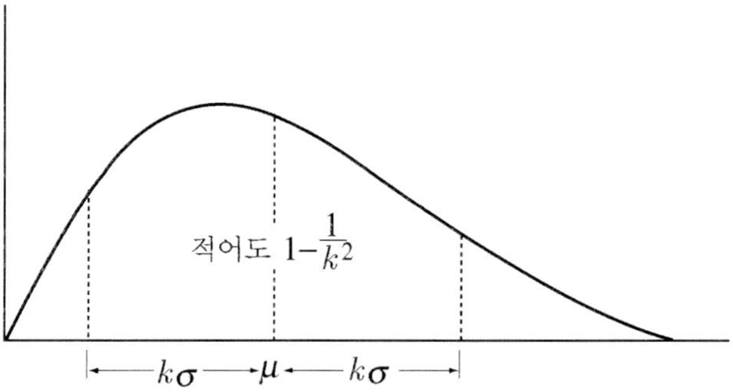

[그림 3.4] 체비셰프의 부등식

체비셰프 부등식에서 $k=1$일 때, 관측값 중 적어도 $1-\frac{1}{1^2}=0$개가 구간 $(\mu-\sigma,\ \mu+\sigma)$ 사이에 있다는 것인데 이것은 당연하다.

$k=2$일 때 관측값중 적어도 $1-\frac{1}{2^2}=\frac{3}{4}$이 구간 $(\mu-2\sigma,\ \mu+2\sigma)$ 사이에 있다.
$k=3$일 때 관측값중 적어도 $1-\frac{1}{3^2}=\frac{8}{9}$이 구간 $(\mu-3\sigma,\ \mu+3\sigma)$ 사이에 있다. 체비셰프 부등식에서 k가 반드시 정수일 필요는 없다. $k=2.5$이면, 관측값들 중 적어도 $1-\frac{1}{2.5^2}=0.84$만큼이 구간 $(\mu-2.5\sigma,\ \mu+2.5\sigma)$ 사이에 있게 된다.

예제 3-17

예제 3.12의 자료에서 $\bar{x}=5$, $s=1.936$이므로 다음 표와 같이 체비셰프 부등식이 만족됨을 알 수 있다.

	$(\mu-k\sigma,\ \mu+k\sigma)$	구간내의 자료수	비 율	$1-\frac{1}{k^2}$
$k=1$	(3.064, 6.936)	5	$\frac{5}{9}$	0이상
$k=2$	(1.128, 8.872)	9	1	0.75이상

체비셰프 부등식은 어떤 분포에도 적용되기 때문에 $1-\frac{1}{k^2}$는 최소의 범위이다. 자료의 분포가 종모양의 대칭 분포일 경우에는 평균을 중심으로 $\pm\sigma$ 범위내에 관측값의 약 68%, $\pm 2\sigma$ 범위내에 약 95%, $\pm 3\sigma$ 범위내에 약 99%가 포함되어 있다.

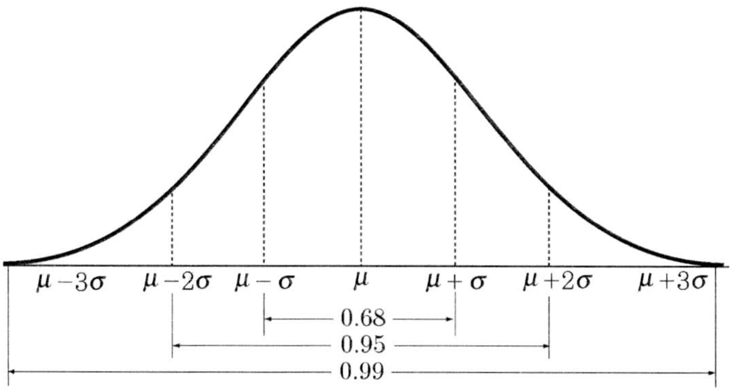

[그림 3.5] 좌 · 우대칭 분포의 확률

예제 3-18

어느 학과 45명의 통계학 수강생의 평균점수는 70점이고 표준편차는 8점이었다. 담당교수가 82점 이상을 A 학점을 주려고 한다. 점수의 분포가 대칭일 때 A 학점을 받는 학생은 최대한 몇 명이겠는가?

풀이 체비셰프 부등식에서 분포가 대칭이므로

$$P(X \geq \mu + k\sigma) \geq \frac{1}{2k^2}$$

$$\mu = 70,\ \sigma = 8,\quad \mu + k\sigma = 70 + 8k = 82$$

$$k = \frac{3}{2}$$

이므로 82점 이상 맞는 학생의 비율은 전체의

$$\frac{1}{2k^2} = \frac{1}{2}\cdot\frac{4}{9} = \frac{2}{9}$$

이하이다. 따라서 A 학점을 받는 학생수는 최대한 10명 이내가 된다. ■

3.4 분포의 형태

여기에서는 자료의 분포가 대칭을 이루고 있는지 또한 어느 한쪽으로 치우쳐 있는지, 분포의 모양이 높게 나타나는지 낮게 나타나는지 등에 관하여 알아본다.

3.4.1 왜도

왜도(skewness)는 자료의 비대칭 정도를 나타내는 측도로서 만약 단봉형 분포에서 긴 왼쪽꼬리를 가지면 **음의 왜도**(negative skewness)를 가지며 **좌비대칭**(skewed to the left)이라 하고, 오른쪽으로 긴 꼬리를 가지면 **양의 왜도**(positive skewness)를 가지며 **우비대칭**(skewed to the right)이라 한다.

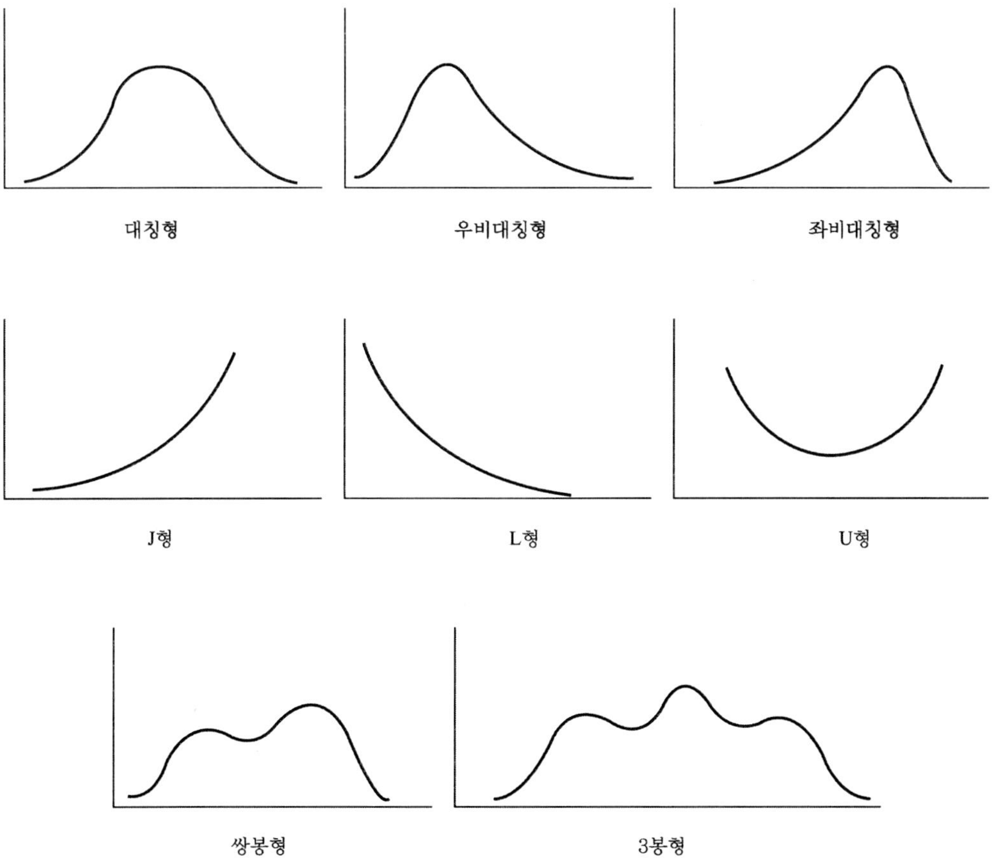

[그림 3.6] 분포에 따른 도수곡선

[그림 3.6]은 부드러운 곡선으로 그려진 여러 가지 도수곡선을 나타낸다. 왜도를 공부하기 전에 먼저 **적률**(moment)에 관하여 알아보자. N개의 자료로 된 모집단 $x_1, x_2, \cdots, x_N$에서 n개의 표본을 추출했을 때, 모집단과 표본에 대한 적률은 각각 다음과 같이 정의된다.

모집단과 표본의 적률

모집단 : $\mu_r(c) = \frac{1}{N}\sum_{i=1}^{N}(x_i - c)^r$: c에 관한 r차 적률

$\mu_r' = \frac{1}{N}\sum_{i=1}^{N}x_i^r$: 0에 관한 r차 적률

$\mu_r = \frac{1}{N}\sum_{i=1}^{N}(x_i - \mu)^r$: 평균에 μ에 관한 r차 적률

표본 : $m_r(c) = \frac{1}{n}\sum_{i=1}^{n}(x_i - c)^r$: c에 관한 r차 적률

$m_r' = \frac{1}{n}\sum_{i=1}^{n}x_i^r$: 0에 관한 r차 적률

$m_r = \frac{1}{n}\sum_{i=1}^{n}(x_i - \overline{x})^r$: 평균 $\overline{x}$에 관한 r차 적률

분포의 모양이 비대칭 단봉형일 때 산술평균 A, 중위수 M_e, 최빈수 M_o는 [그림 3.7]과 같은 위치에 있게 된다.

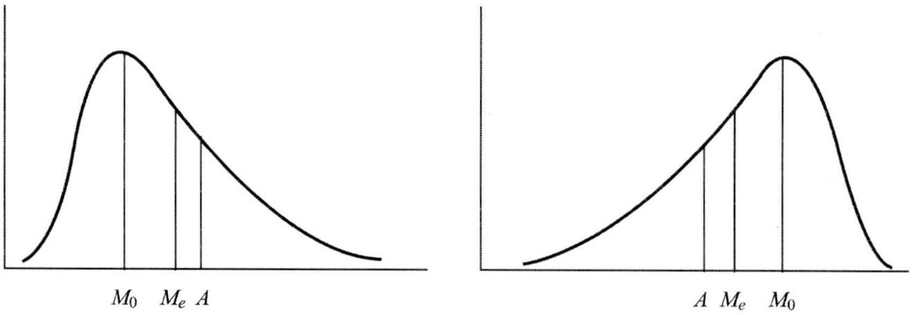

[그림 3.7] 분포에 따른 왜도의 위치

산술평균은 언제나 최빈수의 반대쪽인 긴꼬리쪽에 위치한다. 따라서 비대칭의 정도를

나타내는 측도는 산술평균 A와 최빈수 M_o의 차

$$\mathrm{A} - M_o$$

라고 볼 수 있는데, 모집단과 표본의 경우에 각각 위에서 정의한 적률을 이용하여 다음과 같이 왜도를 나타낼 수 있으며, 이것은 단위가 없는 무명수가 되고 다른 집단간의 비대칭의 정도를 비교할 수 있는 측도가 된다. 이것을 Pearson의 **제1 왜도계수**(first coefficients of skewness)라고 한다.

제1 왜도계수

$$\text{모집단 : } \frac{\mu - M_o}{\sqrt{\mu_2}} \qquad \text{표본 : } \frac{\bar{x} - M_o}{\sqrt{m_2}}$$

앞의 3.1.5절에서 산술평균 A, 중위수 M_e, 최빈수 M_o간의 실험적관계는

$$\mathrm{A} - M_o = 3(A - M_e)$$

임을 말했는데, 제1 왜도계수의 분자에 위식의 우변을 대입하면 모집단과 표본의 각각의 경우에 다음과 같이 왜도를 정의할 수 있다. 이것을 **Pearson의 제2 왜도계수**(second coefficients of skewness)라고 한다.

제2 왜도계수

$$\text{모집단 : } \frac{3(\mu - M_e)}{\sqrt{\mu_2}} \qquad \text{표본 : } \frac{3(\bar{x} - M_e)}{\sqrt{m_2}}$$

이 외에도 사분위수, 백분위수, 적률을 이용한 왜도로서 왜도의 4분위계수(quartile coefficient of skewness), 왜도의 $10-90$ 백분위계수($10-90$ percentile coefficient of skewness), 왜도의 적률계수(moment coefficient of skewness) 등이 있는데, 그중 가장 중요한 것은 왜도의 적률계수이며 가장 많이 이용된다.

왜도는 단봉형 분포에서 우비대칭이면 양수, 좌비대칭이면 음수, 대칭이면 0이 된다.

왜도의 4분위계수

$$\frac{(Q_3-Q_2)-(Q_2-Q_1)}{Q_3-Q_1}=\frac{Q_3-2Q_2+Q_1}{Q_3-Q_1}$$

왜도의 10-90백분위계수

$$\frac{(P_{90}-P_{50})-(P_{50}-P_{10})}{P_{90}-P_{10}}=\frac{P_{90}-2P_{50}+P_{10}}{P_{90}-P_{10}}$$

왜도의 적률계수

$$\text{모집단}:\ \alpha_3=\frac{\mu_3}{\sqrt{\mu_2^3}}\qquad \text{표본}:\ a_3=\frac{m_3}{\sqrt{m_2^3}}$$

예제 3-19

어느 대학교 학생 50명을 임의 추출하여 키(단위: cm)를 재어 적률을 구하였더니 $m_2=8.53$, $m_3=-2.69$를 얻었다. 왜도의 적률계수 a_3는

$$a_3=\frac{m_3}{\sqrt{m_2^3}}=\frac{-2.69}{\sqrt{8.53^3}}=-0.11$$

로서 음수값이므로 좌비대칭이 되어 왼쪽에 기다란 꼬리를 갖는 분포임을 알 수 있다.

예제 3-20

어느 국민학교 6학년 한반 60명의 I.Q.를 재어 그 적률을 구하였더니 $m_2=109.60$, $m_3=202.82$를 얻었다. 왜도의 적률계수 a_3는

$$a_3=\frac{m_3}{\sqrt{m_2^3}}=\frac{202.82}{\sqrt{109.60^3}}=0.18$$

로서 양수값이므로 우비대칭이 되어 오른쪽으로 기다란 꼬리를 갖는 분포임을 알 수 있다. 여기 a_3를 예제 3.19의 a_3의 절대값과 비교해 보면 예제 3.19의 a_3가 더 0에 가까운 값을 가지므로 더욱 대칭적임을 알 수 있다.

3.4.2 첨도

첨도(kurtosis)는 자료의 분포가 갖는 첨예(尖銳)의 정도를 나타내는 측도이다. 이 용어는 1906년에 Karl Pearson에 의하여 처음으로 쓰여졌다.

첨도는 여러 가지 측도로 정의된다. 사분위편차를 Q, 제10백분위수를 P_{10}, 제90백분위수를 P_{90}이라 하면 **첨도의 백분위계수**(percentile coefficient of kurtosis)는 다음과 같이 정의된다.

첨도의 백분위계수

$$k = \frac{Q}{P_{90} - P_{10}}$$

표준 정규분포에서는 $k = 0.263$의 값을 가지면 **중첨**(mesokurtic)이라 하고, k가 이보다 작으면 **완첨**(platykurtic), k가 이보다 크면 **급첨**(leptokurtic)이라 한다.

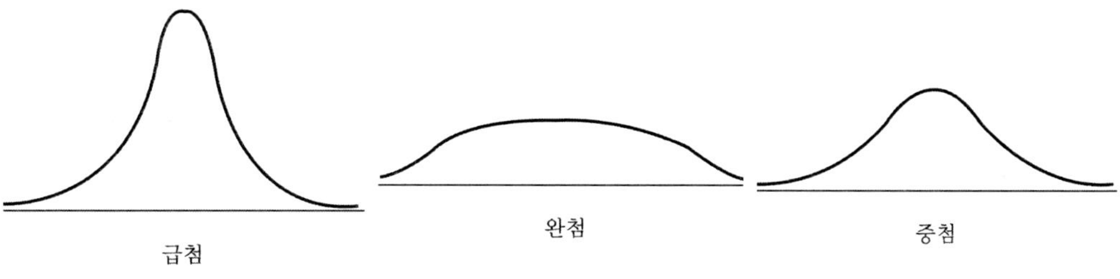

[그림 3.8] 분포에 따른 첨도의 크기

첨도의 가장 중요한 측도로서는 **첨도의 적률계수**(moment cofficient of kurtosis)가 있는데 모집단과 표본의 각각의 경우에 다음과 같이 정의된다.

첨도의 적률계수

$$\text{모집단 : } \alpha_4 = \frac{\mu_3}{\mu_2^2} \qquad \text{표본 : } a_4 = \frac{m_4}{m_2^2}$$

표준정규분포에서는 첨도의 적률계수는 3의 값을 가지며 중첨이라 하고, 첨도의 적률계수가 3보다 작으면 완첨, 3보다 크면 급첨이라 한다. 어떤 경우에는 첨도의 적률계수에서 3을 뺀값을 첨도라고 하여 그 값이 0이면 중첨, 음수이면 완첨, 양수이면 급첨이라 하기도 한다.

[그림 3.8]은 각각 급첨, 완첨, 중첨을 나타낸다.

예제 3-21

예제 3.19의 문제에서 $m_2 = 8.53$, $m_4 = 199.36$을 얻었다. 첨도는

$$a_4 = \frac{m_4}{m_2^2} = \frac{199.36}{8.53^2} = 2.74$$

이므로 조금 완첨이다.

예제 3-22

예제 3.20의 문제에서 $m_2 = 109.60$, $m_4 = 35627.29$를 얻었다. 첨도는

$$a_4 = \frac{m_4}{m_2^2} = \frac{35627.29}{109.60^2} = 2.97$$

이므로 거의 중첨에 가깝다. 이 문제의 a_4와 예제 3.21의 a_4를 비교해보면 이 문제의 a_4가 더 3에 가까우므로 표준정규분포에 가까운 것으로 생각하기 쉬우나 비대칭의 정도를 비교하는 면에서 보면 예제 3.21이 더 표준정규분포에 근사적이다.

3.4.3 상자 – 와 – 수염 그림

상자 – 와 – 수염 그림(box-andwhisker diagram)은 자료집합의 밀집된 형태를 상자와 수염으로 나타낸 것이다. 이것은 줄기-잎 그림과 같이 John Tukey 교수가 고안하였다. 상자-와-수염 그림을 그리는 순서는 다음과 같다.

상자－와－수염 그림 그리는 순서

1. 자료를 작은 것부터 크기순으로 나열하여 중위수를 구한다.
2. 자료의 최소값과 최대값을 구한다.
3. 크기순으로 된 자료를 2등분하여 그 각각에서 중간 자료값을 구한다. 이들은 병풍의 경첩 역할을 하므로 경첩(hinges)이라 한다.
4. 중위수, 두 개의 경첩, 최소값과 최대값을 가지고 상자-와-수염 그림을 그린다.

예제 3-23

다음 <표 3.1>은 어떤 대학의 20명 학생에 대한 통계학 점수를 크기순으로 나열한 것이다.

〈표 3.1〉 통계학 점수

34	39	63	64	67	70	75	76	81	82
84	85	86	88	89	89	90	96	96	100

$$최소값 = 34,\ 최대값 = 100,\ 중위수\ M_e = \frac{1}{2}(82+84) = 83$$

$$경첩1 = \frac{1}{2}(67+70) = 68.5,\ 경첩2 = \frac{1}{2}(89+89) = 89$$

이므로 상자-와-수염 그림은 [그림 3.9]와 같다.

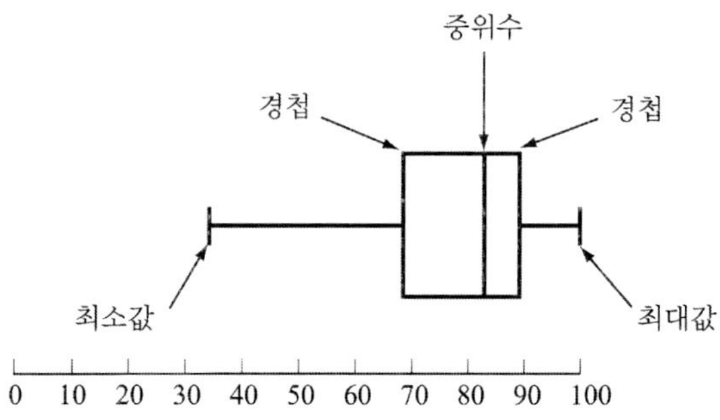

[그림 3.9]

상자-와-수염 그림에서 두 개의 상자는 자료를 4등분하였을 때 두 개의 가운데 부분의 자료의 분포상태를 나타내고, 양쪽 끝의 두 개의 수염은 각각 첫 번째와 4번째 부분의 자료의 분포상태를 나타낸다.

[그림 3.9]에서는 오른쪽부분의 점수가 큰 쪽의 두 개의 4등분구간은 왼쪽부분의 점수가 적은쪽의 두 개의 4등분구간 보다 자료가 더욱 밀집되어 있음을 나타내고 있으며, 자료의 4등분구간의 첫 번째 구간은 자료값간의 크기와 차, 즉, 변이가 가장 큰 것임을 알 수 있다.

3.5 집단화된 자료

이제까지 3.1절부터 3.4절까지는 주어진 **원자료**(raw data)를 가지고 여러 가지 자료를 요약하는 방법에 관하여 공부하였다. 여기에서는 자료를 집단화하여 도수분포표상에서 자료를 요약하는 방법을 소개하고자 한다.

3.5.1 산술평균, 평균편차, 분산, 적률

모집단의 크기 N, 표본의 크기 n, 계급수 k, 각 계급의 중간값 w_i, 각 계급의 도수 f_i 인 도수분포표에서 각종 통계값을 구하는 식은 다음과 같이 정의된다.

도수분포표에서의 통계값 계산식

■ 모집단

$$\text{모평균 } \mu = \frac{1}{N}\sum_{i=1}^{k} w_i f_i, \text{ 단 } N = \sum_{i=1}^{k} f_i$$

$$\text{모평균편차 } M.D = \frac{1}{N}\sum_{i=1}^{k} |w_i - \mu| f_i$$

$$\text{모분산 } \sigma^2 = \frac{1}{N}\sum_{i=1}^{k} (w_i - \mu)^2 f_i = \frac{1}{N}\sum_{i=1}^{k} w_i^2 f_i - \mu^2$$

$$\text{평균에 관한 } r\text{차적률 } \mu_r = \frac{1}{N}\sum_{i=1}^{k} (w_i - \mu)^r f_i$$

■ 표본

$$\text{표본평균 } \bar{x} = \frac{1}{n}\sum_{i=1}^{k} w_i f_i, \text{ 단 } n = \sum_{i=1}^{k} f_i$$

$$\text{표본평균편차 } M.D = \frac{1}{n}\sum_{i=1}^{k} |w_i - \bar{x}| f_i$$

$$\text{표본분산 } S^2 = \frac{1}{n-1}\sum_{i=1}^{k}(w_i - \overline{x})^2 f_i$$
$$= \frac{1}{n-1}\left\{\sum_{i=1}^{k} w_i^2 f_i - n(\overline{x})^2\right\}$$

$$\text{평균에 관한 } r\text{차적률 } m_r = \frac{1}{n}\sum_{i=1}^{k}(w_i - \overline{x})^r f_i$$

예제 3-24

예제 2.4의 도수분포표를 이용하여 산술평균, 평균편차, 분산과 표준편차를 구하면 다음과 같다.

계급	도수 f_i	계급중앙값 w_i	$w_i f_i$	$\lvert w_i - \overline{x}\rvert f_i$	$w_i^2 f_i$
30~40	3	35	105	100.5	3675
40~50	1	45	45	23.5	2025
50~60	8	55	440	108.5	24200
60~70	10	65	650	35.5	42250
70~80	7	75	525	45.5	39375
80~90	7	85	595	115.5	50575
90~100	4	95	380	106.5	36100
계	40		2740	534.0	198200

$$\text{산술평균 } \overline{x} = \frac{1}{n}\sum_{i=1}^{7} w_i f_i = \frac{1}{40}\times 2740 = 68.5$$

$$\text{평균편차 } M.D = \frac{1}{n}\sum_{i=1}^{7}\lvert w_i - \overline{x}\rvert f_i = \frac{1}{40}\times 534 = 13.35$$

$$\text{표본분산 } s^2 = \frac{1}{n-1}\left[\sum_{i=1}^{7} w_i^2 f_i - n(\overline{x})^2\right] = \frac{1}{39}[198200 - 40\times 68.5^2] = 269.49$$

$$\text{표본표준편차 } s = \sqrt{s^2} = 16.42$$

3.5.2 중위수, 사분위수, 백분위수

지금 제i백분위수가 적은 것부터 크기순으로 정돈된 집단화된 자료의 c번째 자료값이라고 할 때 c번째 자료값을 구하는 방법에 관하여 알아보자. 도수분포표가 [표 3.2]와 같이 주어졌고 그 누적도수다각형이 [그림 3.10]과 같다고 하자.

〈표 3.2〉 도수분포표

계급	도수	누적도수
$a_1 - b_1$	f_1	F_1
⋮	⋮	⋮
$a_{l-1} - b_{l-1}$	f_{l-1}	F_{l-1}
$a_l - b_l$	f_l	F_l
⋮	⋮	⋮
$a_k - b_k$	f_k	F_k
	n	

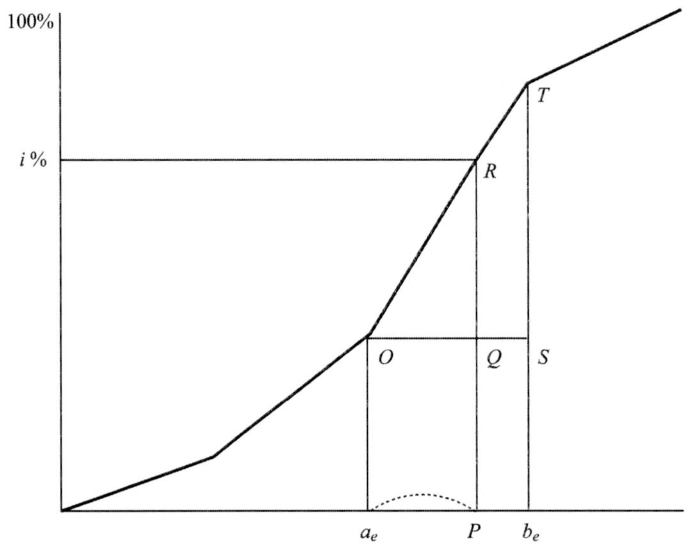

[그림 3.10]

제 i백분위수인 c번째 자료값이 도수분포표의 l번째 계급 $a_l \sim b_l$사이에 있다고 하면 제 i백분위수는 [그림 3.10]에서 P점의 값이 된다. 따라서 a_l에서 P까지의 길이를 x라 하면 제 i백분위수 P_i는 $a_l + x$가 되고, 계급의 폭을 h라 하면

$$OQ : OS = QR : ST$$

$$x : h = (c - F_{l-1)} : f_l$$

$$x = \frac{h(c - F_{l-1})}{f_l}$$

이므로 제 i백분위수 P_i는 다음과 같다.

제 i백분위수

$$P_i = a_l + \frac{h(c - F_{l-1})}{f_l}$$

a_l : c번째 자료가 들어있는 계급경계선 하한값

f_l : c번째 자료가 들어있는 계급의 도수

F_{l-1} : c번째 자료가 들어있는 계급의 바로앞 계급까지의 누적도수

h : 계급의 나비

예제 3-25

예제 2.4의 도수분포표를 이용하여 제1사분위수 Q_1, 중위수 M_e, 제70백분위수 P_{70}을 구하여 예제 3.16에서 ogive를 이용하여 구한 값과 비교하여 보자.

제1사분위수 Q_1은 자료를 크기순으로 나열하면 10번째와 11번째의 중간값이므로 Q_1은 3번째 계급에 있게 된다. 따라서

$$Q_1 = 50 + \frac{10(10.5 - 4)}{8} = 58.125$$

이다.

중위수 M_e는 20번째와 21번째의 중간값으로서 4번째 계급에 있게 되므로

$$M_e = 60 + \frac{10(20.5 - 12)}{10} = 68.5$$

이다.

제70백분위수 P_{70}은 28번째와 29번째 값의 중간값으로서 5번째 계급에 있게 되므로

$$P_{70} = 70 + \frac{10(28.5 - 22)}{7} = 79 + \frac{65}{7} = 79.29$$

이다.

여기에서 구한값은 모두 예제 3.16에서 ogive를 이용하여 구한값과 큰 차이가 없다.

3.5.3 최빈수

일반적으로 도수분포표상에서 최빈수는 도수가 가장 많은 계급의 계급중앙값으로 정하지만 이것은 경우에 따라서는 불합리한 때가 있다. 왜냐하면 분포상태가 비대칭인 경우에는 히스토그램에 의하여 만들어진 곡선의 꼭지점은 계급 중앙값 위에 놓이지 않고 도수가 두 번째로 많은 계급쪽으로 조금 치우친 위치에 놓이기 때문이다.

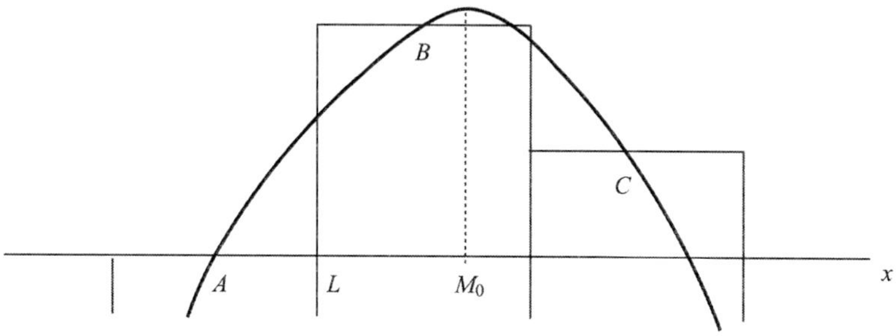

[그림 3.11]

지금 최다도수계급을 중심으로 양쪽 3개의 계급에 대한 히스토그램의 상단 일부분이 [그림 3.11]과 같이 주어지고 곡선이 3개의 계급의 중간지점 A, B, C를 지난다고 하자.

[그림 3.11]에서

L : 최다도수계급의 구간경계선 하한값

h : 계급의 나비

Δ_1 : 최다도수의 바로 앞 계급의 도수와의 차

Δ_2 : 최다도수의 다음 계급의 도수와의 차

라 하고 A와 L을 지나는 수평축을 x축으로 하면 A, B, C의 좌표는 각각

$$A\left(L-\frac{h}{2},\ 0\right), B\left(L+\frac{h}{2},\ \Delta_1\right),\ C\left(L+\frac{3h}{2},\ \Delta_1-\Delta_2\right)$$

가 된다.

곡선의 방정식을 포물선

$$y = ax^2 + bx + c$$

라 놓으면

$$a\left(L-\frac{h}{2}\right)^2 + b\left(L-\frac{h}{2}\right) + c = 0$$

$$a\left(L+\frac{h}{2}\right)^2+b\left(L+\frac{h}{2}\right)+c=\Delta_1$$

$$a\left(L+\frac{3h}{2}\right)^2+b\left(L+\frac{3h}{2}\right)+c=\Delta_1-\Delta_2$$

를 만족하고, 이 식을 연립으로 풀면

$$a=-\frac{\Delta_1+\Delta_2}{2h^2},\ b=\frac{\Delta_1}{h}+\frac{L(\Delta_1+\Delta_2)}{h^2}$$

이 되므로 꼭지점의 x좌표는

$$\begin{aligned} x &= -\frac{b}{2a}=-\frac{1}{2\left(-\dfrac{\Delta_1+\Delta_2}{2h^2}\right)}\left(\frac{\Delta_1}{h}+\frac{L(\Delta_1+\Delta_2)}{h^2}\right) \\ &= L+\frac{h\Delta_1}{\Delta_1+\Delta_2} \end{aligned}$$

가 된다. 따라서 최빈수 M_o를 구하는 식은 다음과 같다.

최빈수 계산식

$$M_o=L+\frac{h\Delta_1}{\Delta_1+\Delta_2}$$

예제 3-26

예제 2.4의 도수분포표에서 최빈수 M_o를 구하면

$$M_o=60+\frac{10\times 2}{2+3}=64$$

이다.

연습문제 Exercises

1. 아르바이트 대학생 김군이 조사한 시중에 운행하고 있는 배기량 1500cc 승용차 10대의 휘발유 1l당 주행거리(단위 : km)는 다음과 같았다. 아래 통계값을 구하여라.

8.9	9.6	9.7	9.7	9.7	9.8	9.9	9.9	10.3	10.5

(a) 산술평균 $\overline{x}$
(b) 중위수 M_e
(c) 최빈수 M_o
(d) 제1사분위수 Q_1과 제3사분위수 Q_3
(e) 사분위수 범위 IQR과 사분위 편차 Q
(f) 범위 R
(g) 평균편차 $M.D$
(h) 절사평균
(i) 윈저화평균
(j) 분산 S^2과 표준편차 S
(k) 제곱평균제곱근 $R.M.S$
(l) 변이계수 $C.V$와 사분위변이계수 $Q.C.V$
(m) Pearson의 제1 왜도계수와 제2 왜도계수
(n) 왜도의 사분위 계수
(o) 첨도의 백분위 계수

2. 다음은 지난 5년간의 전년도비에 대한 물가 변동율이다. 평균 변동율과 평균증가율을 구하여라.

1.2	1.3	1.4	1.3	1.5

3. 세 사람이 길을 걷는데 각각 매시 3km/h, 4km/h, 6km/h의 속도로 걸었다. 평균속도는 매시 몇 km 인가?

4. 다음은 기혼여성 20명의 일주일동안의 T.V시청시간이다. 십분위수 $D_1, D_2, \cdots, D_9$를 구하여라. 또 제35백분위수를 구하여라.

21	41	27	32	43	56	35	30	15	4
34	26	31	36	16	30	38	20	21	30

5. 어떤 국민학교 씨름선수 50명의 평균체중은 75kg, 표준편차는 9kg이었다. 무게의 분포가 대칭을 이룬다고 할 때 90kg 이상 되는 학생 수는 몇 명이겠는가?

6. 문제 4의 자료를 이용하여 상자-와-수염 그림을 그려라.

7. a가 양수일 때 $\sum_{i=1}^{n}(x_i - a)$의 값은 a가 평균 $\bar{x}$일 때 최소가 됨을 설명하여라.

8. n개의 자료값 $x_{1,} x_{2,} \cdots , x_n$의 평균과 분산이 각각 $\bar{x}$, S^2일 때

$$y_i = ax_i + b,\ i = 1, 2, \cdots , n$$

으로 변환된 $y_{1,} y_{2,} \cdots , y_n$의 평균과 분산은 각각

$$a\bar{x} + b, \quad a^2 s^2$$

임을 설명하여라.

9. 다음 도수분포표는 어느 대학교에서 랜덤으로 뽑힌 남학생 100명의 키(단위 : cm)를 나타낸다. 아래 통계값을 구하여라.

계급	도수
160~164	7
164~168	24
168~172	29
172~176	20
176~180	17
180~184	3
계	100

(a) 산술평균 $\bar{x}$　　(b) 중위수 M_e

(c) 최빈수 M_o　　(d) 제1사분위수 Q_1과 제3사분위수 Q_3

(e) 사분위수 범위 $I.Q.R$과 사분위 편차 Q

(f) 범위 $R(g)$　　(g) 평균편차 $M.D$

(h) 분산 s^2과 표준편차 s　　(i) 왜도의 사분위 계수

(j) 변이계수 $C.V$와 사분위변이계수 $Q.C.V$

(k) Pearson의 제1 왜도계수와 제2 왜도계수

(l) 왜도의 적률계수 a_3　　(m) 첨도의 백분위계수

(n) 첨도의 적률 계수 a_4

Chapter 04 확 률

실험에 관한 과거의 정보가 아무리 많다 하더라도 미래의 결과를 정확히 예측할 수 없는 현상이 많이 존재한다. 이와 같은 현상에 대해 연구하기 위해서 실험의 결과가 불확실성을 내포하고 있는 확률 실험을 하며 이런 확률 실험에 대해 연구하는 학문 분야가 바로 확률론이다.

우리는 통계적 추론방법을 이해하고 개발하고 응용하기 전에 불확실성에 대하여 더 알아야 할 필요가 있다. 확률은 불확실성에 대한 과학이다. 확률은 통계적 추론의 논리적 근거가 된다.

4.1 확률의 정의

통계적 실험에서 가능한 모든 실험결과들의 집합을 **표본공간**(sample space)이라 하고 S로 나타낸다. 예를 들면 다음과 같다.

(a) 하나의 동전을 던져서 표면이 나오면 H, 이면이 나오면 T라 할 때

$$S = \{H, T\}$$

(b) 어느 도시에서 하루 동안에 출생하는 갓난아이의 수

$$S = \{0, 1, 2, \cdots\}$$

(c) 사람이 잠자기 시작하여 깰 때까지 걸리는 시간

$$S = \{t \mid t > 0\}$$

위의 예에서 (a), (b)와 같이 표본공간의 원소를 하나씩 셀 수 있을 때 이 표본공간을 **이산표본공간**(discrete sample space)이라 하고, (c)와 같이 원소를 하나씩 셀 수 없을 때

이 표본공간을 **연속표본공간**(continuous sample space)이라 한다.

표본공간 S의 부분집합을 **사건** 또는 **사상**(event)이라 한다. 한 개의 원소로 된 사상을 **근원사상**(elementary event) 또는 **단순사상**(simple event)이라 하고, A, B를 두 개의 사상이라 할 때 $A \cup B$를 **합사상**(union event), $A \cap B$를 **곱사상**(intersection event), A의 여집합으로된 사상 A^c를 **여사상**(complementary event)이라 하고, $A \cap B = \phi$인 두 사상 A, B를 **서로 배반인 사상**(mutually exclusive events)이라 한다.

확률(probability)이란 한마디로 어떤 사상이 어느 정도 일어날 수 있는가 하는 가능성에 대한 수치적인 측도라고 할 수 있다. 확률의 정의에는 다음과 같은 P. Laplace의 고전적 정의가 있다.

확률의 고전적 정의(수학적 확률)

N개의 원소로 된 표본공간의 모든 원소가 일어날 가능성이 같고, 사상 A에 속하는 원소의 개수가 n개일 때 사상 A가 일어날 확률은

$$P(A) = \frac{n}{N} = \frac{\text{사상 } A\text{의 원소의 개수}}{\text{표본공간 } S\text{의 원소의 개수}} = \frac{n(A)}{n(S)}$$

이다.

예제 4-1

정상적인 주사위를 한 번 던지는 실험에서 다음 사상에 대한 확률을 구하여라.

a) A = 짝수의 눈　　　b) B = 3의 배수의 눈

c) C = 짝수이거나 3의 배수의 눈

풀이 주사위가 정상적이므로 각각의 단순사상이 일어날 확률이 같다. 따라서

$$\text{P(1의눈)} = \text{P(2의 눈)} = \text{P(3의 눈)} = \text{P(4의 눈)} = \text{P(5의 눈)} = \text{P(6의 눈)} = \frac{1}{6}$$

이다.

a) $S = \{1, 2, 3, 4, 5, 6\}$, $A = \{2, 4, 6\}$이므로

$$p(A) = \frac{n(A)}{n(S)} = \frac{3}{6} = \frac{1}{2}$$

b) $B=\{3, 6\}$ 이므로 $p(B)=\dfrac{2}{6}=\dfrac{1}{3}$

c) $C=\{2, 3, 4, 6\}$ 이므로 $p(C)=\dfrac{4}{6}=\dfrac{2}{3}$

P. Laplace가 정의한 확률의 고전적 정의는 몇가지 문제점을 가지고 있다. 첫째, 표본공간의 모든 원소가 일어날 가능성이 같아야 한다는 전제조건 때문에 표본공간이 유한 개의 원소로 되어 있어야 한다는 것이다. 예를들면 생산공장에서 계속적으로 만들어 내는 어떤 제품중 불량품이 나올 확률은 구할 수 없다.

둘째, 각각의 원소가 일어날 가능성이 같아야 하는데 실제로는 그 가능성이 다른 경우도 있을 수가 있다. 예를들면 표면상태가 다르게 되어 있는 윷을 던지는 실험에서는 어떤 사상의 확률도 구할 수 없다. 따라서 우리가 통계적 실험을 반복할 때 어떤 사상에 대한 상대도수는 처음 시행횟수가 적을 때는 상대도수간의 차이가 많지만 시행횟수를 많이 하면 그 상대도수의 값은 어떤 일정한 상수로 가까이 접근해감을 경험적으로 알 수 있다. 이것은 17세기 말엽에 J. Bernoulli가 대수의 법칙(law of large numbers)을 내놓음으로서 수리적으로도 입증되었다.

이와 같이 시행을 많이 했을 때의 상대도수의 극한값은 확률이 될 수 있다. 따라서 시행횟수가 한없이 커질 때, 어떤 사건의 상대도수가 일정한 값으로 수렴하는 값을 그 사건의 통계적 확률이라고 한다.

통계적확률

동일한 시행을 n번 반복하여 사건 A가 일어날 횟수를 r_n이라 할 때

$$\lim_{n\to\infty}\frac{r_n}{n}=p$$

이면, 이 p를 사건 A의 통계적 확률이라고 한다.

그러나 상대도수의 극한값에 의한 확률개념은 가능할지라도 이로부터 확률을 구하는 것은 쉬운 일이 아니다.

예제 4-2

오른쪽 그림과 같은 원판을 회전시킨 후 화살을 던지는 시행을 여러 번 반복하였을 때, 숫자 1의 영역에 꽂히는 횟수와 상대도수를 나타내면 다음 표와 같다.

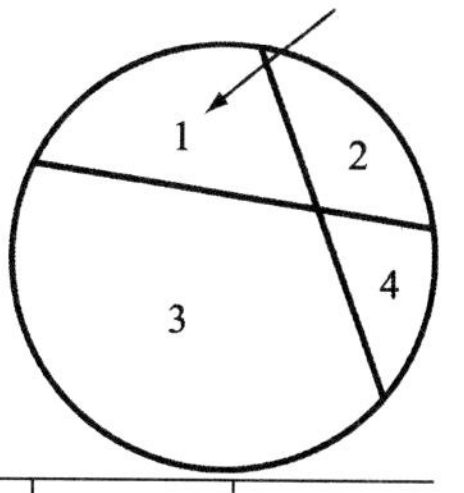

횟수(n)	10	20	30	50	100	200	500
1의 숫자(r_n)	3	4	5	11	21	39	100
상대도수($\frac{r_n}{n}$)	0.3	0.2	0.167	0.22	0.21	0.195	0.2

위의 표에서 숫자 1의 영역에 꽂히는 경우의 상대도수 $\frac{r_n}{n}$의 값은 n이 커짐에 따라 0.2에 가까워지고 있다. 따라서 통계적 확률의 근사값은 0.2이다.

확률을 표본공간에 따라 수학적 확률, 통계적 확률, 기하학적 확률로, 정의하였다. 코모그로브(A. N Kolmogorov) 는 하나로 통합하여 다음과 같은 공리를 만족하는 것으로 확률을 정의하였다. 이것을 공리적 확률이라고 한다.

확률의 공리적 정의

표본공간 S내의 사상들에 대하여 다음과 같은 조건이 만족되도록 정의된 실수값 함수 P를 확률측도 또는 확률이라 한다.

(a) 임의의 사상 A에 대하여 $0 \leq P(A) \leq 1$

(b) $P(S) = 1$

(c) 서로 배반인 사상 A_1, A_2, ...에 대하여

$$P(A_1 \cup A_2 \cup \ldots) = P(A_1) + P(A_2) + \ldots$$

공리적 확률은 수학적 확률과 같이 어떤 구체적인 식으로 정의된 것이 아니라 확률이 만족해야 하는 기본 성질을 공리로 나타낸 것이므로 공리적 확률로는 확률을 구할 수 없

다. 표본 공간이 유한이고 각 원소가 같은 정도로 일어날 것이 기대되면 수학적 확률이 위의 공리를 만족하므로 수학적 확률로 확률을 구하고, 그렇지 않으면 통계적 확률로 확률을 구하면 된다. 또 표본 공간이 연속이면 길이, 넓이, 부피 등의 기하학적 측도가 위의 공리를 만족하므로 기하학적 확률로 확률을 구하면 된다.

예제 4-3

윷놀이에서 모, 도 개, 걸, 윷이 나오는 사상을 각각 A, B, C, D, E라 하고 각 사상의 확률을 다음과 같이 정의해 보자.

(a) $P(A)=\left(\frac{1}{2}\right)^4,\quad P(B)=4\left(\frac{1}{2}\right)^4,\quad P(C)=6\left(\frac{1}{2}\right)^4,$

$P(D)=4\left(\frac{1}{2}\right)^4,\quad P(E)=\left(\frac{1}{2}\right)^4$

(b) $P(A)=\frac{1}{15},\quad P(B)=\frac{2}{15},\quad P(C)=\frac{3}{15},$

$P(D)=\frac{4}{15},\quad P(E)=\frac{5}{15}$

(c) $P(A)=\frac{f_1}{16},\quad P(B)=\frac{f_2}{16},\quad P(C)=\frac{f_3}{16},$

$P(D)=\frac{f_4}{16},\quad P(E)=\frac{f_5}{16}$

$f_i \geq 0,\quad \sum_{i=1}^{5} f_i = 16$

(d) $P(A)=\frac{1}{10},\quad P(B)=\frac{2}{10},\quad P(C)=\frac{3}{10},$

$P(D)=\frac{4}{10},\quad P(E)=\frac{5}{10}$

(a), (b), (c)는 위의 공리의 조건을 만족하므로 실수값 함수는 확률이 되지만 (d)는 만족하지 못하므로 확률이 되지 못한다.

4.2 확률의 계산

여러 개의 물건으로 된 집합에서 물건을 추출하는 방법은 복원추출법과 비복원추출법이 있다. **복원추출**(sampling with replacement)은 물건을 추출할 때 추출된 것을 다시 원

래대로 되돌려 넣은 다음에 다시 추출하는 방법을 말하고, **비복원추출**(sampling without replacement)은 한번 추출된 것은 다시 되 둘려 넣지 않고 추출하는 방법이다.

서로 다른 n물건중 비복원추출로 뽑힌 순서에 관계없이 r개를 뽑는 방법의 수를 n개중 r개를 뽑는 **조합**(combination)의 수라 하며 ${}_nC_r$ 또는 $\binom{n}{r}$로 표시한다. 이때 뽑히는 순서까지를 고려하면, n개중 r개를 뽑아 한줄로 늘어놓는 **순열**(permutation)의 수라 하며${}_nP_r$로 표시하고 다음과 같이 계산된다.

순열과 조합

$${}_nP_r = n(n-1)\ldots(n-r+1) \text{ 또는 } \frac{n!}{(n-r)!} \qquad (0 < r \leq n)$$

$$\binom{n}{r} = \frac{n!}{r!(n-r)!} = \frac{{}_nP_r}{r!}$$

$$n! = n(n-1)\cdots 3 \cdot 2 \cdot 1$$

$$0! = 1$$

예제 4-4

하나의 상자에 8개의 빨간공, 3개의 흰공, 9개의 파란공이 들어있다. 3개를 임의로 비복원추출할 때 다음 확률을 구하여라.

(a) 3개가 모두 빨간공

(b) 3개가 모두 흰공

(c) 2개는 빨간공 1개는 흰공

(d) 빨간공, 흰공, 파란공이 각각 1개씩 뽑힘

(e) 처음에 빨간공, 두 번째 흰공, 세 번째 파란공

풀이

(a) $\binom{8}{3}/\binom{20}{3} = \frac{14}{285}$

(b) $\binom{3}{3}/\binom{20}{3} = \frac{1}{1140}$

(c) $\binom{8}{2}\binom{3}{1}/\binom{20}{3} = \frac{7}{95}$

(d) $\binom{8}{1}\binom{3}{1}\binom{9}{1}/\binom{20}{3} = \frac{18}{95}$

(e) $\dfrac{8 \cdot 3 \cdot 9}{_{20}C_3} = \dfrac{3}{95}$

예제 4-5

균형된 주사위를 5번 던질 때 6의 눈이 3번 나올 확률을 구해보자. 한 번의 시행에서 6의 눈이 나올 가능성은 $\dfrac{1}{6}$이고 나올 수 있는 경우의 수는 $\binom{5}{3}$가지이므로 구하는 확률은

$$\binom{5}{3}\left(\frac{1}{6}\right)^3\left(\frac{5}{6}\right)^2 = \frac{125}{3888}$$

이다.

4.3 확률의 법칙

사상 $A \cup B$는 사상 A 또는 B가 일어나는 사상으로서 합사상이고, 사상 $A \cap B$는 사상 A와 사상 B가 모두 일어나는 사상으로서 곱사상이다. 다음을 확률의 **덧셈 법칙**(addition rule)이라 한다.

확률의 덧셈법칙

$$P(A \cup B) = P(A) + P(B) - P(A \cap B)$$

예제 4-6

어느 TV 퀴즈에서 어떤 사람이 1에서 100까지의 정수 중 하나를 임의로 선택하는데, 만약 그 숫자가 12 또는 9로 나누어진다면 해외로 무료관광을 떠나는 행운이 주어진다. 이 TV 퀴즈에 참가한 사람이 해외로 무료관광을 떠날 확률은 얼마인가?

풀이 1에서 100까지의 정수 중에서 하나를 선택하므로 표본 공간 $S=\{1, 2, 3, \cdots, 100\}$이다. 그리고,

A = 선택한 숫자가 12로 나누어진다.

B = 선택한 숫자가 9로 나누어진다.

라 하면

$A=\{12, 24, 36, 48, 60, 72, 84, 96\}$

$B=\{9, 18, 27, 36, 45, 54, 63, 72, 81, 90, 99\}$

이다. 따라서,

$$p(A)=\frac{8}{100},\ p(b)=\frac{11}{100},\ p(A\cap B)=\frac{2}{100}$$

결국, 해외로 무료 관광을 떠나게 될 확률은 다음과 같다.

$$p(A\cup B)=\frac{8}{100}+\frac{11}{100}-\frac{2}{100}=\frac{17}{100}$$

■

사상 A에 대하여 A에 속하지 않은 원소로 된 사상을 A의 여사상이라 하고 A^c로 표시한다. 다음을 **여사상의 법칙**(complementation rule)이라 한다.

여사상의 법칙

$$P(A^c)=1-P(A)$$

예제 4-7

예제 4.4에서 적어도 한 개가 흰공이 뽑힐 확률을 구하여 보자. 이 문제는 흰공이 1개, 2개, 3개가 뽑힌 확률을 구하여 합하면 되는데 이것은 계산이 복잡하므로 여사상의 법칙을 이용하면 편리하다. 흰공이 하나도 뽑히지 않는 확률이

$$\binom{17}{3}/\binom{20}{3}=\frac{34}{57}$$

이므로 구하는 확률은 다음과 같다.

$$1-\frac{34}{57}=\frac{23}{57}$$

서로 배반인 합사상의 확률

$$P(A \cup B) = P(A) + P(B), \quad A \cap B = \phi$$

예제 4-8

어떤 학생이 통계학 과목에 대해 A학점을 받을 확률이 0.2, B학점을 받을 확률이 0.3, C학점을 받을 확률이 0.3, D학점을 받을 확률이 0.1이고 F학점을 받을 확률이 0.1이다. D학점 이상받는다면 이 과목에서 합격이라 할 때 그 학생이 합격할 확률은 얼마안가?

풀이 학생의 학점 A, B, C, D, F중 어느 한 가지만 받으므로 그 학생이 합격할 확률은 다음과 같다.

$$\begin{aligned} p(D\text{학점이상 받음}) &= p(A\text{학점을 받음}) + p(B\text{학점을 받음}) \\ &\quad + p(C\text{학점을 받음}) + p(D\text{학점을 받음} \\ &= 0.2 + 0.3 + 0.3 + 0.1 = 0.9 \end{aligned}$$

그러나 합격된다는 사상의 여사상인 불합격될 확률을 이용하면 쉽게 구할 수 있다. 즉,

$$\begin{aligned} p(\text{합격됨}) &= p(D\text{학점이상 받음}) = 1 - p(F\text{학점받을 확률}) \\ &= 1 - 0.1 = 0.9 \end{aligned}$$

4.4 조건부확률

균형된 동전을 두 번 던질 때 두 번 다 표면이 나올 확률은 $\frac{1}{4}$이다. 그러나 만약 동전을 던진 결과가 적어도 1번은 표면이 나왔다는 사실을 안다면 우리가 구하는 확률은 $\frac{1}{3}$이 된다. 왜냐하면 처음의 경우의 표본공간은

$$S = \{HH, HT, TH, TT\}$$

이지만 나중의 경우의 표본공간은

$$S = \{HH, HT, TH\}$$

이기 때문이다.

한 사상 A가 일어났다면 A의 여사상 A^c에 속하는 단순사상들은 일어날 수 없으므로 사상 A를 표본공간으로 볼수 있다. 따라서 A가 일어났다는 조건하에서 B가 일어날 확률은 P(A)에 대한 $P(A \cap B)$의 비율이라 할 수 있다. 그러므로 A가 주어졌을 때 B의 **조건부확률**(conditional probability)을 $P(B \mid A)$로 나타내고 다음과 같이 정의한다.

조건부확률

$$P(B \mid A) = \frac{P(A \cap B)}{P(A)}, \quad P(A) > 0$$

예제 4-9

하나의 상자에 3개의 흰공과 2개의 검은공이 들어있다. 사상 A를 첫 번째 꺼낸공이 검은공, 사상 B를 두 번째 꺼낸공이 검은공이라 하자. 그러면 비복원추출인 경우에

$$P(A) = \frac{2}{5}, \quad P(B \mid A) = \frac{1}{4}$$

이다.

조건부 확률의 정의로부터 다음의 식이 유도되는데 이것을 확률의 곱셈법칙(multiplication rule)이라 한다. 이것은 조건부확률 계산이 용이할 때 이용된다.

확률의 곱셈법칙

$P(A) > 0$, $P(B) > 0$이면

$$P(A \cap B) = P(A) \cdot P(B \mid A) = P(B) \cdot P(A \mid B)$$

예제 4-10

월요일에 주가가 상승할 확률은 0.6으로 알려져 있다. 그리고 월요일에 상승했다는 조건아래서 그 다음 날에도 다시 상승할 확률은 0.3이 될 때, 특정한 이틀(월요일과 그 다음날)동안 계속 주가가 오를 확률을 구하여라.

풀이 월요일에 주가가 오른다는 사상을 A라 하고 화요일에 주가가 오른다는 사상을 B라 하면 $p(A)=0.6,\quad p(B|A)=0.3$이 된다. 따라서
$P(A\cap B)=P(A)\cdot P(B\mid A)=(0.6)(0.3)=0.18$이다.

■

위의 곱셈법칙을 더욱 확장하면 다음과 같다. 이것은 수학적 귀납법으로 쉽게 증명된다.

곱셈법칙의 확장

$P(A_1\cap A_2\cap \ldots \cap A_{n-1})>0$이면

$$P(A_1\cap A_2\cap \ldots \cap A_n)=P(A_1)\cdot P(A_2\mid A_1)\cdot P(A_3\mid A_1\cap A_2)\ldots P(A_n\mid A_1\cap \ldots \cap A_{n-1})$$

예제 4-11

예제 4.4에서 (e)의 문제를 풀어보자. 처음에 빨간공이 나오는 사상을 A_1, 두 번째에 흰공이 나오는 사상을 A_2, 세 번째에 파란공이 나오는 사상을 A_3라 하면

$$P(A_1\cap A_2\cap A_3)=P(A_1)\cdot P(A_2\mid A_1)\cdot P(A_3\mid A_1\cap A_2)$$
$$=\frac{8}{20}\cdot\frac{3}{19}\cdot\frac{9}{18}=\frac{3}{95}$$

가 되어 예제 4.4의 답과 일치한다.

이제 사상의 독립에 관하여 알아보자. 두 사상 A, B가

$$P(B\mid A)=P(B)$$

이면 사상 A와 B는 **서로독립**(mutually independent)이라 하고, 두 사상을 **독립사상**(independent events)이라 한다. 이때 등식이 성립하지 않으면 두 사상을 **종속사상**(dependent events)이라 한다.

두 사상이 독립일 때는 곱셈법칙에 의하여

$$P(A\cap B)=P(A)\cdot P(B)$$

가 성립하고, 또

$$P(A\cap B)=P(B)\cdot P(A\mid B)$$

이므로

$$P(A \mid B) = P(A)$$

도 성립한다. 이상을 정리하면 다음과 같다.

독립사상

사상 A와 B가 독립이면

$P(A \cap B) = P(A) \cdot P(B), \quad P(A \mid B) = P(A), \quad P(B \mid A) = P(B)$

예제 4-12

두 개의 동전을 던지는 실험을 한다. 표면의 수가 0 또는 1일 사상을 A, 표면과 이면의 수가 각각 한번일 때의 사상을 B라 하자. 표본공간 S와 각 사상은

$$S = \{HH, \ HT, \ TH, \ TT\}$$
$$A = \{HT, \ TH, \ TT\}$$
$$B = \{HT, \ TH\}$$
$$A \cap B = \{HT, \ TH\}$$

이고

$$P(A \cap B) = \frac{1}{2}, \qquad P(A) \cdot P(B) = \frac{3}{4} \cdot \frac{1}{2} = \frac{3}{8}$$
$$P(A \cap B) \neq P(A) \cdot P(B)$$

이므로 A와 B는 서로 종속이다.

이제 3개 사상의 독립성에 관하여 알아보자. 예를 들어 두 개의 동전을 던지는 실험에서 표본공간은

$$S = \{HH, \ HT, \ TH, \ TT\}$$

이고 3개의 사상을 각각

$$A = \{HH, \ HT\}, \quad B = \{HH, \ TH\}, \quad C = \{HH, \ TT\}$$

이라 하면

$$P(A) = P(B) = P(C) = \frac{1}{2}$$

$$P(A\cap B)= P(A\cap C)= P(B\cap C)= \frac{1}{4}$$

이므로

$$P(A\cap B)=P(A)\cdot P(B),\quad P(A\cap C)=P(A)\cdot P(C),$$
$$P(B\cap C)=P(B)\cdot P(C)$$

가 성립한다. 그런데

$$P(A\cap B)\cdot P(C)=\frac{1}{4}\cdot\frac{1}{2}=\frac{1}{8}$$
$$P\{(A\cap B)\cap C\}=P(A\cap B\cap C)=\frac{1}{4}$$

이므로

$$P\{(A\cap B)\cap C\}\neq P(A\cap B)\cdot P(C)$$

가 되어 $A\cap B$와 C는 독립이 아니다. $A\cap B$와 C가 독립이 되려면

$$P(A\cap B\cap C)=P(A)\cdot P(B)\cdot P(C)$$

가 성립되어야 한다. 왜냐하면

$$\begin{aligned}P\{(A\cap B)\cap C\}&=P(A\cap B\cap C)=P(A)\cdot P(B)\cdot P(C)\\&=P(A\cap B)\cdot P(C)\end{aligned}$$

가 되어 $A\cap B$와 C가 독립이 된다. 이상을 정리하면 다음과 같다.

세 개 사상의 독립성

세 개의 사상 A, B, C

$$P(A\cap B)=P(A)\cdot P(B)$$
$$P(A\cap C)=P(A)\cdot P(C)$$
$$P(B\cap C)=P(B)\cdot P(C)$$
$$P(A\cap B\cap C)=P(A)\cdot P(B)\cdot P(C)$$

일 때 서로 독립이 된다.

일반적으로 n개의 사상에 대한 독립성은 다음과 같이 확장된다.

n개의 사상의 독립성

n개의 사상 $A_1, A_2, \ldots, A_n$가

$$P(A_i\cap A_j)=P(A_i)\cdot P(A_j),\quad 1\le i<j\le n$$

$$P(A_i \cap A_j \cap A_k) = P(A_i) \cdot P(A_j) \cdot P(A_k), \quad 1 \le i < j < k \le n$$

……………………

$$P(A_1 \cap A_2 \cap \dots \cap A_n) = P(A_1) \cdot P(A_2) \cdot \dots P(A_n)$$

일 때 서로 독립이 된다.

예제 4-13

빨간공 1개와 파란공 1개가 들어있는 주머니에서 복원추출로 1개씩 두 번 꺼낼 때 세 개의 사상 A, B, C를 각각

A : 첫 번째 꺼낸 공이 빨간색

B : 두 번째 꺼낸 공이 빨간색

C : 첫 번째와 두 번째 꺼낸 공이 모두 같은색

이라고 하면

$$P(A) = P(B) = P(C) = \frac{1}{2}$$

$P(A \cap B) = P(A \cap C) = P(B \cap C) = \frac{1}{4}$이므로

$$P(A \cap B) = P(A) \cdot P(B)$$

$$P(A \cap C) = P(A) \cdot P(C)$$

$P(B \cap C) = P(B) \cdot P(C)$이지만

$$P(A \cap B \cap C) = \frac{1}{4} \ne P(A) \cdot P(B) \cdot P(C) = \frac{1}{8}$$

이므로 세 사상중 두 개씩은 독립이나 세 사상은 서로 독립이 아니다.

4.5 전확률의 정리와 Bayes의 공식

표본공간 S내의 n개의 사상 $A_1, A_2, \dots, A_n$가

$$A_i \cap A_j = \emptyset, \quad i \ne j$$

$$A_1 \cup A_2 \cup \dots \cup A_n = S$$

일 때 사상 $A_1, A_2, \dots, A_n$를 표본공간 S의 **분할**(partition)이라 한다.

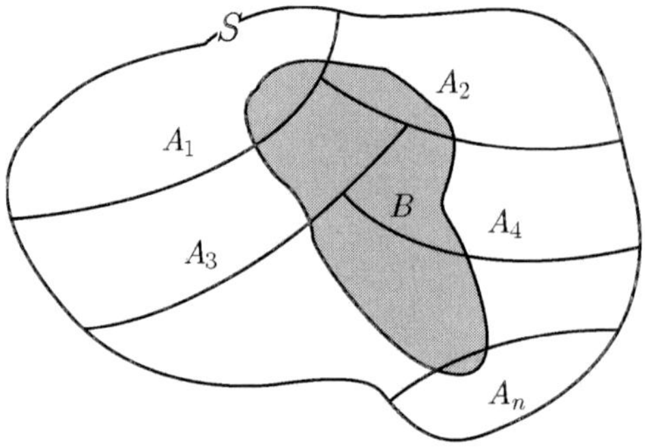

[그림 4-1] 표본공간 S의 분할

지금 S내의 임의의 하나의 사상을 B라 할 때 다음을 전확률의 정리(theorem of total probability)라 한다.

전확률의 정리

사상 $A_1, A_2, \dots, A_n$이 표본 공간 S의 분할이고 $P(A_i) > 0$이면 임의의 사상 B에 대하여

$$P(B) = P(A_1 \cap B) + P(A_2 \cap B) + \dots + P(A_n \cap B)$$
$$= P(A_1)P(B \mid A_1) + P(A_2)P(B \mid A_2) + \dots + P(A_n)P(B \mid A_n)$$
$$= \sum_{i=1}^{n} P(A_i)P(B \mid A_i)$$

예제 4-14

어느날 아침 일기예보에서 그날 눈이 올 확률은 80%라고 한다. 여학생들의 60%는 눈이 오는 날에 우산을 가지고 다니며 눈이 오지 않는 날에는 10%만이 우산을 가지고 다닌다. 어떤 여학생이 그날 우산을 가지고 다닐 확률은 얼마인가? 또 그 여학생이 우산을 지참하였다면 그날 눈이 올 확률은 얼마인가?

풀이 눈이 오는 사상을 A, 우산을 가지고 다니는 사상을 B라 하면

$P(A) = 0.8, \quad P(A^c) = 0.2, \quad P(B \mid A) = 0.6, \quad P(B \mid A^c) = 0.1$

이므로 그 여학생이 우산을 가지고 다닐 확률은

$$P(B) = P(A)P(B \mid A) + P(A^c)P(B \mid A^c)$$
$$= 0.8 \times 0.6 + 0.2 \times 0.1 = 0.5$$

이다. 또 그 여학생이 우산을 지참하였다면 그날 눈이 올 확률은

$$P(A \mid B) = \frac{P(A)P(B \mid A)}{P(B)} = \frac{0.8 \times 0.6}{0.5}$$

$$= 0.96$$

이다.

예제 4-15

어떤 회사 사원의 30%는 미혼남성, 20%는 미혼여성, 40%는 기혼남성, 10%는 기혼여성이라 한다. 미혼남성의 35%, 미혼여성의 25%, 기혼남성의 15%, 기혼여성의 5%는 등산을 좋아한다고 한다. 그 회사의 어떤 한사람을 임의로 택했을 때 그 사람이 등산을 좋아할 확률은 얼마인가? 또 그 사람이 등산을 좋아하였다면 그 사람이 미혼남성일 확률은 얼마인가?

풀이 미혼남성, 미혼여성, 기혼남성, 기혼여성이라는 사상을 각각 A_1, A_2, A_3, A_4라 하고 등산을 좋아한다는 사상을 B라 하면 그 사람이 등산을 좋아할 확률은

$$P(B) = P(A_1)P(B \mid A_1) + P(A_2)P(B \mid A_2) + P(A_3)P(B \mid A_3) + P(A_4)P(B \mid A_4)$$

$$= 0.3 \times 0.35 + 0.2 \times 0.25 + 0.4 \times 0.15 + 0.1 \times 0.05$$

$$= 0.22$$

이다. 또 그 사람이 등산을 좋아했을 경우에 미혼남성일 확률은

$$P(A_1 \mid B) = \frac{P(A_1 \cap B)}{P(B)} = \frac{P(A_1)P(B \mid A_1)}{P(B)} = \frac{0.3 \times 0.35}{0.22}$$

$= 0.477$ 이다.

이제 예제 4.14와 예제 4.15에서 이용한 조건부확률을 일반화하자. 사상 $A_1, A_2, \ldots A_n$이 표본공간 S의 분할이고 $P(A_i) > 0$, $P(B) > 0$라고 하면 조건부확률, 곱셈법칙, 전확률의 정리로부터 다음과 같은 Bayes 정리를 얻는다.

Bayes 정리

사상 $A_1, A_2, \ldots, A_n$이 표본공간 S의 분할이고 $P(A_i) > 0$, $P(B) > 0$이면 분할

된 임의의 사상 A_k에 대하여

$$P(A_k \mid B) = \frac{P(A_k \cap B)}{P(B)} = \frac{P(A_k)P(B \mid A_k)}{\sum_{i=1}^{n} P(A_i)P(B \mid A_i)}$$

이다.

예제 4.14에서 일기예보에 의한 그날 눈이 올 확률이 0.8이었지만 그날 한 여학생이 우산을 지참할 확률이 0.5라는 사실이 밑받침이 된 결과로 그날 눈이 올 확률은 0.96으로 증가하였음을 알 수 있고, 또 예제 4.15에서는 어떤 회사에 근무하는 미혼남성의 비율은 전체사원의 30%로 알려졌지만 미혼남성이 등산을 좋아하는 비율이 높은 데다가 임의로 택해진 그 사원이 등산을 좋아했다는 사실이 밑받침이 된 결과로 그 회사에 근무하는 미혼남성은 47.7%로 수정되었음을 알 수 있다.

이와 같은 사실로 확률$P(A_i)$는 사상 B가 조사되기 전의 확률이므로 **사전확률**(prior probability)이라 하고, $P(A_i \mid B)$는 B가 조사된 후에 수정된 확률이므로 **사후확률**(posterior probability)이라고 한다.

연습문제 Exercises

1. 표본공간이 $S=\{e_1, e_2, e_3, e_4\}$일 때 다음에서 확률이 될 수 있는 것은 어느 것인가?

(a) $P(\{e_1\})=\frac{1}{2}$, $P(\{e_2\})=0$, $P(\{e_3\})=0$, $P(\{e_4\})=\frac{1}{3}$

(b) $P(\{e_1\})=\frac{1}{2}$, $P(\{e_2\})=\frac{1}{3}$, $P(\{e_3\})=-\frac{1}{2}$, $P(\{e_4\})=\frac{2}{3}$

(c) $P(\{e_1\})=\frac{1}{3}$, $P(\{e_2\})=\frac{2}{3}$, $P(\{e_3\})=0$, $P(\{e_4\})=0$

2. 문제 1에서

$$P(\{e_1\})=4P(\{e_2\}),\quad P(\{e_3\})=2P(\{e_2\}),\quad P(\{e_4\})=2P(\{e_1\})$$

일 때

(a) 각 단순사상 e_1, e_2, e_3, e_4,의 확률을 구하여라.

(b) $A=\{e_1,\ e_2\}$일 때 $P(A)$를 구하여라.

3. $P(A)=0.3$, $P(A\cap B)=0.1$, $P(A\cup B)=0.6$이면 $P(B)$는 얼마인가?

4. 세 개의 사상 A, B, C가

$$P(A\cup B\cup C)=P(A)+P(B)+P(C)-P(A\cap B)-P(A\cap C)\\ -P(B\cap C)+P(A\cap B\cap C)$$

임을 설명하여라.

5. 7명이 타고 있는 엘리베이터가 10개의 층에서만 선다. 모든 사람들이 각 층에서 내릴 가능성이 같다고 할 때 다음 확률을 구하여라.

(a) 7명이 서로 다른 층에서 내릴 확률

(b) 모두 같은 층에서 내릴 확률

6. 두 사상 A, B에 대한 확률이

$$P(A) = 0.2, \quad P(B) = 0.6, \quad P(A \mid B) = 0.3$$

일 때 다음 확률을 구하여라.

(a) $P(A \cap B)$

(b) $P(A \cup B)$

7. 도시주변 특정지역에 살고 있는 주민의 60%는 농사를 지으며 농사짓는 사람 중 30%는 65세 이상의 노인이고, 농사를 짓지 않은 사람 중 20%도 65세 이상의 노인이다.

(a) 이 지역에서 농사를 짓는 노인은 전체 주민의 몇 %인가?

(b) 이 지역에서 살고 있는 노인은 전체 주민의 몇 %인가?

8. 두 사상 A, B에 대하여

$$P(A \cap B) = \frac{1}{5}, \; P(A \mid B) = \frac{3}{10}, \; P(B \mid A) = \frac{1}{2}$$

일 때 다음 확률을 구하여라.

(a) $P(A)$

(b) $P(B)$

9. 어느 대학교수가 학생들에게 다음시간에 간단한 퀴즈시험을 치루겠다고 10문제를 예고하여 그중 4문제를 출제하겠다고 하였다. 어떤 학생이 이중 6문제만 공부하여 왔다면 출제된 4문제 모두가 이 학생이 공부한 6문제 범위내에 있을 확률은 얼마인가?

10. 어떤 도시의 시민의 60%는 시내버스를 이용하고 그중 30%는 영업용택시도 이용한다. 그 도시 전체시민의 20%가 영업용택시를 이용한다고 할 때, 어떤 한 시민이 시내버스나 영업용택시중 적어도 하나를 이용할 확률은 얼마인가?

11. 40명으로 된 학급에 생일이 같은 학생이 있을 확률을 구하여라. 단 1년을 365일로 하고, 모든 사람이 1년중 어떤 날이 그의 생일이 될 가능성이 같다고 한다.

12. 어느날 아침 일기예보에서 그날 비가 올 확률은 70%라고 발표하였다. 그런데 어느 역술가는 이날 날씨가 맑을 것이라고 예언하였다. 평소 때 그 역술가의 적중률은 90%였다고 한다. 이 역술가의 예측을 감안하였을 때 그날 날씨가 맑을 확률은 얼마인가?

13. 어떤 대학 졸업예정자가 A회사와 B회사에 입사원서를 제출했다. 그 학생이 A회사에 입사할 확률은 0.8, B회사에 입사할 확률은 0.6, A회사 B회사 어느 회사에도 입사가 안 될 확률이 0.1 일 때 어느 한 회사에만 입사하게 될 확률은 얼마인가?

14. A상자에는 2개의 빨간공과 3개의 노란공이 들어있고, B상자에는 반대로 3개의 빨간공과 2개의 노란공이 들어있다. B상자에서 임의로 1개의 공을 꺼내어 A상자에 넣은 다음 A상자에서 1개의 공을 꺼낼 때 그것이 빨간공일 확률은 얼마인가?

15. 6개의 빨간공과, 1개의 노란공이 들어있는 상자가 있다. 7명이 차례로 상자에서 공을 하나씩 꺼낼 때

(a) 노란공을 꺼낼 확률은 몇 번째 꺼낼 때 가장 큰가?

(b) 노란공이 2개, 빨간공이 5개가 들어 있었다면 노란공을 꺼낼 확률은 몇 번째 꺼낼 때 가장 큰가?

16. 올림픽 경기에 나가는 개인종목의 선수중 70%는 합숙훈련을 하였다. 합숙훈련을 한 사람의 3%와 합숙훈련을 안한사람의 2%가 금메달을 받았다. 어떤 사람이 금메달을 받았다면 그 사람이 합숙훈련을 하였을 확률은 얼마인가?

17. 어떤 전열기의 전원휴즈는 5개의 병렬장치로 연결되어 있다고 한다. 적어도 하나의 휴즈가 연결되어 있으면 전열기는 작동된다. 각 휴즈가 끊어지는 것은 독립이고 각 휴즈가 끊어질 확률이 0.02라고 하면 이 전열기가 정상적으로 작동될 확률은 얼마인가?

18. 사상 A와 B가 독립일 때 A와 B^c가 독립임을 설명하여라.

Chapter 05 확률변수

확률론에서 연구했던 표본공간의 원소들은 숫자의 형태와 숫자가 아닌 형태로 구분된다. 어떤 형태든 표본공간의 원소를 숫자와 대응시켰을 때, 그 값이 유한하거나 셀 수 있는 경우와 셀 수 없는 경우로 구분되는데 전자를 이산형 확률변수(discrete random variable)라 하고, 후자를 연속형 확률변수(continuous random variable)라 한다. 또한, 확률변수에 대응되는 확률값을 확률분포라 한다. 이때 확률변수와 분포는 통계적 추론이나 검정에서 중요한 역할을 한다.

5.1 이산형 확률변수

표 5.1은 우리나라 20세 이상 인구 중 경제활동인구의 산업체별 취업현황이다.

〈표 5.1〉 산업별 취업현황

(단위 : 천명)

분야별	취업인구(f)	상대도수(f/N)
농림・어업	2,633	0.151
광업・제조업	4,818	0.276
사회간접자본 및 서비스업	9,563	0.547
실업자	453	0.026
합　계	17,467(=N)	1.000

표에서 광업・제조업에 종사하는 경제활동인구는 17,467천 명 중에서 4,818천 명, 즉 27.6%에 달한다. 이때 경제활동 연령에 도달한 각 개인의 취업상황에 대한 표본공간(sample space)은 숫자의 형태가 아닌 경우이다. 숫자가 아닌 경우는 통계적 분석이나 추

론에 편리하도록 숫자로 바꾸어 주는데, 이를 코오딩(coding)이라고 한다.

표본공간에 존재하는 모든 원소를 실수로 대응시켜 만들어진 집합을 **확률변수**(random variable)라 하며 알파벳의 대문자로 표시한다. 앞의 예에서는 농업·임업분야를 '1'로, 광업·제조업을 '2'로, 사회간접자본 및 서비스업을 '3'으로, 실업자를 '4'로 대응시킬 때, 확률변수는 {1, 2, 3, 4}와 같이 나타낼 수 있다. 이때 셀 수 있는 자료의 집합이므로 **이산형 확률변수**이며 X 또는 Y로 표시한다.

표본공간 (또는 모집단)의 각 점들이 주어진 확률에 따라 표본으로 뽑힐 확률이 결정되므로, 표본의 각 점이 취하는 확률의 값도 역시 표본공간의 확률구조에 의존하게 된다. 예를 들면, 두 개의 동전을 던졌을 때의 표본공간은 $S=\{(T,T),(T,H),(H,T),(H,H)\}$이 된다. 이때 표면의 수에 관심이 있다면 표본공간의 각 점에 표면의 수를 대응시키게 된다. 따라서 확률변수는 $X=\{0,1,2\}$로 나타난다. 이것이 의미하는 바는 $X\{(T,T)\}=0$, $X\{(T,H)\}=1$, $X\{(H,T)\}=1$, $X\{(H,H)\}=2$가 되므로 확률변수 X는 표본공간 위에서 정의되는 함수의 역할을 하게 된다.

반면, 표면의 개수에 따라 100원씩 받는다는 게임을 생각하면 함수관계는 $Y\{(T,T)\}=0$, $Y\{(T,H)\}=100$, $Y\{(H,T)\}=100$, $Y\{(H,H)\}=200$이 되며 확률변수 $Y=\{0, 100, 200\}$과 같이 된다. 따라서 같은 표본공간이라 할지라도 관심대상이 틀림으로 인하여 확률변수의 각 원소가 틀려진다. 하지만 확률변수의 각 점에 부여되는 확률은 동일하다.

이때 표본공간의 각 점에 부여되는 확률이 확률변수에 이전됨으로,

$$P(X=0)=\frac{1}{4},\ P(X=1)=\frac{1}{2},\ P(X=2)=\frac{1}{4}$$

이 되며 동시에 $P(Y=0)=\frac{1}{4}$, $P(Y=100)=\frac{1}{2}$, $P(Y=200)=\frac{1}{4}$이 되는 것이다.

확률론에서는 표본공간이 각 점에 대응하는 확률을 알고 있다고 가정하에서 확률변수의 성질을 연구하게 되고, 통계학에서는 실험을 통해 나타날 수 있는 가능한 모든 경우의 실현 값에 대한 확률법칙을 규명코자 하는데 주안점이 두어진다. 따라서 확률법칙을 규명한다는 것은 확률변수의 분포를 규명한다는 의미이다. 확률변수의 각 점에 확률을 대응시켰을 때의 관계를 확률변수의 분포(distribution)라 한다. 앞에서 예시하였던 산업체별 취업현황에서 분야별 상대도수표에서 각 분야를 실수값(여기서는 1, 2, 3, 4)으로 대응시켜 표를 만든다면 이를 상대도수 분포(relative frequency distribution)라 하고, 상대도수 대신 확률을 넣으면 확률분포(probability distribution)라 한다. <표 5. 2>는 상대도수 대신 확률을 넣었을 때 확률변수 X의 확률분포이다.

〈표 5.2〉 확률변수 X 의 확률분포

분야(x)	확률$P(X=x)$
1	0.151
2	0.276
3	0.547
4	0.026
Σ	1.000

위 표에서 경제인구 한 사람을 뽑아 취업분야가 광업 · 제조업일 확률은 0.276으로서

$$P(X=2)=0.276$$

과 같이 나타낼 수 있다. 또한 모든 분야별 확률을 전부 합하면 1이다. 즉,

$$\begin{aligned}\sum_x P(X=x) &= \sum_{x=1}^{4} P(X=x)\\ &= P(X=1)+P(X=2)+P(X=3)+P(X=4)\\ &= 1.000\end{aligned}$$

(위의 식에서 $\sum_x$는 x의 모든 값에 대하여 합한다는 뜻이다.)

예제 5-1

<표 5.3>은 우리나라 국민학교 아동들의 취학현황을 나타낸 표이다. (0은 유치원, 1은 국민학교 1학년 아동 등을 나타낸다.)

〈표 5.3〉 국민학교의 각 학년별 취학 아동수

학년(x)	취학아동수(f)
0	314,692
1	758,347
2	762,516
3	735,181
4	796,550
5	862,720
6	896,356
	5,126,362(=N)

(a) 선택된 학생이 5학년이 될 사상을 확률변수 기호를 사용하여 나타내라.
(b) $P(X=5)$를 구하고 백분율(%)로 나타내라.
(c) $P(4)$를 구하여라.
(d) 확률변수 X의 확률분포를 구하여라.

풀이 (a) 한 아동을 선택했을 때 5학년이 될 사상은 집합 기호를 써서 $\{X=5\}$와 같이 나타낸다.
(b) $P(X=5) = f/N = 862,720/5,126,362 = 0.168$ 즉, 16.8%
(c) $P(4) = P(X=4) = 0.155$
(d) 확률변수 X의 분포는 표5. 4와 같이 구할 수 있다.

〈표 5.4〉 확률변수 X의 확률분포

학 년 (X)	0	1	2	3	4	5	6	計
확률 $P(X=x)$	0.061	0.148	0.149	0.144	0.155	0.168	0.175	1.000

표본공간, 확률변수 및 확률과의 관계는 [그림 5. 1]과 같이 요약할 수 있다.

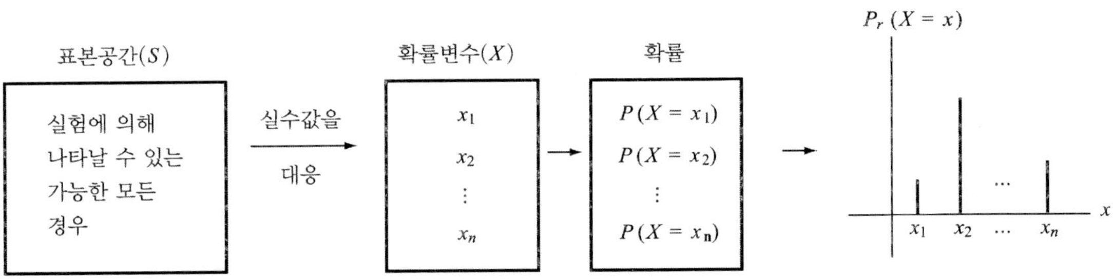

[그림 5.1] 표본공간, 확률변수와 확률과의 관계

$x_1, x_2, ..., x_n$이란 값을 갖는 확률변수 X와 확률과의 관계를 나타내는 식을 $P(X=x)=f(x)$라 한다면 $f(x)$를 확률변수 X의 **확률밀도함수**(probability density function)라고 한다.

이산형 확률밀도 함수의 성질

1. $f(x_i) \geq 0, \quad i = 1, 2, ..., n$
2. $\sum_{i=1}^{n} f(x_i) = 1$
3. A를 X의 부분집합이라면 $P(A) = \sum_{A} f(x_i)$

5.2 연속형 확률변수

단위 시간에 어떤 상점에 입장하는 고객의 수는 이산형 확률변수를 갖는 반면에 처음 고객이 입장할 때까지 기다리는 시간은 1분이나 2분과 같이 근사적인 측정시간으로 나타낼 수도 있다. 즉, 자료 수집의 편의 또는 측정기기의 제약에 따라 측정될 수 밖에 없는 것은 시간 이외에도 무게, 온도, 거리 등과 같은 자료들이 있다. 이와 같은 자료들은 실수 구간으로 나타낼 수 밖에 없는데, 실수구간으로 표시되는 변수들을 **연속형 확률변수**(continuous random variable)라 한다.

연속형 확률변수는 이산형 확률변수와 같이 확률을 나타낼 수 없지만, 어떤 구간(예를 들면, $a \leq x \leq b$)에서 만족할 수 있는 곡선의 방정식으로 나타낸다. 이 곡선의 방정식을 연속형 확률변수의 **확률밀도함수**(probability density function, 약해서 pdf라 표시)라 한다. [그림 5. 2]에서 나타난 곡선의 방정식은 정의되는 구간 [a, b]사이의 곡선 밑의 면적이 1이며, $f(x) \geq 0$인 것으로서 이 곡선의 방정식$f(x)$는 연속형 확률변수의 확률밀도 함수이다.

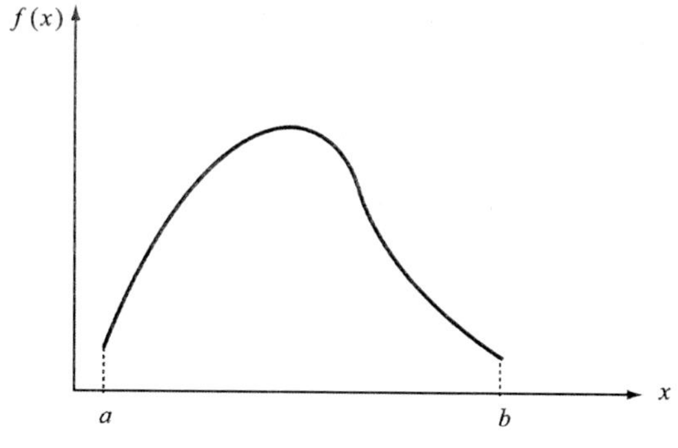

[그림 5.2] 확률밀도함수

연속형 확률변수의 확률밀도함수의 성질

1. $f(x) \geq 0$, 즉 확률밀도함수는 항상 0보다 커야 하며,
2. $\int_{-\infty}^{\infty} f(x)dx = 1$, 즉 정의되는 구간의 면적은 1이어야 하고,
3. $P(a < X < b) = P(a \leq X < b) = P(a < X \leq b)$
$$= P(a \leq X \leq b) = \int_a^b f(x)dx$$
4. $P(X = x) = 0$

예제 5-2

어떤 조립기계 생산업자는 새로운 기계의 수명을 측정하는 함수로서

$$f(x) = kx - \frac{3}{4}x^2, \quad 0 < x < 2$$

을 이용한다고 한다. (단, 수명의 단위는 년이다.)

(a) 확률밀도함수가 되기 위한 k의 값은 얼마인가?

(b) 1년 이상을 이상이 없이 사용할 확률은 얼마인가?

풀이 (a) 연속형 확률밀도함수의 성질 2를 이용하여

$$\int_0^2 (kx - \frac{3}{4}x^2)dx = 2k - 2 = 1 \text{ 이므로 } k = \frac{3}{2} \text{ 이다.}$$

(b) $P(X \geq 1) = \int_1^2 (\frac{3}{2}x - \frac{3}{4}x^2)dx = \frac{1}{2}$

5.3 수학적 기대값

확률의 의미 중에는 무한히 반복되는 실험중에서 상대도수로 해석하는 경우도 있다. 한가지 실험을 같은 조건하에서 여러번 반복하여 시행했을 때, 어떤 사상은 많은 횟수로 나타나는 반면에 어떤 사상은 적은 횟수로 나타나기도 한다. 이와같이 출현횟수의 상대도수에 의해 결정되어지는 확률이 각각의 표본점에 따라 작은 경우와 큰 경우로 나누어지

며, 동시에 표본점에 반영이 된다. 따라서 각 표본점은 확률변수의 각 점에 대응이 되므로, 주어진 확률변수도 출현가능성이 큰 것과 작은 것으로 나누어지기도 한다. 이런 관점에서 확률변수의 특성을 나타내는 측도(예를 들면 평균, 표준편차, 분산, 왜도, 첨도 등)를 구할 경우에도 그 출현 가능성의 정도를 생각해야 한다. 큰 확률과 결부된 확률변수는 그만큼 크게 반영되어야 하고, 작으면 작게 반영이 되어야 함은 물론이다. 이렇게 확률의 크기에 따라 비중을 두고 구한 특성의 측도들은 무수히 많은 실험을 행했을 때 나타날 수 있는 정도와 같을 것이다. 따라서 특성의 측도를 계산할 때 확률이라는 가중치를 부과하게 됨으로 가중된 특성의 측도의 의미가 있게 된다. 평균이라고 하면 가정된 평균이란 의미이며 이를 **수학적 기대값**(mathematical expectation) 또는 **기댓값**(expected value)이라 한다. 확률변수 X의 수학적 기대값을 E(X) 또는 μ_X로 표기한다.

이산형 확률변수 X가 $x_1, x_2, ..., x_n$의 값을 갖고 동시에 각각의 확률을

$$P(X=x_1)=f(x_1),\quad P(X=x_2)=f(x_2), \ldots, P(X=x_n)=f(x_n)$$

이라면

$$\mu_X = E(X) = \sum_{i=1}^{n} x_i P(X=x_i) = \sum_{i=1}^{n} x_i f(x_i)$$

이고, 연속형 확률변수가 구간 (a, b)에서 정의되어진다면,

$$\mu_X = E(X) = \int_a^b x f(x) dx$$

가 되며, 이를 확률변수 X의 평균 또는 기대값이라 한다.

자료의 중심위치와 산포도는 각각 그 평균과 분산을 구하여 알 수 있는 것과 마찬가지로 확률분포의 중심위치와 산포도도 각각 확률변수의 기댓값(평균)과 분산을 구하여 알 수 있다. 이산확률변수와 연속확률변수의 기댓값은 다음과 같이 정의된다.

확률변수의 기대값(평균)

확률변수 X의 확률밀도 함수를 $f(x)$라 할 때

$$\mu_X = E(X) = \begin{cases} \sum_{i=1}^{n} x_i f(x_i) & (\text{이산형 확률변수}) \\ \int_a^b x f(x) dx & (\text{연속형 확률변수}) \end{cases}$$

예제 5-3

동전을 2회 던지는 실험에서 표면의 개수를 x라 할 때, 확률변수 X의 평균과 $Y=-2X+1$의 평균을 구하여라.

풀이 실험에서 표면의 개수 x는 0, 1, 2의 값을 갖게 되며 확률변수 X의 확률은 <표 5.5>와 같고, 확률변수 Y의 값은 $x=0$일 때 $y=1$이고, $x=1$일 때 $y=-1$이며 $x=2$일때 $y=-3$이 된다. 따라서 Y의 확률은 <표 5.6>과 같다.

〈표 5.5〉 X의 확률분포

x	0	1	2
$P(X=x)$	1/4	2/4	1/4

〈표 5.6〉 Y의 확률분포

y	−3	−1	1
$P(Y=y)$	1/4	2/4	1/4

따라서

$$\mu_X = \sum_{x=0}^{2} x\, P(X=x) = 0\times\frac{1}{4}+1\times\frac{2}{4}+2\times\frac{1}{4} = 1$$

$$\mu_Y = \sum_{y} y\, P(Y=y) = (-3)\times\frac{1}{4}+(-1)\times\frac{2}{4}+1\times\frac{1}{4} = -1$$

예제 5-4

확률변수 X의 확률밀도함수를 $f(x)$라 할 때 평균을 구하여라.

$$f(x) = 1, \quad 0\le x\le 1$$

풀이

$$\mu_X = \int_{-\infty}^{\infty} x f(x) dx = \int_0^1 x\, dx = \frac{1}{2}$$

기대값의 성질은 합 ($\sum$)과 정적분의 성질에 의하여 쉽게 증명이 된다.

기대값의 성질

a, b, c가 상수이고 X_1, X_2가 확률변수라 하면 (단, 복호동순)

1. $E(c) = c$
2. $E(aX\pm b) = aE(X)\pm b$
3. $E(aX_1\pm bX_2) = aE(X_1)\pm bE(X_2)$

확률변수 X의 **수학적 변환**(mathematical transformation)에 의해 생길 X의 함수$h(X)$도 확률변수이다. $Y=h(X)$라 하면 확률변수 Y의 확률은 확률변수 X의 확률과 같다. 따라서 Y의 기대값은

$$E(Y) = E\{h(X)\} = \begin{cases} \sum_x h(x)P(X=x) & (\text{이산형 확률변수}) \\ \int_{-\infty}^{\infty} h(x)f(x)dx & (\text{연속형 확률변수}) \end{cases}$$

와 같이 정의되어지며 특히 $h(x) = (x-\mu_X)^2$일 때, 즉 $E(X-\mu_X)^2$은 평균 μ_X를 중심으로 흩어진 정도를 나타내는 측도로서 **분산**(variance)이라 하며 σ_X^2 또는 $Var(X)$으로 표시하고, 분산의 제곱근 ($\sqrt{Var(X)}$)을 **표준편차**(standard deviation)라 하며 σ_X또는 $sd(X)$로 나타낸다.

확률변수 X의 분산은 다음과 같이 정의 된다.

확률변수의 분산과 표준편차

확률변수 X의 평균을 μ_X 분산을 σ_X^2 또는 $Var(X)$라 하면

$$\sigma_X^2 = Var(X) = E(X-\mu_X)^2$$

$$= \begin{cases} \sum_{i=1}^{n} (x_i-\mu_x)^2 p(X=x_i) & (\text{이산형확률변수}) \\ \int_a^b (x-\mu_X)^2 f(x)ds & (\text{연속형확률변수}) \end{cases}$$

확률변수 X의 표준편차를 σ_X 또는 $sd(X)$라 하면

$$\sigma_X = sd(X) = \sqrt{Var(X)}$$

확률변수 X의 분산과 표준편차는 항상 양의 값으로 X의 확률분포가 평균을 중심으로 흩어져 있으면 있을수록 커진다. 분산은 다음과 같이 간단하게 계산할 수 있다.

$\sigma_X^2 = E(X-\mu_X)^2$의 간단한 계산을 위하여 전개하여 정리하면,

$$\sigma_X^2 = E(X-\mu_X)^2 = E(X^2) - 2\mu_X E(X) + \mu_X^2$$

$$= E(X^2) - \mu_X^2$$

와 같은 방법으로 계산할 수 있다.

분산과 표준편차의 성질

확률변수 X의 확률밀도함수를 $f(x)$라 하고 a, b, c는 상수라 할 때

1. $Var(c) = 0$
2. $Var(aX) = a^2 Var(X)$
3. $Var(aX \pm b) = a^2 Var(X)$
4. $Var(aX_1 \pm bX_2) = a^2 Var(X_1) + b^2 Var(X_2)$,

   단 X_1과 X_2는 독립이다.
5. $sd(aX) = |a| sd(X)$

예제 5-5

예제 5.3에서 X의 분산과 표준편차를 계산하여라.

풀이 <표 5.5>의 확률분포에 의하여

$$E(X^2) = \sum_x x^2 P(X = x)$$

$$= 0 \times \frac{1}{4} + 1^2 \times \frac{2}{4} + 2^2 \times \frac{1}{4} = \frac{3}{2}$$

따라서 분산의 간편한 공식에 의거

$$\sigma_X^2 = E(X^2) - \mu_X^2 = \frac{3}{2} - 1^2 = \frac{1}{2}$$

$$\sigma_X = \frac{1}{\sqrt{2}}$$

예제 5-6

예제 5.4에서 X의 분산과 표준편차를 구하여라.

풀이

$$\sigma_X^2 = E(X^2) - \mu_X^2 = \int_0^1 x^2 dx - \left(\frac{1}{2}\right)^2$$

$$= \frac{1}{3} - \frac{1}{4} = \frac{1}{12}$$

$$\sigma_X = 1/\sqrt{12}$$

확률변수가 통계조사인 모집단의 분포에 대한 이론적 모형으로 사용될 때는 X의 평균 μ_X는 모평균(population mean), 분산 σ_X^2은 모분산(population variance), 표준편차 σ_X는 모표준편차(population standard deviation)라 한다.

5.4 두 확률변수의 결합분포

앞 절에서는 확률변수가 한 개일 때의 분포에 대하여 설명하였다. 이 절에서는 두 개 이상의 확률변수가 상호작용하면서 확률을 갖고 관측되는 변수들간의 관계의 정도와 각 변수들의 확률적 형태에 대하여 설명하겠다 예컨대, 학생들의 수리적 능력과 문학적 능력을 알기 위하여 수학과 국어시험을 치뤄 그 결과를 관찰하든지, 아버지의 키가 아들의 키에 영향을 미치는지 등 여러 가지 자연현상에서 두 개 이상의 변수가 서로 작용하여 나타나는 경우가 많다.

확률변수 X의 값은 $x_1, x_2, \ldots, x_n$이라 하고 확률변수 Y의 값은 $y_1, y_2, \ldots, y_m$이며, 확률변수 X와 Y가 동시에 가정되는 확률을 $f(x_i,\ y_i) = P(X = x_i,\ Y = y_i)$이라 한다면, 확률변수 X와 Y의 결합확률분포(joint probability distribution)는 <표 5.7>과 같다.

〈표 5.7〉 X와 Y의 결합 확률 분포

Y \ X	y_1	y_2	…	y_m
x_1	$f(x_1, y_1)$	$f(x_1, y_2)$	…	$f(x_1, y_m)$
x_2	$f(x_2, y_1)$	$f(x_2, y_2)$	…	$f(x_2, y_m)$
:	:	:	:	:
x_n	$f(x_n, y_1)$	$f(x_n, y_2)$	…	$f(x_n, y_m)$

$(x_i,\ y_i)$를 $P(X = x_i, Y = y_i)$에 대응시켜 주는 관계를 X와 Y의 **결합확률밀도함수** (joint probability density function)라 하며 $f(x,\ y)$라 표시한다면

$$f(x,\ y) = \begin{cases} P(X = x_i,\ Y = y_j), & i = 1,\ 2,\ \ldots,\ n, \quad j = 1,\ 2,\ \ldots,\ m \\ 0 & ,\ \text{기타의 경우} \end{cases}$$

이며 일변량의 경우와 같이 모든 확률의 합은 1이며 또한 x와 y가 어떤 값을 갖더라도 $f(x,\ y) \geq 0$인 음이 아닌 실수이다. 다음의 성질은 이산확률변수인 경우만 생각한다. 연속형인 경우도 이를 확장시켜 구할 수 있다.

결합확률밀도 함수의 성질

2개의 이산확률변수 X와 Y의 값을 각각 x_i, $i = 1,2, \ldots, n$와 y_j, $j = 1, 2, \ldots, m$ 일 때

1. $f(x_i, y_j) \geq 0, i = 1, 2, \ldots, n, \quad j = 1, 2, \ldots, m$

2. $\sum_{i=1}^{n}\sum_{j=1}^{m} f(x_i, y_j) = \sum_{i=1}^{n}\sum_{j=1}^{m} P(X = x_i, Y = y_j) = 1$

3. $P(a \leq X < b, c < Y \leq d) = \sum_{a \leq x < b}\sum_{c < y \leq d} P(X = x_i, Y = y_i)$

예제 5-7

서로 다른 동전 A, B, C를 동시에 던지는 실험에서 확률변수 X, Y, Z를 다음과 같이 정의하자.

$$X = \begin{cases} 1, & \text{동전 } A\text{가 표면일 때} \\ 0, & \text{동전 } A\text{가 이면일 때} \end{cases}$$

$$Y = \begin{cases} 1, & \text{동전 } A, B\text{가 모두 표면일 때} \\ 0, & \text{그렇지 않을 때} \end{cases}$$

$$Z = \begin{cases} 1, & \text{동전 } B, C\text{가 모두 표면일 때} \\ 0, & \text{그렇지 않을 때} \end{cases}$$

이때 X와 Y, Z의 결합확률분포를 구하여라.

풀이 이 실험에서 각 표본공간에 대응하는 X, Y, Z의 값을 <표 5.8>과 같이 구할 수 있다. 이 표를 정리하면 각 결합확률분포는 표 5.9와 표 5.10과 같이 된다.

〈표 5.8〉 표본공간과 확률변수 X, Y, Z

표본공간	(HHH)	(HHT)	(HTH)	(HTT)	(THH)	(THT)	(TTH)	(TTT)
X	1	1	1	1	0	0	0	0
Y	1	1	0	0	0	0	0	0
Z	1	0	0	0	1	0	0	0

〈표 5.9〉 X와 Y의 결합분포

Y \ X	0	1	행의 합
0	1/2	1/4	3/4
1	0	1/4	1/4
열의 합	1/2	1/2	1

〈표 5.10〉 X와 Z의 결합분포

Z \ X	0	1	행의 합
0	3/8	3/8	6/8
1	1/8	1/8	2/8
열의 합	1/2	1/2	1

또한 각 확률변수의 분포는 <표 5.11>과 같다.

〈표 5.11〉 X, Y, Z의 확률분포

X	0	1
$P(X=x)$	1/2	1/2

Y	0	1
$P(Y=y)$	3/4	1/4

Z	0	1
$P(Z=z)$	3/4	1/4

<표 5.9>와 <표 5.10>에서 행의 합은 확률변수 Y와 Z의 분포로서, <표 5.11>에서 보는 바와 같은 분포를 갖고 있음을 알 수 있고 또 열의 합은 확률변수 X의 분포로서 <표 5.11>에서 보는 바와 같이 같은 확률을 갖고 있다.

결합확률밀도함수에서 열의 합은 X의 **주변확률분포**(marginal probability distribution)라 하고 $f_X(x)$로 표시하며, <표 5.9>에서 행의 합은 Y의 주변확률분포이고 <표 5.10>은 z의 주변확률분포로서 각각 $f_Y(y)$, $f_Z(z)$로 표시한다.

확률변수 X와 Y의 결합확률밀도함수를 $f(x, y)$라고 한다면, X와 Y의 **주변확률밀도함수**(marginal probability density function)는 각각

$$f_X(x) = \sum_y P(X=x,\ Y=y) = \sum_y f(x,\ y)$$

$$f_Y(y) = \sum_x P(X=x,\ Y=y) = \sum_x f(x,\ y)$$

와 같이 정의되며, 확률변수 X와 Y의 평균은

$$\mu_X = \sum_x x f_X(x)$$

$$\mu_Y = \sum_y y f_Y(y)$$

로 정의한다.

예제 5-8

1, 2, 3의 숫자가 적혀진 3개의 같은 모양의 공을 통속에 넣고 잘 흔든 다음 2개를 순서대로 꺼낸다고 할 때 (다시 집어 넣지 않는다.)
X를 첫 번째 뽑힌 공에 적힌 수, Y를 두 번째 뽑힌 공에 적힌 수라고 할 때 X와 Y의 결합확률분포를 구하고 각 확률변수의 평균과 분산을 구하여라.

풀이 문제의 주문에 맞게 결합확률을 구하면 <표 5.12>와 같다. (왜 그렇게 됐는지는 각자가 생각하기 바란다.)

아래 표에 의하여 평균과 분산을 각각 구하면,

$$\mu_X = 1\times\frac{1}{3}+2\times\frac{1}{3}+3\times\frac{1}{3} = 2$$

$$\sigma_X^2 = E(X^2)-\mu_X^2 = 1^2\times\frac{1}{3}+2^2\times\frac{1}{3}+3^2\times\frac{1}{3}-(2)^2 = \frac{2}{3}$$

$$\mu_Y = 1\times\frac{1}{3}+2\times\frac{1}{3}+3\times\frac{1}{3} = 2$$

$$\begin{aligned}\sigma_Y^2 &= E(Y^2)-\mu_Y^2 \\ &= 1^2\times\frac{1}{3}+2^2\times\frac{1}{3}+3^2\times\frac{1}{3} - (2)^2 = \frac{2}{3}\end{aligned}$$

〈표 5.12〉 X, Y의 결합확률분포표

Y \ X	1	2	3	$f_y(y)$
1	0	1/6	1/6	1/3
2	1/6	0	1/6	1/3
3	1/6	1/6	0	1/3
$f_x(x)$	1/3	1/3	1/3	1

5.5 공분산과 상관계수

2변량 결합확률밀도함수에서 두 변량 사이에 선형관계가 존재한다고 가정할 때, 어느 정도로 관련성이 있는가를 측정하고자 한다. 두 변수의 편차를 각각 $X-\mu_X$, $Y-\mu_Y$라고 할 때 X의 큰 값에 대응하는 Y의 값이 작다면 편차의 곱 $(X-\mu_X)(Y-\mu_Y)$는 음의 값을 갖게 되고, X의 큰 값에 Y의 큰 값이 대응한다면 그 곱은 양의 값을 갖게 될 것이다. 따라서 X의 값과 Y의 값이 같은 방향으로 변하면 양(+)의 값을 갖게 되나, 반대방향이면 음 (-)의 값을 갖게 된다. 그러므로 $E[(X-\mu_X)(Y-\mu_Y)]$의 크기와 부호는 X와 Y의 관계에 대한 강도의 정도와 방향을 나타낼 수 있는 척도가 될 것이다. 이때 이를 **공분산**(covariance)라 하고 $Cov(X, Y)$로 표시한다. 이를 풀어 전개하면,

$$\begin{aligned}Cov(X, Y) &= E[(X-\mu_X)(Y-\mu_Y)] \\ &= E(XY) - \mu_X\mu_Y\end{aligned}$$

와 같은 간단한 식으로 나타날 수 있을 것이다.

그러나 공분산의 값은 X와 Y의 측정단위에 의존하게 되어 서로 틀린 측정단위를 갖는 표본이나 모집단에서는 이를 사용하는 것이 바람직하지 않다. 따라서 측정단의에 의존치 않는 측정값이 필요하게 된다. 이를 만족시켜 주기 위하여 X와 Y의 표준편차로 공분산을 나누어 주면 목적을 달성할 수 있다. 이런 측정도구를 확률변수 X와 Y의 상관계수 (correlation coefficient)라 하고 $Corr(X,\ Y)$나 또는 ρ_{XY}로 표기한다. 즉,

$$Corr(X, Y) = Cov(X, Y)/\sigma_X \sigma_Y$$

공분산과 상관계수

확률변수 X와 Y의 각각의 평균을 μ_X, μ_Y, 분산을 각각 σ_X^2, σ_Y^2이라 한다면,

1. $Cov(X,\ Y) = E[(X-\mu_X)(Y-\mu_Y)] = E(XY) - \mu_X \mu_Y$
2. $Corr(X, Y) = Cov(X, Y)/\sigma_X \sigma_Y$

예제 5-9

한 개의 동전을 3번 던지는 실험을 생각하자. X는 두 번 던질 때까지의 표면의 수이고 Y는 세 번째 던졌을 때 나타나는 표면의 수라고 할 때, X와 Y의 결합확률분포를 구하고 공분산과 상관계수를 계산하여라.

풀이 X와 Y의 결합확률밀도함수는 <표 5.13>과 같다.
<표 5.13>에 의하여 공분산과 상관계수를 구하면

$$\mu_X = 0\times\frac{1}{4}+1\times\frac{1}{2}+2\times\frac{1}{4} = 1$$

$$\mu_Y = 0\times\frac{1}{2}+1\times\frac{1}{2} = \frac{1}{2}$$

$$\sigma_X^2 = 0\times\frac{1}{4}+1^2\times\frac{1}{2}+2^2\times\frac{1}{4}-1^2 = \frac{1}{2}$$

$$\sigma_Y^2 = 0\times\frac{1}{2}+1^2\times\frac{1}{2}-\left(\frac{1}{2}\right)^2 = \frac{1}{4}$$

$$Cov(X, Y) = 0\times 0\times\frac{1}{8}+1\times 0\times\frac{2}{8}+2\times 0\times\frac{1}{8}+0\times 1\times\frac{1}{8}$$

$$+1\times 1\times\frac{2}{8}+2\times 1\times\frac{1}{8}-(1)\left(\frac{1}{2}\right) = 0$$

$$Corr(X, Y) = 0 \Big/ \left(\sqrt{\frac{1}{2}} \sqrt{\frac{1}{4}} \right) = 0$$

〈표 5.13〉 X, Y의 결합확률분포표

Y \ X	0	1	2	$f_y(y)$
0	1/8	2/8	1/8	1/2
1	1/8	2/8	1/8	1/2
$f_x(x)$	1/4	1/2	1/4	1

지금 예제에서 상관계수가 0이다. 이는 X와 Y가 서로 상관이 전혀 없다는 것을 표시한다.

상관계수의 성질

1. $-1 \leq Corr(X, Y) \leq$ 이며, -1일 때는 음의 완전상관이고 $+1$ 일 때는 양의 완전상관을 의미한다.
2. $U = aX + b$, $V = cY + d$ (a, b, c, d는 상수)일 때

$$Corr(U, V) = \begin{cases} Corr(X, Y), & ac > 0 \\ -Corr(X, Y), & ac < 0 \end{cases}$$

이는 중심이동이나 분산의 확장, 축소에 영향을 받지 않는다는 뜻인데 반하여, $Cov(U, V) = ac\, Cov(X, Y)$는 분산의 확장, 축소에 영향이 있다는 뜻이다.

기대값의 성질을 이용하여 두 개의 확률분포의 합과 차의 분산을 계산하면

$$Var(X + Y) = Var(X) + Var(Y) + 2\, Cov(X, Y)$$

$$Var(X - Y) = Var(X) + Var(Y) - 2\, Cov(X, Y)$$

이 된다.

5.6 두 확률변수의 독립성

두 개의 확률변수의 독립성은 통계학에서 중요한 역할을 하게 되는데, 이는 확률변수 X의 사상과 확률변수 Y의 사상이 아무 상관관계가 없다는 것을 의미한다.

두 확률변수의 독립성

두 개의 확률변수 X와 Y의 결합분포에서 모든 x, y의 쌍$(x,\ y)$에 대하여

1. $f(x, y) = f_X(x) f_Y(y)$
2. $P(X=x,\ Y=y) = P(X=x)P(Y=y)$이 성립할 때 X와 Y는 **서로 독립**(independent)이라 하고, 아닐 때는 **서로 종속**(dependent)이라 한다.
3. X와 Y가 서로 독립이면 반드시 $Cov(X,\ Y) = 0$이 성립하나, 그 역은 항상 성립하지 않는다.

예제 5-10

확률변수 X, Y의 결합확률분포가 <표 5.14>와 같이 주어져 있을 때, X와 Y가 서로 독립인가 아닌가를 밝혀라.

〈표 5.14〉

Y \ X	-1	0	1	$f_y(y)$
0	0	1/3	0	1/3
1	1/3	0	1/3	2/3
$f_x(x)$	1/3	1/3	1/3	1

풀이 한가지 예로서 $P(X=-1,\ Y=0)=0$이나 $P(X=-1)=\dfrac{1}{3}$이고 $P(Y=0)=\dfrac{1}{3}$이므로 $P(X=-1,\ Y=0) \neq P(X=-1)P(Y=0)$이므로 X와 Y는 종속이다. 아울러 이 결합분포의 공분산을 계산해보면 $Cov(X, Y)=0$이 된다. 여기에서 공분산이 0인데도 불구하고 X와 Y는 서로 독립이 되지 않음을 알 수 있다.

연습문제 Exercises

1. 다음은 이산확률변수와 연속확률변수 중 어느 것인가?

(a) 드럼통에 들어 있는 물의 높이

(b) 어느 날 고속도로상에서 발생하는 자동차 사고 건수

(c) 어느 여름날 서울에 떨어지는 강우량

(d) 음료수에 들어 있는 박테리아 수

(e) 대학교 1학년 학생의 키

(f) 김포비행장에 착륙하는 비행기 대수(한시간)

(g) 백화점에서 처음 손님이 들어올 때까지 기다리는 시간

2. 다음 표는 확률변수 X의 확률분포표라고 할 때

X	$P(X=x)$
0	p
1	q

(a) $2X$

(b) $-3X+4$

의 확률분포를 구하여라.

3. 확률변수 X의 확률분포는 아래 표와 같다.

X	-1	0	1	2
$P(X=x)$	2/7	1/7	1/7	3/7

X의 평균을 구하여라.

4. A와 B가 각각 한 개의 주사위를 던진다고 했을 때 같은 숫자를 얻을 확률은 얼마인가?

5. 확률변수 X가 연습문제 2번의 분포를 따른다고 할 경우에 다음을 계산하여라.

(a) $E(2X-6)^2$의 값은 얼마인가?

(b) $E(-3X+4)$의 값은 얼마인가?

6. 연속확률변수 X의 확률밀도함수가 다음과 같을 때 물음에 답하여라.

$$f(x)=\begin{cases} kx, & 0 \le x \le 1\text{인 경우} \\ 0, & x<0,\ x>1\text{인 경우} \end{cases}$$

(a) 상수 k의 값을 구하여라.

(b) E(X), Var(X)의 값을 구하여라.

7. 항아리에 붉은 구슬 3개와 푸른 구슬 5개가 있다. 항아리에서 2개의 공을 꺼낼 때, 붉은 구슬의 개수를 x를 하면 확률변수 X의 분포와 평균을 각각의 경우에 따라 계산하여라.

(a) 복원추출

(b) 비복원추출

8. 확률변수 X가 다음의 확률분포를 갖는다고 한다. 물음에 답하여라.

$$f(x)=\frac{(|x|+1)^2}{9},\quad x=-1,\ 0,\ 1$$

(a) $E(X)$

(b) $E(X^2)$

(c) $E(3X^2-2X+4)$의 값을 계산하여라.

9. $E(X)=5$, $Var(X)=9$, $E(Y)=10$, $Var(Y)=25$이면 (단, X와 Y는 독립)

(a) $E(XY)$, $E(X+2Y)$, $E(13-2X)$

(b) $Var(X-Y)$, $Var(X+2Y)$, $Var(13-2X)$

(c) $Cov(X, Y)$, $Corr(X, Y)$

를 계산하여라.

10. X와 Y는 다음과 같은 결합확률분포를 갖는다.

(a) $E(XY)$의 값을 계산하여라.

(b) $E(X^2Y)$의 값을 계산하여라.

y \ x	2	4
1	0.10	0.15
3	0.20	0.30
5	0.10	0.15

11. 하나의 주사위를 던지는 실험에서 X와 Y를 각각

X : 두 번의 실험에서 나타난 짝수의 횟수

Y : 두 번의 실험에서 나타난 3의 배수의 횟수

라 할 때 다음 물음에 답하여라.

(a) X와 Y의 결합확률분포를 구하여라.

(b) X와 Y의 주변확률분포를 구하여라.

(c) X와 Y의 공분산과 상관계수를 구하여라.

12. 면이 4개인 주사위를 2번 던질 때, 확률변수 X는 처음 던질 때의 나오는 눈의 값이고, Y는 두 번째 던졌을 때 나오는 눈의 합이라 하자.

(a) X와 Y의 결합분포를 구하여라.

(b) X와 Y의 평균과 분산을 구하여라.

(c) 공분산과 상관계수를 구하여라.

13. 경기용차 기사가 경기계절에 대비하여 그의 차에 500만원의 보험을 들고자 한다. 보험회사에서는 전 손실(100%)은 확률 0.02로 일어나고, 50%손실은 확률 0.01로 일어나며, 25% 손실이 확률 0.1로 일어날 것으로 추산한다. 다른 부분의 손실을 무시하고 보험회사는 평균 5만원의 이익을 실현하고자 할 때 매 계절에 얼마의 보험금을 부과하여야 하겠느냐?

14. X와 Y의 결합확률밀도함수가 다음과 같을 때 물음에 답하여라.

$$f(x,\ y) = \frac{1}{4}, \quad (x,\ y) \epsilon R = \{(0,0),(1,1),(1,-1),(2,0)\}$$

(a) X와 Y는 서로 독립인가?

(b) 상관계수를 계산하여 독립성에 대한 문제와 결부시켜 서술하여라.

15. A와 B 두 종류의 곤충에 대한 공존상태를 연구하는 실험에서, 한 나무에서 서식하는 곤충 A, B의 수를 X, Y라 하자. 많은 관찰을 통하여 다음과 같은 X, Y의 결합분포를 얻었다고 한다.

Y \ X	1	12	3	4
0	0	0.05	0.05	0.10
1	0.08	0.15	0.10	0.10
2	0.20	0.12	0.05	0

(a) 한 나무에서 서식하는 B의 수가 A의 수보다 많을 확률을 구하여라.

(b) $E(X)$, $E(Y)$, $sd(X)$, $Cov(X, Y)$를 구하여라.

(c) $Corr(X, Y)$를 구하고, 그 의미를 설명하여라.

Chapter 06 기본적인 확률분포

확률변수(random variable)는 우연적인 실험의 결과에 수치를 활당하는 변수이다. 따라서 수학적으로 확률변수는 표본공간에서 정의된 하나의 수치함수를 말한다. 본 장에서는 기본적인 확률분포로서 이산형 확률변수를 갖는 베르누이 분포, 이항분포, 초기하분포, 포아송분포 등과 연속형 확률변수의 대표적인 분포인 정규분포에 대하여 공부하기로 한다.

6.1 베르누이 분포

우리가 접하는 많은 종류의 실험이나 사회현상들은 두 개의 결과만으로 귀착이 되는 것이 많다. 예를 든다면, 한 개의 동전을 던졌을 때 나타나는 결과, 남・여로 구별되는 신생아의 성별, 합격·불합격으로 판정하는 모든 시험, 제품이나 반제품을 양불량으로 구분하는 품질검사, 세균에 대한 감염여부 등 무수히 많이 존재한다. 그 결과가 좋든지 좋지 않든지 간에 관심의 대상이 되는 쪽을 성공이라 하고, 그렇지 않은 쪽은 실패라고 한다면, 한번의 시행에서 발생하는 표본공간은 성공(S), 실패(F)로 구성된다. 이와 같이 결과가 **상호배타적**(mutually exclusive)인 두 가지 요소 중의 하나로 나타날 때, 이런 실험을 **베르누이 실험**(Bernoulli experiment)이라 한다. 이런 실험에서 매 시행 때마다 성공확률이 같고 다른 시행과는 독립적으로 이루어지는 시행을 **베르누이 시행**(Bernoulli's trial)이라 한다.

베르누이 시행에서 성공의 경우에는 "1"을 실패의 경우에는 '0'으로 대응시킬 때 (즉, $X(S)=1,\ X(F)=0$) 확률변수 X는 베르누이 분포를 갖는다고 하고, 그 확률밀도함수는

$$f(x)=p^x(1-p)^{1-x},\quad x=0,1$$

이 된다. 또한 이 분포의 평균과 분산은 기대값의 정의에 의해 구하면

$$\mu_X = p, \quad \sigma_X^2 = p(1-p)$$

이 됨을 쉽게 알 수 있을 것이다.

베르누이 시행

1. 각 시행의 결과가 성공과 실패로만 나뉜다.
2. 각 시행은 서로 독립(indepedent)이다.
3. 성공할 확률, 즉 $P(S) = p$는 매 시행 때마다 항상 일정해야 하며 $P(S) + P(F) = 1$이다

예제 6-1

주사위를 계속하여 6번 던졌을 때 첫 번째만 1이 나올 확률과, 다섯 번째만 1이 나올 확률을 각각 계산하여라.

풀이 1이 나오는 경우는 성공, 나머지 눈이 나왔을 때는 실패라고 한다면, $P(S) = P(X=1) = \frac{1}{6}$이고 $P(F) = P(X=0) = \frac{5}{6}$인 베르누이시행을 한다는 것을 알 수 있다. 따라서 첫 번째만 1이 나올 확률은

$$\begin{aligned} & P(X_1 = 1,\ X_2 = 0,\ X_3 = 0,\ X_4 = 0,\ X_5 = 0,\ X_6 = 0) \\ &= P(X_1 = 1)P(X_2 = 0)P(X_3 = 0)P(X_4 = 0)P(X_5 = 0)P(X_6 = 0) \\ &= (\frac{1}{6})(\frac{5}{6})(\frac{5}{6})(\frac{5}{6})(\frac{5}{6})(\frac{5}{6}) \\ &= (\frac{1}{6})(\frac{5}{6})^5 = 0.067 \end{aligned}$$

이 되며, 다섯 번째만 1이 나올 확률은

$$\begin{aligned} & P(X_1 = 0,\ X_2 = 0,\ X_3 = 0,\ X_4 = 0,\ X_5 = 1, X_6 = 0) \\ &= (\frac{1}{6})(\frac{5}{6})^5 = 0.067 \end{aligned}$$

이 되어 같음을 알 수 있다.

■

이와 같이 성공과 실패로 구분되는 모집단을 **이범주 모집단**(two-category population)이라 한다. 특수한 특성(예를 들면 성공)을 갖는 이범주 모집단의 정확한 비율은 알 수

없으므로 표본에 의하여 특성을 추정(estimate)할 수밖에는 없다.

6.2 이항분포

성공할 확률이 p인 베르누이 시행을 n번 독립적으로 반복시행했을 때, 성공횟수 x를 확률변수 X가 취하는 값이라 하면, 이것의 분포는 모수가 n과 p를 갖는 **이항분포**(binomial distribution)를 갖는다고 하고, $X \sim B(n, p)$로 나타낸다.

예제 6-2

어떤 질병의 치료에 80%정도 효과적인 약이 있다. 만약 질병이 있는 4사람에게 이 약을 투약했을 때,

(a) 정확히 2사람이 치료될 확률

(b) 정확히 3사람이 치료될 확률

을 계산하여라.

풀이 한 환자가 치유될 사상을 성공(S)이라 하고, 치유되지 않는 경우를 실패(F)라고 하면, 성공할 확률은 $p=0.8$, 실패할 확률은 $1-p=0.2$가 된다. 투약된 4사람이 치유될 경우와 치유되지 않을 경우의 조합과 확률은 표 6.1과 같다.

표 6.1을 이용하여 문제를 풀면

(a) 정확히 2사람이 치유될 경우는 $SSFF$, $SFSF$, $SFFS$, $FSSF$, $FSFS$, $FFSS$의 6가지이다. 각각의 확률은 모두 동일하게 0.0256(즉, 2번 성공할 확률과 2번 실패할 확률의 곱으로 구한다.)이 되며, 각 경우는 독립이므로

$$\begin{aligned} P(2\text{명 치유}) &= P(SSFF)+P(SFSF)+P(SFFS)+P(FSSF) \\ &\quad + P(FSFS)+P(FFSS) \\ &= 0.0256+0.0256+0.0256+0.0256+0.0256+0.0256 \\ &= 0.1536 \end{aligned}$$

따라서, 정확히 2명이 치유될 확률은 0.1536으로서 15.36%다.

〈표 6.1〉

가능한 경우	확 률
SSSS	(0.8)(0.8)(0.8)(0.8) = 0.4096
SSSF	(0.8)(0.8)(0.8)(0.2) = 0.1024

SSFS	(0.8)(0.8)(0.2)(0.8) = 0.1024
SSFF	(0.8)(0.8)(0.2)(0.2) = 0.0256
SFSS	(0.8)(0.2)(0.8)(0.8) = 0.1024
SFSF	(0.8)(0.2)(0.8)(0.2) = 0.0256
SFFS	(0.8)(0.2)(0.2)(0.8) = 0.0256
SFFF	(0.8)(0.2)(0.2)(0.2) = 0.0064
FSSS	(0.2)(0.8)(0.8)(0.8) = 0.1024
FSSF	(0.2)(0.8)(0.8)(0.2) = 0.0256
FSFS	(0.2)(0.8)(0.2)(0.8) = 0.0256
FSFF	(0.2)(0.8)(0.2)(0.2) = 0.0064
FFSS	(0.2)(0.2)(0.8)(0.8) = 0.0256
FFSF	(0.2)(0.2)(0.8)(0.2) = 0.0064
FFFS	(0.2)(0.2)(0.2)(0.8) = 0.0064
FFFF	(0.2)(0.2)(0.2)(0.2) = 0.0016

(b) 같은 방법으로 4명중 3명이 치유될 경우는 *SSSF*, *SSFS*, *SFSS*, *FSSS*이므로

$P(\text{3명 치유}) = P(SSSF) + P(SSFS) + P(SFSS) + P(FSSS) = 0.4096$

따라서 우리가 구하는 확률은 0.4096으로 40.96%이다.

표 6.1에서 치유될 사람의 수를 x라 하면 확률변수 X의 확률밀도함수는 표 6.2와 같을 것이다.

〈표 6.2〉 이항분포의 확률분포

치유명수(x)	확 률
0	$\binom{4}{0}(0.8)^0(0.2)^4 = 0.0016$
1	$\binom{4}{1}(0.8)^1(0.2)^3 = 0.0256$
2	$\binom{4}{2}(0.8)^2(0.2)^2 = 0.1536$
3	$\binom{4}{3}(0.8)^3(0.2)^1 = 0.4096$
4	$\binom{4}{4}(0.8)^4(0.2)^0 = 0.4096$

이 결과를 일반적인 경우로 확장하면, n번의 베르누이 시행중에서 x회는 성공이고 $(n-x)$회는 실패했을 경우의 수는 $\binom{n}{x}$이고, 성공확률은 p, 실패확률은 $q=1-p$라 정의

할 때, 각 경우의 확률은 $p^x(1-p)^{n-x}$이 되므로 이항분포의 확률밀도함수는

$$P(X=x)=\binom{n}{x}p^x(1-p)^{n-x},\quad x=0,1,2,\cdots,n$$

이 된다. 이것을 **이항확률분포**(binomial probability distribution)라 한다.

이항분포

성공할 확률이 p인 베르누이 시행을 n회 독립적으로 반복 시행했을 때, 성공횟수를 x라 하면 확률변수 X의 확률밀도 함수

$$f(x)=\binom{n}{x}p^x(1-p)^{n-x},\quad x=0,1,2,\cdots,n$$

이고 $X\sim B(n,\,p)$로 표시한다.

예제 6-3

신형차에 대한 판촉활동에서 어떤 판매원은 고객의 20%는 성공적으로 상담을 수행한다고 할 때, 5명의 고객 중에서

(a) 성공적인 상담을 한 고객의 수를 x라 하면 확률변수 X의 확률밀도함수는?

(b) 정확히 3명의 고객에게 성공할 확률

(c) 기껏해야 한명의 고객에게 성공할 확률

(d) 적어도 한명의 고객에게 성공할 확률을 계산하여라.

풀이 차를 구매하는데 고객 사이에 서로 독립이라고 한다면, 모수가 $n=5$, $p=0.2$인 이항분포를 갖게 되므로

(a) $f(x)=\binom{5}{x}(0.2)^x(0.8)^{5-x},\quad x=0,1,\cdots,5$

(b) $P(X=3)=\binom{5}{3}(0.2)^3(0.8)^{5-3}=0.051$

즉 5명의 고객중 정확히 3명에게 신형차를 팔 확률은 5.1%임을 알 수 있다.

(c) 기껏해야 한 사람에게 판매할 확률은

$$\begin{aligned}P(X\le 1)&=P(X=0)+P(X=1)\\&=\binom{5}{0}(0.2)^0(0.8)^5+\binom{5}{1}(0.2)^1(0.8)^4\\&=0.328+0.410=0.738\end{aligned}$$

(d) 적어도 한 사람에게 판매할 확률은

$$\begin{aligned} P(X \geq 1) &= P(1) + P(2) + P(3) + P(4) + P(5) \\ &= 1 - P(0) \\ &= 1 - \binom{5}{0}(0.2)^0(0.8)^{5-0} = 0.672 \end{aligned}$$

예제 6-4

어느 공정에서 생산되는 제품의 약 50%가 불량품이라고 한다. 이 공정의 제품 중 20개를 추출했을 때 불량품이 8개일 확률을 구하고 불량품의 수에 따른 확률을 히스토그램으로 그려보라.

풀이 모수가 $n = 20,\ p = 0.5$인 이항분포이므로 확률밀도함수는

$$f(x) = \binom{20}{x}\left(\frac{1}{2}\right)^x \left(\frac{1}{2}\right)^{20-x}, \quad x = 0, 1, 2, \cdots, 20$$

이므로 $P(X=8) = p(8) = \binom{20}{8}\left(\frac{1}{2}\right)^8\left(\frac{1}{2}\right)^{20-8}$이 된다.

그러나 이 값을 계산하기는 매우 복잡하다. 부록 이항분포표는 $n = 1 \sim 15$일 때와 20일 경우에 각각 $p = 0.1 \sim 0.9$까지의 확률값이 주어져 있다. 이를 이용하여 계산하면, $n = 20$이고, $p = 0.5$일 때이므로 $p(8) = 0.120$임을 알 수 있다. 또한 막대 그래프는 그림 6.1과 같다.

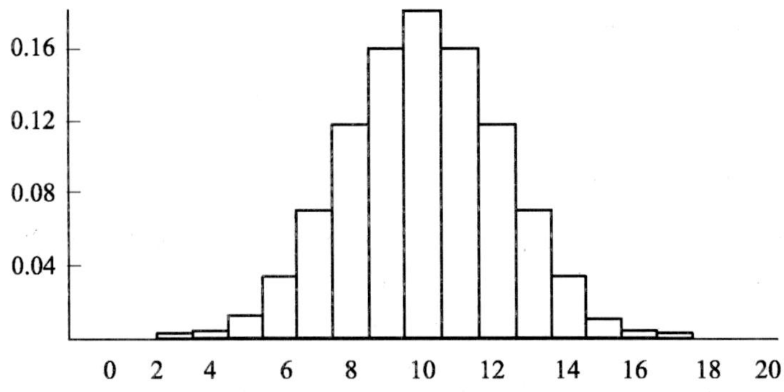

[그림 6.1] $\left(20, \frac{1}{2}\right)$일 때의 분포

위 예제에서 $p = 0.5$일 때는 그림에서 보는 바와 같이 대칭형 모양이고, $p < 0.5$일 때는 오른쪽으로 기울어진(skewed to the right) 형태가 될 것이고, $p > 0.5$일 때는 왼쪽으로 기울어진(skewed to the left) 형태가 될 것이다.

다음은 이항분포를 따르는 확률변수 X의 평균 μ_X와 분산 σ_X^2에 대하여 알아보자. 확률변수 $X_1, X_2, \cdots, X_n$은 각각 성공확률이 p인 베르누이 시행을 독립적으로 반복할 때 이므로 성공횟수 $X = X_1 + X_2 + \cdots + X_n$으로 표시할 수 있다. 그러므로 앞의 기대값의 성질을 이용하면,

$$E(X) = E(X_1 + \cdots + X_n) = np$$

$$\begin{aligned} Var(X) &= Var(X_1 + X_2 + \cdots + X_n) \\ &= Var(X_1) + Var(X_2) + \cdots + Var(X_n) \\ &= np(1-p) \end{aligned}$$

임을 쉽게 알 수 있을 것이다.

이항분포의 평균과 분산

확률변수 X가 모수 n, p를 갖는 이항분포를 따를 때

$$\mu_x = np$$

$$\sigma_X^2 = np(1-p)$$ 이다.

예제 6-5

예제 6.4에서 평균과 분산을 구하여라.

풀이 $n = 20$, $p = 0.5$인 이항분포이므로

$$\mu_X = 20 \times 0.5 = 10$$

$$\sigma_X^2 = 20 \times 0.5 \times (1 - 0.5) = 5$$

또한 표준편차는 $\sigma_X = \sqrt{5}$ 이다.

예제 6-6

확률변수 X가 $n=10$, $p=0.4$인 이항분포를 따를 때,
(a) $P(X \geq 1)$, (b) $P(X \geq 8)$의 값을 계산하여라.

풀이 부록 이항분포 표에서

(a) $P(X \geq 1) = 1 - P(X=0) = 1 - 0.028 = 0.972$

(b) $P(X \geq 8) = P(X=8) + P(X=9) + P(X=10)$
$= 0.011 + 0.002 + 0.000 = 0.013$

■

6.3 포아송분포

컴퓨터가 발달된 지금에도 이항분포 $B(n, p)$에서 n이 크고 p가 0에 가까운 작은 값이라 할 때, 어떤 확률의 값을 계산하는 것은 쉬운 일이 아니다. 이런 이유에 의하여 근사적인 확률의 계산 필요성에 도달하게 될 것이다. 프랑스의 유명한 수학자이자 물리학자인 Simon Denis Poisson(1781~1840)이 이항분포의 근사식으로 **포아송분포**(Poisson distribution)를 처음으로 발표하였다.

포아송분포를 **희귀분포**(rate distribution)라고도 하며, 확률변수 X의 확률밀도함수는

$$f(x) = \frac{e^{-\lambda}\lambda^x}{x!}, \quad x = 0, 1, 2, \cdots$$

와 같다. (단, λ는 평균발생건수, $e = \lim_{n \to \infty}(1 + \frac{1}{n})^n = 2.718 \cdots$)

예를 들면, 단위시간에 교환대에 울리는 발신음의 수, 단위시간에 방사선 원소에서 발생하는 미립자의 수, 단위 길이에서 전선줄에 나타나는 흠의 수, 단위시간에 톨게이트에 도착하는 자동차 대수, 백과사전 한 페이지에 나타나는 오자의 수, 하루 동안에 어떤 보험회사에 청구하는 보험건수 등과 같이 발생할 확률이 극히 작은 경우에 알맞는 확률분포이다.

포아송분포에서 확률변수의 원소들은 각 실험들이 포아송과정을 이룰 때 사건의 빈도를 말한다. **포아송과정**(Poisson process)이란 첫째 겹치지 않는 구간에서 서로 독립이어야 하고(독립성), 둘째 단위 구간에 두 번 이상이 발생할 확률이 거의 없어야 하고(비집락

성), 셋째 단위 구간에서 사건의 평균발생 횟수가 일정해야 하며 시간과 공간에 따라 변하지 않아야 한다(비례성).

예제 6-7

어떤 수퍼마켓에 들어오는 고객의 수는 1분당 평균 4명인 포아송과정에 따른다고 한다. 이 수퍼마켓에 1분 동안에 4명 이상이 올 확률, 30초 동안에 2사람 이상이 올 확률, 15초 동안에 1사람 이상이 올 확률을 계산하여라.

풀이 포아송과정에서 짧은 기간내에 하나의 사건이 발생할 확률은 시간의 길이에 비례하므로 30초 동안 오는 손님의 수는 평균이 2인 포아송분포로 근사시킬 수 있고 15초 동안 오는 손님의 수는 평균이 1인 포아송분포에 근사시킬 수 있다. 따라서 각각의 확률은 부록 포아송분포표에 의하여 찾으면

$P\{1\text{분 동안 4명 이상} | \lambda = 4\} = 1 - P(X \le 3 | \lambda = 4) = 0.567$

$P\{30\text{초 동안 2명 이상} | \lambda = 2\} = 1 - P(X \le 1 | \lambda = 2) = 0.594$

$P\{15\text{초 동안 1명 이상} | \lambda = 1\} = 1 - P(X \le 0 | \lambda = 1) = 0.632$

■

포아송분포

단위 구간(시간)에 평균 λ만큼 발생하는 확률변수 X에서 동일구간(시간)내 어떤 사건이 발생할 건수를 x라 하면, 확률밀도함수는

$$f(x) = \frac{e^{-\lambda}\lambda^x}{x!}, \quad x = 0, 1, 2, \cdots$$

이고, $X \sim P(\lambda)$로 표시하며,

평균과 분산을 계산하면

$$\mu_x = \lambda, \quad \sigma_x^2 = \lambda$$

이다.

예제 6-8

확률변수 X는 이항분포 $B(1000, 0.004)$를 따른다고 할 때 $P(X \le 4)$를 계산하여라.

풀이 이항 분포를 이용하여 정확하게 계산하면

$$P(X \leq 4) = \sum_{x=0}^{4} \binom{1000}{x} (0.004)^x (1-0.004)^{1000-x}$$

를 계산하면 된다. 하지만, 이 계산은 매우 복잡하므로 평균 λ는
$\lambda = (1000)(0.004) = 4$인 포아송분포로 근사시켜 구할 수 있다. 부록 포아송분포표에서 찾아 계산하면

$$P(X \leq 4) = \sum_{x=0}^{4} \frac{e^{-4} \cdot 4^x}{x!}$$

$$= 0.628$$

이 된다.

예제 6-9

어떤 타자수는 페이지당 평균 1자의 오자를 낸다고 할 때, 이 타자수가 3페이지를 타자했을 때 3자 이상 오타를 낼 확률은 얼마인가?

풀이 페이지당 1개의 오자를 냈다면 3페이지에서는 평균 3개의 오자를 내게 되므로, $\lambda = 3$인 포아송분포를 한다. 따라서

$$P(X \geq 3) = \sum_{x=3}^{\infty} \frac{3^x \cdot e^{-3}}{x!} = 0.577$$

6.4 초기하분포

초기하 확률분포는 통계적 표본추출에 있어서 자주 응용되는 이산확률분포 중 하나이다. 베르누이 시행을 n회 독립시행할 때의 이항확률분포와는 달리 초기하 확률분포는 시행이 서로 종속일 때 적용된다.

항아리속에 똑같은 크기의 작은 공이 N개 들어있고, 이중에 M개가 흰색의 공이라 하자. 이 항아리속에서 n개의 공을 꺼낼 때 흰공의 개수를 x라 하면 확률변수 X의 확률분포를 초기하분포(Hypergeometric distribution)라 한다. 물론 표본추출 방법은 비복원 추출에 의하여 시행하게 될 것이다.

만약 복원추출을 하게 되면 모수가 n이고 성공확률이 $\frac{M}{N}$인 이항분포를 따르게 됨은

앞 절에서 연구했다. 또한 N이 n보다 상대적으로 큰 경우에도

$B(n, \frac{M}{N})$을 따른다. 유한 모집단이고 M개 중에서 x개를 뽑고, $(N-M)$개 중에서 $(n-x)$개를 뽑는 경우의 수는 $\binom{M}{x}\binom{N-M}{n-x}$가지이며 또한 n개의 공들이 뽑혀져 나올 확률은 모두 $1/\binom{N}{n}$이 되므로 확률분포함수는

$$f(x) = \frac{\binom{M}{x}\binom{N-M}{n-x}}{\binom{N}{n}}, \quad x = 0,\ 1,\ 2,\ \cdots,\ \min(n,\ M),\ \ n \le N$$

인 초기하분포를 얻는다.

위의 결과로부터 초기하 확률분포의 확률함수는 다음과 같이 얻어진다.

초기하 확률분포

N개 중에서 k개는 성공의 류에 속하고 $N-k$개는 실패의 류에 속한다고 하자. 비복원으로 n개를 임의로 추출할 때 그 중에 성공의 횟수 X를 초기하 확률변수라 하면 그의 확률함수는 다음과 같다.

$$f(x:\ N,\ n,\ k) = \frac{\binom{k}{x}\binom{N-k}{n-x}}{\binom{N}{n}}, \quad x = 0,\ 1,\ 2,\ \cdots,\ \min(n,\ k)$$

또 초기하 분포의 평균 $\mu_X = np$

분산 $\sigma_X^2 = npq\left(\frac{N-n}{N-1}\right)$, 여기서 $p = \frac{k}{N}$, $q = 1-p$

이다.

예제 6-10

어떤 대학교 1학년 학생수가 50명인 학과에서 자가용차를 갖고 있는 사람이 5명이라면, 이들 중 4명을 뽑았을 때 1명이 자가용을 가지고 있을 확률은 얼마인가?

풀이 초기하분포에서 $N = 50$, $M = 5$, $n = 4$, $x = 1$일 때이므로

$$P(X=1) = \frac{\binom{5}{1}\binom{45}{3}}{\binom{50}{4}} = 0.308$$이 된다.

■

예제 6-11

어떤 마을의 주민이 1000명 살고 있는데 그 중에 50명은 아이들이라고 한다. 이들 주민중에서 5명을 추출했을 때, 아이들이 한 명도 포함되어 있지 않을 확률은 얼마인가?

풀이 아이들의 수를 X라 하고 정확하게 초기하분포를 이용하여 계산하면

$$p(X=0)=f(0)=\frac{\binom{50}{0}\binom{950}{5}}{\binom{1000}{5}}=0.7734$$

가 된다. 하지만 이 계산은 복잡하므로 $N=1000$명은 $M=50$명에 비해 상대적으로 매우 크므로 $n=5,\ p=50/1000$을 모수로 하는 이항분포에 근사시켜 계산하면

$$f(0)=\binom{5}{0}(0.05)^0(0.95)^5=0.7738$$

이 된다. 이때 초기하분포일 경우의 확률을 계산하여 오차를 구하면 0.0004로서 매우 작은 값을 갖게 되므로 충분히 근사시킬 수 있음을 알 수 있다.

예제 6.11에서 보는 바와 같이 초기하분포의 근사식으로 이항분포를 이용하여 계산된다. (관심이 있는 독자는 위 예제에서 포아송분포로 근사시켜면 어떤 결과가 되는지 계산해 보기 바란다.)

6.5 음이항 분포 및 기하분포

미리 정해진 k회의 성공이 일어날 때까지 베르누이 시행을 반복하는 실험을 생각해 보자. k번의 성공이 일어날 때까지의 실험을 **음이항실험**(negative binomial experiments)이라고 하며, 이러한 실험에서 시행횟수 X를 **음이항 확률변수**(negative binomial random variable)라고 한다.

음이항 확률변수 X의 확률분포를 **음이항분포**(negative binomial distribution)라하고, $b^{-1}(x:\ k,\ p)$로 표기하며, 그 확률함수의 값은 미리 정해진 성공의 횟수 k와 주어진 시행에서 성공의 확률 p에 의존한다.

일반적으로 $b^{-1}(x:\ k,\ p)$의 뜻은 베르누이 시행을 x번 반복하는 이항실험의 경우

$(x-1)$회 중 $(k-1)$번은 성공하고, 나머지 $(x-k)$번은 실패하며, 마지막 시행에서 성공하여 도합 k번 성공하게 되는 확률을 의미한다.

위의 어느 특정한 순서의 확률은

$$p^{k-1}q^{x-k}p = p^k q^{x-k}$$

이고 x번의 시행에서 맨 마지막에 성공하는 1회를 뺀 $(x-1)$번의 시행 중에서 $(k-1)$번 성공하고, $(x-k)$번 실패하게 되는 모든 경우의 수는

$$\binom{x-1}{k-1} = \frac{(x-1)!}{(k-1)!\,(x-k)!}$$

이다. 따라서 곱셈 법칙에 의해서 음이항 분포의 확률함수는 다음과 같다.

음이항 분포

성공의 확률이 p인 베르누이 시행을 독립적으로 반복시행할 때 k번 성공하기까지의 시행횟수 X의 확률분포인 음이항확률함수 $b^{-1}(x : k, p)$는 아래와 같다.

$$b^{-1}(x : k, p) = \binom{x-1}{k-1} p^k (1-p)^{x-k}, \quad x = k, k+1, k+2, \cdots$$

예제 6-12

3개의 동전을 던지는 실험에서 모두가 표면이 나오거나 이면이 나오면 성공이라 한다. 이러한 실험을 반복시행할 때 5번만에 비로서 2번 성공하게 될 확률을 구하여라.

풀이 3개의 동전을 던져서 모두가 표면이나 이면이 나오는 확률은

$\frac{1}{2}\times\frac{1}{2}\times\frac{1}{2}+\frac{1}{2}\times\frac{1}{2}\times\frac{1}{2}=\frac{1}{4}$ 이다.

$k=2,\ p=\frac{1}{4},\ x=5$인 음이항확률분포이므로 다음과 같이 구해진다.

$$\begin{aligned} p(X=5) &= b^{-1}\left(5\,;2,\frac{1}{4}\right) = \binom{4}{1}\left(\frac{1}{4}\right)^2\left(\frac{3}{4}\right)^3 \\ &= \frac{4!}{1!\,3!}\cdot\frac{3^3}{4^5} \\ &= \frac{27}{256} \end{aligned}$$

■

음이항 분포의 특수한 경우로서 $k=1$인 경우를 생각해 보자. 처음으로 성공하기까지의 시행 횟수 X에 대한 확률분포를 **기하분포**(geometric distribution)라 하고 $g(x:p)$로 표기하기로 한다.

$$X = \text{첫 번째 성공을 얻을 때까지의 시행 횟수}$$

k번의 시행 중에 처음 $(k-1)$번은 실패하고 마지막 k번째에 비로서 성공하므로 실패를 F, 성공을 S라고 하면

$$p(X=x) = p(\underbrace{FF\cdots F}_{(x-1)\text{개}}S) = q^{x-1}p, \quad x=1, 2, 3, \cdots$$

이다.

기하분포

성공의 확률 p인 베르누이 시행을 처음으로 성공할 때까지 반복시행할 때 그 시행 횟수 X의 확률함수는 아래와 같고 이를 기하분포라 한다.

$$g(x:p) = pq^{x-1}, \quad x=1, 2, 3, \cdots$$

평균 $\mu = E(X) = \dfrac{1}{p}$ 분산 $\sigma^2 = Var(X) = \dfrac{q}{p^2}$

예제 6-13

자동차 운전면허시험에서 합격할 확률은 0.3이라 한다.

(a) 3번만에 비로서 합격할 확률을 구하여라.

(b) 4번 이전에 합격할 확률을 구하여라.

풀이 $p=0.3$인 기하분포 $g(x:0.3)$을 적용한다.

(a) $p(X=3) = g(3:\ 0.3) = 0.3 \times 0.7^2 = 0.147$

(b) $p(X \le 3) = p(X=1) + p(X=2) + p(X=3)$

$= 0.3 + 0.3 \times 0.7 + 0.3 \times 0.7^2 = 0.657$

6.6 정규분포

우리들 주위에서는 수많은 종류의 확률변수와 모집단을 관찰할 수 있다. 비록 많은 모집단과 확률변수가 근본적으로 다르지만 대부분은 중요한 특성을 갖고 있다. 어떤 확률변수에 대응하는 확률들은 **종모양의 곡선**(bell-shaped curve)의 면적과 같거나 유사하다.

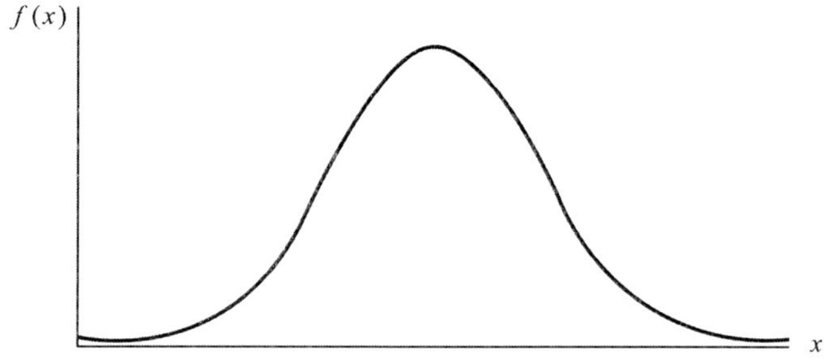

[그림 6.2] 종모양의 곡선

종모양의 곡선은 [그림 6.2]의 모양과 같고 평균은 0이고 분산이 1인 경우를 **표준정규분포곡선**(standard normal ditribution curve)이라한다. 곡선 밑의 모든 면적은 1이며, x축에 거의 근접할 정도로 무한히 퍼져 있다.(즉, $-\infty < z < \infty$) 또한 이 곡선은 평균 0에 대하여 완전 대칭(symmetric)이며, 대부분 면적은 -3과 $+3$사이에 집중되어 있다.

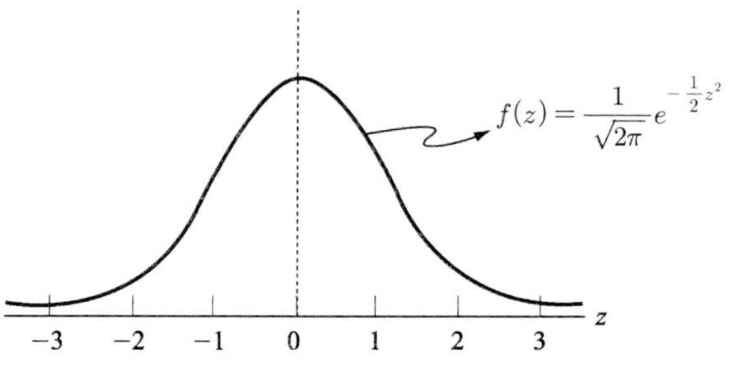

[그림 6.3] 표준정규분포

표준정규분포(standard normal distribution)의 그래프는 [그림 6.3]와 같고 곡선의 방정식은

$$f(z) = \frac{1}{\sqrt{2\pi}} e^{-\frac{1}{2}z^2}, \quad -\infty < z < \infty$$

이다.

표준정규분포의 면적을 계산하는 방법은 부록 표준정규분포표에 의하여 계산하며 예제를 통하여 알아 보기로 하겠다. (확률변수 z는 표준정규분포에 따른다는 가정하에서 계산한다.)

예제 6-12

$P(0 \leq Z \leq 1.83)$의 값을 계산하여라.

풀이 부록 표준정규분포표에서 왼쪽 첫 열의 z값에서 1.8을 찾고 첫 행에서 0.03이 서로 만나는 값이 구하는 값이다. 이에 대한 표준정규곡선에서 표시하면 그림 6. 4에서 빗줄 친 부분이다.

$P(0 \leq Z \leq 1.83) = 0.4664$

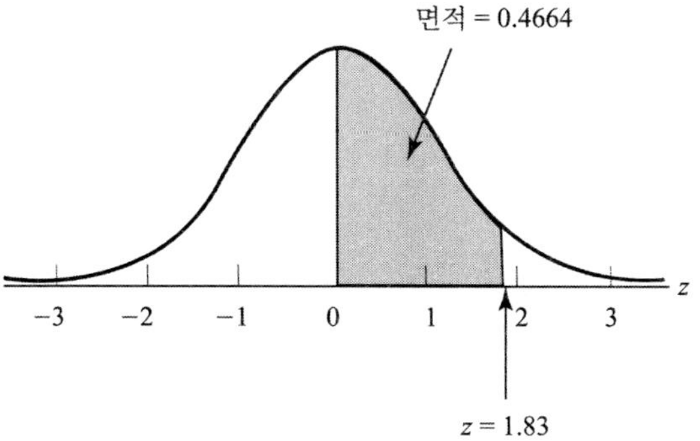

[그림 6.4]

예제 6-13

$P(-1.45 \leq Z < 0)$의 값을 계산하여라.

풀이 표준정규분포는 0을 중심으로 대칭을 이루므로

$P(-1.45 \leq Z < 0) = P(0 < Z \leq 1.45)$이 된다. 표에 의해 찾으면 그 면적, 즉 확률은 0.4265이다. 이 관계를 그림 6. 5에서 확인하여라.

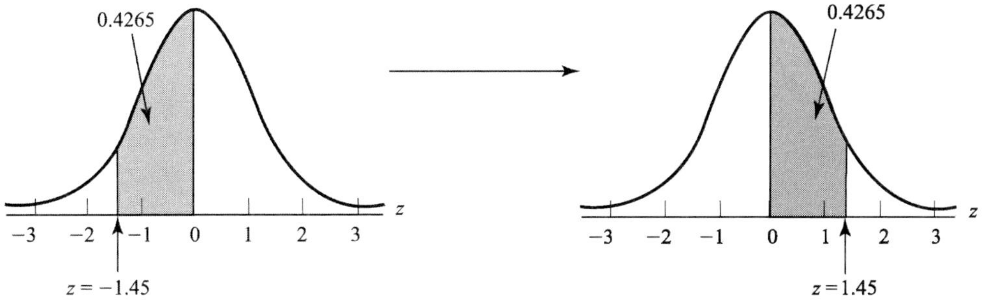

[그림 6.5]

예제 6-14

$P(Z \geq 1.25)$와 $P(Z \leq -1.25)$의 값을 계산하여라.

풀이 표준정규분포는 0에 대해 대칭이므로 이다. 따라서 [그림 6.6]에서
$P(Z \leq -1.25) = P(Z \geq 1.25) = 0.5 - P(0 \leq Z \leq 1.25)$
$= 0.5 - 0.3944 = 0.1056$ 임을 부록 표준정규분포표에서 구할 수 있다.

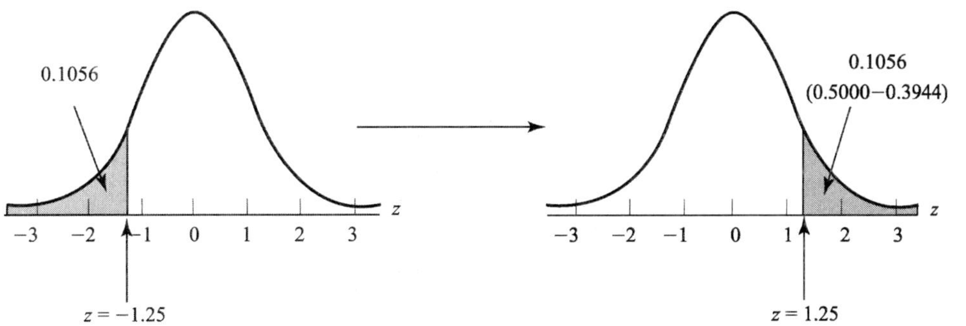

[그림 6.6]

예제 6-15

$P(0.46 < Z \leq 1.75)$를 계산하여라.

풀이 [그림 6.7]에서 보는 바와 같이
$$P(0.46 < Z \leq 1.75) = P(0 \leq Z \leq 1.75) - P(0 \leq Z \leq 0.46)$$
$$= 0.9599 - 0.1772 = 0.2827$$

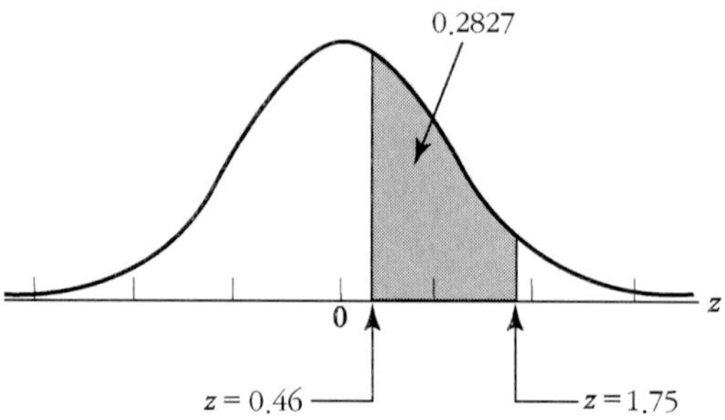

[그림 6.7]

예제 6-16

$P(Z \leq 1.96)$를 계산하여라.

풀이 부록 표 2에서

$P(Z \leq 1.96) = 0.5 + P(0 \leq Z \leq 1.96) = 0.5 + 0.4750 = 0.9750$이다.

(그림 6.8 참조).

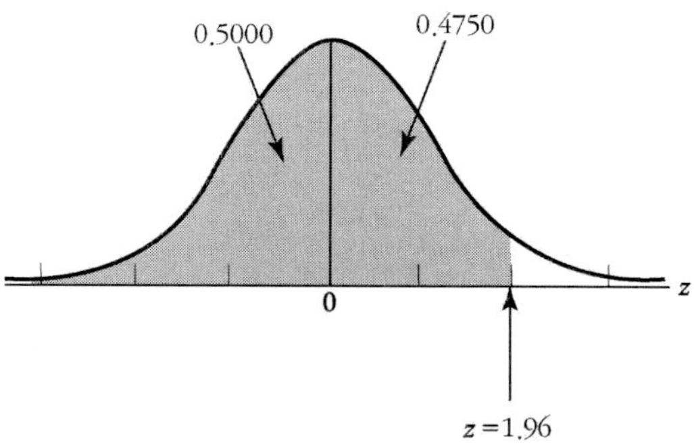

[그림 6.8]

예제 6-17

$P(-1.56 \leq Z \leq 2.12)$의 값은?

풀이 $P(-1.56 \leq Z \leq 0) + P(0 \leq Z \leq 2.12)$
$= P(0 \leq Z \leq 1.56) + P(0 \leq Z \leq 2.12)$이다.

■

예제 6-18

$P(Z \geq z) = 0.05$일 때 z의 값은 얼마인가?

풀이 [그림 6.9]에서 빗줄친 부분의 면적을 0.05가 되도록 z의 값을 구할려면
$P(Z \geq z) = 0.5 - P(0 \leq Z \leq z) = 0.05$이므로
$P(0 \leq Z \leq z) = 0.45$가 되는 z값을 찾으면 $z = 1.645$임을 알 수 있다. 특히 꼬리부분의 면적을 α라 할 때 z의 점을 z_α점이라 표시한다. 다시 말하면, $P(Z \geq z_\alpha) = \alpha$임을 의미한다.

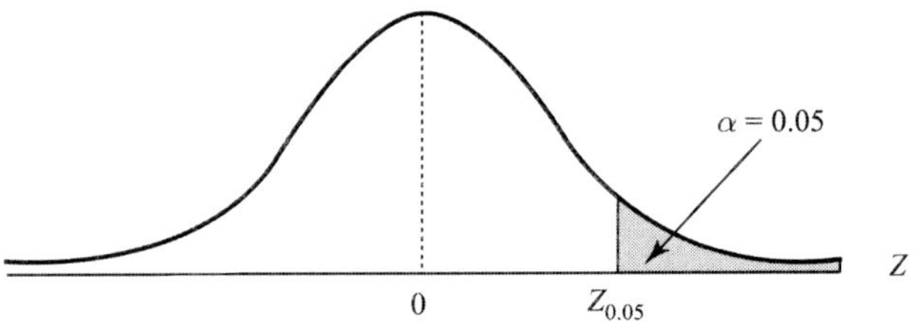

[그림 6.9]

■

예제 6-19

$P(-z \leq Z \leq z) = 0.99$라면 z의 값은 얼마인가?

풀이 [그림 6.10]에서 빗줄친 부분의 면적이므로
$P(-z \leq Z \leq z) = 2P(0 \leq Z \leq z) = 0.99$이므로 $P(0 \leq Z \leq z) = 0.4950$이다. 따라서 $z = 2.575$이다.
$\alpha = 0.005$일 때 $P(Z \geq z_{0.005}) = 0.005$임을 의미한다.

■

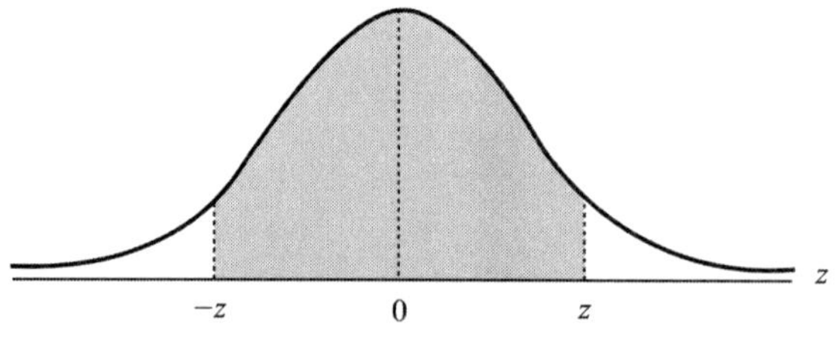

[그림 6.10]

정규분포는 영국의 수학자 Abraham De Moivre(1667~1754)에 의해 처음 발견되었으며, 그 후 프랑스의 수학자 Pierre-Simon Laplace(1749~1827)에 의하여 천문학 등에 이용되었고 같은 시대 사람으로 Carl Friedrich Gauss(1777~1855)에 의해 여러 분야에서 응용되었다. 이런 연유로 **정규분포**(normal distribution)를 **가우스 분포**(Gaussian distribution)라고도 한다.

이런 정규분포 곡선의 확률밀도함수는

$$f(x) = \frac{1}{\sigma\sqrt{2\pi}} e^{-\frac{(x-\mu)^2}{2\sigma^2}}, \quad -\infty < x < \infty$$

이다. 또한 확률변수 X가 평균이 μ이고 분산이 σ^2인 정규분포를 따를 때, $X \sim N(\mu, \sigma^2)$라고 표시하며 μ는 중심을 지시하는 모수이고 σ^2은 분산을 나타내는 모수로서, 곡선 밑의 면적은 1이고 평균 μ를 중심으로 대칭을 이루며, x의 값은 양쪽으로 무한히 펴져 있으나, 대체적으로 $\mu+3\sigma$와 $\mu-3\sigma$사이의 면적이 대부분이다. [그림 6.11]에서 μ와 σ가 여러 가지 경우의 그래프를 예시하였다.

물론 $X \sim N(0.\ 1)$인 경우의 그래프는 앞의 [그림 6.3]에서 보인 표준정규분포이다.

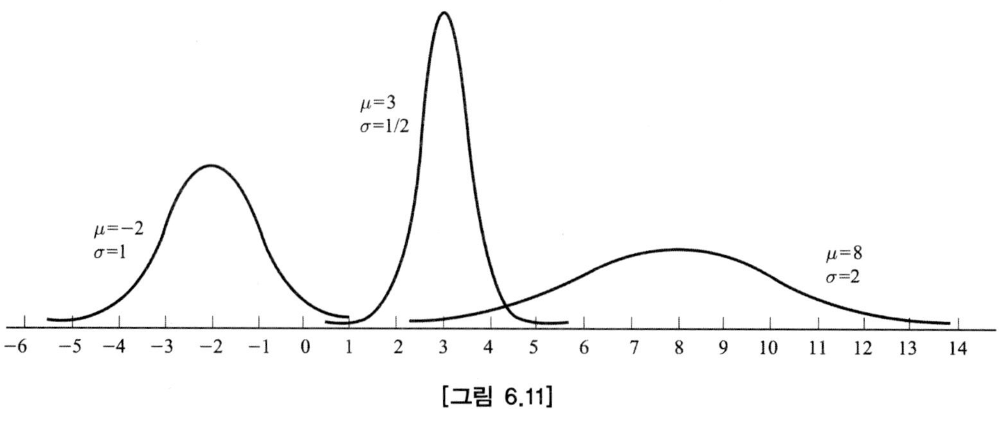

[그림 6.11]

평균이 μ이고 표준편차가 σ일 때 곡선 아래의 면적을 수시로 구한다는 것은 어려운 일이다. 따라서 표준정규분포 곡선을 이용하는 것이 쉽고 간편하다. 그렇다면 정규분포 곡선을 표준정규분포 곡선으로 변환하는 방법은 없는가? 있다면 어떤 매개변수로 이를 달성할 수 있는가 하는 문제가 제기된다. 이에 대한 대답은, 확률변수 X가 평균이 μ이고 표준편차가 σ 인 정규분포에 따른다면,

$$Z = \frac{X - \mu}{\sigma}$$

에 의하여 평균이 0이고 표준편차가 1인 표준정규분포로 변환시킬 수 있다. 이때 Z를 **표준 측도**(standard score) 또는 Z-점수(Z-score)라고 한다. Z를 확률변수로 했을 때의 면적 계산법은 앞에서 보았다.

예제 6-20

확률변수 X가 평균이 μ이고 표준편차가 σ인 정규분포에서 $P(a \le X \le b)$를 계산하여라.

풀이

$$P(a \le X \le b) = P\left(\frac{a-\mu}{\sigma} \le \frac{X-\mu}{\sigma} \le \frac{b-\mu}{\sigma}\right)$$
$$= P\left(\frac{a-\mu}{\sigma} \le Z \le \frac{b-\mu}{\sigma}\right)$$

이 된다. 확률변수 Z는 표준정규분포 $N(0, 1)$를 따르므로 앞에서와 같이 부록 표준정규분포표에서 찾아 구하면 된다. [그림 6.12]에 표시되어 있는 빗줄친 부분은 같은 면적임을 참조하기 바란다.

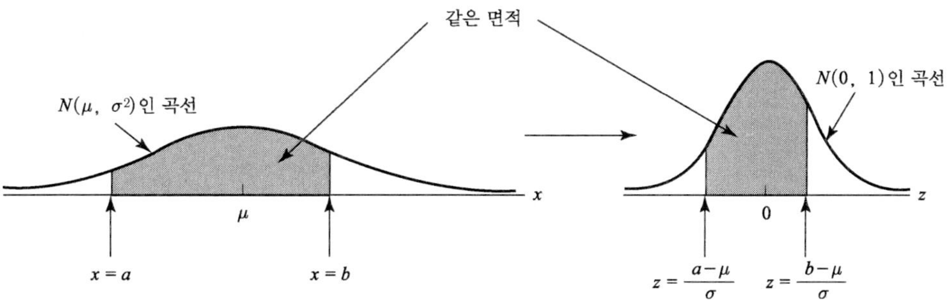

[그림 6.12] $N(\mu, \sigma^2)$과 같은 면적의 $N(0, 1)$

예제 6-21

확률변수 X는 $\mu = 3, \sigma = 4$인 정규분포를 따를 때, $P(-6 \leq X \leq 9)$의 값은 얼마인가?

풀이

$$P(-6 \leq X \leq 9) = P(\frac{-6-3}{4} \leq \frac{X-3}{4} \leq \frac{9-3}{4})$$

$$P(-2.25 \leq Z \leq 1.50)$$

이 값은 z가 표준정규분포를 따르므로 부록 표준정규분포표에 의하여 구하면 0.9210이 된다.

많은 모집단은 정규곡선에 의해 표현되어 질 수 있는 확률분포를 갖는다. 이것은 모집단의 백분율이 적절한 정규곡선의 면적과 같거나, 적어도 근사한 값을 갖는다. 예컨대 어떤 대학교 3264명의 학생들의 키를 조사한 결과, 평균이 161cm 이고 표준편차가 6.1cm 이었다. 학생들의 키에 대한 도수와 상대도수 분포표가 표 6.3에 주어져 있다.

〈표 6.3〉 대학생 키에 대한 도수분포표

키	도수(f)	상대도수
140.0~142.5	3	0.0009
142.5~145.0	6	0.0018
145.0~147.5	26	0.0080
147.5~150.0	74	0.0227
150.0~152.5	147	0.0450
152.5~155.0	247	0.0757
155.0~157.5	382	0.1170
157.5~160.0	483	0.1480
160.0~162.5	559	0.1713
162.5~165.0	514	0.1575
165.0~167.5	359	0.1100
167.5~170.0	240	0.0735
170.0~172.5	122	0.0374
172.5~175.0	65	0.0199
175.0~177.5	24	0.0074
177.5~180.0	7	0.0021
180.0~182.5	5	0.0015
182.5~185.5	1	0.0003
합계	3264	1.0000

표에서 167.5~170.0cm인 학생의 비율은 7.35%이다. 이에 대한 막대그래프는 [그림 6.13]과 같다.

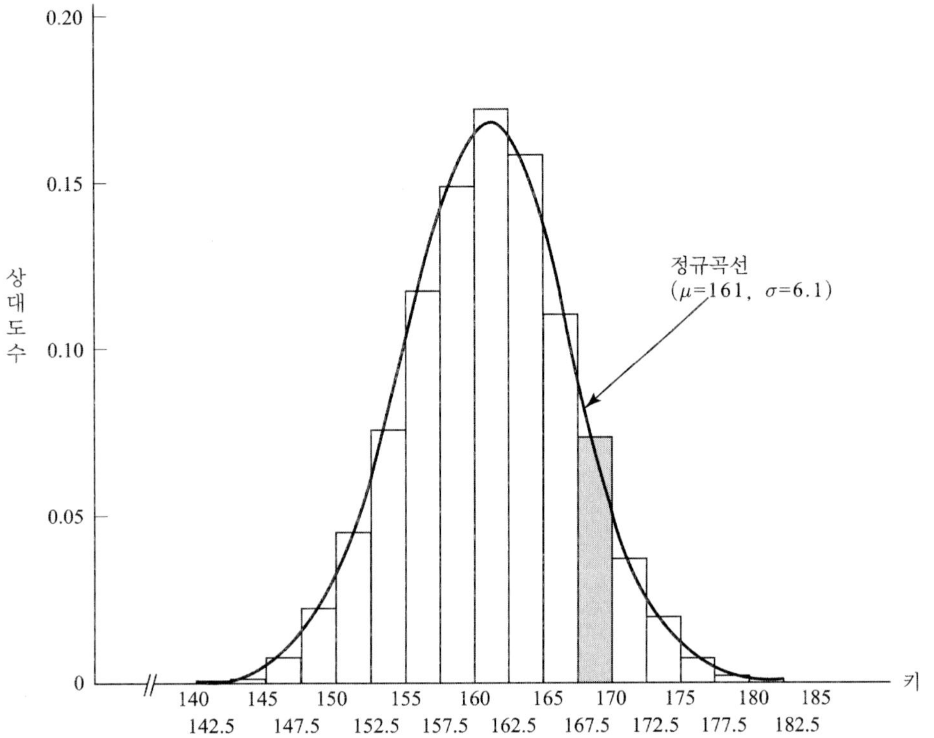

[그림 6.13] 정규분포로 근시시킨 상대도수 히스토그램

그림에서 보는 바와 같이 종모양의 곡선과 유사하므로 이를 정규곡선과 근사시킬 수 있을 것이다. 이 그림과 각 막대의 중심점을 잇는 곡선으로 부드럽게 그으면 그림 6.13과 같이 됨을 알 수 있다. 결국 167.5~170.0 사이에 전체 학생비율은 7.35%이었으나, 근사시켰을 때의 확률을 계산하면

$$\begin{aligned} P(167.5 \le X \le 170.0) &= P\left(\frac{167.5-161}{6.1} \le Z \le \frac{170.0-161}{6.1}\right) \\ &= P(1.065 \le Z \le 1.475) \\ &= 0.4299 - 0.3565 = 0.0734 \end{aligned}$$

이므로 상대도수 값과 근사적으로 같다. 그러나 모든 모집단이 이와 같은 성질을 갖는 것이 아니므로, 이런 성질을 갖고 있는 모집단을 '정규분포를 한다'라고 말한다.

정규분포하는 모집단
모집단의 백분율이 정규곡선아래의 면적과 근사하거나 같으면 이 모집단을 정규분포를 따른다고 말한다. 만약 평균 μ, 분산 σ^2인 모집단이라면, 정규분포곡선은 모수가 μ와 σ인 정규분포에 따른다.

예제 6-22

성인 남자의 뇌의 무게는 평균 1.4kg, 표준편차 0.11kg을 갖는 정규분포에 따를 때
(a) 1.50kg과 1.70kg 사이의 백분율
(b) 1.20kg보다 작은 사람의 백분율을 계산하여라.

풀이 확률변수 X를 뇌의 무게라 한다면

(a) $p(1.50 \leq X \leq 1.70) = P(\frac{1.50-1.40}{0.11} \leq \frac{X-1.40}{0.11} \leq \frac{1.70-1.40}{0.11})$

$P(0.91 \leq Z \leq 2.73) = 0.1782$, 즉 17. 82%

(b) $P(X \leq 1.20) = P(\frac{X-1.40}{0.11} \leq \frac{1.20-1.40}{0.11})$

$P(z \leq -1.82) = 0.0344$, 즉 3.44%

■

예제 6-23

어떤 집단의 지능지수(IQ)는 평균 100, 표준편차 16인 정규분포를 할 때
(a) $P(\mu-\sigma \leq X \leq \mu+\sigma)$
(b) $P(\mu-2\sigma \leq X \leq \mu+2\sigma)$
(c) $P(\mu-3\sigma \leq X \leq \mu+3\sigma)$를 각각 구하여라.

풀이 위의 문제를 표준화시켜 계산하면 [그림 6.14]와 같다.
위의 예제에서 확률변수 X가 정규분포를 한다면, 평균을 중심으로 1σ사이에 있을 확률은 0.6826이고, 2σ사이에 있는 경우의 확률은 0.9544이며, 3σ사이에 있을 확률은 0.9974이다.

■

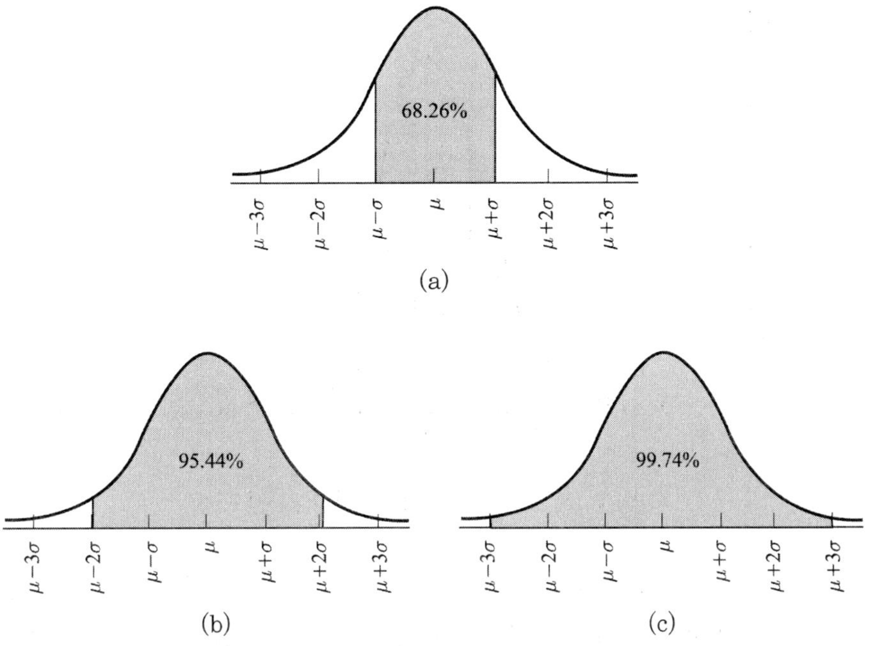

[그림 6.14]

6.7 이항분포의 정규근사

앞절에서 이항분포에 대한 여러 가지를 고찰하였는데, $p \to 0$ 이고 $n \to \infty$ 이면 포아송분포에 근사시켰고, 또 초기하분포에서 모집단의 크기 N이 표본의 크기 n보다 상대적으로 크거나 복원추출인 경우에는 이항분포에 의해 계산하는 방법을 연구하였다. 그러나 표본의 크기 n이 크게 되면 이항분포에 의해 계산하기가 어려워진다.

그래서 이항분포를 정규분포에 근사시키는 방법을 연구하자.

예컨대 $n = 20$ 이고 $p = 0.5$ 일 때의 히스토그램을 이용하여 확률분포표를 그리면 [그림 6.1]과 같이 된다. 이 그림을 앞 절의 그래프와 같이 부드러운 곡선으로 연결시키면 [그림 6.15]와 같이 된다.

그림에서 보듯 이항분포를 근사시키는 곡선이 정규분포임을 알 수 있다. 이 정규분포의 평균과 분산은 그것에 근사시키는 평균과 분산과 같다. 즉, 평균이 10이고 표준편차가 $\sqrt{5}$ 인 정규분포가 [그림 6.15]에서 이항분포에 근사시킨 그래프이다.

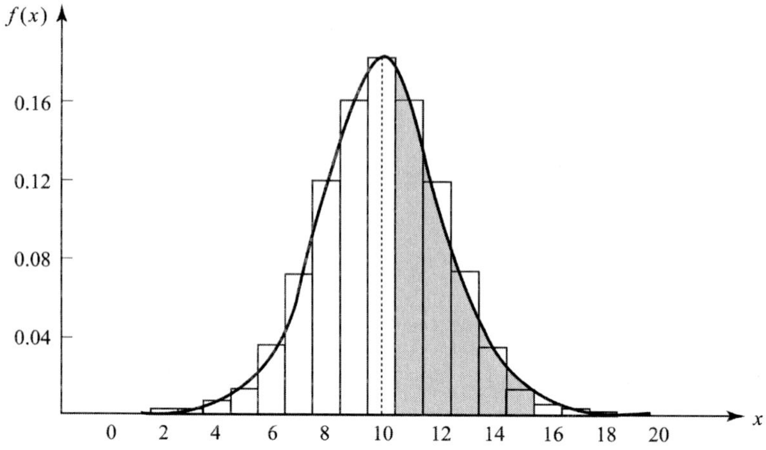

[그림 6.15] $B\left(20, \frac{1}{2}\right)$인 분포를 정규분포화

$n = 20$일 때 $P(11 \le X \le 15)$의 값은 부록 이항분포표에서 구하면 0.406임을 알 수 있다. 이때 앞의 그림에서와 같이 정규분포에 근사시킨 면적(빗금친 부분의 면적)을 계산키 위하여 11과 15 대신에 10.5와 15.5를 사용하여 계산하면

$$P(11 \le X \le 15) \approx P(10.5 \le X \le 15.5)$$
$$= P(\frac{10.5-10}{\sqrt{5}} \le Z \le \frac{15.5-10}{\sqrt{5}})$$
$$= P(0.22 \le Z \le 2.46) = 0.4060$$

과 같이 되어, 이항분포에 의한 계산과 정규분포에 근사시켜 계산했을 경우가 같음을 알 수 있었다. 윗식에서 11대신에 $11-0.5$와 15 대신에 $15+0.5$를 사용한 것은 이산형 확률분포를 연속형 확률분포로 근사시킬 때 필요한 계수(± 0.5)로서, 이를 연속성을 위한 **수정계수**(correction coefficient for continuity)라 한다.

정규곡선을 사용한 근사적 이항확률

- 단계 1. 시행횟수 n과 성공확률 p를 결정한다.
- 단계 2. np와 $n(1-p)$가 적어도 5보다 커야한다. 만약 이를 만족치 않을 경우는 이를 사용할 수 없다.
- 단계 3. $\mu_x = np$, $\sigma_x = \sqrt{np(1-p)}$를 계산한다.
- 단계 4. 연속성을 위한 수정계수를 만들고 모수가 μ_x, σ_x인 정규분포에 근사시켜 계산한다.

정규분포를 이용한 근사계산은 $np > 5$이고 $n(1-p) > 5$일 때 만족한 만큼 n이 충분히 클 때 좋은 근사값을 제공하여 주는 것이지, 아무 때나 사용되는 것이 아닌 만큼 이를 사용할 때는 주의를 요한다.

예제 6-24

통계자료에 의하면 우리나라도 이젠 고령화 사회라고 한다. 70세인 사람이 75세까지 살아있을 확률은 0.8이다. 어떤 모집단에서 70세인 사람들 중에서 임의로 500명을 뽑았을 경우에

(a) 그들 중 390명이 75세까지 생존할 확률

(b) 그들 중 375명과 425명 사이에 75세까지 생존할 확률을 계산하여라.

풀이 위 절차에 의해 차례대로 계산하여라.

단계 1 : $n = 500,\ p = 0.8$

단계 2 : $np = 500 \times 0.8 = 400(> 5),\ n(1-p) = 500 \times 0.2 = 100(> 5)$이므로 단계 2를 만족한다.

단계 3 : $\mu_x = 500 \times 0.8 = 400,\ \sigma_x = \sqrt{500 \times 0.8 \times 0.2} = \sqrt{80} = 8.94$

단계 4 : (a) $P(X = 390) \approx P(389.5 \le X \le 390.5)$

$$= P\left(\frac{389.5 - 400}{8.94} \le Z \le \frac{390.5 - 400}{8.94}\right)$$

$$= P(-1.17 \le Z \le -1.06)$$

$$= 0.0236$$

이므로 75세까지 390명이 생존할 확률은 2.36%이다.

(b) $P(375 \le X \le 425) \approx P(374.5 \le X \le 425.5)$

$$= P\left(\frac{374.5 - 400}{8.94} \le Z \le \frac{425.5 - 400}{8.94}\right)$$

$$= P(-2.85 \le Z \le 2.85)$$

$$= 0.9956$$

이므로 375명과 425명 사이에 생존할 확률은 99.56%이다.

예제 6-25

어떤 병원에서 과거의 통계에 의하면 심장병 환자중 수술을 받고 치유될 확률이 0.9 라고 한다. 이 병원에서 100명이 수술을 받았다면 환자중 85명에서 95명 사이의 환자가 치유될 확률을 이항분포에 의해 정확히 계산하고 또 정규분포에 근사시켰을 때 어떻게 되는지를 비교하여라.

풀이 확률변수 X는 $n=100,\ p=0.9$인 경우에 이항분포에 의하여 계산하면

$$P(85 \le X \le 95) = \sum_{x=85}^{95} \binom{100}{x} (0.9)^x (0.1)^{100-x}$$
$$= 0.9327$$

정규분포에 근사시키면 $\mu_x = 100 \times 0.9 = 90,\ \sigma_X^2 = 100 \times 0.9 \times 0.1 = 9$

따라서

$$P(85 \le X \le 95) \approx P(84.5 \le X \le 95.5)$$
$$= P\left(\frac{84.5-90}{3} \le Z \le \frac{95.5-90}{3}\right)$$
$$= P(-1.83 \le Z \le 1.83) = 0.9328$$

이 되어 근사식과 정확한 계산은 소수점 4자리에서 같다.

연습문제 Exercises

1. 어느 공장에서 생산되는 제품의 약 40%가 불량품이라고 한다. 이 공장에서 6개를 임의로 추출했을 때, 다음 확률을 구하여라.

(a) 4개가 불량품일 확률

(b) 적어도 하나가 불량품일 확률

(c) 4개 이하가 불량품일 확률

2. X가 $n=5$, $p=0.3$인 이항확률변수일 때 다음 각 확률을 계산하여라.

(a) $P(X \leq 2)$

(b) $P(2 < X \leq 4)$

3. 5개의 문항으로 구성된 객관식 시험문제가 있다. 각 문항은 4개의 선택 있으며 그 중 오직 한 개만이 정답이다. 한 학생이 이 시험에 대비하여 공부를 하지 않아 5문제 모두 문제를 보지 않고 답을 쓰려고 한다. 5문제 중 3문제를 맞추면 합격한다고 했을 때 합격할 확률은 얼마인가?

4. 한 야구선수의 평균타올이 0.250이다. 이 야구선수가 5번 타석에 들어섰을 때 3번 이상 안타를 칠 확률은 얼마인가?

5. 어떤 교차로에서는 매달 평균 3건의 교통사고가 일어난다. 이 교차로에서 어느 달의 교통사고에 관한 다음 확률을 구하여라.

(a) 정확히 5건이 일어날 확률

(b) 3건 미만이 일어날 확률

(c) 적어도 2건이 일어날 확률

6. 어떤 학생이 타자 실력은 1페이지당 평균 1개의 오자를 낸다고 한다. 이 학생이 3페이지를 타자할 때 2개의 오자를 낼 확률은 얼마인가?

7. 어떤 사건이 발생할 확률이 0.01일 때, 1000번의 사건 중 이 사건이 발생할 확률은 포아송분포를 따른다고 했을 때, 1000번의 사건 중 2번 이상 동일 사건이 발생할 확률을 계산하여라.

8. 5명의 위원이 3명의 여자와 5명의 남자에서 임의로 선출되었다. 여자 위원의 수를 x라 하면 확률변수 X의 확률분포를 구하고 평균과 분산을 계산하여라.

9. 어떤 항아리속에 흰공 10개와 검은공 5개가 들어있다 이 항아리에서 3개를 꺼낼 때, 흰공의 개수를 x라 하면 확률변수 X의 확률분포를 계산하여라.

10. 어떤 모집단의 크기 $N=10{,}000$에서 A의 성질을 갖고 있는 집단은 약 4,000개 정도이다. 이때 이 모집단에서 10개를 추출했을 때 A의 성질을 갖고 있는 표본의 수를 x개라 하면 확률변수 X이 분포는 근사적으로 무슨 분포를 하며 그 때 $X=3$일 확률과 X의 평균과 분산을 구하여라. 그리고 만약 표본의 개수를 30개라 하면 $P(X \geqq 10)$일 확률을 정규분포에 근사시켜 계산하여라.

11. 평균이 50이고 표준편차가 10인 정규분포를 따르는 X에 대하여 다음 각 확률을 계산하여라.

(a) $P(X \leq 45)$ (b) $P(45 \leq X \leq 60)$ (c) $P(55 \leq X \leq 60)$

(d) $P(X \geq 55)$ (e) $P(X \geq 47.5)$ (f) $P(40 \leq X \leq 48)$

12. 평균이 100이고 표준편차가 15인 정규분포를 따르는 X에 대하여 다음 각 경우에 b의 값을 계산하여라.

(a) $P(X \leq b) \equiv 0.9793$

(b) $P(X \geq b) = 0.1492$

13. 혈당을 측정하는 한 기기의 측정오차는 평균 0.05, 표준편차가 1.5인 정규분포를 따른다. 즉, 반복되는 측정에서 혈당액의 참값과 측정값의 차가 정규분포 $N(0.05, 1.5^2)$를 따른다.

(a) 측정을 반복할 때 혈당이 참값보다 많은 측정값이 나올 기회는 전체의 몇 퍼센트인가?

(b) 참값과의 차이가 2.8이상인 측정오차는 허용되지 않는다면 전체의 몇 퍼센트가 허용될 수 없는가?

14. 어느 회사에서 고용인에게 주는 임금은 시간당 평균 7.25, 표준편차 0.6인 근사적 정규분포에 따른다고 하고 다음을 구하여라.(단위 천원)

(a) 시간당 6.75와 7.69 사이의 임금을 받을 고용인들은 몇%인가?

(b) 시간당 최고임금의 5%에 해당하는 금액은 얼마인가?

15. 어느 공정에서 생산되는 제품 중 5%가 불량품이라 한다. 이 공장에서 생산되는 제품 중 랜덤하게 200개를 추출하여 검사를 실시할 때

(a) 200개의 제품 중 불량품이 12개 이상일 확률은?

(b) 불량품이 정확히 8개일 확률은?

(c) 불량품이 8개 미만일 확률은?

16. 모 대학의 학생 중 40%가 기숙사 생활을 한다고 할 때, 이 학교에서 무작위로 100명을 뽑을 때 그 중에서 70명이 기숙사 생활을 하지 않을 확률은? 또 30~50명이 기숙사에서 생활하지 않을 확률은 얼마인가?

17. 제약회사는 평균적으로 어떤 형태의 알약이 50%가 최저 농도 이하의 성분을 갖고 있어 허용할 수 없다는 것을 알고 있다. 200개의 알약 표본에서 10개 미만 정도 허용할 수 없는 확률을 구하여라.

Chapter 07 표본분포

이 장에서는 여러 가지 원리들이 추측통계학을 위한 올바른 판단을 하는데 어떻게 결합되어 지는지를 배우게 된다. 우선 표본추출의 필요성을 논의하게 되고, 자주 쓰이는 표본추출의 기법을 제시하며 통계적 추론의 설계에서 확률분포를 결합시켜 설명할 필요가 있는지를 알아보고, 표본평균 $\overline{X}$의 표본분포를 소개한다.

7.1 임의표본

추측통계(inferential statistics)는 모집단에 대한 정보를 얻기 위하여 표본을 추출하였을 때, 여기에서 얻어진 정보를 기초로 하여 모집단에 대한 결론을 유도하는 방법을 말한다. 모집단에 대한 정보를 얻기 위해 표본을 사용하는 것은 **전수조사**(census)보다도 좋은 경우가 많다는 것은 이미 논의한 바 있다. **표본추출**(sampling)은 전수 조사보다 비용이 덜 들고, 또한 빠르게 수행할 수 있으며, 전수조사가 불가능한 모집단에서 효과적이고 또 어떤 면에서는 전수조사보다 더 正確(accuracy)하다. 더 정확하다는 것은 전수조사를 행했을 때는 **응답오차**(response error)나 **처리오차**(processing error) 등을 조절할 수 없으나 표본에서는 이를 조절할 수 있기 때문에 전수조사보다 더 정확하다는 것이다.

표본조사가 적절하다고 한다면 표본을 어떻게 선택할 것인가의 문제가 있다. 즉, 모집단으로부터 표본을 얻는데 무슨 방법을 채택할 것인가? 이 질문에 대한 대답은 표본의 결과가 전체 모집단에 대한 추론을 할 때, 적응하게 될 사용법을 깊이 생각해야 할 것이다. 이때 중요한 것은 표본의 대표성(representative)의 문제이다. 표본은 모집단의 여러 가지 특성값들에 가능하다면 가장 영향을 주는 것이어야 할 것이다.

표본이 모집단에 대한 대표성이 없다면 어떤 일이 벌어질 것인가에 대해 예를 들어보

자. 1936년 미국 대통령선거에서 민주당 후보인 루즈벨트(Roosevelt)와 공화당 후보인 란돈(Landon)의 여론조사에서, 한 잡지회사(Literary Digest Magazine)는 란돈이 쉽게 당선되리라고 예견했었다. 허나 실제 투표에서는 미국 대통령 선거사상 처음으로 루즈벨트가 압도적으로 당선됐다. 왜 그랬을까? 이는 표본조사 방법에서 전체 국민을 대상으로 하지 않고 자가용이나 전화를 갖고 있는 사람 (유권자)을 조사 대상으로 삼았다는데 문제가 발생한 것이다. 당시에 미국에서 자가용이나 전화를 갖고 있는 국민은 부유층에 속하는 사람이었다. 이를 분석해 보면 부유층은 란돈을 지지했지만 서민층은 루즈벨트를 지지했기 때문이다. 따라서 이 회사의 여론집단은 대표성을 상실한 것이라 할 수 있다. 이처럼 대표성을 상실한 여론조사는 상상치도 못하는 결과를 낳게 되는 것이다.

모집단의 특성을 잘 반영하는 표본을 추출하고 이러한 표본으로부터 모집단에 대한 정보를 효과적으로 취득할 수 있는 방법을 연구하는 것이 표본추출법이며, 이 장에서는 그런 방법들 중에서 가장 기본적인 것으로 **단순랜덤추출법**(simple random sampling)을 연구하자.

랜덤추출법(random sampling)은 모집단의 모든 원소가 표본으로 뽑힌 확률이 모두 같도록 추출하는 방법을 말하며 여기서 뽑힌 표본을 **랜덤표본**(random sample)이라 한다. 만약 모집단의 크기가 N이고 표본의 크기가 n이라면 모집단에 있는 모든 사상이 표본에 뽑힐 확률은 $1/\binom{N}{n}$이 된다. 예를 들어 실제적인 방법을 고찰해 보자.

예제 7-1

모집단은 어떤 지역의 5개 직종에 대한 비정규직의 월급이다. 이런 작은 모집단에서 정보를 얻기 위하여 표본을 추출할 필요는 없지만, 교육 효과를 예시할 목적으로 문제를 다루기로 한다. 모집단 평균임금 μ에 관한 정보를 얻기 위하여 $n=2$인 표본을 뽑는다고 하자. <표 7.1>에는 모집단 전체의 급료가 나와 있고, <표 7.2>에는 $n=2$인 경우의 모든 가능한 10가지 표본이 예시되어 있다.

〈표 7.1〉 비정규직 급료

직종별	급료(만원)
A	70
B	40
C	37
D	55
E	50

〈표 7.2〉 $n = 2$ 일 때의 표본

선택된 직종	(A,B)	(A,C)	(A,D)	(A,E)	(B,C)	(B,D)	(B,E)	(C,D)	(C,E)	(D,E)
표본	(70,40)	(70,37)	(70,55)	(70,50)	(40,37)	(40,55)	(40,50)	(37,55)	(37,50)	(55,50)

$n = 2$인 랜덤표본을 얻기 위하여 사용하는 방법중위 하나는 A, B, C, D, E라고 적힌 같은 크기의 공을 상자에 넣고 눈을 감고 2개를 취한다. 이런 절차는 랜덤표본을 보장하게 될 것이다. 즉, 2개씩 짝지어진 10개의 가능한 표본 중에서 한 개가 뽑힐 확률은 1/10로 모두 같다. 만약 $n = 4$일 때는 가능한 경우가 5가지로서 표 7.3에 나타냈다. 이 경우에도 다섯가지 중에서 한 개를 선택할 확률은 각각 1/5이다.

랜덤표본을 뽑기 위해 공이나 종이에 번호를 적어 상자에 넣고 뽑는 방법은 모집단이 크다면 실제적이지 못하다. 이를 보완키 위하여 사용하는 방법은, **난수표**(table of random numbers)를 사용한다든가, 컴퓨터에서 **난수**(random number)를 발생시켜 사용하는 방법이 효과적일 것이다. 이외에도 품질관리에서 많이 쓰는 26면체 방법도 있다. 이와같이 랜덤표본을 추출코자 할 때 조사자의 주관적 판단을 배제하고 임의로 추출하게 고안된 추출법을 **단순랜덤추출법**이라 한다.

〈표 7. 3〉 $n = 4$ 일 때의 표본

선택된 직종	표본
A, B, C, D	70, 40, 37, 55
A, B, C, E	70, 40, 37, 50
A, B, D, E	70, 40, 55, 50
A, C, D, E	70, 37, 55, 50
B, C, D, E	40, 37, 55, 50

그러나 단순랜덤 추출법은 모든 조사 대상 리스트를 만들어야 하는 등 모집단의 크기가 매우 큰 경우에 실제적으로 어려운 점이 많다. 이와 같은 이유로 대부분의 여론조사에는 모든 조사 대상을 면적 층 또는 군집으로 나누고 그 속에서 임의 추출하는 것이 보통이다.

층 또는 군집을 만들어 표본을 추출하는 방법에는 전체 모집단을 동질성을 띤 여러 개의 층으로 나눈 다음 각 층에서 임의 추출하는 **층화추출법**(stratified sampling), 전체 모집단을 이질성을 띤 여러 개의 군집으로 나눈 다음 각 군집에서 임의로 추출하는 군집추출법(cluster sampling), 또한 추출방법이 간단하고 쉽기 때문에 널리 이용되며 모집단의 표집 목록에서 일정한 간격을 두고 추출하는 **계통추출법**(systematic sampling) 등이 있다.

7.2 표본오차

앞 절에서 표본의 중요성과 랜덤표본을 얻기 위한 방법을 예를 통해 보았다. 모집단의 평균, 모집단의 분산 또는 모집단의 비율과 같은 모집단의 특성값 **모수**(parameter)를 추정하기 위하여 모집단으로부터 표본을 얻어 그 표본으로부터 계산되는 표본의 특성값 즉, **통계량**(statistic)을 이용한다. 그러나 모집단에서의 표본은 전체 모집단의 일부분으로서 모집단에 대한 완전하고 정확한 정보를 제공하지는 못한다. 따라서 표본에 의한 모집단 특성값의 추정값은 실제적으로 차이가 존재하게 되는데 이를 **표본오차**(sampling error)라 하고, 표본추출에서는 어느 정도 인정을 해야 한다.

예컨대 통계청은 대부분 전 산업체에 근무하는 종업원의 평균소득을 매년마다 발표한다. 실제적으로 그들은 전체 산업체 중에서 일부분을 추출 표본으로 하고 평균 소득을 계산하여 발표한다고 한다 (예를 들면 2010년에 전 산업체의 평균임금은 457만원이다). 이는 실제로 모든 산업체의 평균임금 μ가 아니라, 일부 산업체의 표본평균임금 $\overline{x}$이다. 그러므로 표본평균임금이 곧 전체 산업체 평균임금이기를 기대한다는 것은 어렵다. 표본임금과 실제평균임금 사이에는 오차가 존재하기 때문에 추정량인 표본평균이 어느 정도 정확한가라는 문제가 대두된다. 만약 표본평균임금과 모집단평균소득과의 차이를 1만원 내외이다라고 발표한다면 어느 정도의 정확성을 가지고 추정되었는지를 알게 될 것이다.

이런 문제에 대답하기 위하여 모든 가능한 표본평균의 분포를 아는 것이 필요하다. 이런 분포를 **표본분포**(sampling distribution)라 한다. 즉 표본분포란 같은 크기로 선택할 수 있는 모든 표본에서 통계량을 계산할 때 이 통계량이 이루는 확률분포이다.

모집단의 모수를 추정키 위하여 표본을 사용하는 데서 오는 표본오차의 개념을 약간 소개했다. 모평균 μ를 추정키 위하여 표본평균 $\overline{X}$를 사용하는 데서 오는 표본오차에 대하여 연구해 보자. 이런 추정량의 정확성에 관한 질문에 대답하기 위하여 모든 가능한 $\overline{X}$ 값의 분포를 알 필요가 있는데, 이 분포를 **평균의 표본분포**(sampling distribution of the mean)라 한다.

실제적이고 완벽한 예를 가지고 평균의 표본분포를 소개한다는 것은 극히 어렵다. 따라서 개념정리를 위하여 소표본에서 이 문제를 다루기로 하자.

예제 7-2

어떤 남자 농구팀의 주전선수 5명의 키에 관심이 있다. 모집단 전체의 자료는 173, 178, 180, 186, 198cm라고 할 때, 이 모집단의 평균은

$$\mu = \sum \frac{x}{N} = \frac{173+178+180+186+198}{5} = 183\,cm$$

이다. 이런 모평균 μ를 추정키 위하여 2명을 뽑아 표본평균 $\overline{X}$를 결정한다고 가정한다면, 가능한 $\overline{X}$의 조합의 수는 10가지가 될 것이다. 이 10가지의 경우에 표본평균 $\overline{X}$를 각각 구하면 표 7.4와 같다.

〈표 7.4〉 $n=2$ 일 때 표본평균

표본	(173, 178)	(173, 180)	(173, 186)	(173, 198)	(178,180)
$\overline{X}$	175.5	176.5	179.5	185.5	179.0
표본	(178, 186)	(178, 198)	(180,186)	(180, 198)	(186, 198)
$\overline{X}$	182.0	188.0	183.0	189.0	192.0

또 $\overline{X}$의 점도표(dot chart)를 그리면 [그림 7.1]과 같다.

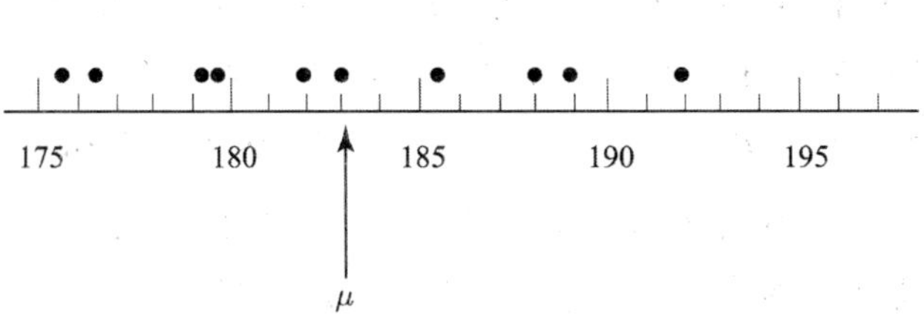

[그림 7.1] $\overline{X}$의 점도표 ($n=2$일 때)

표 7.4에서 보듯이 표본에 따라 평균은 변하고 있다. 따라서 모집단에서 표본을 추출할 때 표본평균 $\overline{X}$는 그 값이 나타날 가능성에 의존하기 때문에 확률변수가 된다. 그러므로 각 표본평균이 나타날 확률은 1/10이 될 것이다. 표본평균에서 모평균과 일치하는 경우는

한 가지 뿐으로서 나머지는 오차를 수반한다.

표본분포를 구하는 목적은 추정값의 정확도에 관하여 알기 위해서이다. 만약 표본오차가 3cm이라면,

$$P(180 \leq \overline{X} \leq 186) = 0.3$$

이 되어 표본평균이 모평균과의 차가 3cm이내라면 30%의 확률을 가지고 추정되었다는 것을 의미한다.

다음으로 표본의 수 $n = 4$인 경우를 보자. 이때 가능한 표본은 표 7.5에서와 같이 $\binom{5}{4}$ =5가지가 나온다.

〈표 7.5〉 $n = 4$일 때의 표본평균

표본	표본평균
173, 178, 180, 186	179.25
173, 178, 180, 198	182.25
173, 178, 186, 198	183.75
173, 180, 180, 198	184.25
178, 180, 186, 198	185.50

또 표본평균의 점도표는 [그림 7.2]와 같다.

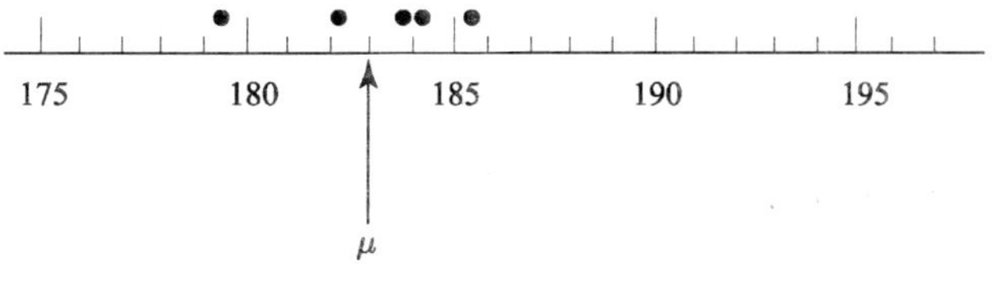

[그림 7.2] $\overline{X}$의 점도표 ($n = 4$일 때)

각 표본평균이 추출될 확률은 1/5이다. 이런 사실에 근거하여 크기 $n = 4$인 표본평균 $\overline{X}$의 확률분포는 표 7.6과 같이 된다.

〈표 7.6〉 $\overline{X}$의 표본분포

표본평균($\overline{X}$)	179.25	182.25	183.75	184.25	185.50
$p(\overline{X} = \overline{x})$	1/5	1/5	1/5	1/5	1/5

마찬가지로 $n = 4$일 때, 모평균 3㎝의 오차를 인정했을 경우 $\overline{X}$가 그 사이에 있을 확률은

$$P(180 \leq \overline{X} \leq 186) = 0.8$$

이 될 것이다. 따라서 80%가 된다.

$n = 2,\ 3,\ 4$일 때의 표본평균에 관한 점도표를 한데 모아 놓으면 [그림 7.3]과 같다. 이 점도표에서 보는 바와 같이 표본의 수(sample size)가 커지면 표본평균 $\overline{X}$의 값은 모평균 μ에 가깝게 모아지고 있음을 알 수 있다. 따라서 동시에 표본오차도 작아짐을 알 수 있을 것이다.

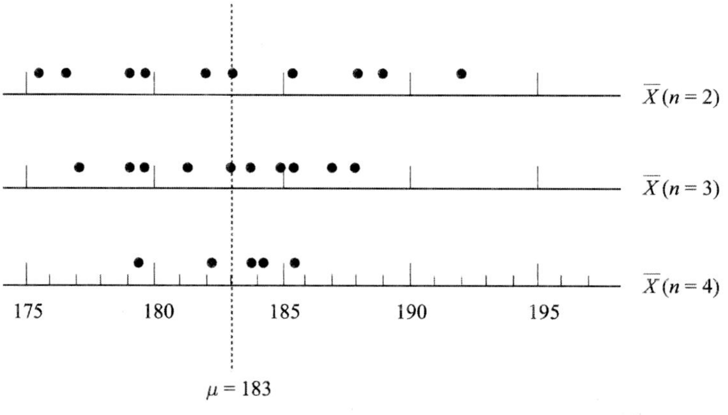

[그림 7.3] $\overline{X}$의 점도표 ($n = 2,\ 3,\ 4$)

7.3 표본평균의 평균과 표준오차

앞 절에서 소개한 표본분포는 모집단으로부터의 표본의 평균을 기초로 한 모평균에 대한 통계적 추론을 하는데 사용하였다. 하지만 $\overline{X}$의 분포를 정확히 안다는 것은 불가능한 일이다. 그러나 표본수가 크게 되면 확률변수 $\overline{X}$의 표본분포는 정규분포에 의해 근사시킬 수 있다. 정규분포를 사용한 확률변수의 확률을 구하기 위하여 확률변수의 평균과 분산을 알지 않으면 안 된다. 결국 이 절에서는 확률변수 $\overline{X}$의 평균과 표준편차를 구하는데 초점을 맞추겠다. 확률변수 $\overline{X}$의 기대값과 모집단의 평균 사이의 관계는 $E(\overline{X}) = \mu_X$로서 $\overline{X}$의 평균과 모평균은 같다. 다시 말하면 어떤 주어진 표본의 수와는 관계없이 평균이 같다.

예제 7-3

예제 7.2에서 $n=2, 4$일 때의 평균을 구하고 $E(\overline{X})=\mu_X$임을 보여라.

풀이 표 7.4에서 $n=2$일 때

$$E(\overline{X}) = \frac{1}{10}(175.5+176.5+179.5+185.5+179.0 + 182.0+188.0+183.0+189.0+192.0) = 183$$

표 7.6에서 $n=4$일 때

$$E(\overline{X}) = \frac{1}{5}(179.25+182.25+183.75+184.25+185.50) = 183$$

다음으로 확률변수 $\overline{X}$의 표준편차를 생각하자. 확률변수 $\overline{X}$의 표준편차 $\sigma_{\overline{X}}$를 구하고, 모표준편차 σ_X을 갖는 모집단과의 관계를 밝히기 위하여 앞 예제 7.2 농구선수의 키로 돌아가 보기로 하자.

예제 7-4

예제 7.2에서 5명의 농구선수에 대하여

(a) 모표준편차 σ_X를 계산하여라.

(b) $n=2$일 때 표준편차 $\sigma_{\overline{X}}$를 계산하여라.

(c) $n=3$, 4일 때 표준편차 $\sigma_{\overline{X}}$를 계산하여라.

풀이 분산 $\sigma_X^2 = E(X-\mu_X)^2$의 정의에 의하여 계산하면,

(a) $\sigma^2 = \frac{1}{5}(173^2+178^2+180^2+186^2+198^2)-183^2 = 73.6$

$\therefore\ \sigma = 8.58$

(b) $\sigma_{\overline{X}}^2 = \frac{1}{10}(175.5^2+176.5^2+\cdots+189.0^2+192.0^2)-183^2 = 27.6$

$\therefore\ \sigma_{\overline{X}} = 5.25$

(c) 똑같은 방법으로 계산하면 $n=3$일 때는

$\therefore\ \sigma_{\overline{X}} = 3.50$

이고 $n=4$일 때는 $\sigma_{\overline{X}} = 2.14$로서 다음 표 7.7에 정리되어 있다.

〈표 7.7〉 $n = 2, 3, 4$일 때의 표준편차

표본수(n)	$\overline{X}$의 표준편차
2	5.25
3	3.50
4	2.14

표 7.7에서 표본평균 $\overline{X}$의 표준편차가 표본의 수가 커지면, 그 값이 작아짐을 보이고 있다. 이런 현상은 그림 7. 3에서 관찰할 수 있을 것이다. 확률변수의 표준편차는 확률변수의 모든 가능한 값의 퍼짐정도를 측정하는 척도로서 표본수가 증가하면 그 퍼짐정도가 작아지고 있는 것을 알 수 있다.

그렇다면 모집단의 표준편차와 $\overline{X}$의 표준편차와의 사이에 관계식이 있는가라는 질문에 대한 대답은 '있다'이다. 실제로 모집단의 표본편차와 $\overline{X}$의 표준편차 사이의 정밀한 관계식은 2가지가 있다. 하나는 **유한모집단**(finite population)에서 비복원추출을 할 때는

$$\sigma_{\overline{X}} = \sqrt{\frac{N-n}{n-1}} \cdot \frac{\sigma}{\sqrt{n}}$$

이다. 여기서 N은 유한모집단의 개수이고, n은 표본의 수다. 또 다른 방정식은 유한모집단일 때는 복원추출을 하는 경우와 **무한모집단**(infinite population)일 때에는

$$\sigma_{\overline{X}} = \frac{\sigma}{\sqrt{n}}$$

이다. 만약 표본수가 모집단의 크기에 비해 상대적으로 작으면 두 공식사이는 매우 근소한 차이가 있을 뿐이다. 대부분의 통계적 추론의 적용에서는 표본수가 모집단의 수보다 상대적으로 작은 경우가 많기 때문에, 또한 계산의 간편성 때문에 두 번째 공식을 자주 쓴다. 이 책에서도 두 번째 공식을 사용하겠다.

표본평균의 평균과 표준편차

1. 확률변수 $\overline{X}$의 평균은 표본의 수 n에 관계없이 모집단의 평균과 같다.

$$\mu_{\overline{X}} = \mu$$

2. 표본의 수가 n일 때 확률변수 $\overline{X}$의 표준편차는 모집단의 표준편차를 표본수의 제곱근으로 나누어 준 값과 같거나 근사하다.

$$\sigma_{\overline{X}} = \sigma / \sqrt{n}$$

예제 7-5

어떤 회사에서 생산되는 소형차의 평균수명 $\mu = 7.4$(년)이고 표준편차 $\sigma = 2.6$(년)이라 할 때,

(a) $n = 50$,

(b) $n = 200$일 때 표본평균의 평균과 표준편차를 각각 계산하여라.

풀이 앞의 정리에 의하여

(a) $\mu_{\overline{X}} = 7.4, \quad \sigma_{\overline{X}} = 2.6/\sqrt{50} = 0.3677$

(b) $\mu_{\overline{X}} = 7.4, \quad \sigma_{\overline{X}} = 2.6/\sqrt{200} = 0.1838$

과 같이 계산할 수 있다.

■

표본평균에 의하여 모평균을 추정할 때 생기는 표본오차는 표본수가 커지면 작아진다는 것을 앞에서 보았다. 또한 표준편차가 작아지면 작아질수록 평균에 가까운 값들을 취하고 있음도 알 수 있다. 그러나 표본평균의 평균은 모집단의 평균과 같으므로, 표본평균의 표준편차 $\sigma_{\overline{X}}$ 의 값이 작을수록 표본평균의 값은 모평균 μ에 가까운 값을 취하게 된다. 즉 $\sigma_{\overline{X}}$ 의 값이 작을수록 표본오차는 상대적으로 작아진다. 결국 표본평균에 의해 모집단을 추정할 때 표본이 커지면 작은 표본오차를 갖게 되므로 더욱 정확한 결과를 갖게 된다.

7.4 평균의 표본분포

확률변수 X의 분포가 평균 μ, 표준편차 σ 인 정규분포를 따르는 모집단이라고 가정한다면 표본평균 $\overline{X}$ 도 역시 정규분포를 따른다. 다시 말하면 표본평균 $\overline{X}$ 의 분포는 모수가 $\mu_{\overline{X}}$ 와 $\sigma_{\overline{X}}$ 를 갖는 정규곡선 아래의 면적과 같음을 의미한다.

평균의 표본분포(정규모집단의 경우)

표본의 수가 n 인 확률표본을 평균이 μ 이고 표본편차가 σ 인 정규모집단에서 취한다고 할 때, 확률변수 $\overline{X}$ 는 평균 $\mu_{\overline{X}} = \mu$ 이고 표준편차 $\sigma_{\overline{X}} = \sigma/\sqrt{n}$ 인 정규분포를 따른다. 즉 $\overline{X} \sim N\left(\mu_{\overline{X}},\ \frac{\sigma^2}{n}\right)$

예제 7-6

우리나라 농촌 성인남자의 평균 나이가 50년이고 표준편차가 8년인 정규분포를 한다면, $n=3, 10$일 때의 표본평균 $\overline{X}$의 표본분포를 구하여라.

풀이 확률변수 $\overline{X}$는 평균 $\mu_{\overline{X}} = 50, \sigma_{\overline{X}} = \sigma / \sqrt{n} = 8 / \sqrt{n}$ 이므로
$n = 3$일 때는 $\sigma_{\overline{X}} = 8 / \sqrt{3} = 4.62$, $\mu_{\overline{X}} = 50$인 정규분포에 따르게 되고,
$n = 10$일 때 $\mu_{\overline{X}} = 50$, $\sigma_{\overline{X}} = 8 / \sqrt{10} = 2.53$인 정규분포에 따른다. 이들에 대한 분포는 그림 7.4와 같다.

[그림 7.4]를 비교해 보면, 평균은 50으로 모집단의 값과 같지만 표본 수가 커지면 표준편차 $\sigma_{\overline{X}}$의 값이 작아지므로 퍼짐정도가 다소 작은 모양의 정규분포곡선과 같음을 보여준다.

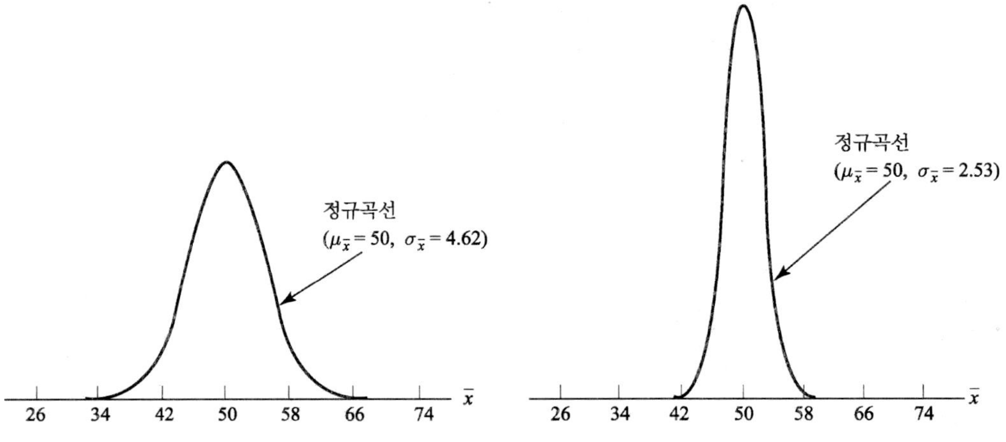

[그림 7.4] $n = 3$, 10일 때의 정규분포

예제 7-7

예제 7.6에서 250명을 뽑았을 때, 표본평균 $\overline{X}$가 49와 51사이에 있을 확률을 계산하여라.

풀이 모집단이 정규분포를 하므로, 확률변수 $\overline{X}$ 는 모수가 $\mu_{\overline{X}} = 50$, $\sigma_{\overline{X}} = 8 / \sqrt{250} = 0.51$을 갖는 정규분포를 하게 된다. 따라서

$$\begin{aligned} P(49 \le \overline{X} \le 51) &= P\left(\frac{49-50}{0.51} \le Z \le \frac{51-50}{0.51}\right) \\ &= P(-1.96 \le Z \le 1.96) \\ &= 0.9500 \end{aligned}$$

■

결국, 성인남자 250명을 임의로 뽑아 그들의 나이를 물었을 경우에 95%인 약 237명 정도가 49세에서 51세라고 대답할 것을 의미하며, 또한 평균나이의 1년 범위내의 인구를 말하기도 한다.

아울러, 모집단이 정규분포가 아닐 경우에도 확률변수 $\overline{X}$는 표본의 수 n이 크면 근사적으로 정규분포를 따르게 되는데, 이런 엄청난 사실을 **중심극한정리**(central limit theorem)라 하고 통계학에서 가장 중요한 결과중의 하나라고 한다.

중심극한정리(central limit theorem)
평균이 μ이고 분산이 σ^2인 임의의 모집단으로부터 뽑은 확률표본의 평균 $\overline{X}$의 분포는 표본의 크기가 크면 근사적으로 평균μ, 분산$\frac{\sigma^2}{n}$인 정규분포 $N(\mu, \frac{\sigma^2}{n})$에 따른다. 즉,

$$Z = \frac{\overline{X} - \mu}{\frac{\sigma}{\sqrt{n}}}$$

의 분포는 근사적으로 표준 정규분포 $N(0, 1)$에 따른다.

일반적으로 모집단이 비정규성(non-normal)인 분포를 갖고 있을수록 확률변수 $\overline{X}$의 확률을 결정하는데 정규곡선의 면적을 사용하기 위해서는 표본의 수가 크지 않으면 안 된다. 대체적으로 표본의 수가 30이상일 때($n \ge 30$), 표본평균의 분포에 관한 서술은 다음과 같다.

평균의 표본분포 (일반 모집단일 때)
표본의 수 $n(\ge 30)$인 확률표본을 평균 μ, 표준편차 σ인 모집단에서 추출할 때 모집단의 분포에 관계없이 확률변수 $\overline{X}$는 평균 $\mu_{\overline{X}} = \mu$, 표준편차 $\sigma_{\overline{X}} = \sigma / \sqrt{n}$인

정규분포에 따른다. 즉, $\overline{X}$ 의 확률계산은 모수 μ 와 $\sigma / \sqrt{n}$ 을 갖는 정규곡선 아래의 면적과 근사적으로 같다.

예제 7-8

과거의 경험으로 비추워 볼 때 비행기 승객 1인당 평균 짐의 무게는 15kg이고 표준편차가 5kg이라 한다. 어느 특정한 날에 임의로 추출한 64명의 승객들의 평균 짐의 무게가 17kg이상일 확률을 계산하여라.

풀이 중심극한정리에 의하면 $\overline{X}$는 평균이 15kg이고 표준편차는 $5 / \sqrt{64} = 0.625$kg이며, 표본수가 크므로 정규분포에 근사시킬 수 있을 것이다. 따라서

$$
\begin{aligned}
P(\overline{X} \geq 17) &= P\left(\frac{\overline{X}-15}{0.625} \geq \frac{17-15}{0.625}\right) \\
&= P(Z \geq 3.2) = 0.0007
\end{aligned}
$$

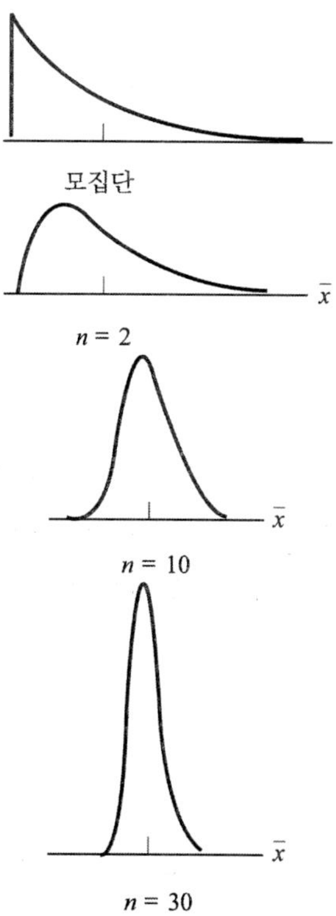

[그림 7.5] 왼쪽으로 치우친 모집단에 대한 표본분포

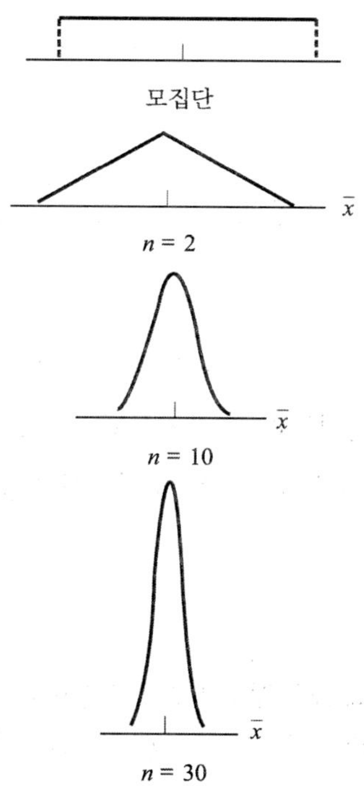

[그림 7.6] 균일모집단에 대한 표본분포

[그림 7.5]와 [그림 7.6]은 모집단의 분포에 관계없이 확률변수 $\overline{X}$는 근사적으로 정규분포에 가까워지고 있음을 가시적으로 보여 주고 있다. 이 그림에서 관찰하면 $n=2$일 경우는 제한적으로 정규분포를 하며, $n=10$일 때는 어느 정도 정규분포를 하며, $n=30$일 때는 확률변수 $\overline{X}$가 정규분포에 매우 가까움을 볼 수 있다.

확률변수 $\overline{X}$가 평균 $\mu_{\overline{X}}$, 표준편차 $\sigma_{\overline{X}}$를 갖고 있으므로 표준척도는

$$Z=\frac{\overline{X}-\mu_{\overline{X}}}{\sigma_{\overline{X}}}=\frac{\overline{X}-\mu}{\sigma/\sqrt{n}}$$

이 되므로 표준정규곡선을 갖게 된다.

예제 7-9

어느 공장에서 생산되는 제품의 무게는 과거의 경험에 의하면 평균이 10g이고 표준편차가 1g이라고 할 때, 이 제품중 64개를 추출했을 때, 그 무게의 평균이 9.8g과 10.2g 사이에 있을 확률은 얼마인가?

풀이 표본평균 $\overline{X}$를

평균이 10g이고 표준편차 $\sigma_{\overline{X}}=1/\sqrt{64}=0.125$인 정규분포에 근사시키면

$$\begin{aligned}P(9.8\le \overline{X}\le 10.2) &= P\left(\frac{9.8-10}{0.125}\le\frac{\overline{X}-10}{0.125}\le\frac{10.2-10}{0.125}\right)\\ &= P(-1.6\le Z\le 1.6)\\ &= 2p(0\le z\le 1.6)\\ &= 0.8904\end{aligned}$$

으로 주어진다.

7.5 비율의 표본분포

비율의 표본분포를 알아야 될 필요성은, 예를들어 여론조사를 해서 임의로 뽑은 40명 중 적어도 70%가 어느 후보를 지지할 확률이 얼마인가 하는 문제에서 생긴다.

다시 말해서, 우리는 40명의 표본 중에서 그 후보자를 지지하는 유권자의 비율이 0.7보다 클 확률을 구하면 된다.

여기에 답하기 위해서는 40명의 표본을 취했을 때 그 후보자를 지지한다고 나타난 유권자 비율의 분포를 알아야 한다. p가 임의로 선택된 어떤 사람이 그 후보자를 지지할 확률을 나타낸다고 하면, 40명 중에서 그 후보자를 지지하는 유권자의 수 X는 이항분포를 갖는다는 것을 알 수 있다.

지지하는 유권자의 비율은 질문을 받는 유권자의 수에 대한 지지하는 유권자 수의 비율이므로, 확률변수 $X/40$일 뿐이다. 일반적으로 크기 n의 표본에서 얻은 표본비율(semple proportion)은 확률변수 X/n이다.

유권자를 헤아릴 때 한 유권자가 그 후보자를 지지하면 1로, 지지하지 않으면 0으로 표기하는 방법을 쓴다. 이 조사에서 만일 29명이 지지했다면 1은 29개 있고 0은 $40-29=11$개이다.

즉 표본 비율은

$$\frac{1+0+1+\cdots+0+1}{40}=\frac{29}{40}$$

으로 얻어진다. 이것으로써 우리는 표본비율 X/n를, 1의 비율이 p, 0의 비율이 $q=1-p$인 1과 0으로 이루어진 유한 모집단으로부터 취한 크기 n의 표본의 평균으로 간주할 수 있다. 따라서, 모집단은 다음의 확률분포로 나타낼 수 있다.

x	확률
0	q
1	p

이 모집단의 평균은 $\mu=0\times q+1\times p=p$이고, 분산의 공식을 쓰면 다음과 같이 얻어진다.

$$\begin{aligned}\sigma^2&=(0-p)^2q+(1-q)^2p=p^2q+q^2p\\&=pq(p+q)\quad(\because\ p+q=1)\\&=pq\end{aligned}$$

여기에서 모집단이 평균 μ와 분산 σ^2을 가지면, 크기 n의 표본평균의 분포는 평균 μ, 분산 σ^2/n을 가짐을 상기하자. 이런 경우에 표본비율 X/n의 표본분포의 평균은 모비율 p와 같고, 그 표본분포의 분산은 모분산을 표본의 크기로 나눈 pq/n이다. 여기에 중심극한정리를 사용하여 표본의 크기가 크면 표본비율 X/n의 분포는 정규분포에 근사시킬 수 있다. 단 p가 0이나 1에 아주 가깝지 않을 때에 한해서 그렇다.

이런 사실을 요약하면 다음과 같다.

표본비율의 분포

성공의 확률이 p인 모집단에서 독립적으로 크기 n인 표본을 추출했을 때 n이 상당히 크면 표본비율 X/n의 분포는 근사적으로 평균 p, 분산 pq/n인 정규분포에 따른다. 여기에서 $p+q=1$이다.

경험에 의하면 표본의 크기 n이 $np>5$, $nq>5$ 정도로 커야 근사의 정도가 만족할 만한 것으로 알려져 있다. X/n의 분포가 근사적 정규분포를 한다는 말은 이것을 표준화 한

$$Z=\frac{X/n-p}{\sqrt{pq/n}}=\frac{X-np}{\sqrt{npq}}$$

은 n이 크다는 가정하에 표준정규분포 $N(0,\ 1)$에 매우 가까운 분포를 한다는 것이다.

예제 7-10

유전학에서 멘델의 분리 법칙에 따르면 어떤 종류의 완두콩을 교배시켰을 때, 노란완두콩이 나올 확률은 3/4이고, 녹색완두콩이 나올 확률은 1/4이다. 400개의 완두콩이 생산되었을 때 다음을 구하여라.

(a) 노란완두콩의 비율의 표준오차

(b) 노란완두콩의 비율이 0.71과 0.78사이에 있을 근사적 확률

풀이 $p=3/4$ $n=400$이다.

(a) 노란완두콩의 비율의 표준오차는

$$\sqrt{\frac{pq}{n}}=\sqrt{\frac{\left(\frac{3}{4}\cdot\frac{1}{4}\right)}{400}}=0.0219$$

(b) 우리는 $p(0.71\le X/n\le 0.78)$을 구하려 한다. 이것을 표준화를 이용해서 구하면

$$\begin{aligned}p(0.71\le X/n\le 0.78)&\approx p\left(\frac{0.71-0.75}{0.0217}\le Z\le\frac{0.78-0.75}{0.0217}\right)\\&=p(-1.85\le Z\le 1.38)\\&=p(0\le Z\le 1.85)+p(0\le Z\le 1.38)\\&=0.4678+0.4162=0.8840\end{aligned}$$

연습문제

Exercises

1. 어느 대학에서 6대의 스쿨버스를 운영하고 있는데, 이 버스들은 모두 새 것을 구입하여 지금까지 각각 6, 10, 7, 4, 9, 8년을 운행하여 왔다.

(a) 이 운행횟수들로부터 크기 2인 랜덤표본을 비복원으로 뽑을 때 모든 가능한 표본을 구하여라.

(b) (a)에서 구한 표본들의 평균을 구하고 그 표본평균들의 표본분포를 구하여라.

(c) (b)에서 구한 표본평균의 평균과 분산을 각각 구하여라.

(d) 모평균과 모분산을 구하여 (c)에서 구한 값과 비교해보라.

2. 통계학 시험을 치른 결과 5명의 성적이 다음과 같다면 아래 물음에 답하여라.

76, 58, 64, 82, 60

(a) 다섯 학생의 모평균을 계산하여라.

(b) 표본의 수 $n=2$인 경우에 가능한 표본을 전부 구하고 표본평균 $\overline{x}$를 계산하여라.

(c) $\overline{x}$의 값을 점도표로 표시해 보라.

(d) 표본의 수 $n=2$인 경우에 확률분포를 결정하여라.

(e) 확률변수 $\overline{X}$의 평균을 구하고 모평균과 비교하여라.

3. 문제 2에서 $n=3$일 때의 (b)에서 (e)까지를 계산하여라.

4. 어떤 제품의 가격은 시장에 따라 변한다. 어떤 회사에서 이 제품을 생산하여 판매하였더니 그 평균이 19,700원이고 표준편차가 4,200원 이었다면

(a) 전체의 제품중에서 50개를 선택했을 때 표본평균의 평균 $\mu_{\overline{X}}$ 표준편차 $\sigma_{\overline{X}}$를 구하여라.

(b) $n=100$일 때는 어떠한가?

5. 문제 1에서 $n=3$인 경우에 (a)~(d)까지를 구하여 문제 1번의 결과와 비교하여보라.

6. 1, 2, 3, 4가 쓰여진 조그만 공을 항아리에 넣고 비복원추출을 하는 방법으로 표본 2개를 뽑았을 때, 두 개의 공의 숫자의 평균을 $\overline{x}$라 하면

(a) 확률변수 $\overline{X}$의 확률분포를 구하여라.

(b) $\mu_{\overline{X}}$와 $\sigma_{\overline{X}}$를 계산해 보라.

7. 한 페인트 제조회사에서는 자사제품이 평균 5년 동안 지속한다고 주장하고 있다. 이 제품의 수명이 표준편차 0.5년을 갖는 정규분포를 한다고 했을 때

(a) 만약 어떤 집에서 페인트를 칠을 했을 때 4, 5년 동안 지속할 확률은 얼마인가?

(b) 만약 이 회사제품을 10개의 가정에서 사용하여 칠했다면 평균적으로 4.5년 지속될 확률은 얼마냐?

(c) 30개 가정에서 이 회사제품을 사용했을 때 평균 4.9년 이상 지속될 확률을 계산하여라.

8. 어떤 공장에서 생산된 제품이 10%가 불합격품이라고 한다. 임대로 100개의 제품을 택했을 때, 다음을 구하여라.

(a) 표본에서 불량품의 기대되는 비율

(b) 표본에서 불량품의 비율의 분산

(c) 표본비율이 0.16을 초과하는 확률

9. 유권자의 60%가 어느 지역 단체장이 일을 잘하고 있다고 느낀다면, 임의의 900명의 표본에서 찬성하는 사람의 비율이 다음과 같을 확률을 구하여라.

(a) 0.65 초과

(b) 0.56 미만

10. 성인 70%가 시정에 찬성한다고 믿어진다. 임의의 100명의 성인에게 질문하여 찬성의 비율이 다음과 같을 근사적 확률을 구하여라.

(a) 0.6 미만

(b) 0.65보다 크 0.73보다 작을 경우

Chapter 08 추 정

주어진 정보를 토대로 미지의 현상에 대한 추측을 하거나 어떤 현상에 대한 기존의 주장이 옳은가를 검정하는 경우가 종종 있다. 이 경우 우리는 주어진 모집단으로부터 표본을 추출하고 이들의 정보를 이용하여 모집단에 대한 추측이나 생각에 대한 결정을 내린다. 이러한 과정을 통계적 추론이라 한다.

통계적 추론은 크게 미지의 모수를 추정하는 것과 모수에 대한 가설검정으로 주어지는데, 본장에서는 두 가지 중요한 모수, 즉 모평균과 모비율에 대한 추성의 문제를 다루려고 한다.

모평균을 추정하는데 사용되는 통계량은 표본평균 $\overline{X}$이며, 이것은 표본오차 때문에 모평균 μ와 정확히 일치하리라는 것을 기대할 수는 없다. 따라서 추정값의 정밀도에 대한 정보가 중요하고, 이 때문에 신뢰구간에 대한 논의가 필요하게 된다.

또한 모집단의 평균의 추정문제와 더불어 특별한 속성을 소유하는 모집단의 비율(백분율)을 어떻게 추정하는가 하는 문제도 다루려고 한다. 예를 들어 특정 후보에 대한 지지율을 표본의 비율을 이용하여 어떻게 추정하는가를 살펴보려 한다.

8.1 모평균의 추정

통계적 추론(statistical inference)에서 중요한 문제는 모집단의 평균 μ에 대한 정보를 얻는 것이다. 예를 들어서 다음과 같은 문제를 추정하는 것에 관심을 가져보자.

1. 어떤 상표의 담배에 포함되어 있는 니코틴의 평균량
2. 새롭게 개발된 타이어의 평균 수명
3. 새로운 모델의 차량이 1리터당 주행하는 평균거리

4. 통계학과 대학원 졸업생의 연간 평균임금

8.1.1 점추정과 구간추정값

우리가 어떤 정당에 대한 지지율을 알고자 할 때는 유권자 중 일부를 임의로 뽑아서 이 추출된 표본의 비율을 지지율의 추정값으로 할 것이다. 또, 중학교 여학생의 평균 신장을 알려고 할 때에는 중학교 여학생의 확률표본에서 표본 평균을 구하여 평균 신장의 추정값으로 쓸 것이다. 통계학자들도 위 방법들이 모평균과 모비율에 대한 추정 방법 중 제일 좋은 것이라고 말한다.

그러면 모분산 σ^2에 대한 추정은 어떤 방법으로 할 것인가? 직관적으로 주어진 표본 $x_1,\ x_2,\ x_3,\ \cdots\ x_n$에서 모분산의 정의와 비슷하게

$$S^2 = \sum_{i=1}^{n}(x_i - \overline{x})^2/n$$

을 계산해서 추정값으로 쓸 수도 있다. 그러나 이 경우는 σ^2에 대한 적절한 추정값으로 n대신 $n-1$로 나눈

$$S^2 = \sum_{i=1}^{n}(x_i - \overline{x})^2/n-1$$

을 흔히 사용한다.

따라서 가장 좋은 점추정량에 대한 판정기준은 다음 4가지 성질 불편성(unbiasedness), 유효성(efficiency), 일치성(consistency), 충분성(sufficiency)을 만족하는 것이라야 한다.

어떤 추정량이 위 네 가지 성질을 만족하는 것을 증명하는 것은 기초통계학 과정에서는 어려운 일이다. 다만 $\dfrac{X}{n}$, $\overline{X}$, S^2 이 각각 p, μ, σ^2의 좋은 추정량이라는 사실만 알면 된다. 또한 S^2이 σ^2의좋은 추정량이므로 σ의 좋은 추정량으로 S를 사용해도 무리는 없을 것이다.

예제 8-1

다음 값들은 창고에 보관된 쌀가마니들 중에서 4개를 임의로 추출해서 잰 무게이다.

(단위 : kg)

102, 101, 97, 96

다음에 대한 좋은 추정치를 구하여라.

(a) 모든 쌀가마니들의 진짜 평균인 모평균 μ

(b) 모든 쌀가마니들의 진짜 분산인 모분산 σ^2

(c) 모든 쌀가마니들의 진짜 표준 편차인 모표준편차 σ

(d) 4개의 쌀가마니의 평균 무게에 대한 분산

풀이 표본 평균은

$$\overline{x} = 396/4 = 99$$

그리고

$$\sum_{i=1}^{n}(x_i - \overline{x})^2 = 3^2 + 2^2 + (-2)^2 + (-3)^2 = 26$$

이다. 따라서,

(a) μ의 좋은 추정치는 $\overline{x} = 99$가 된다.

(b) σ^2에 대한 좋은 추정치는 S^2이 σ^2의 좋은 추정량이므로

$\sum_{i=1}^{n}(x_i - \overline{x})^2/(4-1) = 26/3 = 8.67$이 된다.

(c) σ의 좋은 추정치는 $\sqrt{8.67} = 2.94$가 된다.

(d) 4개 쌀가마니의 평균 무게 $\overline{X}$의 분산은 $Var(\overline{X}) = \sigma^2/n = \sigma^2/4$이다.

(b)에서 σ^2의 좋은 추정치가 8.67로 나왔으므로 σ^2 대신 이를 대입하면 $S^2/4 = 8.67/4 = 2.17$이 좋은 추정치이다.

예제 8-2

담배 생산자가 새로운 상표의 담배를 개발하여 시판하려 할 때 그는 이 상표의 담배에 포함되어 있는 니코틴의 함량의 평균값에 대한 정보를 필요로 한다. 그러나 모든 담배의 니코틴 함량을 조사해 볼 수 없기 때문에 이중 50개를 임의로 추출하여 니코틴 함량을 조사한 결과, 다음의 표 8.1의 결과를 얻었다.

〈표 8.1〉 50개의 담배에 포함되어 있는 리코틴의 함량

(단위 : mg)

11.70	11.02	11.24	11.12	12.23	10.32	10.33	10.89	11.88	10.72
10.86	11.05	11.23	9.67	10.88	11.36	10.65	11.33	12.00	10.71
10.90	10.74	11.42	10.03	10.35	10.31	11.85	10.88	10.97	10.77
11.06	11.68	10.82	10.16	9.89	10.66	10.94	11.14	10.28	10.35
10.87	11.14	10.79	10.65	11.07	11.43	10.98	10.92	11.20	11.49

위의 자료를 이용하여 새로 개발된 상표의 모든 담배에 포함된 니코틴의 평균함량 μ를 추정하여라.

풀이 조사된 50개의 담배에 포함되어 있는 니코틴 함량의 표본평균 $\overline{X}$는 표 8. 1로부터 다음과 같이 주어진다.

$$\overline{x} = \frac{\sum_{i=1}^{50} x_i}{n} = \frac{546.93}{50} = 10.94mg$$

만약 이들 50개의 측정값을 이용하여 이 상표의 모든 담배에 포함되어 있는 니코틴 함량의 평균 μ를 추정해야 한다면, 대부분 우리는 μ를 약 $10.94mg$으로 추정할 것이다. 다시 말하면 이 상표의 담배 전체에 포함되어 있는 니코틴 함량의 평균 μ에 대한 추정값으로 표본평균 $\overline{x}$ =10.94를 사용할 것이다. 이러한 형태의 추정값을 μ에 대한 **점추정값**(point estimate)이라고 한다.

점추정값이란 용어는 모평균의 추정에서 뿐만 아니라 임의의 모수를 추정할 때 사용되는 모든 통계량에 대하여 적용되는데 다음과 같이 정의할 수 있다.

점추정값 : 모수의 점추정값은 모수를 추정하는데 사용되는 통계량의 값이다.

일반적으로 점추정값 $\overline{X}$가 모평균 μ와 항상 정확히 일치할 것을 기대할 수는 없다. 왜냐하면 어떤 통계량이든지 표준오차가 수반되어지기 때문이다. 따라서 μ에 대한 점추정값을 이야기할 때에는 항상 그 추정값의 정밀도에 관한 정보를 주어야 한다. 이러한 사실은 μ에 대한 **신뢰구간추정**(confidence interval estimate)을 생각게 한다. μ에 대한 신뢰구간 추정값으로 우리는 표본평균을 이용하여 특정한 실수구간을 정할 수 있고, μ가 이 구간에 포함될 가능성이 얼마나 되는지를 결정할 수 있다. 이러한 신뢰구간 추정값은 다음과 같이 정의된다.

신뢰구간 추정값 : 모수의 신뢰구간 추정값은 점추정값으로 부터 구해지는 실수구간과 모수가 이 구간에 포함될 신뢰도에 대한 수치로 구성되어 있다.

다음 예제를 통하여 모평균 μ에 대한 신뢰구간을 어떻게 구성하는지 그 방법을 생각해 보자.

예제 8-3

사회조사 연구회에서는 새로운 모델의 자동차에 대한 판매가격을 조사하였다. 이때 임의로 추출된 40대의 자동차의 판매가격이 <표 8.2>와 같이 주어졌다고 하자.

(a) 이들 판매가격에 대한 표본평균 $\overline{X}$의 값을 계산하여라.

(b) 40대의 새로운 모델의 자동차의 평균 판매가격 $\overline{X}$가 모집단의 평균 판매가격 μ로부터 1,000천원 이내에 놓일 확률을 계산하여라.

〈표 8.2〉 임의로 추출된 40대의 자동차의 판매가격

(단위 : 천원)

21,295	23,952	10,753	13,240	21,349	19,540	13,256	29,861
18,030	22,236	17,112	23,797	15,746	22,960	19,427	29,682
20,718	24,449	20,300	21,609	21,861	12,254	29,663	23,419
19,639	6,111	22,398	5,550	20,992	20,488	24,154	26,008
18,746	14,766	22,140	22,608	11,371	17,958	24,153	25,417

풀이 (a) 이들 40대의 새 모델 자동차의 평균 판매가격은

$$\overline{x} = \frac{\sum_{i=1}^{n} x_i}{n} = \frac{808,999}{40} = 20,225$$

(b) 문제의 단순성을 위하여 모표준편차 σ가 4,200천원이라고 가정하자. 구하는 확률은 다음과 같이 나타낼 수 있다. 즉

$$P(\mu - 1000 \leq \overline{X} \leq \mu + 1000)$$

이 확률을 계산하기 위해서는 표본평균 $\overline{x}$의 분포를 알아야 한다. 실제 표본의 크기 n이 $n = 40$이므로 중심극한 정리를 적용하면 확률변수 $\overline{X}$는 근사적으로 정규분포를 따르며 평균은 $\mu_{\overline{X}} = \mu$이고 표준편차는 $\sigma_{\overline{X}} = \sigma / \sqrt{n} = 4200 / \sqrt{40} = 664.08$

이다. 따라서 확률 $P(\mu-1000 \leq \overline{X} \leq \mu+1000)$은 평균이 μ이고 표준편차가 664.08인 정규곡선 아래의 구간 $(\mu-1000, \mu+1000)$사이의 면적과 일치하며, 이것은 보통 표준화 방법에 의해 구해진다.

$$\overline{x}=\mu-1000 \rightarrow z=\frac{(\mu-1000)-\mu}{664.08}=-1.51$$

$$\overline{x}=\mu+1000 \rightarrow z=\frac{(\mu+1000)-\mu}{664.08}=1.51$$

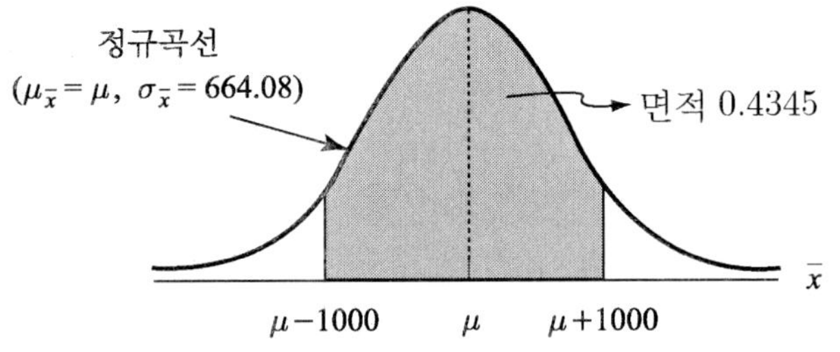

[그림 8.1] 정규곡선의 구간$(\mu-1000, \mu+1000)$ 사이의 면적

$$\text{빗금친 부분의 면적}=0.4345+0.4345=0.8690$$

결과적으로

$$P(\mu-1000 \leq \overline{X} \leq \mu+1000)=0.8690$$

로 주어진다. 다시 말하면 40대의 세 모델 자동차의 평균 판매가격 $\overline{X}$가 전체의 평균 판매가격 μ로 부터 1,000천원 이내에 있을 가능성은 약 87%정도이다.

위의 예에서 보듯이 $\overline{X}$가 μ로부터 1,000천원 이내에 존재한다는 표현은 μ가 $\overline{X}$로 부터 1,000천원 이내에 존재한다는 표현과 동일하다. 따라서 우리는 위의 표현을 다음과 같이 바꾸어서 나타낼 수 있다.

$$P(\overline{X}-1000 \leq \mu \leq \overline{X}+1000)=0.87$$

다시 말하면, 구간 $(\overline{x}-1000,\ \overline{x}+1000)$이 새로운 모델의 자동차의 평균판매가격 μ를 포함할 확률은 0.87이고, 백분율로 87%의 가능성이 있다는 것이다.

실제로 이들 40대의 자동차의 판매가격의 평균값은

$$\overline{x}=\frac{1}{n}\sum_{1}^{n} x_i=\frac{808,999}{40}=20,225$$

이므로 $\overline{x}-1000=19,255$와 $\overline{x}+1000=21,255$에 의해서 만들어진 구간 (19, 225, 21, 225)

은 모평균 μ를 포함할 가능성이 약 87%정도이다.

따라서 새로운 모델의 자동차의 평균판매가격 μ가 (19, 225, 21, 225)사이의 어느 곳에 놓여 있다고 87%로 신뢰할 수 있다. 결론적으로 구간 (19, 225, 21, 225)을 μ에 대한 87% 신뢰구간(confidence interval)이라 부르고 이때 87%를 **신뢰수준**(confidence level)라 한다.

8.1.2 신뢰구간의 해석

예제 8.2에서 보듯이 신뢰구간은 표본평균 $\overline{X}$의 값에 의존하며 이 값은 또한 추출된 표본에 의존함을 알 수 있다. 예를 들어서 또 다른 40대의 새 모델 자동차의 판매가격에 대한 표본평균 $\overline{X}$가 18,991이라면 이 경우 μ에 대한 87% 신뢰구간은 (17,991, 19, 991)로 주어지고 전체 자동차의 평균 판매가격 μ가 이 구간 내에 포함될 가능성은 약 87%정도 신뢰할 수 있다. 여기서 40대의 새 모델 자동차 가격들의 평균으로 계산된 87%정도의 신뢰구간이 모평균 μ를 포함할 수도 있고 포함하지 않을 수도 있지만 포함한다는 사실을 87%는 신뢰할 수 있다는 점을 인식하는 것은 매우 중요하다.

이 절의 마지막 예제로 우리는 신뢰구간의 해석문제와 신뢰구간이 모평균 μ를 포함할 수도 있고, 포함하지 않을 수도 있다는 사실을 설명하자.

예제 8-4

먼저 새 모델 자동차의 판매가격의 모평균을 $\mu = 20,000$천원이라 하고 임의로 40대의 새 모델 자동차를 20번 반복하여 추출하고, 이들 40대의 표본들 각각에 대하여 표본평균 $\overline{x}$를 계산하고, 이것으로부터 87%의 신뢰구간 $(\overline{x} - 1000, \overline{x} + 1000)$을 계산하였다. 그러면 모평균 $\mu = 20,000$천원이 이들 20개의 구간에 들어가는지 들어가지 않는지를 알 수 있다. 이들 결과는 표 8.2에 요약되어 있고, 이것을 [그림 8.2]로 나타내었다. 표시된 점은 점추정값 $\overline{x}$를 나타내고 수평선은 대응하는 신뢰구간 추정값을 표시하고 있다. 따라서 수평선이 점선과 교차할 때만 모평균 μ가 신뢰구간에 포함된다.

<표 8.3>으로부터 크기 $n = 40$인 20개 표본들 중 17개의 표본에서 μ가 87% 신뢰구간에 들어있음을 알 수 있다. 다시 말하면 20개의 표본들 중 약 85%가 (17/20)의 표본에서 μ가 87% 신뢰구간에 들어있다.

〈표 8.3〉 μ의 87% 신뢰구간의 의미

표본	$\overline{x}$	87%신뢰구간 $(\overline{x}-1000,\ \overline{x}+1000)$	포함 여부
1	20,145	(19,145, 21,145)	○
2	20,041	(19,041, 21,041)	○
3	19,608	(18,608, 20,608)	○
4	20,049	(19,049, 21,049)	○
5	20,082	(19,182, 21,082)	○
6	20,248	(19,182, 21,182)	○
7	21,452	(20,452, 22,452)	×
8	19,366	(18,366, 20,366)	○
9	19,434	(18,434, 20,434)	○
10	19,563	(18,563, 20,563)	○
11	19,500	(18,500, 20,500)	○
12	20,045	(19,045, 21,045)	○
13	19,576	(18,576, 20,576)	○
14	20,220	(19,220, 21,220)	○
15	19,143	(18,143, 20,143)	○
16	19,487	(18,487, 20,487)	○
17	19,657	(18,657, 20,657)	○
18	18,773	(17,773, 19,773)	×
19	20,787	(19,787, 21,787)	○
20	18,884	(17,884, 19,884)	×

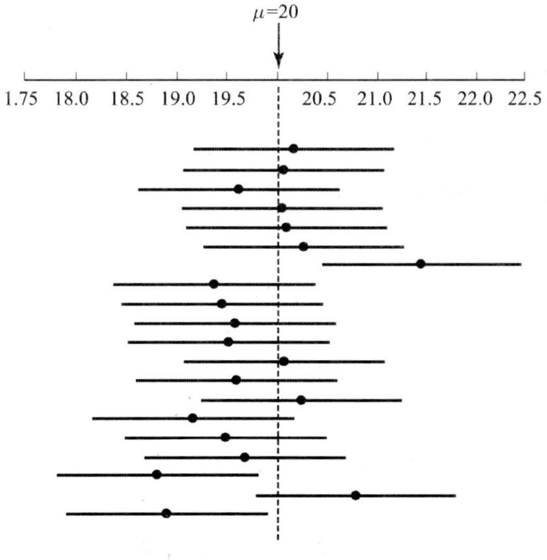

[그림 8.2]

만약에 크기가 40인 표본을 20번 반복추출하지 않고 1000번 반복추출하였다면, 이들 1000개의 표본에 대응하는 87%신뢰구간이 모평균 μ를 포함할 비율은 87%에 가까워짐을 알 수 있다. 따라서 87%의 신뢰도란 계산된 신뢰구간들 중 약 87%가 실제로 모평균 μ를 포함함을 의미한다.

8.1.3 주어진 신뢰수준을 가지는 신뢰구간의 결정

앞에서는 모집단으로부터 추출된 표본의 평균 $\overline{X}$를 이용하여 모평균 μ에 대한 신뢰구간을 구하는 일반적 방법을 논의하였다. 그러나 많은 경우 우리는 신뢰수준을 사전에 미리 규정하고, 이러한 신뢰수준을 만족하는 신뢰구간을 결정하는 방법을 요구하게 된다.

이 문제를 해결하기 위해서는 표본평균 $\overline{X}$의 표본분포를 알아야 한다. 그런데 앞의 중심극한 정리에 의하면 표본평균 $\overline{X}$의 분포는 표본의 크기 n이 30이상일 때 평균이 $\mu_{\overline{X}} = \mu$이고 분산이 $\sigma^2_{\overline{X}} = \sigma^2/n$인 정규분포에 가까워짐을 알 수 있다. 즉, 표준화 확률변수는

$$Z = \frac{\overline{X} - \mu}{\sigma/\sqrt{n}}$$

근사적으로 표분정규분포를 가진다.

따라서 모평균 μ에 대한 $100(1-\alpha)\%$의 신뢰구간은 표분정규 분포의 성질을 이용하여 유도할 수 있다. 먼저 표준정규분포에서 확률변수 Z가 어떤 점 a보다 크게될 확률이 α인 점 a를 z_α로 표시한다. 즉 $P(Z > a) = \alpha$인 $a = z_\alpha$이다. 따라서 표준정규분포의 대칭성에 의해서 $P(Z < -z_\alpha) = \alpha$이며, 이 두 사실로부터

$$P(-z_{\alpha/2} < Z < z_{\alpha/2}) = 1 - \alpha$$

이다. 이를 그림으로 표시하면 다음과 같다.

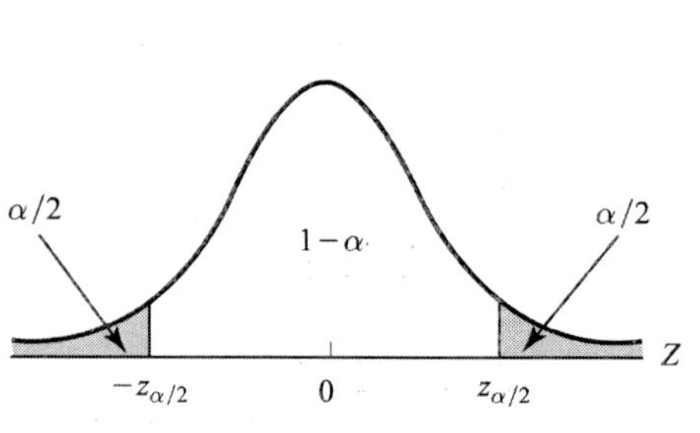

[그림 8.3] 표준정규분포

그러므로 주어진 신뢰수준 $100(1-\alpha)\%$을 만족하기 위해서는 표준정규분포의 양쪽 꼬리의 면적이 $\alpha/2$가 되게 취해야 하며, 위의 사실로부터

$$P(-z_{\alpha/2} < Z < z_{\alpha/2}) = 1-\alpha$$

가 성립한다. 여기서 확률변수 Z대신에 통계량 $\dfrac{\overline{X}-\mu}{\sigma/\sqrt{n}}$ 을 대입하면,

$$P(-z_{\alpha/2} < \frac{\overline{X}-\mu}{\sigma/\sqrt{n}} < z_{\alpha/2}) = 1-\alpha$$

를 얻게 되고, 이 부등식을 μ에 관하여 풀면

$$P(-z_{\alpha/2}\,\sigma/\sqrt{n} < \overline{X}-\mu < z_{\alpha/2}\,\sigma/\sqrt{n}) = 1-\alpha$$

또는

$$P(\overline{X}-z_{\alpha/2}\,\sigma/\sqrt{n} < \mu < \overline{X}+z_{\alpha/2}\,\sigma/\sqrt{n}) = 1-\alpha$$

로 주어진다.

결론적으로 대표본인 경우에 모표준편차 σ가 알려져 있다면, 모평균 μ의 $100(1-\alpha)\%$의 신뢰구간은

$$(\overline{x}-z_{\alpha/2}\frac{\sigma}{\sqrt{n}},\quad \overline{x}+z_{\alpha/2}\frac{\sigma}{\sqrt{n}})$$

로 주어짐을 알 수 있다.

또한 지금까지 고찰한 방법은 조건이 다른 여러 가지 경우에도 비슷하게 적용할 수 있으며, 이들 각각에 대하여 μ에 대한 신뢰구간을 얻을 수 있다.

8.2 모평균에 대한 신뢰구간(대표본)

8.2.1 대표본이고, σ가 알려져 있는 경우

앞의 8.1.3 절에서 모평균 μ에 대한 신뢰구간을 유도하는 일반적인 방법을 고찰하는 가운데, 이미 우리는 주어진 가정에 적합한 신뢰구간을 얻었다. 즉 이 구간은 표본의 크기가 30 이상이고 모표준편차 σ가 알려져 있는 경우에 적용할 수 있는 방법으로, 이것을 요약하면 다음과 같은 절차를 얻을 수 있다.

절차 8.1 모평균 μ에 대한 신뢰구간

가정 : 1. 표본의 크기가 적어도 30이상이다.

2. σ가 알려져 있다.

단계 : 1. 신뢰수준 $1-\alpha$에 대하여 부록의 표준정규분포표를 이용하여 $z_{\alpha/2}$를 구한다.

2. μ에 대한 $100(1-\alpha)\%$ 신뢰구간은

$$\overline{X}-z_{\alpha/2}\frac{\sigma}{\sqrt{n}} \text{ 에서 } \overline{X}+z_{\alpha/2}\frac{\sigma}{\sqrt{n}}$$

로 주어진다.

예제 8-5

교육부는 해마다 4년제 사립대학을 졸업하기 위해서 필요한 등록금의 총액을 발표하고 있다. 만약에 임의로 추출한 35개 사립대학의 등록금 총액이 다음과 같다고 하자.

단위 : 만원

5,874	5,222	5,572	2,815	7,025	4,857	3,970	7,723	6,282	6,125
8,103	7,836	6,599	7,537	6,142	9,076	5,293	6,620	5,342	5,158
4,458	5,986	3,694	4,961	8,441	8,892	8,917	4,723	7,543	6,283
4,299	2,127	6,485	4,865	7,884					

이 자료를 이용하여 4년동안 필요한 사립대학 등록금 총액의 평균 μ에 대한 95%의 신뢰구간을 구하여라. (단, $\sigma=1.680$만원이다.)

풀이 절차 8.1을 사용하기 위해서 필요한 두 가지 가정이 만족되는 가를 검토해 보자.

1. 표본의 크기가 $n=35$이므로 대표본이다.
2. $\sigma=1{,}680$만원으로 알려져 있다.

따라서 가정이 만족되므로 절차 8.1을 적용할 수 있다.

단계 : 1. 신뢰수준이 $1-\alpha=0.95$이므로 $\alpha=0.05$이고 $\alpha/2=0.025$이다. 따라서 부록의 표준정규분포표로부터 $z_{0.025}$=1.96이다.

2. 주어진 자료로부터 n=35이고 $\overline{x}=6{,}078.83$만원 이므로, 모평균 μ에 대한 95%의 신뢰구간은

$$\overline{x}\pm z_{\alpha/2}\frac{\sigma}{\sqrt{n}}=6{,}078.83\pm1.96\cdot\frac{1{,}680}{\sqrt{35}}$$

$$=(5{,}522.25,\quad 6{,}635.41)\text{이다.}$$

8.2.2 대표본이고, σ가 알려져 있지 않는 경우

일반적으로 많은 경우에 표본이 추출된 모집단의 표준편차가 알려져 있지 않다. 따라서 절차 8.1에서 주어진 신뢰구간은 실제적으로 사용하기가 어렵다.

이 문제를 해결하기 위해서는 먼저 σ가 알려져 있는 경우에 사용했던 확률변수

$$Z = \frac{\overline{X} - \mu}{\sigma / \sqrt{n}}$$

에서 미지의 모표준편차를 표본으로부터 추정해야 하고, 이때 적절한 추정량은 표본표준편차 S이다. 그런데 지금 우리는 표본이 큰 경우를 고려하므로 표본표준편차 S가 근사적으로 모표준편차 σ에 가깝기 때문에 위의 확률변수 Z에서 σ 대신에 S를 대입해도, 이것은 근사적으로 표본정규분포를 따른다.

평균이 μ이고 분산이 σ^2인 모집단으로부터 크기 n이 30 이상인 확률표본을 추출하였을 때, 표준화 확률변수

$$Z = \frac{\overline{X} - \mu}{S / \sqrt{n}}$$

는 근사적으로 표준정규분포를 따른다.

위의 사실을 이용하면 대표본이고 σ가 알려져 있지 않은 경우에도 모평균 μ에 대한 $100(1-\alpha)\%$의 신뢰구간을 구하는 절차를 얻을 수 있다.

절차 8.2 모평균 μ에 대한 신뢰구간

가정 : 1. 표본의 크기가 적어도 30 이상이다.

2. σ가 알려져 있지 않다.

단계 : 1. 신뢰수준 $1-\alpha$에 대하여 부록의 표준정규분포표를 이용하여 $z_{\alpha/2}$를 구한다.

2. μ에 대한 $100(1-\alpha)\%$ 신뢰구간은

$$\overline{x} - z_{\alpha/2}\frac{s}{\sqrt{n}} \text{ 에서 } \overline{x} + z_{\alpha/2}\frac{s}{\sqrt{n}}$$

로 주어진다.

예제 8-6

정부에서는 해마다 도시근로자의 연령에 대한 자료를 발표하고 있다. 이 자료로부터 임의로 50명을 추출하여 근로자의 나이를 조사한 결과 표본평균과 표준편차가 각각

$$\bar{x}=\frac{1}{n}\sum x=36.38, \quad s=\sqrt{\frac{n(\sum x^2)-(\sum x)^2}{n(n-1)}}=11.07$$

이었다. 이 자료를 이용하여 근로자의 평균연령 μ에 대한 90%의 신뢰구간을 구하여라.

풀이 표준편차 σ가 알려져 있지 않고, n이 30 이상이므로 절차 8.2를 이용할 수 있다.

단계 1. 신뢰수준이 90%이므로 $\alpha=0.1$이고 $\frac{\alpha}{2}=0.05$이다. 따라서 부록 표준정규분포표로부터 $z_{0.05}=1.645$이다.

2. 주어진 자료로부터 $n=50$이고 $\bar{x}=36.38$, $s=11.07$이므로, 모평균 μ에 대한 90% 신뢰구간은

$$\bar{x}\pm z_{\alpha/2}\frac{s}{\sqrt{n}}=36.38\pm 1.645\times\frac{11.07}{\sqrt{50}}$$
$$=(33.8,\ 39.0)$$

이다.

즉 전체근로자의 평균연령 μ에 대한 90% 신뢰구간은 (33.8, 39.0)이다. ■

8.3 신뢰구간의 길이와 표본의 크기

8.3.1 신뢰수준과 신뢰구간의 길이의 관계

모평균 μ에 대한 신뢰구간에서 신뢰수준은 추정값의 신뢰도를 의미한다. 즉 신뢰도가 높으면 높을수록 μ의 값이 실제로 계산된 신뢰구간에 속할 가능성이 높아진다. 그러나 이와는 반대로 신뢰구간의 길이는 추정값의 정밀도를 표시한다. 즉 신뢰구간의 길이가 길면 길수록 추정값의 정밀도는 떨어진다.

따라서 신뢰수준과 신뢰구간의 길이와는 어떤 관계가 주어지는가? 이 문제에 대한 해답을 구하기 위해서 앞의 예제 문제를 다시 고려해 보자.

도시근로자의 평균연령에 대한 90%의 신뢰구간은 (33.8, 39.0)이었고, 이때 신뢰수준

은 0.90이었다. 여기서 만약에 신뢰수준을 0.9에서 0.95로 변화시킨다면 $\alpha = 0.05$이고 $\frac{\alpha}{2} = 0.025$이므로 $z_{0.025} = 1.96$으로 주어진다. 따라서 결과된 신뢰구간은

$$36.38 \pm 1.96 \times \frac{11.07}{\sqrt{50}} = (33.3, \quad 39.4)$$

로 주어진다. 즉 이 두개의 신뢰구간을 그림으로 표시하면 그림 8.4과 같다.

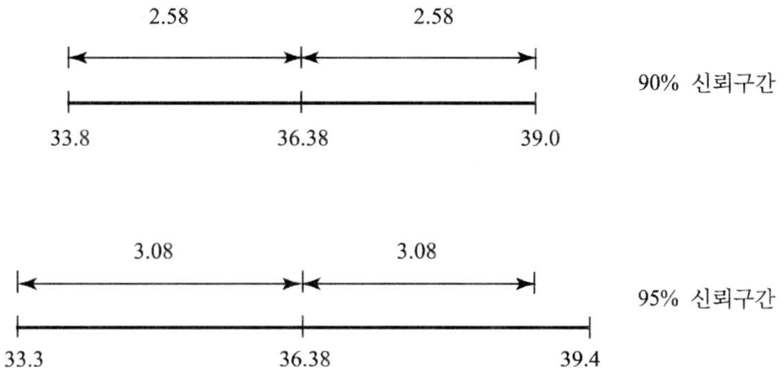

[그림 8.4] 두 신뢰구간의 비교

따라서 위의 사실로부터 신뢰수준을 증가시키면 신뢰구간의 길이는 길어지고, 따라서 추정값의 정밀도는 떨어진다. 즉, 결론적으로 고정된 표본의 크기에서 신뢰수준이 높아질수록 신뢰구간의 길이는 길어진다.

8.3.2 표본의 크기와 신뢰구간의 길이

이 절에서는 표본의 크기가 모평균을 신뢰구간으로 추정하는 경우, 이 추정값의 정밀도에 어떠한 영향을 미치는지를 생각해 보자. 앞 절에서 고찰한 것처럼 고정된 표본의 크기에 대하여 신뢰수준이 높을수록 신뢰구간의 길이는 길어지고, 따라서 정밀도는 떨어짐을 알았다. 따라서 우리가 똑같은 신뢰수준을 유지하면서도 신뢰구간 추정값의 정밀도를 높이고자 할 때는 어떻게 해야 할 것인가?

이 문제에 대한 한가지 해결방법으로 우리는 표본의 크기를 크게 할 수 있다. 그러나 표본의 크기를 제한없이 크게 할 수는 없다. 왜냐하면 표본의 크기는 곧 소요되는 비용에 직결되기 때문이다. 따라서 신뢰구간 추정값이 요하는 정밀도를 만족하기 위해서 필요한 최소의 표본의 크기가 얼마인가 하는 문제에 관심이 주어진다.

먼저 모평균의 구간추정에서 표본의 크기를 결정해 보자, 앞의 8.3절에서 모표준편차

σ가 알려져 있고, 대표본인 경우에 모평균 μ에 대한 $100(1-\alpha)\%$의 신뢰구간은

$$\left(\bar{x}-z_{\alpha/2}\frac{\sigma}{\sqrt{n}},\quad \bar{x}+z_{\alpha/2}\frac{\sigma}{\sqrt{n}}\right)$$

으로 주어졌다. 이때 $z_{\alpha/2}\frac{\sigma}{\sqrt{n}}$ 은 추정값 $\bar{x}$와 모평균 μ의 차이 즉, 오차를 표현하는 값이다. 일반적으로 신뢰수준 $1-\alpha$에서 모평균을 추정할 때 주어지는 오차

$$E=z_{\alpha/2}\frac{\sigma}{\sqrt{n}}$$

를 **추정오차**(error in estimation)라 하고, 이것은 추정값의 정밀도를 표시한다.

그런데 이 추정오차는 표본의 크기 n에 의존한다. 즉 표본의 크기 n이 커지면 이 값은 작아지고, 이 추정값의 정밀도는 높아진다. 다라서 우리는 이 추정오차를 사전에 미리 규정된 최대 허용오차 e보다 작거나 같게 하기를 원하고, 이때 필요한 표본의 크기는 다음과 같이 결정된다. 즉

$$z_{\alpha/2}\frac{\sigma}{\sqrt{n}}\le e$$

이고, 이것을 정수 n에 관하여 풀면

$$n\ge\left(\frac{z_{\alpha/2}\cdot\sigma}{e}\right)^2$$

이 된다. 따라서 지금까지의 결과를 요약하면 다음과 같다.

모평균의 추정에서 표본의 크기

신뢰수준 $1-\alpha$에서 표본평균 $\bar{X}$로 모평균 μ를 추정할 때 나타나는 추정오차를 최대허용오차 e보다 작거나 같게 하기 위한 표본의 크기는 다음과 같다.

$$n\ge\left(\frac{z_{\alpha/2}\,\sigma}{e}\right)^2$$

예제 8-7

자가용 승용차의 각 가구당 월별 연료사용량의 평균 μ를 추정하고자 한다. 95% 신뢰도에서 표본평균 $\bar{x}$와 모수 μ의 거리를 500 이내로 하고자 할 때 필요한 표본의 크기 n을 결정하여라. 단 모표준편차 σ는 2,650이다.

풀이 신뢰도가 95%이므로 $\alpha = 0.05$이고, 따라서 $z_{0.025} = 1.96$이고 $\sigma = 2,650$이며 최대 허용오차 $e = 500$이다. 따라서 요구되는 표본의 크기는 다음을 만족하는 최소의 정수이다.

$$n \geq \left(\frac{1.96 \times 2,650}{500}\right)^2 = 107.91$$

끝으로 표본의 크기 n을 결정하는 경우에 모표준편차 σ에 대한 사전의 정보가 없을 때는 적당한 크기의 예비실험을 실시하여 이 표본으로부터 표준편차 s를 계산하고, 이 값을 σ대신에 사용하여 필요한 표본의 크기 n을 근사적으로 계산한다.

$$n \geq \left(\frac{z_{\alpha/2} \cdot s}{e}\right)^2$$

8.4 모평균에 대한 신뢰구간(소표본)

이 절에서는 표본의크기가 30 이하인, 소표본에서 모평균 μ에 대한 신뢰구간을 유도해 보자. 앞의 대표본인 경우에서처럼 모표준편차 σ가 알려진 경우와 알려져 있지 않을 경우에 따라, 추정값 $\overline{X}$의 분포가 다르므로 이 두 가지 경우를 분리하여 생각해야 한다.

8.4.1 소표본이고 σ가 알려져 있는 경우

먼저 모표준편차 σ가 알려져 있는 경우를 생각해 보자. 이때 모집단으로부터 추출된 n개의 확률표본 $X_1, X_2, \ldots, X_n$의 평균 $\overline{X}$는 평균이 $\mu_{\overline{X}} = \mu$이고 표준편차가 $\sigma_{\overline{X}} = \sigma/\sqrt{n}$로 주어지지만, 이러한 가정만으로는 통계량의 분포를 결정할 수 없다.

따라서 표본이 추출된 원래의 모집단이 정규분포를 따른다고 가정하면 그 때 통계량$\overline{X}$의 분포는 표본의 크기 n에 관계없이 항상 정규분포를 따르며, 평균과 표준편차는 각각 μ와 $\sigma/\sqrt{n}$이다. 즉 표준화 확률변수

$$Z = \frac{\overline{X} - \mu}{\sigma/\sqrt{n}}$$

는 표준정규분포를 따른다. 따라서 이러한 사실로부터 다음의 절차를 얻을 수 있다.

절차 8.3 모평균에 대한 신뢰구간

가정 : 1. 정규모집단이다.

2. 모표준편차 σ가 알려져 있다.

단계 : 1. 신뢰수준 $1-\alpha$에 대하여 부록의 표준정규분포표를 이용하여 $Z_{\alpha/2}$를 구한다.

2. μ에 대한 $100(1-\alpha)\%$ 신뢰구은 다음과 같이 주어진다.

$$\bar{x}-z_{\alpha/2}\frac{\sigma}{\sqrt{n}} \text{ 에서 } \bar{x}+z_{\alpha/2}\frac{\sigma}{\sqrt{n}}$$

8.4.2 소표본이고 σ가 알려져 있지 않는 경우

일반적으로 소표본인 경우에 표본평균 $\overline{X}$의 분포를 유도하기 위해서는 먼저 모집단이 정규분포를 따른다고 가정해야 되고, 이러한 가정하에서는 표준화 확률변수

$$Z=\frac{\overline{X}-\mu}{\sigma/\sqrt{n}}$$

가 다시 표준정규분포를 따른다.

그런데 여기서 모표준편차 σ을 모르므로, 이 값 대신 점추정값 S를 대신 사용하면 확률변수 Z는

$$T=\frac{\overline{X}-\mu}{S/\sqrt{n}}$$

와 같이 바꾸어지고, 이 경우 표본의 크기가 작기 때문에 σ와 S가 많이 다를 수 있으며, 따라서 확률변수 Z와 T는 똑같은 분포를 갖는다고 할 수 없다.

그러면 확률변수 T의 분포는 어떻게 주어지는가? 수리통계학의 이론에 의하면 이것의 분포가 자유도$(n-1)$인 t-분포를 따른다고 알려져 있다.

t-분포(t-distribution)

모집단의 분포가 $N(\mu, \sigma^2)$일 때, 이 모집단에서 추출된 n개의 확률표본 $X_1, \cdots, X_n$으로부터 계산된 확률변수

$$T=\frac{\overline{X}-\mu}{S/\sqrt{n}}$$

는 자유도 $(n-1)$인 $t-$분포를 따른다.

이 분포는 1908에 아일랜드의 한 양조회사에서 근무하고 있던 고셀(W.S.Gosset)에 의하여 최초로 발견되었다. 그는 이것을 'student'라는 가명으로 발표하였으며, 이러한 이유에서 스튜던트 $t-$분포(student $t-$distribution) 또는 약하여 $t-$분포라고 부른다.

$t-$분포의 곡선은 표준정규곡선과 마찬가지로 원점에 관하여 좌우대칭으로 주어지고, 양의 정수인 자유도(degree of freedom, df)에 의해서 완전히 결정된다. $t-$곡선은 자유도에 따라 약간씩 다르지만 일반적으로 표준정규분포의 곡선보다는 양쪽 꼬리 부분에서 약간 두텁다. 또한 자유도가 증가할수록 $t-$분포는 표준정규분포에 가까워진다. 다음은 자유도 1과 6인 $t-$곡선과 표준정규곡선을 함께 표시한 그림이다.

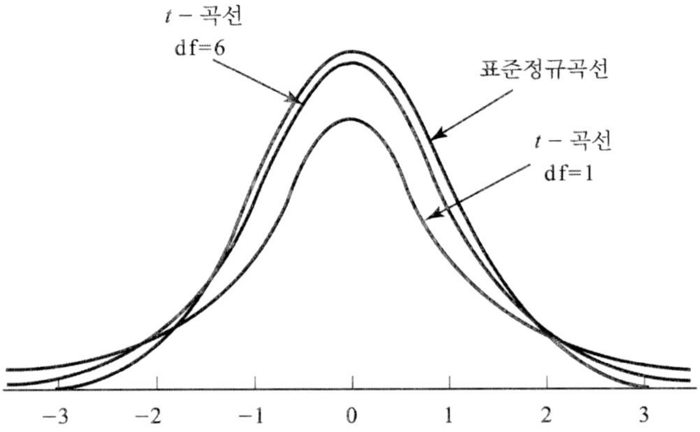

[그림 8.5] $t-$곡선과 표준정규곡선

이 그림으로부터 다음과 같은 $t-$곡선의 성질을 얻을 수 있다.

1. 임의의 $t-$곡선 아래의 면적은 1이다.
2. $t-$곡선은 양쪽방향으로 무한히 확장되고 수평축에 점점 더 가까워진다.
3. $t-$곡선은 원점에 관하여 좌우대칭이다.
4. 자유도의 수가 점점 더 커지면 $t-$곡선은 표준정규곡선에 가까워진다.

다음으로 주어진 자유도 v에서 $t-$곡선의 오른쪽 부분의 면적이 α가 되는 $t-$값을 $t_{\alpha}(v)$로 표시하는데, 이 값을 구하는 방법을 알아보자. 예를 들어 자유도 $v = 16$인 t-곡선 아래의 오른쪽 부분의 면적이 0.1, 0.05, ⋯ , 0.005인 $t-$값을 부록의 $t-$분포표로부터 구하면 다음과 같이 주어짐을 알 수 있다.

〈표 8.4〉 자유도 16인 t-분포에서 $t_\alpha(16)$의 값

자유도	$t_{0.10}$	$t_{0.05}$	$t_{0.025}$	$t_{0.01}$	$t_{0.005}$
16	1.337	1.746	2.120	2.583	2.921

따라서 위의 표로부터 자유도 $v=16$이고, 오른쪽 부분의 면적이 0.025인 t-값은 2.120이다. 따라서 다음의 확률표현을 얻을 수 있다.

$$P(-t_{0.025}(16) < T < t_{0.025}(16)) = P(-2.120 < T < 2.120) = 0.90$$

이제 우리는 t-분포를 이용하여 소표본인 경우에 모평균 μ의 신뢰구간을 유도해보자. 앞에서 정의한 확률변수

$$T = \frac{\overline{X}-\mu}{S/\sqrt{n}}$$

는 자유도 $v=n-1$인 t-분포를 따르므로, t-분포의 성질로부터 다음 등식을 얻을 수 있다.

$$P(-t_{\alpha/2}(n-1) < \frac{\overline{X}-\mu}{S/\sqrt{n}} < t_{\alpha/2}(n-1)) = 1-\alpha$$

여기서 괄호속의 등식을 μ에 관하여 풀면

$$P(\overline{X}-t_{\alpha/2}(n-1)\cdot\frac{S}{\sqrt{n}} < \mu < \overline{X}+t_{\alpha/2}(n-1)\cdot\frac{S}{\sqrt{n}}) = 1-\alpha$$

가 되며, 따라서 모평균 μ에 대한 신뢰구간은 다음과 같이 주어진다.

절차 8.4 모평균에 대한 신뢰구간

가정 : 1. 정규모집단이다.

2. σ가 알려져 있지 않다.

단계 : 1. 신뢰수준 $1-\alpha$에 대하여 부록의 t-분포표로부터 자유도$(n-1)$인 $t_{\alpha/2}(n-1)$를 구한다.

2. μ에 대한 $100(1-\alpha)\%$의 신뢰구간은

$$\overline{x}-t_{\alpha/2}(n-1)\cdot\frac{s}{\sqrt{n}} \quad \text{에서} \quad \overline{x}+t_{\alpha/2}(n-1)\cdot\frac{s}{\sqrt{n}}$$

으로 주어진다.

예제 8-8

진돗개의 평균임신기간을 추정하기 위하여 임의로 15마리의 개를 선택하여 이들의 임신기간을 측정한 결과, 다음과 같은 자료를 얻었다.

62.0	61.4	59.8	62.2	60.3	60.4	59.4	60.2
60.4	60.8	61.8	59.2	61.1	60.4	60.9	

만약에 위 자료가 정규분포를 따른다고 할 때, 실제 평균임신기간 μ에 대한 95%의 신뢰구간을 구하여라.

풀이 주어진 가정에 의해서 절차 8.4를 이용할 수 있다.

단계 : 1. 주어진 신뢰수준이 0.95이므로 $\alpha = 0.05$이다. 또한 $n = 15$ 이므로 자유도는 $(n-1) = 15 - 1 = 14$이다.

따라서 부록의 t-분포표로부터 $t_{\alpha/2}(v) = t_{0.025}(14) = 2.145$

2. 주어진 자료로부터 $\bar{x}$와 s를 계산하면 $\bar{x} = 60.69$, $s = 0.90$이고 단계1에서 의하여 $t_{\alpha/2}(v) = 2.145$이므로, 모평균 μ에 대한 95%신뢰구간은

$$\bar{x} \pm t_{\alpha/2} \cdot \frac{s}{\sqrt{n}} = 60.69 \pm 2.145 \cdot \frac{0.90}{\sqrt{15}}$$
$$= (60.19, \quad 61.18)$$

이다.

8.5 모비율에 대한 신뢰구간(대표본)

모집단이 특정한 속성을 소유할 비율을 **모비율**(population proportion)이라 하며 이 모수에 대한 통계적 추론이 필요한 경우가 많이 주어진다. 예를 들어 국회의원선거에서 특정후보에 대한 지지율이나, 어떤 회사제품에 대한 소비자의 선호도 등을 파악하고자 하는 경우가 있다.

그러나 대부분의 경우는 모집단이 무한이고, 이 경우 모비율의 값을 정확하게 결정하는 것은 현실적으로 불가능하거나 비실용적이다. 따라서 우리는 표본추출에 의존하게 되고, 이들 표본의 결과에 의하여 모집단의 모수에 대한 추정을 하게 된다. 다음의 예제를 생각해 보자.

예제 8-9

어떤 전자제품회사에서는 각 가정에서 사용하고 있는 세탁기중 자기회사 제품이 전체의 몇퍼센트나 되는가를 파악하고자 한다. 이를 위하여 임의로 추출한 6841가구중 2564가구가 자기회사제품을 사용한 것으로 나타났다면, 이 자료로부터 우리는 어떤 결론을 내릴 수 있는가?

풀이 이 문제에서 조사대상이 되는 지역에 거주하는 모든 가구의 집합이 모집단이 되고 이 집단에서 특정회사의 세탁기를 사용할 비율이 모비율이 된다. 그러나 이 값은 많은 경우 모르는 수이므로 표본으로 추정해야 한다. 여기서 조사된 가구의 집합이 표본이고 이 표본에서 특정한 회사의 세탁기를 사용할 비율을 표본비율(sample proportion)이라 하며 이 값은 표본에 따라서 결정되는 통계량이다. 이 예제에서는 표본비율의 값이 $2564/6841 = 0.375$ 또는 37.5%로 주어진다. 따라서 표본비율의 값을 계산하여 대략적으로 모비율의 값을 추정할 수 있다.

다음으로 우리는 모비율P에 대한 통계적추론을 위하여 표본비율 $\hat{P}$에 대한 성질을 먼저 고찰해야 한다. 만약에 특정한 속성을 소유한 비율이 P인 무한 모집단으로부터 n개의 확률표본 $X_1, X_2, \cdots, X_n$을 추출하였을 때, 이 가운데 특정 속성을 갖는 것의 개수를 확률변수 X라 하면, 이것은 이항분포 $B(n, P)$를 따른다. 따라서 X를 이용하여 표본비율 $\hat{P}$를 $\dfrac{X}{n}$로 정의하면 이것의 평균과 분산은

$$E(\hat{P}) = E(\frac{X}{n}) = \frac{1}{n} \cdot np = p$$

이고

$$V(\hat{P}) = \frac{1}{n^2} \cdot V(X) = \frac{1}{n^2} np(1-p) = \frac{p(1-p)}{n}$$

로 주어진다.

또한 이항분포의 정규근사에 의하여 표본의 크기 n이 충분히 클 때 X의 분포는 $N(np, np(1-p))$에 근사적으로 가까워지며, 따라서 표본비율 $\hat{p}$의 분포는 근사적으로 정규분포 $N(p, p(1-p)/n)$에 가까워진다. 즉, 표준화 확률변수

$$Z = \frac{\hat{p} - p}{\sqrt{p(1-p)/n}}$$

는 표본이 큰 경우에 근사적으로 표준정규분포에 가까워진다.

마지막으로 위의 사실을 이용하여 모비율 p에 대한 신뢰구간을 유도해보자. 표본이 상당히 큰 경우에는 위에서 정의한 확률변수 Z는 표준정규분포에 가까워진다. 그런데 p의 신뢰구간을 구하기 위해서는 확률변수 Z를 이용해야 되는데, 이것은 분모에 미지의 값 $p(1-p)$를 포함하므로, 우리는 다시 표본으로부터 이 값을 추정해야 한다.

많은 경우 표본비율로부터 추정된 값 $\hat{p}(1-\hat{p})$를 사용하는데, 이것은 대표본인 경우 미지의 값 $p(1-p)$와 많은 차이가 생기지 않는다.

따라서 추정값 $\hat{p}(1-\hat{p})$을 사용하면 확률변수 Z는 다음과 같이 주어지고,

$$Z=\frac{\hat{p}-p}{\sqrt{\hat{p}(1-\hat{p})/n}}$$

이것의 분포 역시 근사적으로 표준정규분포에 가까워진다. 여기서 근사법은 $n\hat{p}>5$이고 $n(1-\hat{p})>5$인 경우에는 비교적 만족스럽다.

절차 8.5 모비율에 대한 신뢰구간

가정 : $n\hat{p}>5$이고 $n(1-\hat{p})>5$이다.

단계 : 1. 신뢰수준 $1-\alpha$에 대하여 부록의 표준정규분포표로부터 $z_{\alpha/2}$을 구한다.

2. p에 대한 $100(1-\alpha)\%$의 신뢰구간은

$$\hat{p}-z_{\alpha/2}\cdot\sqrt{\frac{\hat{p}(1-\hat{p})}{n}} \text{ 에서 } \hat{p}+z_{\alpha/2}\cdot\sqrt{\frac{\hat{p}(1-\hat{p})}{n}}$$

이다. 여기서 $\hat{p}$는 x/n로 정의되는 표본비율이다.

예제 8-10

앞의 예제 8.9에서 고려한 문제에 대하여 다음과 같은 자료가 주어졌을 때 모비율 P에 대한 95% 신뢰구간을 구하여라. 표본의 크기가 $n=6841$이고 표본에서 세탁기를 사용한 가구의 수가 $x=2470$이다.

풀이 표본의 크기 $n=6841$이므로 주어진 가정, 즉 $n\hat{p}>5$이고 $n(1-\hat{p})>5$를 만족한다. 따라서 절차 8.5를 이용할 수 있다.

단계 : 1. 신뢰수준이 0.95이므로 $\alpha=0.05$이고, 따라서 부록의 표준정규분포표에 의

하여 $z_{\alpha/2} = z_{0.025} = 1.96$이다.

2. 주어진 자료에 의하여 $n = 6841$이고 $x = 2470$이므로, 표본비율 $\hat{p}$는 $2470/6841 = 0.361$이다. 따라서 모비율 p에 대한 95% 신뢰구간은

$$\hat{p} \pm z_{\alpha/2}\sqrt{\frac{\hat{p}(1-\hat{p})}{n}} = 0.361 \pm 1.96 \times \sqrt{\frac{0.361(1-0.361)}{6841}}$$

$$=(0.350,\quad 0.372)\text{이다.}$$

■

끝으로 지금까지 얻어진 여러 가지 신뢰구간을 요약하면 다음과 같다.

〈표 8.5〉 모집단이 하나일 때의 신뢰구간

모수	모집단의 분포에 대한 가정	표본의 크기에 대한 가정	모표준편차에 대한 가정	신뢰구간
모평균 μ	없음	$n \geq 30$	알고 있다	$\bar{x} - z_{\alpha/2}\frac{\sigma}{\sqrt{n}}$에서 $\bar{x} + z_{\alpha/2}\frac{\sigma}{\sqrt{n}}$
	없음	$n \geq 30$	알려져있지 않다	$\bar{x} - z_{\alpha/2}\frac{s}{\sqrt{n}}$에서 $\bar{x} + z_{\alpha/2}\frac{s}{\sqrt{n}}$
	정규분포	없음	알고 있다	$\bar{x} - z_{\alpha/2}\frac{\sigma}{\sqrt{n}}$에서 $\bar{x} + z_{\alpha/2}\frac{\sigma}{\sqrt{n}}$
	정규분포	$n < 30$	알려져있지 않다	$\bar{x} - t_{\alpha/2}(n-1)\frac{s}{\sqrt{n}}$에서 $\bar{x} + t_{\alpha/2}(n-1)\frac{s}{\sqrt{n}}$
모비율 p	없음	$n\hat{p} > 5$이고 $n(1-\hat{p}) > 5$	알려져있지 않다	$\hat{p} - z_{\alpha/2}\cdot\sqrt{\frac{\hat{p}(1-\hat{p})}{n}}$ 에서 $\hat{p} + z_{\alpha/2}\cdot\sqrt{\frac{\hat{p}(1-\hat{p})}{n}}$

연습문제 Exercises

1. 보사부에서는 신생아에 대한 자료를 매년 발표하고 있다. 만약에 35명의 신생아를 추출하여 이들의 평균체중 $\overline{x}$로 모집단의 평균 μ를 추정하고자 한다.

(a) 표본평균 $\overline{x}$의 값이 모평균 μ와의 차이가 0.5파운드 이내가 될 확률은 얼마인가? (단 모표준편차 $\sigma = 1.9$파운드이다)

(b) 측정된 35명의 신생아의 총 무게의 합이 240.3파운드였을 때 모평균 μ에 대한 95%의 신뢰구간을 구하여라.

(c) (b)에서 주어진 결과를 구체적으로 해석하여라.

2. 어떤 출판사에서는 최근에 발간되는 서적에 대한 정보를 제공하고 있다. 이 자료로부터 임의로 100권의 책을 추출하여 이들의 가격을 조사하여 전체 신간서적의 평균판매가격 μ에 대한 신뢰구간을 만들고자 한다.

(a) 조사된 100권의 책들의 평균가격 $\overline{x}$이 모평균 μ로부터 3,500원 이내일 확률을 구하여라. (단 모표준편차는 $\sigma = 13,180$원이다).

(b) 만약에 100권의 서적의 평균판매 가격이 37,788원 이었다면, 이 경우 모평균 μ에 대 한 98% 신뢰구간을 구하여라.

(c) 각 100권의 서적의 평균$\overline{x}$로부터 신뢰구간 $(\overline{x}-3,500, \overline{x}+3,500)$을 사용할 때, 이러한 구간 중 몇 %가 모평균 μ를 포함하겠는가?

3. 갤럽연구소에서는 각 가정의 정원의 면적에 대한 조사를 실시하였다. 임의로 선택한 250가정에 대하여 이들의 정원 면적을 조사한 결과, 평균이 $\overline{x}= 6.43m^2$이었다.

(a) 이 결과를 이용하여 전체가정의 정원면적의 평균 μ에 대한 90%의 신뢰구간을 구하여라. (단 모표준편차는 $\sigma = 2.47m^2$이다)

(b) 당신의 결과를 구체적으로 해석하여라.

4. 제과공장에서는 기계에 의해서 자동적으로 포장되는 고구마깡의 평균무게 μ를 추정하고자 한다. 이 제품중 임의로 36개의 고구마깡을 추출하여 이들의 무게를 조사한 결과 표본평균과 표준편차가 각각 $\overline{x}= 16.01$온스이고 $s = 0.1$온스이었다.

(a) 모평균 μ에 대한 99% 신뢰구간을 구하여라.

(b) 당신의 결과를 구체적으로 해석하여라.

5. 내과의사가 당뇨병환자의 평균연령을 추정하고자 한다. 임의로 추출한 35명의 환자들의 나이를 조사한 결과, $\bar{x}=53.4$, $s=25.91$이다.

(a) 이 자료를 이용하여 전체 환자들의 평균연령 μ에 대한 955 신뢰구간을 구하여라.

(b) 얻어진 결과를 구체적으로 해석하여라.

6. 사회학자는 어떤 도시에 거주하는 가구에 대하여 자녀의 수를 조사하였다. 임의로 추출한 40가구의 자녀의 수가 다음과 같다.

3	5	2	1	1	0	2	3	1	1	2	1	2	0	1
5	4	1	0	1	3	1	0	1	0	1	8	0	1	2
2	2	2	1	5	3	1	4	1	0					

(a) 추정값 $\bar{x}$의 표준오차를 추정하고, μ에 대한 90%의 신뢰구간을 구하여라.

(b) 추정값 $\bar{x}$가 모평균 μ로부터 0.1 이내로 놓일 신뢰도가 90%일 경우에 표본의 크기를 결정하여라. (단 $\sigma=1.95$이다.)

(c) (b)에서 결정한 표본의 크기에 의한 표본평균이 $\bar{x}=1.9$일 때 μ에 대한 905 신뢰구간을 구하고 (a)와 비교하여라.

7. 자유도가 $df=21$인 $t-$분포의 곡선에 대하여 중앙의 면적이 0.90이고 양쪽꼬리의 면적이 각각 0.05가 되도록 하는 $t-$값을 구하고 이것을 그림으로 도식화 하여라.

8. 전력공사에서는 작년 한 해 동안 각 가정에서 사용한 월별 전기료를 추정하고자 한다. 임의로 추출한 16가구의 월별전기 사용요금이 다음과 같다.

11,750	7,780	15,060	10,400	11,300	8,160	10, 380	7,860
12,410	9,080	10,940	11,280	5,640	12,990	10,980	10,940

(a) 주어진 전기요금이 정규분포를 따른다고 가정하고, 전체가구에서 사용한 전력오금의 평균 μ에 대한 95% 신뢰구간을 구하여라.

(b) 1984년의 월별 전기요금이 8,523원 이었다면, 이것보다 증가했다고 말할 수 있는가?

9. 농수산부는 해마다 일 에이크 당 수확되는 보리의 양을 추정하고자 한다. 임의로 15 지역을 추출하여 각 지역에서 생산된 볼의 양을 조사한 결과가 다음과 같다.

67	65	55	57	58	61	61	61	64	62	62	60	62	60	67

(a) 수확되는 보리의 평균 생산량 μ에 대한 99%의 신뢰구간을 구하여라.

(b) (a)부분을 해결할 때 필요한 가정은 무엇인가?

10. 캘럽연구소에서는 성인 남자들의 음주율에 대한 추정을 원한다. 임의로 추출한 1516 명의 성인 중 985명이 종종 음주를 좋아하는 것으로 주어졌다.

(a) 전체성인의 음주율 P에 대한 95%의 신뢰구간을 구하여라.

(b) 얻어진 결과를 해석하여라.

11. 보사부에서는 안락사에 대한 사람들의 지지도를 조사하려고 한다. 18세 이상의 성인 1528명을 조사했을 때 이중 1238명이 안락사를 지지하였다.

(a) 안락사를 찬성하는 비율 P에 대한 99% 신뢰구간을 구하여라.

(b) 얻어진 결과를 해석하여라.

Chapter 09 가설 검정

앞장에서 우리는 모평균과 모비율에 대한 점 추정값과 구간 추정값을 구하는 방법을 고찰하였으며, 이러한 추정값은 적절한 통계량에 의존함을 알았다. 여기서는 이들 통계량이 모수에 관한 어떤 가정에 대하여 특정한 결정을 내리는데 어떻게 이용되는가를 생각해 보고자 한다. 예를 들어 표본평균이나 표본비율이 모평균이나 모비율에 대한 특정한 결론을 유도하는데 어떻게 사용되는가 라는 가설검정에 대한 구체적인 절차와 방법을 논의해 본다.

9.1 가설검정의 원리

가끔 모평균이나 모비율과 같은 모수의 값에 대한 어떤 주장이나 추측을 받아들이거나 기각하는 결정을 내리고자 하는 경우가 있다. 예를 들어서 어느 사업가가 금년에는 작년보다 판매량이 더 증가했는가를 결정하는 문제나 또는 현직 대통령이 그의 직책을 바르게 수행하고 있다고 생각하는 성인들의 비율 p가 50 %를 초과하고 있는가를 결정하는 문제 등이다.

이러한 결정을 내리는데 사용되는 가장 보편적인 방법은 **가설검정**(hypothesis testing)이다. **가설**(hypothesis) 이란 단순히 모집단의 특성에 대한 주장이다. 예를 들어서 "대통령이 그 직책을 바르게 수행한다고 생각하는 성인들의 비율이 50% 이상이다." 라는 문장은 가설이다.

일반적으로 가설검정에 있어서는 두 가지 가설이 존재한다. 하나는 **귀무가설**(null hypothesis)이고 다른 하나는 **대립가설**(alternative hypothesis)이다. 이들은 다음과 같이 정의 될 수 있다.

귀무가설과 대립가설

귀무가설 : 검정되는 가설이며 기호 H_0로 나타낸다.

대립가설 : 귀무가설에 상반되는 가설로 H_1으로 나타낸다.
즉 결론적으로 어떤 새로운 주장이나 생각을 대립가설로 한다.

어원적으로 귀무가설에서 귀무란 어떠한 차이도 없다, 또는 차이가 무(null)이다는 뜻을 표현한다. 그러나 오늘날에는 귀무가설이 단순히 검정되는 가설을 의미하게 되었고, 가설검정에서도 우리가 해결해야 할 과제는 이 귀무가설을 기각할 것인가, 채택할 것인가를 결정하는 것이다.

또한 대립가설은 귀무가설에 반대되는 가설로 검정을 수행하는 실험자의 의도나 목적에 부합하도록 설정하며, 모집단의 특성에 대한 새로운 사실이나 주장을 말한다. 다음의 예제를 통하여 통계적 가설검정의 원리를 살펴보자.

예제 9-1

새 모델의 자동차를 제작하는 회사에서는 새로 개발된 자동차의 1갤론당 평균주행거리가 26마일이라고 주장한다. 그러나 소비자 단체에서는 이들의 주장에 회의적이고 이 회사에서 제작하는 차의 평균주행거리가 26마일은 되지 않는다고 생각하고 있다. 즉 소비자 단체에서는 평균주행거리가 과연 26마일인가를 가설검정 하고자 한다. 이때 이러한 검정에서 귀무가설과 대립가설은 무엇인가?

풀이 귀무가설은 회사의 주장이다. 즉 새 모델의 자동차의 1갤론당 평균주행거리가 26마일이다.

$$H_0 : \mu = 26 \text{마일}$$

이때 귀무가설은 모수 μ에 대하여 하나의 값 26을 지정한다.

대립가설은 소비자의 추측이다. 즉 자동차의 평균주행거리가 26마일보다는 적다.

$$H_1 : \mu < 26 \text{ 마일}$$

일단 귀무가설과 대립가설이 설정되면, 그 다음 문제는 귀무가설을 기각할 것인가, 채택할 것인가를 어떻게 결정하는가 하는 것이다. 즉 우리는 어떤 **결정규칙**(decision rule)이 필요하다.

결정규칙이란 대립가설을 견지하는 입장에서 귀무가설을 기각할 것인가, 기각하지 않을 것인가를 결정하는 판정기준을 말하며, 이것의 논리적 의미를 이해하기 위하여

예제 9.1의 문제를 다시 생각해 보자. 여기서 귀무가설과 대립가설은 각각

$$H_0 : \mu = 26\text{마일 (회사의 주장)},$$
$$H_1 : \mu < 26\text{마일 (소비자 단체의 추측)}$$

이다.

소비자 단체에서는 그들의 주장을 정당화시키기 위해서, 임의로 $n = 30$대의 새모델 자동차를 선택하여 이들의 주행거리를 측정하였다. 이때 자연스럽게 30대 새모델 자동차의 평균주행거리 $\overline{X}$가 귀무가설의 기각여부를 결정하는 통계량으로 이용될 수 있고, 문제는 $\overline{X}$의 값이 얼마일 때 특정한 결정을 내릴 것인가 하는 것이다.

만약에 귀무가설이 사실이라면 이들 30대 자동차들의 평균주행거리는 26마일로부터 큰 차이 없이 주어지지만, 역으로 만약에 측정된 평균주행거리가 26마일보다 훨씬 적으면, 그 때 우리는 귀무가설이 사실이다는 주장을 의심하게 되고, 이 경우는 대립가설이 사실이라고 믿게 된다. 따라서 귀무가설을 기각하고 대립가설을 채택한다.

그러면 평균주행거리가 26마일로부터 얼마나 적어야 이런 결정을 내릴 것인가 하는 적당한 **분기점**(cutt off point)이 필요하다. 이를 수학적으로 표현하면 측정된 30대 자동차 평균 주행거리 $\overline{X}$가 어떤값 c보다 적으면 대립가설을 견지하는 입장에서 귀무가설을 기각하고, 반면에 $\overline{X}$가 c보다 적지 않으면 귀무가설을 채택하게 하는 값 c를 결정할 필요가 있다.

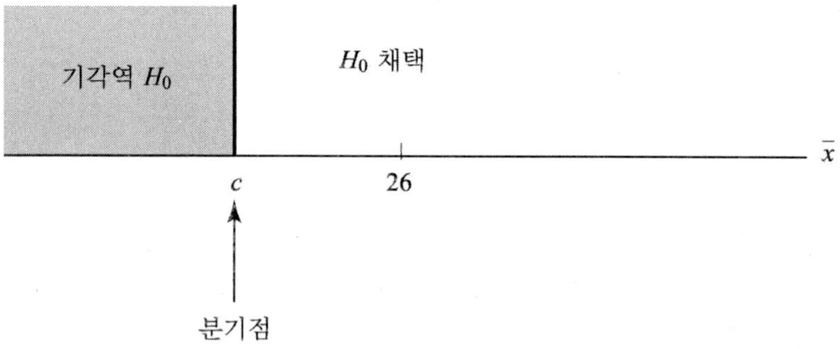

[그림 9.1] 기각역과 채택역

예를 들어서 측정된 30대 자동차들의 평균주행거리 $\overline{X}$가 25.8마일로 주어졌다 하고, 모집단의 표준편차가 $\sigma = 1.5$미일이라 하자. 이때 귀무가설이 사실이라는 가정하에서 $\overline{X}$의 값이 25.8마일보다 적게 될 확률을 계산해 보자. 이 경우 확률변수 $\overline{X}$의 분포는 중심극

한정리에 의해서 평균이 $\mu_{\bar{x}} = 26$이고 표준편차가 $\sigma_{\bar{x}} = 1.5/\sqrt{30} = 0.27$인 정규 분포를 따른다. 따라서 확률 $P(\overline{X} \leq 25.8)$은 아래의 정규곡선하에서 25.8보다 왼쪽에 있는 면적이고, 이것은 다음과 같이 계산된다.

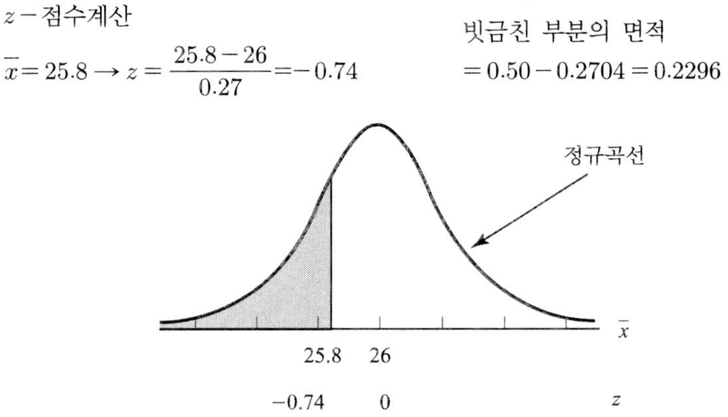

[그림 9.2] 정규곡선($\mu_{\overline{X}} = 26$, $\sigma_{\overline{X}} = 0.27$)

결론적으로 전체모집단의 1갤론당 평균주행거리가 $\mu = 26$마일일 때 측정된 30대 자동차의 평균 주행거리가 25.8보다 적거나 같을 확률은 약 0.23 정도이다. 다시 말하면 $\mu = 26$마일일 때 $\overline{X}$의값이 25.8보다 적거나 같게 되는 기회는 4번중 한번 정도라고 볼 수 있고, 이 사실은 귀무가설이 거짓이다는 확실한 증거가 되지 못한다.

반면에 만약 30대의 자동차의 평균주행거리가 25마일로 주어졌다면, 앞에서처럼 귀무가설이 사실일 때 $\overline{X}$의 값이 25마일보다 적거나 같게 될 확률 $P(\overline{X} \leq 25)$을 계산해 보면 이 값은 0.0001 이다. 즉 모평균 $\mu = 26$마일일 때 $\overline{X}$의 값이 25보다 적거나 같게 될 가능성은 10,000중에 한번이다.

따라서 다음과 같은 사실을 알 수 있다. 즉 만약에 측정된 30대 자동차들의 평균주행거리가 25마일 보다 적거나 같다면 다음 두 가지 중 하나가 사실이다.

(1) 귀무가설이 사실이지만, 이것은 일어나기가 매우 어려운 사건이다.
(2) 귀무가설이 거짓이다.

이러한 경우에 (2)항의 선택이 보다 바람직하고, 만약에 표본평균 $\bar{x}$의 값이 25마일로 주어졌다면, 이것은 귀무가설이 거짓임을 강력히 주장하는 증거로 간주할 수 있으므로 귀무가설을 기각한다.

앞의 두 가지 경우는 주행거리에 대한 검정에서 분기점 c를 결정하는 방법을 표시하고 있다. 일반적으로 가설검정에서는 귀무가설을 기각할 수밖에 없이 만드는 $\overline{X}$ 값의 극한을 결정해야 한다. 또한 $\overline{X}$의 값이 이 한계값 보다 작거나 같게 될 확률을 사전에 결정하는데, 이 확률은 보통 1%, 5% 또는 10%가 많이 사용된다. 이러한 퍼센트의 값 또는 소수로 표시되는 값을 가설검정에 대한 **유의수준**(significant level)이라 하고 그리스 문자 α로 표시한다.

예를 들어서 5%의 유의수준, 즉 $\alpha = 0.05$에서 분기점 c를 결정해보자. 이 경우 귀무가설이 사실이라는 가정하에서 $\overline{X}$의 값이 c보다 작거나 같게 될 확률이 5%가 되는 c의 값을 결정해야 한다. 실제로 이값은 정규분포를 이용하여 다음과 같이 주어진다.

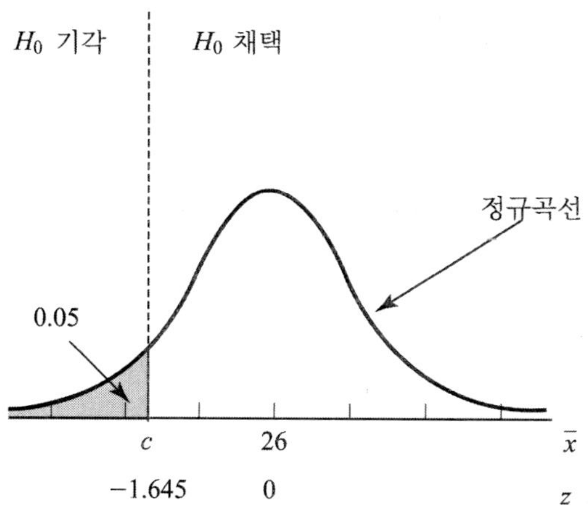

[그림 9.3] 정규곡선$(\mu_{\overline{X}} = 26,\ \sigma_{\overline{X}} = 0.27)$

위의 그림에서 알 수 있는 것처럼 $\overline{x}$의 값과 z의 값 사이에는 다음과 같은 관계가 주어진다.

$$\overline{x} \rightarrow z = \frac{\overline{x} - 26}{0.27}$$

따라서 구하는 확률 $P(\overline{X} \le c)$은 확률 $P(Z \le (c-26)/0.27)$과 같고, 앞에서 유의수준 $\alpha = 0.05$이므로 이확률이 0.05가 되는 z-값을 부록의 표준정규분포표로부터 구하면, $-Z_{0.05} = -1.645$이므로 우리는 다음과 같은 등식을 얻게 되고,

$$-1.645 = \frac{c-26}{0.27}$$

이것으로부터 분기점 c의 값은 $c = 26 - (1.645)(0.27) = 25.6$으로 주어진다. 결론적

으로 만약에 5%의 유의 수준을 선택하였다면 이때 분기점 c는 25.6마일이고, 이것은 다음과 같은 결정규칙을 정해준다.

유의수준 5%에서 평균주행거리에 대한 가설검정의 결정규칙은 만약에 30 대의 측정된 자동차의 평균주행거리 $\overline{X}$가 25.6보다 적으면 대립가설을 견지하는 입장에서 귀무가설을 기각하고 그렇지 않으면 채택한다.

마지막으로 위의 결정법칙을 실제의 측정된 자료에 적용하는 문제를 생각해 보자.

예제 9-2

소비자 단체에서는 임의로 30대의 자동차를 추출하여 그 주행거리를 조사한 결과 이들의 평균이 $\overline{x} = 25.23$마일로 주어졌다. 이 경우 유의수준 5%에서
귀무가설 $H_0 : \mu = 26$마일에 대하여,
대립가설 $H_1 : \mu < 26$마일을 가설검정하여라. (단 모집단의 표준편차는 1.5마일이다).

풀이 위에서 이미 5%의 유의수준에서 가설을 검정하기 위한 기각역을 결정하였다. 따라서 우리는 표본평균 $\overline{X}$의 값이 이 기각역에 속하는지를 확인하면 된다.

그런데 주어진 결과로부터 $\overline{x} = 25.23$이고 이 값은 분기점 25.6보다 적으므로 대립가설을 견지하는 입장에서 귀무가설을 기각하게 된다. 즉 측정된 자료의 결과는 모집단의 평균주행거리 μ가 26마일보다 적다는 사실을 암시하고, 이것은 회사측의 주장이 거짓임을 강력하게 시사한다.

9.2 용어, 오류, 검정의 종류

가설검정의 원리를 완전하게 이해하기 위해서 부가적인 용어와 개념이 필요하다. 이 절에서는 몇 개의 용어와 가설검정에서 일어날 수 있는 두 가지의 오류, 그리고 가설검정의 종류와 기각영역에 대해서 설명하고자 한다.

9.2.1 몇 개의 부가적 용어

가설검정에서 사용되는 몇가지 기본적인 용어를 소개하기 위해서 주행거리에 대한 검정문제를 다시 고려해 보자. 이 경우 귀무가설과 대립가설은

$$H_0 : \mu = 26\text{마일 (회사측의 주장)},$$
$$H_1 : \mu < 26\text{마일 (소비자 단체의 추측)}$$

이고, 이때 소비자 단체에서는 귀무가설이 사실인가를 확인하기 위해서 임의로 30대의 새 모델 자동차를 선택하여 이들의 1갤론당 주행거리를 측정하였고, 또한 조사된 주행거리의 평균 $\overline{X}$을 계산하여 이 값이 26마일에 가까우면 귀무가설을 채택하였고 반면에 이 값이 26마일보다 상당히 작으면 귀무가설을 기각하였다. 여기서 측정된 30대의 자동차의 평균주행거리 $\overline{X}$를 **검정통계량**(test statistic)이라 부른다. 왜냐하면 이 통계량의 값을 기초로 하여 가설검정에 대한 어떤 결정을 내리기 때문이다.

앞의 9.1절에서 유의수준 5%에 대한 가설검정의 분기점 c는 25.6마일 이었다.

이 분기점 c를 임계치 또는 **기각값**(critical value)이라 부르고, 또한 귀무가설을 기각하게 하는 검정통계량의 영역을 **기각역**(rejection region)이라 한다. 이 경우에 대한 기각역은 $\overline{X}$ 가 25.6보다 적거나 같게 되는 모든 값으로 주어진다.

반면에 귀무가설을 기각하지 않게 하는 검정통계량의 영역을 **채택역**(acceptance region)이라 부른다. 따라서 지금까지의 내용을 요약하면 다음과 같다.

검정통계량 : 귀무가설의 기각여부를 결정하는데 사용되는 통계량
기각역 : 귀무가설을 기각하게 하는 검정통계량의 값의 집합
채택역 : 귀무가설을 기각하지 못하게 하는 검정통계량의 값의 집합
기각값 : 기각역과 채택역을 구분하는 값

9.2.2 제1종의 오류와 제2종의 오류

통계적 가설검정에서는 우리가 어떤 결정을 내려도 그 결정이 잘못될 가능성이 항상 존재한다. 왜냐하면 이것은 부분적인 정보(표본) 만을 이용하여 모집단 전체에 대한 어떤 결론을 내리기 때문이다. 따라서 가설검정에는 다음의 두 가지 오류가 항상 가능하다

제1종의 오류 : 귀무가설이 실제로는 사실임에도 불구하고, 이것을 기각하는 잘못
제2종의 오류 : 귀무가설이 실제로는 거짓임에도 불구하고, 이것을 기각하지 못하는 잘못

다음으로 우리는 두 종류의 오류를 범할 확률을 관리하게 된다. 먼저 제1종의 오류를 범할 확률은 귀무가설이 사실일 때 이것을 기각하는 잘못을 범할 확률이고, 실제로 귀무가설이 사실임에도 불구하고 검정통계량의 값이 기각역에 들어갈 확률을 말하며, 유의수준은 제1종의 오류를 최대로 범할 확률이다. 이것은 그리스문자 α로 표시한다.

또한 제2종의 오류를 범할 확률은 귀무가설이 실제로 거짓임에도 불구하고 이것을 기각하지 않을 확률을 말하며, 이것은 그리스문자 β로 표시한다. 이를 요약하면 <표 9.1>과 같다.

〈표 9.1〉 두 종류의 오류 확률

상 태	선택한 결정	
	H_0를 받아들임	H_0를 기각
H_0가 참	옳은 결정 ; 확률은 $1-\alpha$	그릇된 결정 ; 제1종의 과오 ; 확률은 α
H_0가 거짓	그릇된 결정 ; 제2종의 과오 ; 확률은 β	옳은 결정 ; 확률은 $1-\beta$

마지막으로 이상적인 가설검정에서는 제1종과 제2종의 오류를 범할 확률을 동시에 줄이고자 한다. 왜냐하면 이것은 귀무가설의 사실 유무에 관계없이 잘못된 결정을 내릴 가능성을 작게 하기 때문이다. 그러나 고정된 표본의 크기에서는 두 종류의 오류를 범할 확률을 동시에 줄일 수는 없다. 따라서 실제 가설검정에서는 제1종의 오류를 범할 확률이 검정의 유의수준이고, 이값의 크기는 검정의 성격에 따라 사전에 적절히 설정되므로, 우리는 제2종의 오류를 범할 확률을 최소로 하는 검정방법을 택한다.

9.2.3 검정의 종류

가설검정은 넓은 의미에서 양측 또는 단측으로 구분된다. **양측검정**(two-sided test)은 기각영역이 두 부분(하나는 왼쪽, 다른 하나는 오른쪽)으로 구성되는 가설검정이다. 예를 들어서 모평균 μ에 관한 귀무가설과 대립가설이 각각

$$H_0 : \mu = \mu_0 \qquad H_1 : \mu \neq \mu_0$$

으로 주어졌을 때, 이 검정에 대한 기각역과 채택역은 아래와 같이 주어진다.

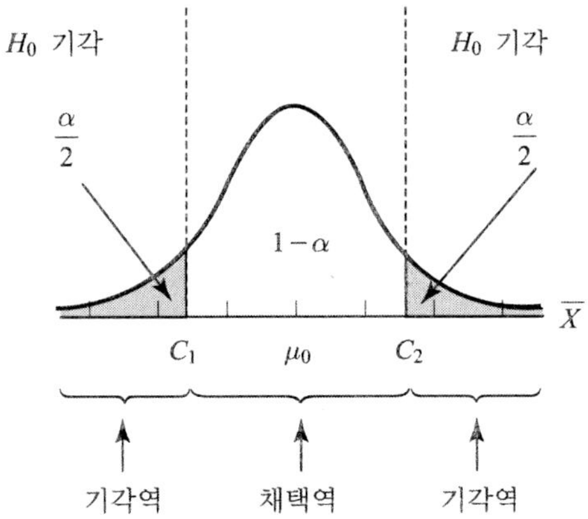

[그림 9.4] 양측검정의 기각영역

단측검정(one-sided test)은 기각영역이 오직 한쪽부분으로 구성되는 가설검정이다. 단측검정은 두가지 범주, 즉 좌측검정과 우측검정으로 구분된다. **좌측검정**(left-sided test)은 기각영역이 왼쪽에 있는 단측검정이다. 예를 들어서 모평균 μ에 대한 귀무가설과 대립가설이

$$H_0 : \mu = \mu_0 \qquad H_1 : \mu < \mu_0$$

으로 주어지고, 이 경우 기각역과 채택역은 다음과 같다.

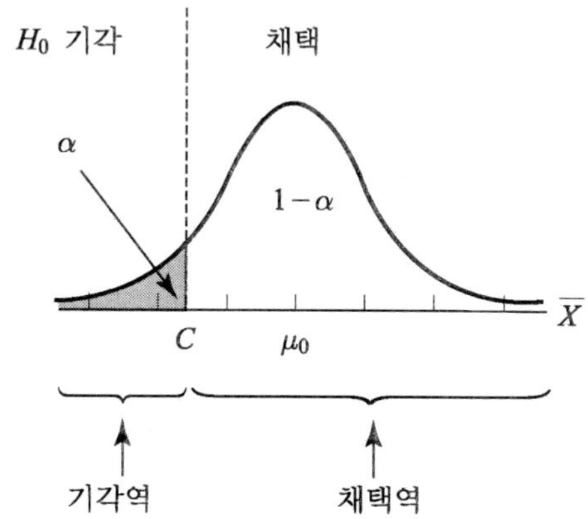

[그림 9.5] 좌측검정의 기각영역

또한 **우측검정**(right-sided test)은 기각영역이 오른쪽으로 주어지는 단측검정을 말한다. 이것은 좌측검정의 반대방향으로 모평균μ에 대한 귀무가설과 대립가설은

$$H_0 : \mu = \mu_0 \qquad H_1 : \mu > \mu_0$$

이고, 기각역과 채택역은 다음과 같다.

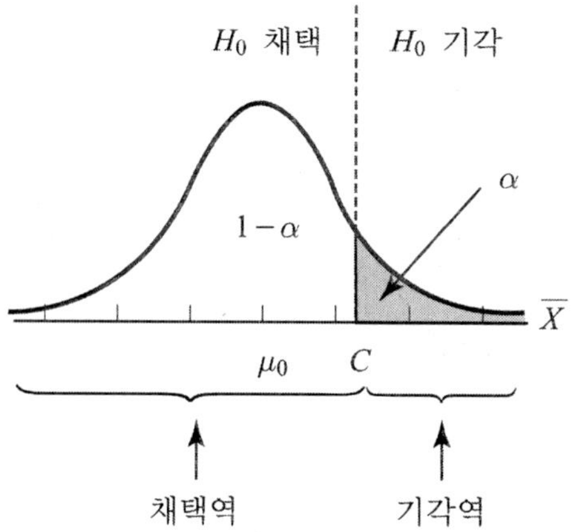

[그림 9.5] 우측검정의 기각영역

9.2.4 가설검정의 절차

지금까지 논의한 가설검정의 내용을 다음과 같은 단계로 요약할 수 있다.

절차 9.1 가설 검정을 수행하는 절차

단계 : 1. 귀무가설과 대립가설을 세운다.
2. 유의수준 α를 정한다.
3. 적절한 검정통계량과 그 분포를 결정한다.
4. 기각값과 기각역을 구한다.
5. 주어진 자료로부터 검정통계량을 계산하여 귀무가설의 기각여부를 결정한다.
6. 결론을 구체적으로 표현한다.

9.3 모평균의 가설검정(대표본)

9.3.1 대표본이고, σ가 알려져 있는 경우

검정절차 9. 1은 일반적인 가설검정을 수행하는 방법을 단계별로 제시한 것이다. 따라서 우리는 모평균의 가설검정을 여러 가지 가정하에서 고찰해 보자.

지금까지 논의한 이론에 의하면, 이 검정은 표본평균 $\overline{X}$에 기초한다. 그런데 $\overline{X}$를 검정통계량으로 사용하려면 그 분포를 알아야 하는데, 대표본인 경우에는 중심극한 정리에 의해서, 다음의 확률변수

$$Z = \frac{\overline{X} - \mu}{\sigma / \sqrt{n}}$$

는 근사적으로 정규분포를 따른다. 고로 가정으로부터 모표준편차 σ가 알려져 있으므로, 위의 확률변수 Z를 검정통계량으로 사용할 수 있다.

절차 9.2 대표분에서 모평균의 가설검정

가정 : 1. 표분의 크기가 30이상이다.
2. σ가 알려져 있다.

단계 : 1. 귀무가설과 대립가설을 세운다.

$$H_0 : \mu = \mu_0 \qquad H_1 : a)\ \mu < \mu_0$$

$$b)\ \mu > \mu_0$$

$$c)\ \mu \neq \mu_0$$

2. 유의수준 α를 정한다.
3. 검정통계량과 그 분포를 정한다.

$$Z = \frac{\overline{X} - \mu_0}{\sigma / \sqrt{n}} \sim N(0,1)$$

4. 기각값과 기각영역을 구한다.
   a) 좌측검정 : $Z < -z_\alpha$
   b) 우측검정 : $Z > z_\alpha$
   c) 양측검정 : $Z < -z_{\alpha/2}$ 또는 $Z > z_{\alpha/2}$
5. 주어진 자료로부터 검정통계량을 계산하여 기각여부를 결정한다.
6. 결론을 구체적으로 표현한다.

예제 9-3

책 도매상에 의하면 금년의 책가격이 작년보다 많이 상승하였다고 말한다. 이 사실을 확인하기 위하여, 임으로 40권을 택하여 그 가격을 조사한 결과, 이들의 평균값이 26,100원이었다. 만약에 작년의 평균도매가격이 24,960원이었다면 올해의 책가격이 상승했다고 말할 수 있는지, 유의수준 5%에서 가설검정하여라. (가정 $\sigma = 8,330$원이다)

풀이 이 가설검정을 수행하는데 절차 9.1을 적용해 보자.

단계 1. 귀무가설과 대립가설은 다음과 같다.

$H_0 : \mu = 24,960$ (평균가격이 인상되지 않았다)

$H_1 : \mu > 24,960$ (평균가격이 인상되었다)

여기서 μ는 올해의 책 한권당 평균판매가격이다.

2. 유의수준 $\alpha = 0.05$이다.
3. 검정통계량과 이것의 분포는 다음과 같다.

$$Z = \frac{\overline{X} - \mu_0}{\sigma / \sqrt{n}} \sim N(0,1)$$

4. 유의수준 $\alpha = 0.05$이고, 우측검정이므로 기각값과 기각영역은 $Z > z_{0.05} = 1.645$

이다.

5. 자표로부터 표본평균 $\overline{x}$ 는 26,100원이며, 표본의 크기는 40이다. 또한 가정에서 $\sigma = 8,330$원 이므로 검정통계량의 값은

$$z = \frac{26,100-24,960}{8,330/\sqrt{40}} = 0.866 < 1.645,$$ 즉 0.866은 H_0의 채택역에 속하므로, H_0를 기각하지 못한다.

H_0의 기각역과 채택역은 아래 그림 9.6과 같다.

6. 금년의 평균판매가격이 작년보다 상승했다는 증거가 있다고는 볼 수 없다.

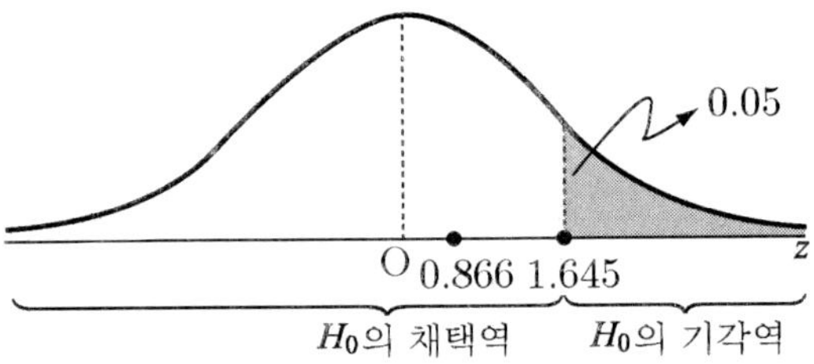

[그림 9.6]

9.3.2 대표본이고, σ가 알려져 있지 않는 경우

절차 9.2를 적용하기 위한 조건 중에 하나가 모표준편차 σ가 알려져 있다는 것이다. 그러나 일반적으로 우리는 σ의 값을 알지 못하며, 이때는 모표준편차 σ의 적절한 추정량을 고려해야 하고, 대부분의 경우 표본표준편차 S를 대신 사용한다.

이 경우 만약에 표본의 크기가 큰 경우에는 표본표준편차의 통계적성질에 의해서 S는 σ에 근사적으로 가까워지기 때문에 확률변수 Z에서 S대신 σ를 대입해도 이것의 분포는 변하지 않는다.

즉, 모표준편차 σ가 알려져 있지 않는 경우에 모평균 μ에 대한 검정방법은 본질적으로 절차 9.2와 똑같은 방법으로 수행되지만, 이때 오직 다른점은 검정통계량을

$$Z = \frac{\overline{X}-\mu_0}{\sigma/\sqrt{n}} \quad \text{대신에} \quad Z = \frac{\overline{X}-\mu_0}{S/\sqrt{n}}$$

으로 사용하는 것이다.

절차 9.3 대표본에서 모평균의 가설검정

가정 : 1. 표본의 크기가 30이상이다.
2. σ가 알려져 있지 않다.

단계 : 1. 귀무가설과 대립가설을 세운다.

$$H_0 : \mu = \mu_0 \qquad H_1 : a)\ \mu < \mu_0$$
$$b)\ \mu > \mu_0$$
$$c)\ \mu \neq \mu_0$$

2. 유의수준 α를 정한다.
3. 검정통계량과 그 분포를 정한다.

$$Z = \frac{\overline{X} - \mu_0}{S/\sqrt{n}} \sim N(0, 1)$$

4. 기각값과 기각영역을 정한다.
   a) 좌측검정 : $Z < -z_{\alpha}$
   b) 우측검정 : $Z > z_{\alpha}$
   c) 양측검정 : $Z < -z_{\alpha/2}$ 또는 $Z > z_{\alpha/2}$
5. 주어진 자료로부터 검정통계량을 계산하여 기각 여부를 결정한다.
6. 결론을 구체적으로 표현한다.

예제 9-4

칼슘은 인체에 있어서 가장 중요한 무기물이다. 국립과학원 식품조사실에 의하면 사람이 하루에 필요한 칼슘의 양은 약 800mg이다. 영양학자들은 사람들이 하루에 섭취하는 칼슘의 평균량은 800mg 이 아니다 라고 주장한다. 이러한 주장을 확인하기 위해서 50명을 임의로 추출하여, 이들의 하루 섭취량을 조사한 결과 표본평균과 표준편차가 각각 다음과 같다.

$$\overline{x} = 755.3mg, \qquad s = 239.3mg$$

유의수준 5%에서 사람이 하루에 섭취하는 칼슘의 평균량(μ)이 800mg과 다르다고 말할 수 있는지 가설 검정하여라.

풀이 표본의 크기가 $n = 30$이상이고, σ가 주어져 있지 않으므로 절차 9.3을 적용할 수 있다.

단계 : 1. 귀무가설과 대립가설은 다음과 같다.

$$H_0 : \mu = 800mg \quad , \qquad H_1 : \mu \neq 800mg$$

여기서 μ는 사람들이 하루에 섭취하는 칼슘의 평균이다.

2. 유의수준 $\alpha = 0.05$이다.
3. 검정통계량과 이것의 분포는 다음과 같다.

$$Z = \frac{\overline{X} - \mu_0}{S/\sqrt{n}} \quad \sim \quad N(0,1)$$

4. 유의수준 $\alpha = 0.05$이고, 양측검정이므로 기각값과 기각역은 $Z < -z_{0.025} = -1.96$이거나 $Z > z_{0.025} = 1.96$이다.
5. 주어진 결과로부터 $\overline{x} = 755.3mg$이고 $s = 239.3mg$이며, 귀무가설로부터 $\mu_0 = 800mg$ 이므로, 검정통계량의 값은

$$Z = \frac{\overline{X} - \mu_0}{S/\sqrt{n}} = \frac{755.3 - 800}{239.3/\sqrt{50}} = -1.32 > \ -1.96$$

이므로, H_0을 기각하지 못한다.

6. 표본으로부터 주어진 결과는 사람이 하루에 섭취하는 칼슘의 평균량이 800mg과 다르다고 말할 수 없다.

■

9.4 모평균에 대한 가설검정(소표본)

9.4.1 소표본이고, σ가 알려져 있는 경우

앞의 9.4절에서는 대표본($n \geq 30$)인 경우에 모평균의 가설검정을 수행하는 절차를 논의하였다.

이제 우리는 표본의 크기가 작은 소표본인 경우도 생각해야 한다. 이 경우 필요한 가정은 모집단이 정규모집단이라는 사실이고, 이때 확률변수

$$Z = \frac{\overline{X} - \mu}{\sigma/\sqrt{n}}$$

는 위의 가정하에서 표본의 크기에 관계없이 항상 표준정규분포를 갖는다. 그러므로 모표준편차 σ가 알려져 있다면 위의 확률변수 Z를 검정통계량으로 사용할 수 있으며, 모평균 μ에 대한 가설검정절차는 앞의 절차 9.2의 내용과 똑같다.

절차 9.4 모평균의 가설검정

가정 : 1. 정규모집단이다.

2. σ가 알려져 있다.

단계 : 1. 귀무가설과 대립가설을 세운다.

$$H_0 : \mu = \mu_0 \quad H_1 : a)\ \mu < \mu_0$$
$$b)\ \mu > \mu_0$$
$$c)\ \mu \neq \mu_0$$

2. 유의수준 α를 정한다.

3. 검정통계량과 그 분포를 정한다.

$$Z = \frac{\overline{X} - \mu_0}{\sigma / \sqrt{n}} \sim N(0, 1)$$

4. 기각값과 기각영역을 구한다.

a) 좌측검정 : $Z < -z_\alpha$

b) 우측검정 : $Z > z_\alpha$

c) 양측검정 : $Z < -z_{\alpha/2}$ 또는 $Z > z_{\alpha/2}$

5. 주어진 자료로부터 검정통계량을 계산하여 기각여부를 결정한다.

6. 결론을 구체적으로 표현한다.

예제 9-5

1회용 커피 포장기계는 한 컵당 6온스의 커피량을 포장하도록 되어 있다. 포장된 커피량은 정규분포를 따르며, 표준편차가 $\sigma = 0.2$온스라고 알려져 있다. 우리는 종종 포장되는 커피함량의 평균 μ가 기준치 6온스와 다른 가를 검사한다. 최근에 이 기계로부터 추출된 표본을 추정한 결과가 다음과 같다.
유의수준 10%에서 기계가 정상적으로 작동되는가를 검정하여라.

6.1	6.0	6.0	5.7	6.1	5.9	5.6	5.6	5.9	6.1
5.8	6.2	6.1	6.3	6.0	6.0	5.8	5.9	5.6	6.1

풀이 포장된 커피량의 모집단이 정규분포를 따르고, 또한 모표준편차 σ가 알려져 있으므로 절차 9.4를 적용할 수 있다.

단계 : 1. 귀무가설과 대립가설은 다음과 같다.

$$H_0 : \mu = 6\text{온스}, \qquad H_1 : \mu \neq 6\text{온스}$$

2. 유의수준 $\alpha = 0.10$ 이다.
3. 검정통계량과 그 분포는 다음과 같다.

$$Z = \frac{\overline{X} - \mu_0}{\sigma / \sqrt{n}} \sim N(0,1)$$

4. 양측검정이므로 기각값과 기각역은

$$Z < -z_{0.05} = -1.645 \text{ 또는 } Z > z_{0.05} = 1.645$$

5. 주어진 자료로부터 $\overline{X} = 118.8/20 = 5.94$ 온스 이므로, 검정통계량의 값은

$$z = \frac{\overline{x} - \mu_0}{\sigma \,/ \sqrt{n}} = \frac{5.94 - 6}{0.2 / \sqrt{20}} = -1.34 > -1.645$$

이므로, H_0를 기각하지 못한다.

6. 표본으로 얻어진 결과는 기계가 적절하게 작동하지 않는다고 말할 수 없다. ■

9.4.2 소표본이고, σ가 알려져 있지 않는 경우

소표본이고 모표준편차 σ가 알려져 있지 않는 경우는, 앞의 구간추정에서와 마찬가지로, 표본이 정규모집단으로부터 추출되었다는 가정하에서 확률변수

$$T = \frac{\overline{X} - \mu}{S / \sqrt{n}}$$

는 자유도 $df = (n-1)$ 인 t-분포를 갖는다. 따라서 μ에 대한 가설검정은 이 확률변수를 검정통계량으로 이용하게 된다.

절차 9.5 평균에 대한 가설검정

가정 : 1. 정규모집단이다.

2. σ가 알려져 있지 않다.
3. 소표본이다.

단계 : 1. 귀무가설과 대립가설을 세운다.

$$H_0 : \mu = \mu_0, \qquad H_1 : a)\ \mu < \mu_0$$
$$: b)\ \mu > \mu_0$$
$$: c)\ \mu \neq \mu_0$$

2. 유의수준 α를 정한다.

3. 검정통계량과 그 분포를 정한다.

$$T = \frac{\overline{X} - \mu_0}{S \,/\, \sqrt{n}} \sim t(n-1)$$

4. 기각값과 기각영역을 정한다.
   a) 좌측검정 : $T < -t_{\alpha}$
   b) 우측검정 : $T > t_{\alpha}$
   c) 양측검정 : $T < -t_{\alpha/2}$ 또는 $T > t_{\alpha/2}$
5. 주어진 자료로부터 검정통계량을 계산하여 기각여부를 결정한다.
6. 결론을 구체적으로 표현한다.

예제 9-6

에너지 연구소의 보고서에 의하면, 1982년에 각 가정에서 지출한 에너지 사용비용의 평균이 102,200원 이었다. 금년에 임의로 15가구를 추출하여 이들을 조사한 결과가 다음과 같다.

115,300	124,900	112,600	105,300	168,900	151,400	142,000
113,000	126,800	161,000	119,200	110,400	125,000	108,400
80,700						

각 가정에서 사용한 연료소비량이 연간 평균값인 102,200원보다 더 많다고 할 수 있는가를 유의수준 5%에서 가설검정하여라. (단, 연간지출되는 에너지 사용비용은 근사적으로 정규분포를 따른다.)

풀이 정규모집단이고 σ가 알려져 있지 않으며 소표본 이므로 절차 9. 5를 적용하자.

단계 : 1. 귀무가설과 대립가설은 다음과 같다.

$$H_0 : \mu = 102,200, \qquad H_1 : \mu > 102,200$$

2. 유의수준 $\alpha = 0.05$이다.
3. 검정통계량과 이것의 분포는 다음과 같다.

$$T = \frac{\overline{X} - \mu_0}{S \,/\, \sqrt{n}} \sim t(n-1)$$

4. 표본의 크기 $n = 15$이므로, 자유도는 $df = 15 - 1 = 14$이고, 유의수준 $\alpha = 0.05$이므로 t-분포의 부록의 t-분포표에 의해서 $t_{0.05}(14) = 1.761$이다. 따라서 기각역은 $T > t_{0.05}(14) = 1.761$이다.

5. 위의 자료로부터 표본평균과 표준편차는

$$\bar{x} = \frac{1}{n}\Sigma x = 124,327, \quad s = \sqrt{\frac{n(\Sigma x^2) - (\Sigma x)^2}{n(n-1)}} = 23,100$$

이고, 검정통계량의 값은

$$t = \frac{\bar{x} - \mu_0}{s / \sqrt{n}} = \frac{124,327 - 102,200}{23,100 / \sqrt{15}} = 3.710$$

이며 이 값은 1,716보다 크므로 H_0를 기각한다.

6. 조사된 결과는 각 가정에서 지출한 연료사용량의 평균이 102,200원 이상으로 지출했다는 가설을 입증한다.

9.4.3 어떠한 절차를 사용할 것인가?

지금까지 고려한 모평균 μ에 대하여 여러 가지 검정절차를 표본의 크기, 모집단의 분포, σ의 값에 대한 가정에 따라서 다음과 같이 요약할 수 있다.

〈표 9.1〉 모평균에 대한 가설검정절차의 요약

가 정	검정통계량	대립가설	기각영역
1. $n \geq 30$ 2. σ가 알려져 있다.	$Z = \frac{\overline{X} - \mu_0}{\sigma / \sqrt{n}}$	$\mu < \mu_0 > \neq$	$Z < -z_\alpha$ $Z > z_\alpha$ $Z < -z_{\alpha/2}$ 또는 $Z > z_{\alpha/2}$
1. $n \geq 30$ 2. σ가 알려져 있지 않다.	$Z = \frac{\overline{X} - \mu_0}{S / \sqrt{n}}$	$\mu < \mu_0 > \neq$	상 동
1. 정규모집단 2. σ가 알려져 있다.	$Z = \frac{\overline{X} - \mu_0}{\sigma / \sqrt{n}}$	$\mu < \mu_0 > \neq$	상 동
1. 정규모집단 2. σ가 알려져 있지 않다. 3. $n < 30$	$T = \frac{\overline{X} - \mu_0}{S / \sqrt{n}}$	$\mu < \mu_0 > \neq$	$T < -t_\alpha$ $T > t_\alpha$ $T < -t_{\alpha/2}$ 또는 $T > t_{\alpha/2}$

9.5 모비율에 대한 가설검정(대표본)

대표본에서 모비율에 대한 가설검정은 본질적으로 모평균에 대한 방법과 비슷하다. 즉 모비율 p에 대한 가설검정을 수행하기 위해서는 검정통계량이 필요한데, 이것으로 사용되는 통계량은 표본비율 $\hat{p}$이다. 이때 표본비율 $\hat{p}$의 확률분포는 표본이 큰 경우에 중심극한 정리에 의해서 근사적으로 정규분포에 가까워지며 이것의 평균은 $\mu_{\hat{p}} = p$이고 표준편차는 $\sigma_{\hat{p}} = \sqrt{p(1-p)/n}$ 이다. 즉 n이 충분히 클 때

$$Z = \frac{\hat{p} - p}{\sqrt{p(1-p)/n}}$$

는 근사적으로 표준정규분포를 따른다.

따라서 이 확률변수를 가설검정의 검정통계량으로 이용할 수 있고, 기각값과 기각역은 표준정규분포에 의해서 결정된다.

절차 9.6 비율에 대할 가설검정

가정 : $np_0 > 5$ 이고 $n(1-p_0) > 5$ 이다.

단계 : 1. 귀무가설과 대립가설을 세운다.

$$H_0 : p = p_0, \quad H_1 : a)\ p < p_0$$
$$: b)\ p > p_0$$
$$: c)\ p \neq p_0$$

2. 유의수준 α를 정한다.
3. 검정통계량의 분포를 정한다.

$$Z = \frac{\hat{p} - p_0}{\sqrt{p_0(1-p_0)/n}} \sim N(0,1)$$

4. 기각값과 기각영역을 정한다.
   a) 좌측검정 : $Z < -z_{\alpha}$
   b) 우측검정 : $Z > z_{\alpha}$
   c) 양측검정 : $Z < -z_{\alpha/2}$ 또는 $Z > z_{\alpha/2}$
5. 주어진 자료로부터 검정통계량을 계산하여 기각여부를 결정한다.
6. 결론을 구체적으로 표현한다.

예제 9-7

지난달 어느 TV방송국의 저녁 9시 뉴스를 시청한 사람들을 조사한 결과, 임의로 추출된 397명중 205명이 이 프로그램을 시청한 것으로 나타났다. 이 자료를 보고 그 프로그램을 시청한 시청자 의 비율이 50%이상이라고 말할 수 있는지 유의수준 5%에서 가설검정하여라.

풀이 먼저 절차 9.6을 사용하기 위한 조건을 만족하는지를 알아보자. 표본의 크기 $n=379$이고 $p_0=0.5$이므로 $np_0=189.5$이고, $n(1-p_0)=189.5$이다. 따라서 이들은 모두 5보다 크다.

단계 : 1. 귀무가설과 대립가설은 다음과 같다.

$$H_0:\ p\ =\ 0.5, \qquad H_1:\ p\ >\ 0.5$$

2. 유의수준 $\alpha=0.05$이다.
3. 검정통계량과 이것의 분포는 다음과 같다.

$$Z=\frac{\hat{p}-p_0}{\sqrt{p_0(1-p_0)/n}}\ \sim\ N(0,1)$$

4. $z_{0.05}=1.645$이고 우측검정이므로 기각역은 $Z>z_{0.05}=1.645$이다.
5. 표본의 크기$n=379$이고 $x=205$이므로 표본비율은 $\hat{p}=x/n=205/379=0.541$이고 귀무가설에 의해서 $p_0=0.5$이므로, 검정통계량의 값은

$$z=\frac{\hat{p}-p_0}{\sqrt{p_0(1-p_0)/n}}=\frac{0.541-0.50}{\sqrt{0.05\times(1-0.05)/379}}=1.59$$

이고, 이 값은 1.645보다 작으므로H_0를 기각할 수 없다.
6. 조사에 의해 주어진 결과는 시청률이 50% 이상이라고 말할 수 있는 충분한 증거를 제시하지 못한다.

연습문제

Exercises

1. 청량음료 제조회사는 음료수 한병의 평균함량을 1,000ml로 생산하고 있다. 보건복지부에서는 이 함량이 각 병마다 약간씩 다를 수 있다고 생각하고 다음의 가설을 검정하려고 한다.

$$H_0: \ \mu = \ 1{,}000ml, \quad H_1: \ \mu < \ 1{,}000ml$$

(a) 임으로 추출한 30개의 음료수병에 들어있는 함량들의 평균이 996.8ml으로 나타났다고 하자. 귀무가설이 사실이라고 가정하고, $\bar{x}$의 값이 996.8보다 작게될 확률을 구하여라. ($\sigma = 33.3ml$)

(b) 표본평균 $\bar{x} = 996.8ml$가 귀무가설에 대한 어떠한 증거를 제시하는지 설명하여라.

(c) 만약에 표본평균의 값이 $\bar{x} = 981.2ml$일 때 a)와 b)를 반복하여 수행하여라.

2. 문제 1의 내용을 이용하여 다음을 답하여라.

(a) 표본의 크기 $n = 30$이고 $\sigma = 33.3ml$일 때 유의수준 5%에서 가설검정에 대한 결정규칙을 말하고 이것을 그림으로 표시하여라.

(b) 이 검정에 대한 제 1종의 오류와 제2종의 오류를 구체적으로 설명하여라.

(c) 옳은 결정은 어느 경우인가를 설명하여라.

3. 자동차 제조회사의 보고에 의하면 1983년경에는 트럭의 평균사용기간이 약 8.1년으로 알려져 있다. 최근에는 자동차제작기술의 발달로 평균사용기간이 약간 증가했음을 기대할 수 있다. 따라서 다음의 귀무가설과 대립가설을 검정하고자 한다.

$$H_0: \ \mu = \ 8.1\text{년}, \quad H_1: \ \mu \ > \ 8.1\text{년}$$

여기서 μ는 금년에 생산된 모든 자동차의 평균사용기간이다.

(a) 임의로 추출한 37대의 트럭의 사용기간을 측정한 결과, 이들의 평균이 $\bar{x} = 10.6$년이었다. 귀무가설이 사실이라고 가정하고 $\bar{x}$의 값이 10.6보다 크게될 확률을 구하여라. (여기서 $\sigma = 5.2$년이다.)

(b) 표본평균 $\bar{x} = 10.6$의 값은 귀무가설이 거짓이다는 증거를 제시하는지 설명하여라.

(c) 만약에 $\overline{x} = 8.4$년이라고 할 때 a)와 b)를 반복하여라.

4. 문제 3의 내용을 참고로 다음 사실에 답하여라.

(a) 유의수준 $\alpha = 0.1$에서 가설검정에 대한 결정규칙을 정하고 이것을 그림으로 도식하여라.

(b) 이 검정에 대한 제1종의 오류와 제2종의 오류를 설명하여라.

(c) 옳은 결정은 어느 경우인가를 설명하여라.

5. 동물사료 제작자들은 한 상잔에 약 50파운드의 분량을 포장하여 시판하고 있다. 임으로 $n = 75$ 상자를 추출하여 이들의 무게를 측정한 결과, 표본평균과 표준편차가 각각

$$\overline{x} = 50.11 \text{ 파운드}, \quad s = 0.84 \text{ 파운드}$$

이었다. 생산되는 모든 상자의 평균무게 μ가 표시된 기준함량과 다르다고 할 수 있는지 유의수준 5%에서 가설검정하여라.

6. 교통부자료에 의하면 1985년에 각 승용차의 연간주행거리의 평균이 8,900마일이라고 할 수 있다. 올해에 임으로 500대의 승용차의 주행거리를 조사한 결과, 표본평균과 표준편차가

$$\overline{x} = 8,700 \text{ 마일}, \quad s = 6,000 \text{마일}$$

이었다. 다음의 문제에 적절히 답하여라.

(a) 유의수준 5%에서 다음의 가설을 검정하여라.

$$H_0 : \mu = 8,900, \qquad H_1 : \mu \neq 8,900$$

(b) 앞의 절차 8. 2를 이용하여 모평균 μ에 대한 95%의 신뢰구간을 구하여라.

(c) 귀무가설에서 주어진 평균값 $\mu = 8,900$이 b)에서 구한 신뢰구간에 들어가는지를 확인하여라.

7. 자동차의 수리상에 의하면 새 배터리의 사용기간은 평균적으로 36개월 정도라고 볼 수 있다. 임의로 10개의 배터리를 추출하여 이들의 수명을 측정한 결과, 다음이 주어졌다.

27.6	28.7	34.7	29.0	22.9
29.6	29.4	30.2	36.5	34.7

만약에 배터리의 수명시간이 정규분포를 따른다면 위의 자료는 배터리의 평균수명

이 36개월보다 적다고 볼 수 있는지를 유의수준 1%에서 가설검정하여라.

8. 전국유통업의 보고서에 의하면 작년의 귤 한 상자당 판매가격이 약3,850원 이었다. 최근에 시장조사를 통하여 15상자의 가격을 조사한 결과가 다음과 같다.

4,300	4,000	4,260	4,020	3,750	4,410	4,520	4,180
3,560	3,460	3,790	4,420	4,450	3,820	4,240	

만약에 귤의 판매가격이 정규분포를 따른다면 올해의 판매가격이 작년보다 증가했다고 볼 수 있는지를 유의수준 5%에서 가설검정하여라.

9. 의학협회의 조사에 의하면 1980년경에는 내과의사중 12.2%가 여성이라고 말할 수 있다. 올해에 임의로 추출한 125명의 내과의사중 19명이 여성이었다면, 이 자료는 여의사의 비율이 과거보다 증가했다고 볼 수 있는지 유의수준 10%에서 가설검정하여라.

10. 우편물 광고회사는 새로운 상품에 대한 선호도를 조사하고 있다. 어느날 임으로 추출한 800세대의 가정에 새로운 상품에 대한 광고물을 우편으로 송부하였을 때 이중 70개의 가정이 새 상품을 구입한 것으로 나타났다. 이 자료는 전체모집단의 상품구입비율이 6.5% 와 다르다고 할 수 있는지 유의수준 1%에서 가설검정하여라.

Chapter 10 두 모집단에 관한 통계적 추론

앞에서 우리는 모집단이 하나인 경우 모평균과 모비율에 대한 신뢰구간을 구하는 방법과 가설검정을 수행하는 절차를 설명하였다. 이제 본 장에서는 두 모집단의 모수를 비교하는 문제, 즉 두 모평균의 차 및 두 모비율의 차에 대한 신뢰구간 및 가설검정에 대한 문제를 생각해 보고자 한다. 모집단이 3개 이상인 경우의 추론에 대해서는 분산분석에서 다루겠다.

10.1 대표본에서 두 모평균의 차에 대한 추론(독립표본)

두 모집단에서 추출된 표본이 대표본인 경우에 두 모평균의 차에 대한 통계적 추론을 생각해 보자. 이때 요구되는 조건은 두 모집단으로부터 추출된 표본이 랜덤표본이고 서로 독립이다는 것이다. 만약 한 모집단으로부터 추출된 표본이 다른 모집단으로부터 추출된 표본에 아무런 영향을 미치지 않는다면, 이때 두 표본은 서로 독립(independent)이라 한다.

다음의 예제는 두 표본이 서로 독립일 때 두 모집단의 차에 대한 추론을 수행하는 절차를 소개하고 있다.

예제 10-1

중소기업사원과 대기업사원의 봉급에 차이가 있는지를 알아보기 위한 통계적 추론을 수행한다고 하자. 이 문제는 다음과 같이 통계적으로 공식화할 수 있다. 먼저 두 모집단을 구별하기 위하여 모집단 1과 2를 아래와 같이 정의하자.

모집단 1 - 중소기업사원 전체의 봉급

모집단 2 - 대기업사원 전체의 봉급

풀이 모집단 1의 평균을 μ_1으로 표시하고, 모집단 2의 평균을 μ_2로 표시하면, 그때 두 모평균의 차 $\mu_1 - \mu_2$의 신뢰구간이나 가설검정은 다음과 같은 단계로 수행된다고 말할 수 있다.

1 .두 모집단으로부터 각각 서로 독립인 확률표본을 취한다.
2. 모집단 1에서 추출된 표본으로부터 표본평균 $\overline{X}_1$를 계산하고, 모집단 2에서 추출된 표본으로부터 표본평균 $\overline{X}_2$를 계산한다.
3. 두 모평균의 차 $\mu_1 - \mu_2$의 추정량인 $\overline{X}_1 - \overline{X}_2$를 계산한다.
4. 가정된 조건하에서 통계량 $\overline{X}_1 - \overline{X}_2$의 표본분포를 구한다.
5. 정해진 신뢰계수를 갖는 신뢰구간을 구한다.
6. 주어진 유의수준에서 가설검정을 수행한다.

이 과정을 그림으로 나타내면 다음과 같다.

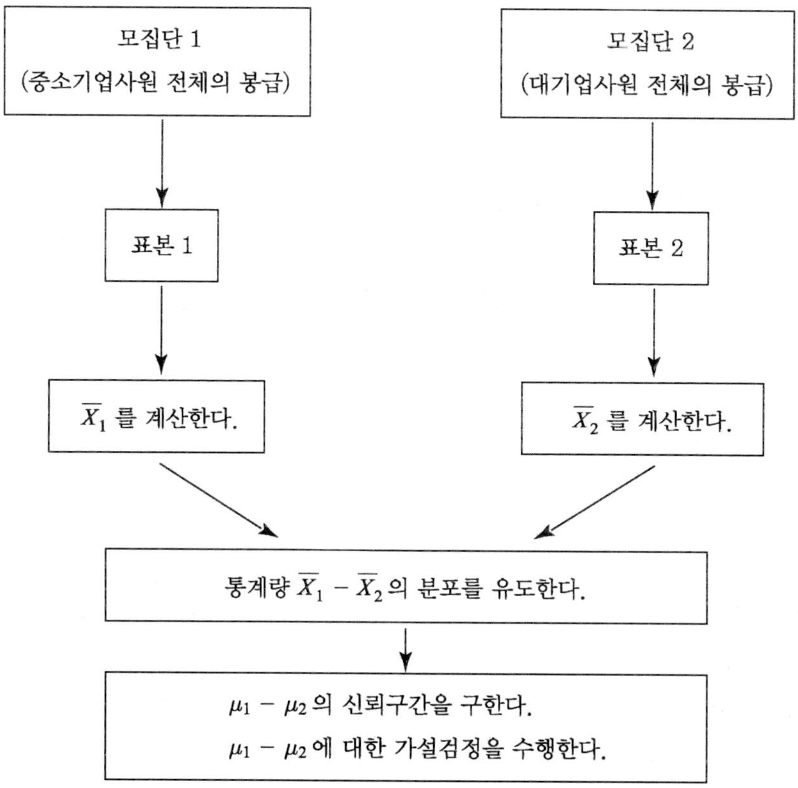

[그림 10.1] 두 모평균차에 대한 추론의 일반적인 절차

위의 예제로부터 알 수 있는 것처럼 두 모평균의 차 $\mu_1 - \mu_2$의 통계적 추론을 수행하기 위해서는 먼저 이것의 추정량인 $\overline{X}_1 - \overline{X}_2$의 표본분포를 알아야 한다. 그런데 이것을 구하기 전에 다음의 기호를 정의하자.

모집단	모평균	모분산	표본평균	표본분산	표본의크기
1	μ_1	σ_1^2	$\overline{X}_1$	S_1^2	n_1
2	μ_2	σ_2^2	$\overline{X}_2$	S_2^2	n_2

이때 이론에 의하면 두 표본의 크기 n_1, n_2가 모두 큰 경우에는 중심극한의 정리에 의해서 $\overline{X}_1$의 분포는 평균이 μ_1, 분산이 $\dfrac{\sigma_1^2}{n_1}$인 정규분포를 한다. 즉, $\overline{X}_1 \sim N\left(\mu_1, \dfrac{\sigma_1^2}{n_1}\right)$이고, $\overline{X}_2$의 분포도 평균이 μ_2, 분산이 $\dfrac{\sigma_2^2}{n_1}$인 정규분포를 한다.

즉, $\overline{X}_2 \sim N\left(\mu_2, \dfrac{\sigma_2^2}{n_2}\right)$으로 주어진다.

따라서 확률의 이론에 의하면 정규분포를 따르는 두 확률변수가 서로 독립이면 이들의 선형결합도 정규분포를 따르므로 두 표본평균의 차 $\overline{X}_1 - \overline{X}_2$의 분포도 정규분포를 따르고, 이때 평균과 분산은 기대값의 성질과 독립성에 의해서

$$E(\overline{X}_1 - \overline{X}_2) = E(\overline{X}_1) - E(\overline{X}_2) = \mu_1 - \mu_2$$

$$V(\overline{X}_1 - \overline{X}_2) = V(\overline{X}_1) + V(\overline{X}_2) = \frac{\sigma_1^2}{n_1} + \frac{\sigma_2^2}{n_2}$$

으로 주어진다.

결론적으로 두 표본평균의 차 $\overline{X}_1 - \overline{X}_2$의 표본분포는 다음과 같이 주어진다.

두 표본 평균의 차의 표본분포

두 모집단으로부터 크기 n_1과 n_2의 확률표본을 서로 독립으로 추출하였을 때, 만약에 n_1과 n_2가 모두 30이상이면, 이들의 평균의 차 $\overline{X}_1 - \overline{X}_2$의 분포는 근사적으로 평균이 $\mu_1 - \mu_2$이고, 분산이 $\sigma_1^2/n_1 + \sigma_2^2/n_2$인 정규분포에 가까워진다. 즉 표준화 확률변수

$$Z = \frac{(\overline{X}_1 - \overline{X}_2) - (\mu_1 - \mu_2)}{\sqrt{\sigma_1^2/n_1 + \sigma_2^2/n_2}}$$

는 근사적으로 표준정규분포를 따른다.

10.1.1 두 모분산이 알려져 있는 경우

지금 두 모집단의 분산 σ_1^2과 σ_2^2이 알려져 있는 경우에, 두 모평균의 차 $\mu_1 - \mu_2$의 신뢰구간과 가설검정을 수행해 보자.

(1) 두 모평균의 차에 대한 신뢰구간

모집단이 하나인 경우에 μ의 신뢰구간을 구하기 위해서 통계량 $\overline{X}$의 분포를 이용하는 것과 똑같이 두 모평균의 차 $\mu_1 - \mu_2$의 신뢰구간을 유도하기 위해서는 앞에서 정의한 표준화 확률변수

$$Z = \frac{(\overline{X}_1 - \overline{X}_2) - (\mu_1 - \mu_2)}{\sqrt{\sigma_1^2/n_1 + \sigma_2^2/n_2}}$$

를 이용할 수 있고, 이때 주어진 신뢰도를 만족하도록 표준정규분포를 사용하여 적절한 구간을 결정할 수 있다.

절차 10.1 두 모평균의 차에 대한 신뢰구간

가정 : 1. 서로 독립인 표본이다.
2. 두 표본의 크기가 각각 30 이상이다.
3. 두 모분산이 알려져 있다.

단계 : 1. 신뢰수준 $1-\alpha$에 대하여 부록의 표준정규분포 표로부터 $z_{\alpha/2}$를 구한다.
2. $\mu_1 - \mu_2$에 대한 $100(1-\alpha)\%$의 신뢰구간은

$$(\overline{x}_1 - \overline{x}_2) - z_{\alpha/2}\sqrt{\frac{\sigma_1^2}{n_1} + \frac{\sigma_2^2}{n_2}} \text{ 에서 } (\overline{x}_1 - \overline{x}_2) + z_{\alpha/2}\sqrt{\frac{\sigma_1^2}{n_1} + \frac{\sigma_2^2}{n_2}}$$

으로 주어진다.

예제 10-2

앞의 예 중소기업사원과 대기업사원의 봉급의 차에 대한 문제에서, 중소기업에서 임의로 추출한 $n_1 = 30$명 사원들의 평균봉급이 $\overline{x}_1 = 1{,}388{,}950$원이고, 대기업에서 추출한 $n_2 = 35$명 사원들의 평균봉급이 $\overline{x}_2 = 1{,}481{,}580$원이었다. 이 자료를 이용하여 두 집단의 평균봉급의 차에 대한 95%의 신뢰구간을 구하여라.
(단, $\sigma_1 = 57{,}290$원이고, $\sigma_2 = 76{,}040$원이다).

풀이 두 표본의 크기 n_1, n_2가 모두 30 이상이고, 두 모분산이 알려져 있으므로 절차 10.1을 적용할 수 있다.

단계 1 . 신뢰수준 $1-\alpha=0.95$이므로 $\alpha=0.05$ 이고 $\alpha/2=0.025$이다. 따라서 부록의 표준정규분포표로부터 $z_{0.025}=1.96$이다.

2 . $\mu_1-\mu_2$ 에 대한 신뢰구간은

$$\begin{aligned}(\bar{x}_1-\bar{x}_2)\pm z_{\alpha/2}\sqrt{\frac{\sigma_1^2}{n_1}+\frac{\sigma_2^2}{n_2}} &= -92,630\pm 1.96\times\sqrt{\frac{57,290^2}{30}+\frac{76,040^2}{35}} \\ &= -92,630\pm 32,479.7 \\ &= (-125,109.7,\quad -60,150.3)\end{aligned}$$

으로 주어진다. ■

(2) 두 모평균의 차에 대한 가설검정

지금 검정하고자 하는 가설은

$$H_0\ :\mu_1=\mu_2 \quad \text{즉 } \mu_1-\mu_2=0$$

이고, 만약에 귀무가설이 사실이라면 검정통계량은

$$Z=\frac{\bar{X}_1-\bar{X}_2}{\sqrt{\sigma_1^2/n_1+\sigma_2^2/n_2}}$$

으로 주어진다. 따라서 다음의 수행절차를 얻을 수 있다.

절차 10.2 두 모평균의 차에 대한 가설검정

가정 1. 서로 독립인 표본이다.
2. 두 표본의 크기가 각각 30이상이다.
3. 두 모분산이 알려져 있다.

단계 1. 귀무가설과 대립가설을 세운다.

$H_0:\ \mu_1=\mu_2$, $\quad H_1$: a) $\mu_1<\mu_2$
b) $\mu_1>\mu_2$
c) $\mu_1\neq\mu_2$

2. 유의수준 α를 정한다.
3. 검정통계량과 그 분포를 정한다.

$$Z=\frac{\bar{X}_1-\bar{X}_2}{\sqrt{\sigma_1^2/n_1+\sigma_2^2/n_2}}\sim\ N(0,\,1)$$

4. 기각값과 기각영역을 정한다.
   a) 좌측검정 : $Z < -z_{\alpha}$
   b) 우측검정 : $Z > z_{\alpha}$
   c) 양측검정 : $Z < -z_{\alpha/2}$ 또는 $Z > z_{\alpha/2}$
5. 주어진 자료로부터 검정통계량을 계산하여, 기각여부를 결정한다.
6. 결론을 구체적으로 표현한다.

예제 10-3

사회조사 연구회에서는 대졸 신입사원의 첫 월급에 대한 자료를 조사하였다. 독립적으로 경영학과 졸업생 중 32명을 추출하고, 인문계열 졸업생 중 35명을 추출하여 이들의 첫 월급을 조사한 결과 평균값이 각각 $\overline{x}_1 = 2,373.750$, $\overline{x}_2 = 1,951.140$원으로 주어졌다. 유의수준 5%에서 경영학과 졸업생들의 첫 월급이 인문계열 졸업생들보다 높다고 말할 수 있는가 검정하여라. (가정 $\sigma_1 = 1,730$원, $\sigma_2 = 1,820$원이다)

풀이 표본의 크기가 각각 30이상이고, 이들이 서로 독립이다. 또한 두 모집단의 표준편차들이 알려져 있으므로, 우리는 절차 10.2을 적용할 수 있다.

단계 : 1. 귀무가설과 대립가설은 다음과 같다.

$$H_0 : \mu_1 = \mu_2, \quad H_1 : \mu_1 > \mu_2$$

여기서 μ_1과 μ_2는 경영학과와 인문계열 대졸신입사원의 첫 월급의 평균을 나타낸다.

2. 유의수준 $\alpha = 0.05$이다
3. 검정통계량과 그 분포는 다음과 같다.

$$Z = \frac{\overline{X}_1 - \overline{X}_2}{\sqrt{\sigma_1^2/n_1 + \sigma_2^2/n_2}} \sim N(0,\ 1)$$

4. 유의수준이 $\alpha = 0.05$이고, 우측검정이므로, 기각값과 기각영역은 $Z > z_{0.05} = 1.645$이다.
5. 주어진 자료로부터 검정통계량을 계산하면,

$$z = \frac{\overline{X}_1 - \overline{X}_2}{\sqrt{\sigma_1^2/n_1 + \sigma_2^2/n_2}} = \frac{2,373.750 - 1,951.140}{\sqrt{(1,730)^2/32 + (1,820)^2/35}} = 0.974$$

이고, 이것은 1.645보다 작으므로 H_0를 기각할 수 없다.

6. 조사된 결과는 경영학과 졸업생의 첫 월급이 인문계열 졸업생보다 높다고 말할 수 없다.

10.1.2 두 모분산이 알려져 있지 않는 경우

앞의 절차는 두 모분산이 알려져 있다고 가정하였다. 그러나 많은 경우에 이 가정은 현실적으로 불가능하다. 따라서 두 모분산이 미지인 경우를 생각해야 한다. 그런데 만약에 두 모집단으로부터 추출된 표본의 크기가 큰 경우($n_1 \geq 30$, $n_2 \geq 30$)에는 미지인 두 모분산을 표본분산 S_1^2과 S_2^2으로 대신할 수 있고, 이때 얻어지는 확률변수

$$Z = \frac{(\overline{X}_1 - \overline{X}_2) - (\mu_1 - \mu_2)}{\sqrt{s_1^2/n_1 + s_2^2/n_2}}$$

는 근사적으로 표준정규분포를 따른다.

따라서 두 모평균의 차 $\mu_1 - \mu_2$에 대한 신뢰구간과 가설검정은 다음과 같다.

절차 10.3 두 모평균의 차에 대한 신뢰구간과 가설검정

가정 : 1. 서로 독립인 표본이다.

2. 두 표본의 크기가 모두 30이상이다.
3. 두 모분산이 알려져 있지 않다.

■ **신뢰구간**

단계 : 1. 신뢰수준 $1-\alpha$에 대하여 부록의 표준정규분포표로부터 $z_{\alpha/2}$를 구한다.

2. $\mu_1 - \mu_2$에 대한 $100(1-\alpha)\%$의 신뢰구간은

$$(\overline{x}_1 - \overline{x}_2) - z_{\alpha/2}\sqrt{\frac{s_1^2}{n_1} + \frac{s_2^2}{n_2}} \text{ 에서 } (\overline{x}_1 - \overline{x}_2) + z_{\alpha/2}\sqrt{\frac{s_1^2}{n_1} + \frac{s_2^2}{n_2}}$$

으로 주어진다.

■ **가설검정**

단계 : 1. 귀무가설과 대립가설을 세운다.

$H_0 : \mu_1 = \mu_2 \qquad H_1$: a) $\mu_1 < \mu_2$

b) $\mu_1 > \mu_2$

c) $\mu_1 \neq \mu_2$

2. 유의수준 α를 정한다.
3. 검정통계량과 그 분포를 정한다.

$$Z = \frac{\overline{X}_1 - \overline{X}_2}{\sqrt{s_1^2/n_1 + s_2^2/n_2}} \sim N(0,\ 1)$$

4. 기각값과 기각영역을 정한다.

a) 좌측검정 : $Z < -z_{\alpha}$,

b) 우측검정 : $Z > z_{\alpha}$

c) 양측검정 : $Z < -z_{\alpha/2}$ 또는 $Z > z_{\alpha/2}$

5. 주어진 자료로부터 검정통계량을 계산하여 기각여부를 결정한다.
6. 결론을 구체적으로 표현한다.

예제 10-4

농수산 통계국에 의하면 A와 B지역에 있어서 1에이커당 고구마의 생산량을 알아보기 위해서, 임의로 독립표본을 추출하여 조사한 결과가 다음과 같다.

	표본의 크기	표본평균	표본표준편차
지역 A	$n_1 = 40$	279.6	34.6
지역 B	$n_2 = 32$	313.4	37.2

유의수준 5%에서 A지역의 평균생산량이 B지역의 평균생산량보다 적다고 할 수 있는지를 가설검정하여라.

풀이 표본의 크기가 각각 30이상이고 이들은 서로 독립이다. 또한 두 모분산들이 알려져 있지 않으므로 절차 10.3을 적용한다.

단계 1. 귀무가설과 대립가설은 다음과 같다.

$$H_0 : \mu_1 = \mu_2, \qquad H_1 : \mu_1 < \mu_2$$

여기서 μ_1과 μ_2는 A와 B지역에 있어서 고구마의 실제 평균 생산량이다.

2. 유의수준 $\alpha = 0.05$이다.
3. 검정통계량과 그 분포는 다음과 같다.

$$Z = \frac{\overline{X}_1 - \overline{X}_2}{\sqrt{s_1^2/n_1 + s_2^2/n_2}} \sim N(0,\ 1)$$

4. 유의수준 $\alpha = 0.05$이고 좌측검정이므로 기각역은 $Z < -z_{0.05} = -1.645$이다.
5. 주어진 자료로부터 검정통계량의 값을 계산하면

$$z = \frac{\overline{x}_1 - \overline{x}_2}{\sqrt{s_1^2/n_1 + s_2^2/n_2}} = \frac{279.6 - 313.4}{\sqrt{34.6^2/40 + 37.2^2/32}} = -3.95$$

이고, 이것은 −1.645보다 작으므로 H_0를 기각한다.

6. A 지역의 평균생산량이 B 지역보다 작다고 할만한 충분한 이유가 있다.

10.2 소표본에서 두 모평균의 차에 대한 추론(독립표본)

이제 우리는 표본의 크기가 작은 경우에 두 모평균의 차에 대한 통계적 추론을 생각해 보자. 먼저 두 모집단은 정규분포를 이룬다고 가정한다. 이 가정하에서는 표본평균의 분포가 표본의 크기에 관계없이 항상 정규분포를 따른다. 이 사실을 이용하면 두 정규모집단으로부터 서로 독립인 확률표본을 추출하였을 때, 이들의 평균의 차 $\overline{X}_1 - \overline{X}_2$의 분포는 평균이 $\mu_1 - \mu_2$이고 분산이 $(\sigma_1^2/n_1) + (\sigma_2^2/n_2)$인 정규분포가 된다. 즉 표준화 확률변수

$$Z = \frac{(\overline{X}_1 - \overline{X}_2) - (\mu_1 - \mu_2)}{\sqrt{\sigma_1^2/n_1 + \sigma_2^2/n_2}}$$

는 표준정규분포를 따른다.

여기서 두 모분산 σ_1^2과 σ_2^2가 알려져 있다면, 두 모집단의 평균의 차에 대한 통계적 추론은 앞의 절차 10.1과 10.2에서 실행했던 방법과 똑같이 주어진다. 그러나 우리는 보다 일반적인 경우인 두 모분산 σ_1^2과 σ_2^2이 미지인 상황을 고려해 보자. 따라서 두 모분산이 미지이지만 서로 같은 경우가 있고, 또는 서로 다른 경우가 있다. 우리는 먼저 두 모분산을 모르지만 같은 경우를 생각하고자 한다.

10.2.1 두 모분산을 모르지만 같은 경우

두 모집단이 정규분포를 따르며, 두 모분산을 모르지만 $\sigma_1^2 = \sigma_2^2 = \sigma^2$으로서 서로 같은 경우에는, 위에서 주어진 확률변수 Z가 다음과 같이 변형된다.

$$Z = \frac{(\overline{X}_1 - \overline{X}_2) - (\mu_1 - \mu_2)}{\sqrt{\sigma^2(\frac{1}{n_1} + \frac{1}{n_2})}}$$

그러나 이 확률변수를 두 모평균의 차에 대한 통계적 추론의 적절한 통계량으로 사용하는 것은 불가능하다. 왜냐하면 이것의 분모가 미지의 공통모분산 σ^2를 포함하고 있기 때문이다. 따라서 미지의 모분산 σ^2의 추정은 두 표본을 합동하여 추정하는 것이 타당할

것이다. 즉 σ^2의 합동된 추정량은

$$S_p^2 = \frac{(n_1-1)S_1^2 + (n_2-1)S_2^2}{(n_1+n_2)-2}$$

으로 주어지고, 이것을 공통모분산 σ^2의 **합동표본분산**(pooled sample variance)이라 한다. 따라서 미지의 공통 모표준편차 σ 의 추정량은 합동 표준편차 S_p를 이용한다.

위에서 정의된 확률변수 Z에서 σ 대신에 S_p를 대입하면, 다음의 확률변수를 얻게 되고

$$T = \frac{(\overline{X}_1 - \overline{X}_2) - (\mu_1 - \mu_2)}{S_p\sqrt{\frac{1}{n_1} + \frac{1}{n_2}}}$$

이것의 분포는 자유도가 $df = (n_1 + n_2 - 2)$인 $t-$분포를 따르는 것으로 알려져 있다.

> 두 정규 모집단 $N(\mu_1, \sigma_1^2)$, $N(\mu_2, \sigma_2^2)$으로부터 크기 n_1과 n_2인 서로 독립인 확률표본을 추출하였다고 하자. 만약에 두 모분산 이 $\sigma_1^2 = \sigma_2^2 = \sigma^2$이면, 확률변수 T는
>
> $$T= \frac{(\overline{X}_1 - \overline{X}_2) - (\mu_1 - \mu_2)}{S_p\sqrt{\frac{1}{n_1} + \frac{1}{n_2}}}$$
>
> 단, $$S_p^2 = \frac{(n_1-1)S_2^2 + (n_2-1)S_2^2}{n_1+n_2-2}$$
>
> 는 자유도 $(n_1 + n_2 - 2)$인 $t-$분포를 따른다.

결론적으로 두 모집단이 정규분포를 따르고, 모분산들이 알려져 있지 않지만 똑같은 경우에 두 모평균의 차에 대한 신뢰구간과 가설검정은 위에서 정의된 확률변수 T를 이용해야 하고 구체적인 절차는 다음과 같이 주어진다.

절차 10.4 두 모평균 차에 대한 신뢰구간과 가설검정

가정 : 1. 서로 독립표본이다.
2. 정규모집단이다
3. 모르지만 같은 모분산을 갖는다.

■ **신뢰구간**

단계 : 1. 신뢰수준 $1-\alpha$에 대하여 부록의 t-분포표로부터 $t_{\alpha/2}(n_1+n_2-2)$의 값을 구한다.

2. $\mu_1-\mu_2$에 대한 $100(1-\alpha)\%$의 신뢰구간은

$$(\bar{x}_1-\bar{x}_2)-t_{\alpha/2}(n_1+n_2-2)\ sp\sqrt{\frac{1}{n_1}+\frac{1}{n_2}} \text{ 에서}$$

$$(\bar{x}_1-\bar{x}_2)+t_{\alpha/2}(n_1+n_2-2)\ sp\sqrt{\frac{1}{n_1}+\frac{1}{n_2}}$$

으로 주어진다.

■ **가설검정**

단계 : 1. 귀무가설과 대립가설을 세운다.

$H_0 : \mu_1 = \mu_2 \qquad H_1 :$ a) $\mu_1 < \mu_2$

b) $\mu_1 > \mu_2$

c) $\mu_1 \neq \mu_2$

2. 유의수준 α를 정한다.
3. 검정통계량과 그 분포를 결정한다.

$$T=\frac{\overline{X}_1-\overline{X}_2}{S_p\sqrt{\frac{1}{n_1}+\frac{1}{n_2}}} \sim t\ (n_1+n_2-2)$$

4. 기각값과 기각영역을 정한다.

a) 좌측검정 : $T<-t_\alpha(n_1+n_2-2)$

우측검정 : $T>t_\alpha(n_1+n_2-2)$

b) 양측검정 : $T<-t_{\alpha/2}(n_1+n_2-2)$ 또는 $T>t_{\alpha/2}(n_1+n_2-2)$

5. 주어진 자료로부터 검정통계량을 계산하여 기각여부를 결정한다.
6. 결론을 구체적으로 표현한다.

예제 10-5

고속도로 교통센터에서는 두 종류의 차선 표시용 페인트의 품질을 비교하고자 한다. 임의로 두 회사의 제품을 실제로 도로에 표시하였을 때 다음과 같은 기간 동안 지속되는 자료를 얻었다면 이들의 페인트 평균지속시간의 차 $\mu_1-\mu_2$에 대한 95%

의 신뢰구간을 구하여라. (단, 각 페인트의 지속시간은 정규분포를 따르고, 두 모분산은 같다고 가정한다.)

(단위 : 원)

	표본의 크기	$\sum x$	$\sum x^2$
상표 A	10	362.2,	13,130.48
상표 B	10	379.8	14,440.76

풀이 주어진 가정에 의해서 절차 10.4를 사용하자

단계 1. 신뢰수준은 $\alpha = 0.05$이므로 $\alpha = 0.05$이고, 자유도는 $n_1 + n_2 - 2 = 10 + 10 - 2 = 18$이므로 부록의 t-분포표에 의하여 $t_{\alpha/2}(n_1 + n_2 - 2) = t_{0.025} = 2.101$이다.

2. 주어진 자료로부터 $n_1 = 10$, $n_2 = 10$이고 $s_1^2 = 1.29$, $s_2^2 = 1.77$이므로

$$s_p^2 = \frac{(n_1 - 1)s_1^2 + (n_2 - 1)s_2^2}{n_1 + n_2 - 2} = 1.53$$

이며, 따라서 $s_p = 1.24$이다. 그러므로 두 모평균의 차 $\mu_1 - \mu_2$의 95% 신뢰구간은

$$(\bar{x}_1 - \bar{x}_2) \pm t_{\alpha/2}(n_1 + n_2 - 2) \cdot s_p \sqrt{\frac{1}{n_1} + \frac{1}{n_2}}$$

$$= -1.76 \pm 1.165 = (-2.925,\ -0.595)$$

으로 주어진다.

예제 10-6

보사부의 건강관리국에서는 각 개인의 소득수준에 따라서 하루에 섭취하는 단백질의 양에 차이가 있는가를 알고자 한다. 사람들을 소득수준에 따라 두 집단으로 구분하고, 이들 각각의 집단에서 임의로 추출하여 소득수준과 단백질섭취량을 조사한 결과가 다음과 같다.

소득수준이 높은집단	87.7	86.0	59.7	68.6	98.6			
	69.0	80.2	78.1	69.8	77.2			
소득수준이 낮은집단	51.4	76.7	73.7	66.2	65.5	49.7	65.8	62.1
	75.8	62.0	72.0	55.0	79.7	65.4	73.3	

유의수준 5%에서 소득이 높은 집단의 단백질 섭취량이 소득이 낮은 집단의 섭취량

보다 많다고 말할 수 있는지 가설 검정하여라. (단, 두 집단에서 하루에 섭취하는 단백질의 양은 정규분포를 따르고, 두 모분산은 같다고 가정한다.)

풀이 위의 가정에 의해서 절차 10.3을 적용할 수 있다.

단계 1. 귀무가설과 대립가설은 다음과 같다.

$$H_0 : \mu_1 = \mu_2, \qquad H_1 : \mu_1 > \mu_2$$

여기서 μ_1과 μ_2는 각각 소득이 높은 집단과 낮은 집단의 하루 단백질 섭취량의 평균들이다.

2. 유의수준 $\alpha = 0.05$이다.

3. 검정통계량과 그 분포는 다음과 같다.

$$T = \frac{\overline{X}_1 - \overline{X}_2}{S_p\sqrt{\frac{1}{n_1} + \frac{1}{n_2}}} \sim t(n_1 + n_2 - 2)$$

4. 유의수준 $\alpha = 0.05$이고, 자유도는 $n_1 + n_2 - 2 = 10 + 15 - 2 = 23$이므로 $t_\alpha(n_1 + n_2 - 2) = t_{0.05}(23) = 1.714$이고, 우측검정이고 기각영역은 $T > t_{0.05}(23) = 1.714$이다.

5. 위의 자료로부터 $n_1 = 10$, $n_2 = 15$이며, $s_1 = 11.34$, $s_1 = 9.17$이므로, 합동 추정량은

$$s_p = \sqrt{\frac{(10-1) \times 11.34^2 + (15-1) \times 9.17^2}{10 + 15 - 2}} = 10.07$$

이다.

또한 각 자료의 평균은 $\overline{x}_1 = 77.49$이고 $\overline{x}_2 = 66.29$이므로 검정통계량의 값은

$$t = \frac{\overline{x}_1 - \overline{x}_2}{s_p\sqrt{1/n_1 + 1/n_2}} = \frac{77.49 - 66.29}{10.07\sqrt{1/10 + 1/15}} = 2.724$$

으로 주어지고, 이 값은 1.714보다 크므로 H_0를 기각한다.

6. 유의수준 5%에서 소득수준이 높은 집단이 낮은 집단보다 하루 단백질 섭취량이 크다고 볼 수 있다.

■

10.2.2 두 모분산을 모르지만 같지 않는 경우

두 개의 확률변수의 분산을 모르고 같다는 가정을 할 수 없을 경우에 대응표본이면 정규분포로 근사시켜 검정하더라도 별 무리는 없지만 표본의 수가 작은 경우에는 합동분산

을 만들 수 없게 되므로 문제가 생긴다.

이에 대한 연구는 두 표본의 수가 같은 경우($n_1 = n_1$)와 같지 않는 경우 ($n_1 \neq n_1$)로 나누어져 연구되었다. 이 책에서는 흔히 많이 쓰이는 Behrensd 와 Fisher가 제안한 표본수가 같지 않는 경우의 처리방법을 연구하겠다. 이외에도 Welch와 Aspinn, Cochran 방법들이 있으며, 관심있는 독자들은 참고하기 바란다.

일반적으로 두 모분산이 심각하게 서로 다른 경우에는 미지의 두 모분산 σ_1^2과 σ_2^2으로 추정하게 되고, 앞에서 정의한 확률변수 Z에서 이들을 대입하면, 다음과 같은 새로운 확률변수를 얻게 된다.

$$T = \frac{(\overline{X}_1 - \overline{X}_2) - (\mu_1 - \mu_2)}{\sqrt{S_1^2/n_1 + S_2^2/n_2}}$$

이때 T의 분포는 자유도가

$$df = \frac{(s_1^2/n_1 + s_2^2/n_2)^2}{\dfrac{(s_1^2/n_1)^2}{n_1 - 1} + \dfrac{(s_2^2/n_2)^2}{n_2 - 1}}$$

인 $t-$분포를 따르는 것으로 알려져 있다.

따라서 두 모집단이 정규분포이고, 두 모집단의 분산을 모르지만 같지 않을 경우에는 두 모평균의 차에 대한 신뢰구간과 가설검정을 수행하는 절차가 다음과 같이 주어진다.

절차 10.5 두 모평균의 차에 대한 신뢰구간과 가설검정

가정 : 1. 서로 독립표본이다.

2. 정규모집단이다.

3. 두 모분산은 알려져 있지 않고, 또한 같지 않다.

■ **신뢰구간**

단계 : 1. 신뢰수준 $1-\alpha$와 자유도 df에 대하여 부록의 t-분포표로부터 $t_{\alpha/2}(df)$의 값을 구한다. 여기서 자유도 $df = \dfrac{(s_1^2/n_1 + s_2^2/n_2)^2}{\dfrac{(s_1^2/n_1)^2}{n_1 - 1} + \dfrac{(s_2^2/n_2)^2}{n_2 - 1}}$으로 주어진다.

2. $\mu_1 - \mu_2$에 대한 $100(1-\alpha)\%$의 신뢰구간은

$$(\bar{x}_1 - \bar{x}_2) - t_{\alpha/2}(df) \cdot \sqrt{\frac{s_1^2}{n_1} + \frac{s_2^2}{n_2}}$$ 에서

$$(\bar{x}_1 - \bar{x}_2) + t_{\alpha/2}(df) \cdot \sqrt{\frac{s_1^2}{n_1} + \frac{s_2^2}{n_2}}$$ 까지이다.

■ **가설검정**

단계 : 1. 귀무가설과 대립가설을 세운다.

$H_0 : \mu_1 = \mu_2 \qquad H_1$: a) $\mu_1 < \mu_2$

b) $\mu_1 > \mu_2$

c) $\mu_1 \neq \mu_2$

2. 유의수준 α를 정한다.
3. 검정통계량과 그 분포를 정한다.

$$T = \frac{\overline{X}_1 - \overline{X}_2}{\sqrt{(s_1^2/n_1) + (s_2^2/n_2)}} \sim t(df), \quad df = \frac{(s_1^2/n_1 + s_2^2/n_2)^2}{\frac{(s_1^2/n_1)^2}{n_1 - 1} + \frac{(s_2^2/n_2)^2}{n_2 - 1}}$$

4. 기각값과 기각영역을 정한다.
   a) 좌측검정 : $T < -t_\alpha(df)$,
   b) 우측검정 : $T > t_\alpha(df)$,
   c) 양측검정 : $T < -t_{\alpha/2}(df)$, 또는 $T > t_{\alpha/2}(df)$
5. 주어진 자료로부터 검정통계량을 계산하여 기각여부를 결정한다.
6. 결론을 구체적으로 표현한다.

예제 10-7

소비자 보호단체에서는 특정 두 회사의 전기히터 제품의 수명(년)을 조사하였다. 두 회사의 제품 중 임의로 표본을 추출하여 이들 수명을 조사한 결과가 다음과 같다.

A	6.9	7.3	7.8	7.4	7.2	6.6	6.2	8.2	7.6	5.7	5.5	6.9
B	8.7	7.0	8.7	6.7	7.8	8.6	6.1	7.5	7.7	7.5	11.2	6.1
	7.0	10.7	6.3									

위의 자료를 이용하여 두 회사의 전기히터 제품의 평균수명이 서로 다른지 유의수준 5%에서 가설 검정하여라. (단 각 제품들의 수명은 근사적으로 정규분포를 하며 두 모분산은 모르고 같지 않다고 한다.)

풀이 주어진 가정에 의해서 절차 10.5를 사용할 수 있다. 또한 조사된 결과로부터 다음의 측정값을 얻을 수 있다.

회 사	평균	표준편차	표본의 크기
A	6.94년	0.82년	12
B	7.84년	1.53년	15

단계 1. 귀무가설과 대립가설은 다음과 같다.

$$H_0 : \mu_1 = \mu_2, \qquad H_1 : \mu_1 \neq \mu_2$$

여기서 μ_1과 μ_2는 A회사와 B회사의 전기히터들의 평균수명을 나타낸다.

2. 유의수준 $\alpha = 0.05$이다.

3. 검정통계량과 그 분포는 다음과 같다.

$$T = \frac{\overline{X}_1 - \overline{X}_2}{\sqrt{\dfrac{s_1^2}{n_1} + \dfrac{s_2^2}{n_2}}} \sim t(df), \quad df = \frac{(s_1^2/n_1 + s_2^2/n_2)^2}{\dfrac{(s_1^2/n_1)^2}{n_1 - 1} + \dfrac{(s_2^2/n_2)^2}{n_2 - 1}}$$

4. 유의수준 $\alpha = 0.05$이고, 자유도

$$df = \frac{\left(\dfrac{0.82^2}{12} + \dfrac{1.53^2}{15}\right)^2}{\dfrac{(0.82^2/12)^2}{12-1} + \dfrac{(1.53^2/15)^2}{15-1}} = 22 \ (\text{반올림})$$

이므로 $t_{\alpha/2}(df) = t_{0.025}(22) = 2.074$이다. 따라서 양측검정의 기각역은 $T < -2.074$이거나 $T > 2.074$이다.

5. 위의 자료로부터 검정통계량의 값을 계산하면

$$T = \frac{\overline{x}_1 - \overline{x}_2}{\sqrt{\dfrac{s_1^2}{n_1} + \dfrac{s_2^2}{n_2}}} = \frac{6.94 - 7.84}{\sqrt{\dfrac{0.82^2}{12} + \dfrac{1.53^2}{15}}} = -1.954$$

이다. 이 값은 −2.074보다 크고 2.074보다 적으므로 H_0를 기각할 수 없다.

6. 주어진 자료는 두 회사제품의 평균수명이 확실할 차이가 있다는 증거를 제시하지 못한다.

10.3 두 모평균의 차에 대한 추론(대응표본)

지금까지 고찰한 두 모평균의 차에 대한 추론의 한 방법은 모집단으로부터 추출된 표

본이 서로 독립인 경우에 적용할 수 있는 것이다. 그러나 어떤 실험에서는 서로 동질적이면서도 독립인 표본을 얻는다는 것이 매우 어려운 경우가 있다. 예를 들어서 새로 개발된 연료주입기가 자동차의 주행거리를 증가시키는가를 알고자 하는 문제에서는 일반적으로 자동차전체를 임의로 두 집단으로 나누어 하나의 집단에는 주입기를 사용하여 측정하고, 다른 집단은 주입기를 사용하지 않고 측정했을 때는 실제로 각 집단별 주행거리의 차가 새 주입기의 효과에 의해서 생길 수 있음에도 불구하고, 각 집단의 서로 다른 고유의 성격 때문에 야기되는 변동량의 값에 의해서 그 효과가 소멸되는 경우가 있을 수 있다.

따라서 이와 같은 문제를 개선하는 방법으로 똑같은 실험단위를 독립적으로 택하여 서로 다른 처리를 각 실험단위에 실시하며, 이때 얻어지는 측정값들을 쌍으로 묶어서 **대응표본**(paird sample)을 구성하고, 이들을 이용하여 두 처리효과간의 차를 추론하는 방법을 이용할 수 있는데, 이것을 **대응비교**(paird comparison)라 한다.

대응비교에서 사용되는 대응표본은 다음과 같이 나타낼 수 있다. 즉 두 처리를 n개의 실험단위에 각각 실시했을 때 얻어지는 측정값을 $(X_1,\ Y_1)$, $(X_2,\ Y_2)$, $\cdots$, $(X_n,\ Y_n)$이라 하자.

이때 각 대응표본$(X_i,\ Y_i)$으로부터 이들의 차 $D_i = X_i - Y_i$, $i = 1, 2, \cdots, n$를 계산하여, D_i들의 표본평균과 표본표준편차를 다음과 같이 정의할 수 있다.

$$\overline{D} = \frac{1}{n}\sum_{i=1}^{n} D_i \qquad S_D = \sqrt{\frac{1}{n-1}\sum(D_i - \overline{D})^2}$$

따라서 위에서 정의한 통계량 $\overline{D}$를 대응표본에서 두 모평균의 차에 대한 통계적 추론에 이용할 수 있는데, 이를 위해서는 통계량 $\overline{D}$의 표본분포를 알아야 하고, 이것은 대응표본의 크기에 따라서 다르게 주어진다.

10.3.1 대응표본의 크기가 큰 경우

먼저 모든 대응 표본들의 차 $D_i = X_i - Y_i$의 평균과 표준편차를 $\mu_D = \mu_1 - \mu_2$와 σ_D로 표시하자. 그러면 이들로부터 계산된 표본 평균 $\overline{D}$는 표본의 크기가 30 이상일 때 근사적으로 정규분포에 가까워지며, 이때 평균은 $\mu_{\overline{D}} = \mu_D$이고 표준편차는 $\sigma_{\overline{D}} = \sigma_D / \sqrt{n}$이다. 즉 표준화 확률변수

$$Z = \frac{\overline{D} - \mu_D}{\sigma_D / \sqrt{n}}$$

는 표본의 크기가 큰 경우에 근사적으로 표준정규분포를 따른다.

따라서 이것을 두 모평균의 차 $\mu_D = \mu_1 - \mu_2$의 추론에 이용할 수 있으며, 만약에 모표준편차 σ_D가 알려져 있지 않으면 우리는 이 값을 표본표준편차 S_D로 추정하고, 이것을 대신 사용하면 확률변수는

$$Z = \frac{\overline{D} - \mu_D}{S_D / \sqrt{n}}$$

으로 주어지고, 이 확률변수도 표본이 큰 경우에 근사적으로 표준정규분포를 따른다. 따라서 우리는 다음과 같은 통계적 추론의 절차를 얻을 수 있다.

절차 10.6 대응비교에서 통계적 추론(대표본)

가정 : 1. 대응표본이다.
2. 표본의 크기가 30 이상이다.

■ **신뢰구간**

단계 : 1. 신뢰구간 $1-\alpha$로부터 부록의 표준정규분포표를 이용하여 $Z_{\alpha/2}$ 값을 구한다.
2. 두 모평균의 차 $\mu_D = \mu_1 - \mu_2$의 $100(1-\alpha)\%$ 신뢰구간은

$$\bar{d} - Z_{\alpha/2} \cdot \frac{\sigma_D}{\sqrt{n}} \left(\text{또는 } \frac{S_D}{\sqrt{n}} \right) \text{에서}$$

$$\bar{d} + Z_{\alpha/2} \cdot \frac{\sigma_D}{\sqrt{n}} \left(\text{또는 } \frac{S_D}{\sqrt{n}} \right) \text{으로 주어진다.}$$

■ **가설검정**

단계 : 1. 귀무가설과 대립가설을 세운다.

$H_0 : \mu_D = \mu_1 - \mu_2 = 0$ $\quad H_1 :$ a) $\mu_D < 0$
b) $\mu_D > 0$
c) $\mu_D \neq 0$

2. 유의수준 α를 정한다.
3. 검정통계량과 그 분포를 결정한다.

$$Z = \frac{\overline{D}}{\sigma_D / \sqrt{n}} \left(\text{또는 } \frac{\overline{D}}{S_D / \sqrt{n}} \right) \underset{n \to \infty}{\sim} N(0, 1)$$

4. 기각값과 기각영역을 정한다.
a) 좌측검정 : $Z < -z_\alpha$, b) 우측검정 : $Z > z_\alpha$
c) 양측검정 : $Z < -z_{\alpha/2}$ 또는 $Z > z_{\alpha/2}$
5. 자료로부터 검정통계량의 값을 계산하여 기각여부를 결정한다.
6. 결론을 구체적으로 표현한다.

예제 10-8

새로 개발된 연료주입기가 자동차의 주행거리를 증가시키는가를 알아보기 위해서 임의로 30대의 자동차를 추출하여 이 주입기를 사용하기 전과 사용후의 1 리터당 주행거리를 측정하여 이들의 차를 계산한 결과 다음과 같은 자료를 얻었다.

새 주입기 사용하기 전과 후의 주행거리의 차이

1.0	0.8	1.2	0.7	0.7	1.2	0.6	−0.1	0.0	0.5	0.8	0.2	−0.2	0.5	1.3
1.0	1.8	0.8	0.2	0.6	1.0	0.9	0.1	0.8	0.0	−0.2	0.6	1.6	1.8	0.9

이 자료를 이용하여 새주입기의 사용 전과 후의 주행거리의 차에 대한 95% 의 신뢰구간을 구하여라.

풀이 주어진 가정에 의해서 절차 10.5를 이용할 수 있다.

단계 1. 신뢰수준이 $1-\alpha=0.95$이므로 $\alpha=0.05$이고 부록의 표준정규분포표에 의하면 $Z_{0.025}=1.96$이다.

2. 주어진 자료로부터 $n=30$이고 $\overline{d}=0.7$이며 $S_d=0.55$이다. 따라서 두 모평균의 차 $\mu_D=\mu_1-\mu_2$의 95% 신뢰구간은

$$\overline{d}\pm Z_{\alpha/2}\frac{S_D}{\sqrt{n}}=0.7\pm 1.96\times\frac{0.55}{\sqrt{30}}=0.7\pm 0.197=(0.503,\ 0.897)$$

이다.

10.3.2 대응표본의 크기가 작은 경우

대응표본의 크기가 작은 경우에 두 모평균의 차에 대한 통계적 추론을 위해서는 먼저 모든 가능한 대응표본의 차가 정규분포를 따른다고 가정해야 한다. 따라서 이 가정하에서는 표본평균 $\overline{D}$의 분포가 정규분포로 주어지고, 이때 평균은 $\mu_{\overline{D}}=\mu_1-\mu_2$이며 표준편차는 $\sigma_{\overline{D}}=\sigma_D/\sqrt{n}$이다. 따라서 표준화 확률변수

$$Z=\frac{\overline{D}-\mu_D}{\sigma_D/\sqrt{n}}$$

는 표준정규분포를 따른다.

그런데 일반적으로 모표준편차 σ_D가 미지의 수이고, 이것을 표본표준편차 S_D로 추정하면, 주어지는 확률변수는

$$T = \frac{\overline{D} - \mu_D}{S_D / \sqrt{n}}$$

이며, 이것의 분포는 자유도 $(n-1)$인 t－분포를 따른다.

따라서, 우리는 이것을 이용하여 통계적 추론을 수행할 수 있다.

절차 10.7 대응비교에서 통계적 추론(소표본)

가정 : 1. 대응표본이다.

2. 대응측정값들의 차가 정규분포를 따른다.

■ **가설검정**

단계 : 1. 귀무가설과 대립가설을 세운다.

$H_0 : \mu_D = \mu_1 - \mu_2 = 0$　　$H_1 :$ a) $\mu_D < 0$

b) $\mu_D > 0$

c) $\mu_D \neq 0$

2. 유의수준 α를 정한다.
3. 검정통계량과 그 분포를 정한다.

$$T = \frac{\overline{D}}{S_D / \sqrt{n}} \sim t\ (n-1)$$

4. 기각값과 기각영역을 결정한다.

a) 좌측검정 : $T < -t_{\alpha}(n-1)$,　b) 우측검정 : $T > t_{\alpha}(n-1)$

c) 양측검정 : $T < -t_{\alpha/2}(n-1)$ 또는 $T > t_{\alpha/2}(n-1)$

5. 자료로부터 검정통계량의 값을 계산하여 기각여부를 결정한다.
6. 결론을 구체적으로 표현한다.

예제 10-9

생체의학 연구팀은 어느 특정 스포츠가 고혈압 환자에게 유익한지를 알아보기 위해서, 임의로 10 명의 환자를 선택하여 1 개월간 스포츠프로그램을 실시하였는데, 시행하기 전과 후의 수축기(최저) 혈압을 측정한 결과는 다음과 같다.

전	106	94	118	109	118	95	99	97	109	106
후	91	97	96	107	115	97	93	79	85	95

스포츠가 고혈압에 효력이 있는지 유의수준 1%에서 가설검정하여라. (단, 시행으로 인한 혈압의 변화량은 근사적으로 정규분포를 따른다.)

풀이 주어진 가정에 의해서 절차 10.7을 이용할 수 있다.

단계 1. 귀무가설과 대립가설은 다음과 같다.

$$H_0 : \mu_1 = \mu_2, \quad H_1 : \mu_1 > \mu_2$$

여기서 μ_1과 μ_2는 시행을 하기 전과 후의 환자들의 혈압의 평균값을 표시한다.

2. 유의수준 $\alpha = 0.01$이다.

3. 검정통계량과 그 분포는 다음과 같다.

$$T = \frac{\overline{D}}{S_D / \sqrt{n}} \sim t(n-1)$$

4. 유의수준 $\alpha = 0.01$ 이고 자유도가 $(n-1) = 10 - 1 = 9$이므로 부록의 t-분포표에 의해서 $t_{0.01}(9) = 2.821$이고, 우측검정이므로 기각영역은 $T > t_{0.01}(9) = 2.821$이다.

5. 위의 자료로부터 평균 $\overline{d}$와 표준편차 s_D는

$$\overline{d} = \frac{1}{n}\sum D_i = 9.6, \quad s_D = \sqrt{\frac{(10(1792) - (96)^2}{10 \times 9}} = 9.8$$

이므로 검정통계량의 값은

$$t = \frac{\overline{d}}{s_D/\sqrt{n}} = \frac{9.6}{9.8/\sqrt{10}} = 3.098$$

이고, 이것은 2.821 보다 크므로 H_0를 기각한다.

6. 스포츠가 고혈압환자들에게 특별한 영향을 주고 있다고 말할 수 있다.

10.4 대표본에서 두 모비율의 차에 대한 추론

두 모비율의 차에 대한 추론은 어떤 특정한 속성을 가지는 두 개의 모집단에서 각 모집단의 비율을 비교하는 문제이다. 예를 들어서 가정파괴범에 대한 사형제도에 대하여 남성과 여성의 찬성률에 차이가 있는가를 확인하려고 하는 문제 등이다.

이와같이 두 모비율의 차에 대한 추론을 위해서, 먼저 다음의 모수와 통계량을 정의하자.

	모비율	표본의 크기	성공의 수	표본 비율
모집단 1	p_1	n_1	X_1	$\hat{p}_1 = X_2/n_2$
모집단 2	p_2	n_2	X_2	$\hat{p}_2 = X_2/n_2$

여기서 성공의 수 X_1과 X_2는 각 표본에서 어떤 특정한 속성을 소유하는 개체의 수로서 이항분포를 따르므로, 두 표본비율의 차 $\hat{p}_1 - \hat{p}_2$의 평균과 표준편차는

$$\mu_{\hat{p}_1 - \hat{p}_2} = E(\hat{p}_1 - \hat{p}_2) = p_1 - p_2$$

$$\sigma_{\hat{p}_1 - \hat{p}_2} = \sqrt{\frac{p_1(1-p_1)}{n_1} + \frac{p_2(1-p_2)}{n_2}}$$

로 주어지고, 이것은 두 표본평균의 차의 공식과 비슷한 방법으로 유도할 수 있다.

또한 두 모집단으로부터 추출되는 표본의 크기 n_1과 n_2가 모두 클 경우에는 표본비율 $\hat{p}_1$와 $\hat{p}_2$의 분포가 모두 정규분포에 가까워지고, 따라서 정규분포의 성질에 의하여 두 표본비율의 차 $\hat{p}_1 - \hat{p}_2$의 분포도 역시 정규분포에 가까워진다. 즉 표준화된 확률변수

$$Z = \frac{(\hat{p}_1 - \hat{p}_2) - (p_1 - p_2)}{\sqrt{p_1(1-p_1)/n_1 + p_2(1-p_2)/n_2}}$$

는 표본의 크기 n_1과 n_2가 모두 클 때 근사적으로 표준정규분포를 따른다. 그러므로 이것을 두 모비율의 차에 대한 추론에 이용할 수 있다.

10.4.1 두 모비률의 차에 대한 신뢰구간

위에서 정의한 확률변수 Z를 두 모비율의 차 $p_1 - p_2$의 신뢰구간을 유도하는데 사용할 수 있지만, 일반적으로 Z의 분모에 있는 표준편차를 알지 못하므로, 다음과 같은 추정량

$$\sqrt{\frac{\hat{p}_1(1-\hat{p}_1)}{n_1} + \frac{\hat{p}_2(1-\hat{p}_2)}{n_2}}$$

를 이용하게 되고, 이때 주어지는 확률변수

$$Z = \frac{(\hat{p}_1 - \hat{p}_2) - (p_1 - p_2)}{\sqrt{\hat{p}_1(1-\hat{p}_1)/n_1 + \hat{p}_2(1-\hat{p}_2)/n_2}}$$

도 역시 근사적으로 표준정규분포에 가까워진다. 따라서 다음의 절차를 얻을 수 있다.

절차 10.8 두 모비율의 차 $p_1 - p_2$의 신뢰구간

가정 : 1. 두 표본이 서로 독립이다.

2. 대표본이다.

단계 : 1. 신뢰수준 $1-\alpha$로부터 부록의 표준정규분포표를 이용하여 $Z_{\alpha/2}$값을 구한다.

2. $p_1 - p_2$에 대한 $100(1-\alpha)\%$ 의 신뢰구간은

$$(\hat{p}_1 - \hat{p}_2) - z_{\frac{\alpha}{2}}\sqrt{\frac{\hat{p}_1(1-\hat{p}_1)}{n_1} + \frac{\hat{p}_2(1-\hat{p}_2)}{n_2}} \text{ 에서}$$

$$(\hat{p}_1 - \hat{p}_2) + z_{\frac{\alpha}{2}}\sqrt{\frac{\hat{p}_1(1-\hat{p}_1)}{n_1} + \frac{\hat{p}_2(1-\hat{p}_2)}{n_2}}$$

으로 주어진다.

예제 10-10

어느 대학의 조사결과 150명의 교수 중 48명이 담배를 피우고, 300명의 학생 중에 114명이 담배를 피운다고 한다. p_1을 무든 교수들 중에서 담배 피우는 사람의 비율이라 하고 p_2를 모든 학생들 중에서 담배 피우는 사람의 비율이라고 할 때 $p_1 - p_2$에 대한 95%의 신뢰구간을 구하여라.

풀이

$x_1 = 48,\ n_1 = 150,\ x_2 = 114,\ n_2 = 300$이다. 그래서 $\hat{p}_1 = \frac{x_1}{n_1} = \frac{48}{150} = 0.32$이고, $\hat{p}_2 = \frac{x_2}{n_2} = \frac{114}{300} = 0.38$이 된다.

$\alpha = 0.05$이므로 $z_{\frac{\alpha}{2}} = 1.96$이다. 첫 번째로 다음을 계산하자.

$$\sqrt{\frac{\hat{p}_1(1-\hat{p}_1)}{n_1} + \frac{\hat{p}_2(1-\hat{p}_2)}{n_2}} = \sqrt{\frac{(0.32)(0.68)}{150} + \frac{(0.38)(0.62)}{300}} = 0.0474$$

$\hat{p}_1 - \hat{p}_2 = -0.06$이므로 신뢰구간은 아래와 같다.

$$-0.06 \pm 1.96(0.0474)$$

이를 계산하면 $(-0.153,\ \ 0.033)$이다. ■

10.4.2 두 모비률의 차에 대한 가설검정

두 모비율의 차에 대한 가설검정을 수행하기 위해서는 먼저 검정통계량이 필요하다. 그런데 만약에 귀무가설 H_0: $p_1 = p_2$이 사실이라면 $p_1 - p_2 = 0$이고, 이것을 공통비율 $p = p_1 = p_2$로 놓으면, 그때 위에서 정의된 확률변수 Z는

$$Z = \frac{\hat{p}_1 - \hat{p}_2}{\sqrt{p(1-p)(\frac{1}{n_1} + \frac{1}{n_2})}}$$

으로 주어진다.

이 경우 확률변수 Z를 검정통계량으로 이용하기 위해서 미지의 모수 p를 추정해야 하는데, 여기서 최상의 추정방법은 두 표본비율 $\hat{p}_1$과 $\hat{p}_2$를 합동하여 계산하는 것이다. 즉 공통비율 p를 다음과 같은 추정량

$$\hat{p} = \frac{n_1 \hat{p}_1 + n_2 \hat{p}_2}{n_1 + n_2} = \frac{X_1 + X_2}{n_1 + n_2}$$

으로 계산하는데, 이것을 **합동표본비율**(pooled sample proportion)이라 한다.

이 추정량을 확률변수 Z의 분모에 있는 모수 p 대신에 대입하면

$$Z = \frac{\hat{p}_1 - \hat{p}_2}{\sqrt{\hat{p}(1-\hat{p})(\frac{1}{n_1} + \frac{1}{n_2})}}$$

로 주어지고, 만약에 두 표본의 크기 n_1과 n_2가 크면 이것의 분포는 근사적으로 정규분포에 가까워진다. 따라서 다음과 같은 두 모비율의 차에 대한 검정절차를 얻을 수 있다.

절차 10.9 두 모비율의 차 $p_1 - p_2$의 가설검정

가정 : 1. 서로 독립표본이다.

2. 대표본이다.

단계 : 1. 귀무가설과 대립가설은 다음과 같다.

$$H_0 : p_1 = p_2 \qquad H_1 : \begin{aligned} &a)\ p_1 < p_2 \\ &b)\ p_1 > p_2 \\ &c)\ p_1 \neq p_2 \end{aligned}$$

2. 유의수준 α를 정한다.

3. 검정통계량과 그 분포를 정한다.

$$Z = \frac{\hat{p}_1 - \hat{p}_2}{\sqrt{\hat{p}(1-\hat{p})}\ \sqrt{1/n_1 + 1/n_2}} \quad \underset{n_1,\ n_2 \to \infty}{\sim} \quad N(0,\ 1)$$

4. 기각값과 기각영역을 결정한다.
   a) 좌측검정 : $Z < -z_{\alpha}$, b) 우측검정 : $Z > z_{\alpha}$
   c) 양측검정 : $Z < -z_{\alpha/2}$ 또는 $Z > z_{\alpha/2}$
5. 자료로부터 검정통계량의 값을 계산하여 기각여부를 결정한다.
6. 결론을 구체적으로 표현한다.

예제 10-11

갤럽연구소에서는 성인남성과 여성의 흡연율에 차이가 있는지를 알아보기 위해서, 임의로 뽑은 400명의 성인남성 중 132명이 흡연하였고, 또한 350명의 성인여성 중 93명이 흡연하였다고 했을 때, 유의수준 5%에서 남성의 흡연율이 여성의 흡연율 보다 높다고 할 수 있는지 가설을 검정하여라.

풀이 대표본인 경우이므로 절차 10.9을 적용할 수 있다.

단계 : 1. 귀무가설과 대립가설은 다음과 같다.

$$H_0 : p_1 = p_2, \quad H_1 : \ p_1 > p_2$$

여기서 p_1과 p_2는 남성과 여성의 흡연율을 표시한다.

2. 유의수준 $\alpha = 0.05$이다.
3. 검정통계량은 다음과 같다.

$$Z = \frac{\hat{p}_1 - \hat{p}_2}{\sqrt{\hat{p}(1-\hat{p})}\ \sqrt{1/n_1 + 1/n_2}} \quad \underset{n_1,\ n_2 \to \infty}{\sim} \quad N(0,\ 1)$$

4. 유의수준 $\alpha = 0.05$이므로 $z_{0.05} = 1.645$이고, 우측검정이므로 기각영역은 $Z > z_{0.05} = 1.645$이다.
5. 자료로부터 $x_1 = 132,\ n_1 = 400,\ x_2 = 93,\ n_2 = 350$이므로

   $\hat{p}_1 = x_1/n_1 = 0.330, \quad \hat{p}_2 = x_2/n_2 = 0.266$이고, 합동추정량

   $$\hat{p} = \frac{x_1 + x_2}{n_1 + n_2} = 0.3$$이다.

   따라서 검정통계량의 값은

$$Z = \frac{0.330 - 0.266}{\sqrt{0.3 \times (1-0.3)}\,\sqrt{1/400 + 1/350}} = 1.92$$ 이고,

이것은 1.645보다 크므로 H_0를 기각한다.

6. 유의수준 5%에서 남자의 흡연율이 여성의 흡연율보다 높다고 말할 수 있다.

연습문제 Exercises

1. 건강관리원에서는 단시일동안에 입원하는 환자들의 성별로 입원기간에 차이가 있는지를 알아보기 위해서 자료를 수집하였다. 임의로 추출한 $n_1 = 40$명의 남성환자들과 $n_2 = 35$명의 여성환자들의 입원기간을 조사한 결과, 이들의 표본평균은 다음과 같다.

$$\bar{x}_1 = \frac{1}{n_1}\sum x = 9.075\text{일}, \qquad \bar{x}_2 = \frac{2}{n_2}\sum x = 7.114\text{일}$$

유의수준 10%에서 이 자료가 평균입원기간에 있어서 남성과 여성의 차이가 있다고 할 수 있는지 가설검정하여라.(단 가정은 $\alpha_1 = 7.5$일이고 $\alpha_2 = 6.8$일이다.)

2. 에너지 연구소에서는 각 가정용 에너지 사용실태에 관한 보고서를 발표하고 있다. 작년 일년 동안 각 가정에서 사용한 에너지 사용금액이 도시가스와 전기를 사용한 경우에 있어서 그 결과가 다음과 같다.

에너지 종류	표본의 크기	$\sum x$	$\sum x^2$
도시가스	30	44,928	68,029,844
전 기	36	44,771	56,633,389

(a) 두 종류의 연료사용금액의 평균의 차 $\mu_1 - \mu_2$에 대한 95%의 신뢰구간을 구하여라.

(b) 얻어진 결론을 구체적으로 표현하여라.

3. 노동부의 보고서에 의하면 각 직종별 근로자의 임금에 대한 자료를 얻을 수 있다. 다음은 광공업과 건설업에 종사하는 근로자들의 임금에 관한 자료이다.

종 류	표본의 크기	표본의 평균	표본의 편차
광공업	14	12.93	2.25
건설업	17	13.42	2.36

(a) 두 직종간의 평균임금의 차 의 95% 신뢰구간을 구하여라.

(b) 유의수준 5%에서 이 자료가 광공업에 종사하는 근로자의 임금이 건설업에 종사하는 근로자보다도 적다고 할 수 있는지 가설검정하여라. (단 가정은 각 자료가 근사적으로 정규분포를 따르면 두 모분산이 같다고 한다.)

4. 어떤 대학교의 2학년과 3학년학생들에 대한 성적을 조사한 결과가 다음과 같다.

학 년	표본의 크기	표본의 평균	표본의 편차
2학년	17	2. 54	0. 42
3학년	13	2. 68	0. 38

(a) 두 학년간의 평균성적의 차$\mu_1-\mu_2$에 대한 95% 신뢰구간을 구하여라.

(b) 주어진 자료로부터 두 집단간의 평균성적의 차이가 있는지 유의수준 5%에서 가설검정하여라.(단, 가정은 각 자료가 정규분포를 따르지만 그들의 분산이 같다고 볼 수 있다)

5. 전국 인구센서스에 의하면 각 가정에 대한 여러 가지 정보를 얻을 수 있다. 예를 들어서 임의로 추출한 30가구에서 부부의 결혼연령을 조사한 결과가 다음과 같다.

남편	49	46	54	33	21	68	32	32	78	54	70	52	27	67
아내	49	38	53	35	22	67	33	28	74	41	64	44	20	58
남편	21	46	65	43	60	37	37	55	38	82	57	44	19	55
아내	32	42	60	43	63	31	38	52	39	85	56	39	17	52

이 자료가 남성의 결혼연령의 평균이 여성이 결혼연령의 평균보다 높다고 할 수 있는지 유의수준 5%에서 가설검정하여라.

6. 생리학자는 조깅이 신체에 어떤 영향을 미치는가를 알아보기 위해서 임의로 추출한 14명의 사람들이 조깅하기 전과 후의 맥박의 진동수를 측정하였다.

운동전	68	76	74	71	71	72	75	83	75	74	76	77	78	75
운동후	67	77	74	74	69	70	71	77	71	74	73	68	71	72

(a) 위 자료를 이용하여 운동하기 전과 후의 맥박 진동수의 평균의 차 $\mu_1-\mu_2$의 99%의 신뢰구간을 구하여라.

(b) 운동전후의 맥박수의 차이가 있는지를 유의수준 5%에서 가설검정하여라.

7. 사회조사연구회에서는 각 가정에서 사용하는 전자제품의 종류에 대한 조사를 실시하였다. 임의로 추출한 450 가구의 도시가정 중 365가구가 세탁기를 사용하고 있다. 또하 500가구의 시골 가정 중 370가구가 세탁기를 사용하고 있다.

(a) 위의 자료로부터 두 지역에 거주하는 가정에서 사용하는 세탁기의 비율의 $p_1 - p_2$의 99%의 신뢰구간을 구하여라.

(b) 도시가정에서 사용하는 비율이 시골에서 사용하는 비율보다도 높다고 할 수 있는지 유의수준 5%에서 가설검정하여라.

8. 120마리의 파리가 들어있는 항아리에 살충제 A를 뿌렸더니 95마리가 죽었다. 145마리의 파리가 들어있는 다른 항아리에 살충제 B를 뿌렸더니 124마리가 죽었다. 2%의 유의 수준에서 볼 때 두 살충제의 효과가 차이가 있는지 가설검정하여라.

9. 정신 노동자 6명과 육체 노동자 5명의 주당 TV시청시간에 대해 조사한 결과가 다음과 같다.

정신 노동자	3	7	8	6	10	8
육체 노동자	10	9	14	4	8	

(a) 두 형태의 노동자에 대한 주당 TV시청 시간의 진짜 평균의 차에 대한 90% 신뢰구간을 구하여라.

(b) 주당 TV시청 시간은 서로 다르다고 할 수 있는가? 유의 수준 10%로 가설검정하여라.

10. 어느 대통령 입후보자가 선거 유세 중에 어떤 발언을 하였다. 이 발언이 어떤 영향을 미쳤는가를 알기 위해 400명을 임의로 뽑아 인터뷰한 결과 212명이 그 입후보자를 지지하였다. 이 발언을 하기 전에는 600명의 사람중 348명이 그 입후보자를 지지하였다. 이 발언이 그 입후보자에게 정말로 피해를 주었는가를 유의 수준 5%로 가설검정하여라.

Chapter 11 표본추출법

모집단 전체를 조사하는 **전수조사**(census)에 비하여 모집단에서 일부를 택하여 통계적 처리를 행함으로써 모집단의 특성을 파악하는 **표본조사**(sample survey)를 행하는 경우는 전수조사에 비하여 일부만 조사하므로 시간과 비용을 절감할 수 있고 소수의 조사원을 충분히 사전 교육시킴으로써 조사오차를 줄일 수 있어서 전수조사보다 오히려 정확도를 높일 수 있다.

이 장에서는 표본조사의 기본적인 개념과 여러 가지 표본추출 방법에 관하여 간략하게 설명하고자 한다.

11.1 표본조사 절차

표본조사에서는 먼저 조사목적을 명확하고 구체적으로 정의하여야 한다. 조사목적에 따라서 연구대상이 되는 **대상모집단**(target population)이 정의된 후 모집단으로부터 추출할 표본의 크기를 정하고, 어떠한 방법으로 표본을 추출할 것인가, 조사 결과의 측정값 간의 산포정도를 나타내는 **정도**(precision)는 얼마로 할 것인가, 표본추출 단위는 무엇인가를 명시하는 **표본설계**(sampling design) 단계를 거친다. 다음으로 모집단이 대규모이면 예비조사를 실시하여 표본설계 과정을 검토 한 후 실제조사를 행한다. 실제조사 과정에서는 조사원의 훈련이 조사의 성패를 좌우하는 중요한 요인의 하나가 된다.

표본조사에서는 2가지 오차가 있다. 즉 모집단의 일부인 표본을 사용해서 모집단의 특성을 추론하는 과정에서 발생하는 오차가 **표본오차**(sampling error)인데 이는 전수조사에서는 발생하지 아니한다. 다른 하나는 조사항목의 정의가 명확하지 못하거나, 조사개념이나 조사표 설계상의 미비, 조사원의 훈련부족, 무응답의 경우와 같은 조사 및 관찰단계에서 발생하는 **비표본오차**(non-sampling error)가 있다.

일반적으로 표본오차는 표본의 크기에 반비례하지만 표본의 크기가 일정 수준을 넘으면 전체오차는 감소하지 아니한다. 특히 표본설계에서는 다양한 원인들이 혼합되어 본질의 파악이 어려운 비표본오차를 최소화 하는 방법에 중점을 두어야 한다.

11.2 표본추출법

표본추출법은 두 가지 방법이 있다. 즉 조사하고자 하는 대상 중에서 조사자의 경험과 지식을 이용하여 모집단을 대표한다고 생각되는 표본을 주관적으로 뽑는 방법이 **유의표본**(non probability sampling)이다. 유의표본에서는 표본이 모집단을 대표하지 못하기 때문에 편의추정량이고 표본오차를 계산할 수 없다. 따라서 표본의 정확성이 얼마나 되는지를 알 수 없어 표본의 이용가치가 적다.

다른 하나는 추출단위를 미리 주어진 확률에 의하여 추출하는 **확률표본**(probability sampling)이다. 확률표본은 무작위성(randomness)이 포함되기 때문에 표본오차를 계산할 수 있어서 통계적 추정 및 검정 등을 할 수 있다. 확률표본방법에는 단순랜덤추출법, 층화추출법, 집락추출법, 계통추출법, 비례추출법 등이 있다. 여기서는 이들 방법의 기본 개념만 간략하게 소개하기로 한다.

11.2.1 단순랜덤추출법

크기 N인 모집단에서 비복원으로 n개의 표본단위를 추출할 때 뽑히는 경우의 수는 $\binom{N}{n}$이고 이때 각 $\binom{N}{n}$개의 표본단위가 뽑힐 확률이 동일하도록 추출하는 방법을 **단순랜덤추출**(simple random sampling)이라 한다.

실제로 단순랜덤추출로 표본을 얻을 때는 란수표(random number table)를 사용한다. 란수표란 0~9까지의 숫자를 랜덤하게 늘어놓은 것이다. 부록 난수표에 0~9까지의 난수를 5개씩 묶어서 만들어 놓은 표가 나와 있다. 난수표를 사용하는 방법은 다음과 같다.

예를 들어 1번부터 500번의 번호가 있는 500명의 학생 중에서 랜덤하게 100명을 추출하는 방법을 생각해보자. 먼저 부록 난수표의 5개씩 묶은 난수에서 임의로 하나를 택한다. 5행 4열은 16298이고, 다음은 92230, 51243…과 같다. 500은 3자리 수이므로 5자리 숫자의 뒤에서 3자리씩 읽고 앞의 2자리는 버린다. 즉 92230은 230, 51243은 243과 같이 읽어 가면서 행수가 19인 37328을 만나면 다시 위로 가고 97018로 가서 뒤의 3자리 숫자만 택한다. 3자리 숫자 중에서 500이상이거나 겹치는 숫자는 버리고 100개의 숫자를 택하면 그것이 100명의 표본 번호가 되는 것이다.

유한 모집단인 경우 $(1-\alpha)$신뢰수준에서 오차의 한계가 e보다 적게 하려면 표본의 크기 결정 공식은 앞에서 다룬 무한 모집단에서의 표본크기 결정 공식을 약간 수정한 것으로 n은

$$n \geq \frac{(z_{\alpha/2})^2\sigma^2}{e^2 + (z_{\alpha/2})^2\sigma^2/N}$$

이고 μ의 신뢰구간은 다음과 같다.

$$\bar{x} \pm z_{\frac{\alpha}{2}}\sqrt{\frac{\sigma^2}{n} \cdot \frac{N-n}{N-1}}$$

무한 모집단에서 표준오차(표본평균 $\overline{X}$의 표준편차) $\sigma_{\overline{X}} = \frac{\sigma}{\sqrt{n}}$는 모집단이 유한할 때 위식과 같이 수정되어야 하므로, 표준오차 $\sigma_{\overline{X}} = \sqrt{\frac{N-n}{N-1} \cdot \frac{\sigma^2}{n}}$이다. 이때$\sqrt{\frac{N-n}{N-1}}$을 **유한 모집단 수정인자**(finite population correction factor : fpc))라고 부른다. N가 크면 fpc는 $\sqrt{1-\frac{n}{N}}$에 가까와진다.

이때 fpc의 두 가지 특성을 주목할 필요가 있다.

1. 표본 크기 n이 일정하고, n에 비해 N이 상대적으로 크다면, fpc는 1에 가까운 값이 된다.이러한 이유에서 표본 추출률이 작을 때 $\sigma_{\overline{X}}$가 근사적으로 $\sigma/\sqrt{n}$가 되므로 유한 모집단은 무한 모집단으로 간주된다. 흔히 실제로 적용되는 경험적인 법칙은 $n/N \leq 0.05$일 때, 즉 표본추출률이 5% 이하일 때에 유한모집단이 무한모집단으로 간주될 수 있다는 것이다.
2. 일정한 유한 모집단에서 n이 N으로 접근하면 fpc는 0으로 접근한다. 극한적으로 $n=N$이라면 모집단을 전수조사하게 되어 표본오차가 발생하지 않게 되며, 이때에는 $\overline{X}=\mu$가 되므로, 이것은 직관적으로도 합당하다.

표본추출률 n/N이 클 때 μ의 신뢰구간을 구하는 예를 다루어 보자.

예제 11-1

한 우유회사가 어느 고등학교의 1일 평균 우유 소비량을 추정하려고 $N = 1600$명의 학생 가운데에서 표본으로 $n = 100$명을 단순 확률 추출하여 표본 조사해 본 결과 $\overline{x} = 0.757l(757cc)$이고, $s = 0.283l(283cc)$이었다. μ의 95% 신뢰구간을 추정하여라.

풀이 이 경우에 표본추출률(n/N)이 $100/1600 = 0.0625$이므로, fpc를 고려해야 할 만한 크기이기는 하나, 추정 과정에 영향을 줄 정도로 크지는 않다. 그러므로, 신뢰구간은 fpc를 고려하여 $\hat{\sigma}_{\overline{X}}$를 계산한다는 점을 제외하고는 무한 모집단의 경우와 똑같은 형태를 취한다. $\hat{\sigma}_{\overline{X}}$를 구해 보면 다음과 같다.

$$\hat{\sigma}_{\overline{X}} = \sqrt{1 - \frac{100}{1600} \cdot \frac{0.283^2}{100}}$$

$$= 0.9682458 \times \frac{0.283}{10} = 0.27$$

신뢰수준이 95%이므로, $z_{0.025} = 1.96$이된다. 그러므로, 신뢰한계는 $0.757 \pm 1.96(0.27)$이 되고, 신뢰구간은 (0.704, 0.810)이다.

유한 모집단에서 모비율 p를 추정할 때에도 표준오차의 추정치 $\hat{\sigma}_{\hat{p}}$는 fpc를 다음과 같이 포함한다.

$$\hat{\sigma}_{\hat{p}} = \sqrt{1 - \frac{n}{N}} \cdot \sqrt{\frac{\hat{p}(1-\hat{p})}{n-1}}$$

추출률이 작지 않을 때에는 표본 크기 결정 공식이 다음과 같이 수정된다.

$$n \geq \frac{(z_{\alpha/2})^2 \cdot p(1-p)}{e^2 + (z_{\alpha/2})^2 \cdot \frac{p(1-p)}{N}}$$

이제 n을 결정하는 구체적인 예를 들어보자.

예제 11-2

전체 $N = 850$명의 학생 중 50명에 대하여 사전 조사를 실시한 결과 25명이 담배를 피우는 사람이었다. 99%의 신뢰수준에서 정도를 0.05이내로 하여 전체 흡연율을 추정하고자 한다. 표본 크기를 몇 명으로 하는 것이 좋겠는가?

풀이 이때는 $z_{0.005} = 2.576$ 이므로 충분한 표본 크기는 다음과 같다.

$$n = \frac{(2.576)^2(0.5)(1-0.5)}{(0.05)^2 + \dfrac{(2.576)^2(0.5)(1-0.5)}{850}} = 373$$

단순 확률 추출법이 항상 가장 좋은 추출법은 아니며, 그 밖의 추출법들이 더 유효한 경우가 많다. 표본 추출법의 유효성은 대체로 추정량의 정도(精度)와 추출비용으로써 평가할 수 있다. 어떤 추출법이 주어진 신뢰수준에서 더 적은 비용으로 같은 정도(精度) 수준을 제시하거나 같은 비용으로 더 높은 정도 수준을 제시하면, 그러한 확률 추출법이 단순 확률 추출법보다 더 유효하다고 말할 수 있다. 따라서 일정한 조건하에서, 단순 확률 추출법보다 더 유효한 확률 추출법을 생각해 보기로 한다.

11.2.2 층화추출법

모집단에 관한 예비정보를 가지고 있는 경우 모집단을 여러 개의 중복되지 않는 층(stratum)으로 나누고 각 층에서 단순랜덤추출하여 모집단의 특성을 추정하는 방법을 **층화추출**(stratified sampling)이라 한다. 이 방법의 이점은 다음과 같다.

(a) 모집단을 동질적인 층끼리 분류하였으므로 같은 층에서는 변동이 작아지므로 추정값의 정도가 높다.

(b) 층별로 추정이 가능하다.

층화추출시의 고려할 점은 표본의 크기, 층내의 표본추출방법, 층별 표본배정, 층수와 층의 크기, 층의 경계를 정하는 것이다. 그러므로 층화 추출법에서 고려해야 할 중요한 문제는 각 층에 총 표본 크기(n)를 어떤 방법으로 배분하느냐 하는 문제이다. 따라서 층화추출법에서 표본의 크기를 배분하는 방법은 다음과 같다.

(1) 비례배분법

h개의 층으로 나누어질 때 각 층의 크기를 N_j, $j = 1, 2, \cdots, h$ (단, $\sum_{j=1}^{h} N_j = N$)라 하면, 각 층의 크기에 비례하여 표본을 뽑는 방법 즉, **비례배분법**(proportional all-ocation)에

서 j층의 표본크기 n_j는 다음과 같다.

$$n_j = \left(\frac{N_j}{N}\right)n, \quad j = 1,\ 2,\ \cdots,\ h$$

예를 들면 A도시의 인구가 120만이고 이 도시를 동, 서, 남, 북 4구역으로 똑같이 나누었을 때, 각 구역을 층이라 하고 이 도시에서 1000명을 추출한다고 할 때 북구에 할당된 표본수를 n_4이라 하면

$$n_4 = \left(\frac{300,000}{1,200,000}\right)\times 1000 = 250(\text{명})$$

이 된다.

(2) 최적배분법

표본의 크기 n을 각 층에 배정하는데 있어서 일정한 비용아래서 표본평균의 분산을 최소로 하는 원칙하에 각 층의 크기와 분산을 알고 있다면 분산과 층의 크기가 큰 층에 많은 표본을 배분하고 분산과 층의 크기가 작은 경우에는 작게 배분해서 표본평균의 분산을 최소화 하도록 할당하는 방법을 **최적배분법**(optimal allocation)이라 한다. 이때 모든 층에서의 추출단위를 뽑는 비용이 일정하다면 j번째 층의 표본의 크기 n_j는

$$n_j = \left(\frac{N_j\sigma_j}{\sum_{i=1} N_i\sigma_i}\right)n$$

이고, 이것은 최적배분법의 특수한 경우로 Neyman 배분이라고도 한다.

여기서 σ_j는 j번째 층의 표준편차이다. 위 식에서 총 표준편차 σ_j가 포함됨을 주목하자.

일반적으로 σ_j는 알려져 있지 않으므로, σ_j는 추정치나 적절한 값으로 대치된다.

11.3 기타의 표본추출법

11.3.1 집락추출법

모집단을 집락(cluster)이라 부르는 부모집단으로 분류하고 몇 개의 집락을 추출한다. 이때 추출된 집락을 전수조사하는 것을 **일단계집락추출**(one-stage cluster sampling)이라 하고, 추출된 각 집락을 다시 소규모의 집락으로 분류하여 소규모 집락에서 몇 개를 추출하여 전수조사하는 것은 **이단계집락추출**(two-stage cluster sampling)이라 한다. 이 경우는

모집단이 아주 큰 경우, 집락으로 추출하기 때문에 추출작업이 간편할 뿐만 아니라, 비용이 절감된다는 이점이 있다 집락추출법의 적용에서는, 다단계추출법이(multistage cluster sampling)이 바람직한 경우가 많다. 예컨대, 도시가계의 식품 지출비를 조사하는 경우에 우선 몇 개의 도시들을 단순 확률 추출한다. 선택된 도시들에서 다시 일정지역을 단순 확률 추출로 선택하고 선택된 지역 내에서 가계들을 단순 확률 추출한다. 위에서 설명한 절차가 3 단계 집락 추출법이다. 몇 개의 도시들이 1단계에서 추출되며 이를 1차 추출 단위(primary sampling units)라고 부른다.

다단계 집락 추출법에서는 1차 추출 단위를 단순 확률 추출한다. 선택된 1차추출 단위에서 2차 추출단위도 역시 단순 확률 추출하며 이와 같은 방법으로 마지막단계까지 단순 확률 추출한다.

1단계 이상의 집락추출법은 1차 추출 단위가 크고 이질적일 때에 유효하다. 또한 1차 추출 단위의 틀 작성 비용이 적게 들고 2차 단위 이상에서는 틀 작성 비용이 더 많이 드는 때에 유효하다. 그리고 각 단계의 집락이 동질적일 때에 집락의 수를 집락 내의 요소를 선택하는 수보다 더 많이 하면 정도(精度)수준을 향상시킬 수 있다. 그 이유는 집락의 동질성에 비추어 볼 때 집락 내의 요소들을 많이 선택하는 것이 더 많은 정보를 제공해 주지 못하기 때문이다. 단적인 예로 같은 가구에 속한 사람은 특정 후보에 대한 지지여부가 같다고 하면 한 가구에서 1명만 표본 추출해도 그 집락에 관한 충분한 정보를 제공한다.

집락 추출법에서 주의할 점은 다음과 같다.

1. 1단계 집락추출법과 다단계집락추출법은 각 단계에서 단순확률추출을 하는 것 보다는 집락의 크기에 비례해서 추출을 하면 더 좋다.
2. 집락이 도, 군, 면(시, 구, 동) 등의 지역 단위이면 집락 추출법을 지역 추출법(area sampling)이라고도 부른다.
3. 집락 추출법은 층화 추출법과 병행해서 사용되기도 한다. 예컨대, 농촌 가계를 집락 추출법으로 조사할 때에, 우선 도 단위에서 군 단위를 추출할 때에 군들을 층화하여 추출하고, 다음 단계에서 선택된 군에서 면도 또한 층화 추출할 수도 있다.

11.3.2 계통추출법

표본을 시간적이나 공간적으로 일정한 간격을 두고 추출하는 방법으로 추출방법이 간단하고 모집단 전체에서 골고루 표본이 추출되는 장점을 가지고 있다. 모 집단의 크기를 N, 표본의 크기를 n이라면 $\frac{N}{n}$을 **추출간격**(sampling interval)이라고 한다. 모집단의 추출단위에 번호를 매겨 처음 $\frac{N}{n}$개의 추출단위에서 랜덤하게 하나를 추출한 다음 매 $\frac{N}{n}$ 번째 마다 표본을 추출하는 방법을 **계통추출**(systematic sampling)이라 한다. 예를 들어 1000명의 독자를 갖고 있는 잡지사에서 100명에게 경품을 준다고 하자.
이때 $\frac{1000}{100} = 10$이 추출간격이고 처음 1~10번 중에서 무작위로 하나를 뽑는다, 만약 6이 뽑혔다면 6, 16, 26, 36, …986, 996번으로 해서 100명을 뽑는 방법이다.

특히 계통추출에서 모집단이 주기성을 갖는 경우에는 심하게 편의된 표본을 뽑는 수가 있다. 예를 들면 어떤 식료품 가격이 12개월을 주기로 변한다고 할 때 월별 자료에서 추출 간격을 12로 하면 해마다 같은 달이 주기가 되어 대표성이 매우 의심스럽다. 이런 경우는 첫해는 1, 둘째 해는 2, … 등으로 해서 매년 월을 바꾸어서 조사하는 것이 대표성을 높이는 결과가 된다. 계통 추출법에서 주의할 점은 다음과 같다.

1. 계통 추출법을 사용하는데 있어서 주기적 변동을 갖는 모집단에서는 특히 주의를 해야만 한다. 예컨대, 월별 주가 통계에서 표본을 선택하는 경우에는 매 12개월마다 표본을 선택해서는 안 되고, 그 해 배수 개월(24개월, 36개월)마다 해서도 안 된다. 12개월마다 추출하는 경우에는 주가 자료들이 해마다 같은 달의 주가가 되어, 다른 달의 주가를 잘 대표하는지에는 의문이 따른다. 수퍼마켓 판매량의 경우도 매주 마다 표본을 추출해서는 안 된다. 예컨대, 같은 표본 크기를 조사하는 경우에도 매주 화요일마다 표본 추출하는 것보다 는 매주 월, 수, 금요일에 추출하는 것이 더 낫다. 공장의 생산성을 조사할 때에도 매일 오전 10시에 조사하는 것 보다는 10시, 2시, 5시 등에 조사하는 편이 대표성을 높이는 결과가 된다.
2. 계통 추출법도 그 밖의 다른 추출법과 병행해서 사용할 수 있다. 예컨대, 층화 추출을 하는 경우에 각 층 내에서 단순 확률 추출을 하는 대신에 계통 추출을 하면 층화 계통 추출법이 된다.

연습문제 Exercises

1. 전수조사와 표본조사를 각각 설명하고, 전수조사는 어느때 실시하는 것이 좋을까?

2. 전체인구를 조사하려고 한다. 어떤 표본조사 방법이 활용될 수 있는가?

3. 우리나라 고등학생의 키를 조사하려고 한다. 이때 허용오차란 무엇인가?

4. 집락 추출법과 층별추출법의 근본 차이는 ?

5. 어느 대학의 학생 수는 1000명이다. 이들의 키를 조사하기 위하여 단순랜덤추출 히려고 한다. 과거의 조사로 σ가 5cm라면 95% 신뢰수준으로 허용오차가 2cm미만 되게 하려면 표본의 수는?

6. 다음은 어느 APT단지 540명 주민들의 월 소득을 조사한 표이다. 120명의 표본을 이 아파트단지에서 뽑고자 할 때

소 득	명 수	분 산
40만원 이하	80	10.2
40~60	100	14.8
60~80	120	16.2
80~100	190	18.3
100만원 이상	50	22

(a) Neyman 배분법에 의하면 각 층의 표본 수는?

(b) 비례배분법에 의한 각 층의 표본 수는?

7. 표본조사의 장단점을 설명하여라.

8. 다음과 같은 경우에 각각 어떤 기준으로 층화하는 것이 좋은가?

(a) 인구 조사

(b) 제조업체의 생산량조사

(c) 백화점에서 고객의 평균 구매액을 알고자 할 때

(d) 어느 한 광역자치단체 가계 소득 조사

(e) 농가 소득 조사

(f) 쌀 생산량 조사

Chapter 12 비모수적 방법

통계적 추론을 시행하는데 있어서 지금까지는 모집단이 정규분포라는 가정하에서 추정과 검정을 했다. 그렇다면, 정규분포가 아닌 경우에 어떤 방법으로 추론이나 검정을 할 것인가 하는 문제가 대두된다. 이 장에서는 모집단이 정규분포라는 가정을 벗어난 경우의 통계적 추론방법으로 부호검정, 윌콕슨의 부호붙인 순위검정, 만-위트니 검정 등의 비모수적 방법을 연구하겠다.

12.1 서론

앞에서 우리는 모집단이 정규분포라는 가정하에서 통계적 추론을 하였다. 만약 모집단이 정규분포라는 가정에 만족치 않는다면 앞에서 서술한 추정과 검정의 방법을 사용한다는 것은 불합리할 것이다. 모집단이 정규성과의 편차가 아주 크지 않는 경우에는 어느 정도 합리적으로 통계적 추론을 할 수 있는데 이 방법을 **로우버스트**(robust)방법이라한다. 그렇다면 적지 않은 모집단이 정규분포를 벗어나는 경우가 있는데 이때에는 어떻게 통계적 추론을 해야 하느냐의 문제가 대두된다. 예컨대 우리나라 1989년도 15~65세 사이의 인구에 관한 상대도수 분포표가 [그림 12.1]에서 보는 바와 같이 정규분포와는 완전히 동떨어진 분포를 함을 알 수 있으므로, 이 모집단으로부터의 표본에 $t-$검정과 같은 추론을 사용하는 것은 바람직하지 않다. 그러므로 비모수적 추론 방법은 모집단의 분포에 의존하지 않고 발전해왔는데, 이를 **분포무관방법**(distribution-free method)이라 한다.

분포무관방법을 **비모수적 방법**(nonparametric method)이라고도 한다. 비모수적 방법은 분포의 형태에 대한 가정을 완하하여 모수를 매개로 하지 않는 방법으로서, 모수를 매개로 하는 모수적 방법과는 구분이 된다.

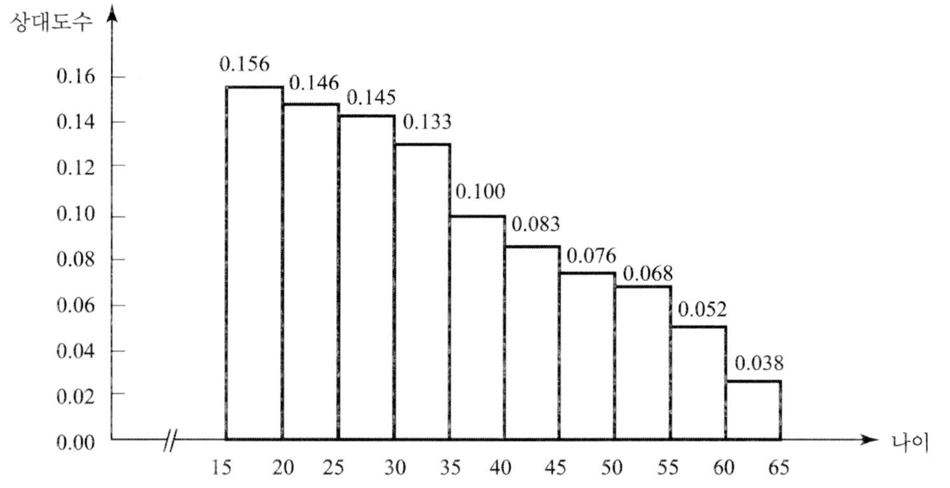

[그림 12.1] 인구의 상대도수 분포

비모수적 방법의 특성은 첫째로 확률변수 $X_1, X_2, \cdots, X_n$ 들이 독립이고 동일한 정규분포를 한다는 가정하에서 출발하는 모수적 방법과는 다르게 이런 가정이 전혀 없이 통계적 추론을 하므로 상당히 일반적이고 실제적인 점이다. 둘째는 양적 관측값에 의존하는 모수적 방법과는달리, 양적관측값은 물론 양적관측값이 아닌 경우에도 매우 유용하다. 예컨대 맛, 색상, 선호도, 효용도 등은 개인차에 의한 차이가 있으며 그 크기를 양적으로는 타나낼 수 없고 순위(rank)만으로 관측된다. 셋째로 분포가 **무거운 꼬리**(heavy tail), 즉 특이점(outlier)이 있는 경우에는 비모수적 방법이 모수적 방법보다 유리하다. 넷째로 계산이 간편하다는 점이다. 다섯째는 많은 경우에 정규분포하의 방법과 비교했을 때 주어진 표본이 정규분포를 따를 때에도 검정력에 큰 손실이 없으며 정규분포와 판이한 분포에서는 이의 검정력은 정규분포에 의한 방법보다 크다.

12.2 부호검정

부호검정(sign test)은 모집단의 중앙값에 관한 추론을 하기 위하여 사용되는 방법이다. 모집단의 중앙값을 η(eta)라는 그리스 문자를 사용하여 표기하자. 이때 부호검정은 이항분포를 기초로 하여 전개되는데 예제를 통하여 보기로 하자.

예제 12-1

어떤 도시의 경제 분석가는 그 도시의 가족수입의 중앙값이 $\eta = 50$만원이라고 주장했다. 그런데 경제학자들은 중앙값이 낮게 추정되었다고 생각되어 그 도시의 가족 중에서 12가족을 선택하여 수입을 조사한 결과는 <표 12.1>과 같았다. 이때 그 도시 가족수입의 중앙값이 50만원을 초과할 것인가?

〈표 12.1〉 가족수입의 표본

(단위 만원)

76	57	79	51	47	55
61	73	66	83	46	56

풀이 가족의 중앙값을 η라 하면, 귀무가설과 대립가설은

$$H_0 : \eta = 50\text{만원}$$

$$H_1 : \eta > 50\text{만원}$$

이 될 것이다.

이 검정의 기본적인 방법은 다음과 같다. 만약 가족수입의 중앙값이 실제로 50이 라면 가족의 반은 50보다 많아야 되고 나머지 반은 50보다 작아야 한다. 따라서 <표 12.1>에서는 6가족이 50을 초과해야 하고 나모지 6가족은 50을 초과하지 않아야 할 것이다. 만약 12가족 중에서 7가족 이상이 50을 초과한다면 가족수입의 중앙값이 실제로 50을 초과한다고 할 수 있어 대립가설 H_1를 받아들이게 된다.

<표 12.1>에서 12가족 중 10가족의 수입이 50보다 크다는 것을 알 수 있다. 이는 대립가설을 받아들이고 귀무가설을 기각한다는 것을 의미한다. 그렇다면 단순히 6가족을 초과하면 귀무가설을 기각할 것인가? 이에 대한 대답은 반드시 그렇지는 않다. 그렇다면 H_0를 기각하기 위해서는 12가족 중 몇 가족이 50을 초과해야 되며, 동시에 기각할 확률은 얼마인가가 관심사가 될 것이다. 한 가족을 선택했을 때 50을 초과할 확률이 0.5이다. 따라서 초과했을 때를 성공이라고 한다면, 이런 시행은 베르누이 시행이므로 이 예제에서 가족수입의 중앙값은 모수가 $n = 12$, $p = 0.5$인 이항분포에 따르게 된다. 그러므로 12가족 중 10가족 이상이 중앙값을 초과할 확률은 이항분포에 의하여

$$\begin{aligned} P(X \geq 10) &= P(X = 10) + P(X = 11) + P(X = 12) \\ &= 0.016 + 0.003 + 0.000 \\ &= 0.019 \end{aligned}$$

이 된다. 이때 유의수준을 2%보다 크게 잡으면 H_0는 기각하게 된다.

표본수 n인 확률표본이 중앙값 η인 모집단에서 추출 됐다면, η를 초과할 경우의 수 X는 모수가 n이고 $p=0.5$인 이항분포를 한다.

이때 가능한 기각역과 유의수준을 보면 표 12.2와 같다.

〈표 12.2〉

기각역	$x \geq 12$	$x \geq 11$	$x \geq 10$	$x \geq 9$	$x \geq 8$
유의수준	0.000	0.003	0.019	0.073	0.194

<표 12.2>에서 기각역을 9이상으로 잡는다면 유의수준은

$$\alpha = p(X \geq 9) = 0.073$$

이 됨을 알 수 있다.

절차 12.1 모집단의 중앙값이 η인 경우, 가설검정

단계 : 1. 귀무가설과 대립가설을 설정한다.

$$H_0 : \eta = \eta_0 \qquad H_1 : a)\ \eta < \eta_0$$
$$b)\ \eta > \eta_0$$
$$a)\ \eta \neq \eta_0$$

2. 유의수준을 정한다. 기가역과 유의수준 α를 얻기 위하여 모수가 n이고 $p=0.5$인 이항분포를 사용한다.
3. 자료가 η_0보다 크면 '+', η_0보다 작으면 '−'를 할당한다.
4. 검정통계량의 값을 구한다.
   검정통계량 : X='+'부호의 수
5. 검정통계량의 값이 기각역에 놓이게 되면 H_0를 기각하고 그렇지 않으면 H_0를 받아들인다.
6. 결론을 내린다.

예제 12-2

앞의 예제 12.1에서의 자료를 가지고 절차 12.1에 따라 검정하여라.

풀이 **단계** 1. η를 가족수입의 중앙값이라 한다면

$$H_0 : \eta = 50$$
$$H_1 : \eta > 50$$

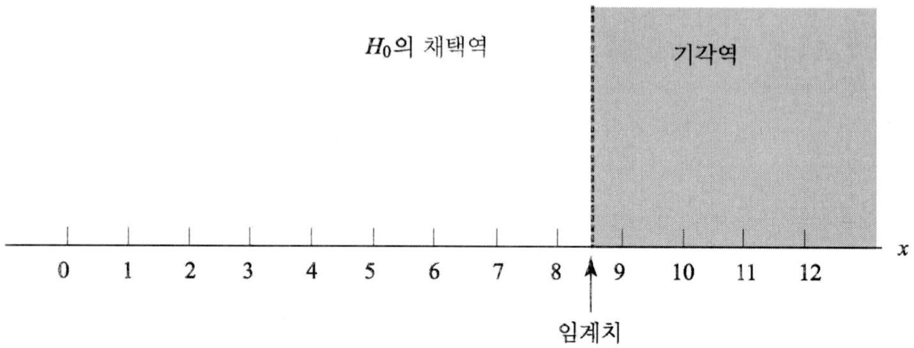

[그림 12.2]

2. 유의 수준을 0.05에 가까운 값으로 잡을 때, 가까운 유의수준을 준 기각역은 $x \geq 9$이다. 그리고 대응되는 유의수준은 $\alpha = 0.073$이다. (이 값은 부록 이항분포표에서 구한다.) 이때의 기각역은 [그림 12.2]에 표시되어 있다.
3. $\eta_0 = 50$인 경우의 부호는 <표 12.3>과 같다.

〈표 12.3〉

76(+)	57(+)	79(+)	51(+)	47(−)	55(+)
61(+)	73(+)	66(+)	83(+)	46(−)	56(+)

4. 검정통계량 $X = 10$이다.
5. 검정통계량의 값이 10이므로 [그림 12.2]에서 기각역에 속한다. 따라서 H_0를 기각한다.
6. 그 도시의 가족수입의 중앙값은 50을 초과한다고 볼 수 있다.

만약 부호를 할당할 때에 η_0와 같은 경우는 그 자료를 빼고 나머지 자료만 가지고 처리한다.

예제 12.2는 단측검정(one-sided test)인데, 다음에 양측검정(two-sided test)을 하는 경우의 예를 보자.

예제 12-3

어떤 고등학교 교사들 근무연수의 중위수가 14년이라고 한다. 고등학교 교사중 $n = 10$명을 선택하여 조사한 결과(단위 : 년)가

32, 16, 8, 9, 21, 2, 18, 15, 22, 14

라고 할 때 $\eta_0 = 14$일 경우에 $\alpha = 0.05$에 가까운 유의수준으로 검정하여라.

풀이 **단계** 1. 고등학교 근무연수의 중앙값을 η라고 한다면

$$H_0 : \eta = 14\text{년}$$
$$H_1 : \eta \neq 14\text{년}$$

인 양측검정이 된다.

2. 유의수준은 가능하면 0.05에 가깝게 잡는다면, 표본수가 9일 때 (한 개의 자료는 14이므로 빼버리고 처리한다.) 이항분포에 의하면 $x = 0$과 9일 때의 확률은 0.002이고, $x = 1$과 8일 때의 확률은 0.018이므로 기각역은 $x \leq 1$ 또는 $x \geq 8$가 되고, 유의수준은

$$\alpha = P(X \leq 1, \text{ 또는} X \geq 8)$$
$$= P(X \leq 1) + P(X \geq 8)$$
$$= 0.04$$

이 되면 기각역은 [그림 12.3]과 같다.

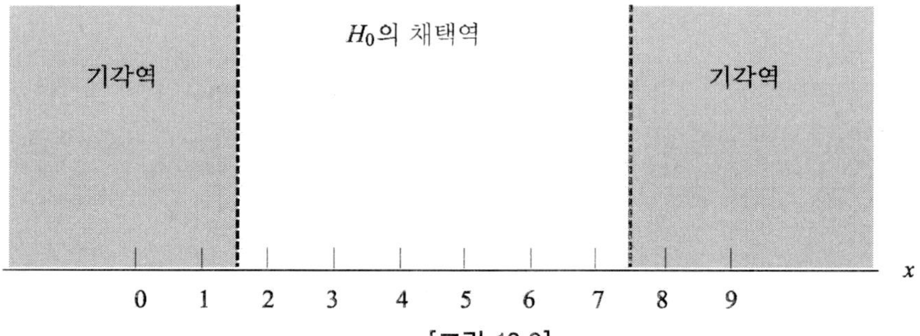

[그림 12.3]

3. 각각의 부호를 결정하면 자료값의 순서대로

+, +, −, −, +, −, +, +, +

이 된다.

4. 검정통계량은 '+'부호의 개수이므로 $X = 6$이 된다.

5. '+'은 [그림 12.3]에서 채택역에 속하므로 H_0를 채택한다.
6. 고등학교 교사의 근무연수의 중앙값이 14년과 다르지 않다고 볼 수 있다.

참고로 대표본일 때 이항분포는 정규분포로 근사시키는 방법에 의해 계산할 때 평균이 $\frac{n}{2}$ 이고 표준편차는 $\frac{1}{2}\sqrt{n}$ 인 정규분포를 하게 되므로

$$Z = \frac{X - \frac{1}{2}n}{\frac{1}{2}\sqrt{n}}$$

이 표분정규분포에 따름을 이용하여 검정할 수 있다.

12.3 윌콕슨의 부호순위검정

부호검정의 중요한 장점 중의 하나는 검정에 대한 가정이 극히 적다는 것이다. 그러나 부호검정은 양이나 음의 부호만을 생각했지, η_0와는 얼마나 떨어져 있는지를 생각치 않았다. 이런 측면을 고려해 주면서 동시에 부호검정보다 더 효과적인 검정 중의 하나로서 **윌콕슨의 부호순위검정**(Wincoxon signed-rank test)이 있다. 이 검정은 아무 가정이 없던 부호검정과는 달리 모집단의 분포가 대칭분포(symmetric distribution)라는 가정을 요한다.

절차 12.2 귀무가설 $H_0 : \eta = \eta_0$을 갖는 모집단에서의 윌콕슨의 부호순위검정

가정 : 대칭형 모집단

단계 1. 귀무가설과 대립가설을 설정한다.
2. 요청되는 유의수준에 가능하면 가깝게 부록 윌콕슨 부호순위 검정에 대한 기각값과 유의수준을 찾아 α를 결정한다.
3. 기각값을 결정한다.
4. 아래와 같은 표를 만든다.

표본값(x)	차 $D=x-\eta_0$	$\vert D\vert$	$\vert D\vert$ 의 순위	부호 붙인 순위
·	·	·	·	·
·	·	·	·	·
·	·	·	·	·

5. 검정통계량의 값 W를 계산한다.
   W = 부호붙인순위의 합
6. 검정통계량의 값이 기각역에 있다면 H_0를 기각하고 그렇지 않으면, H_0를 채택한다.
7. 단계 6에 의하여 결론을 내린다.

예제 12-4

고속도로의 주행속도가 100㎞/h인 구간에서 운전자의 운전속도를 알기 위하여 $n = 12$개의 차를 조사하였더니

110, 107, 92, 90, 85, 110, 92, 114, 106, 111, 100, 105

였다. 유의수준 5%에 가까운 유의수준으로 주행속도를 지키고 있는지를 검정하여라.

풀이 **단계** 1. 운전자의 속도의 중앙값을 η라 하자.

$$H_0 : \eta = 100\text{km}/h$$
$$H_1 : \eta \neq 100\text{km}/h$$

2. 자료에서 중앙값과 같은 자료를 빼면 $n = 11$이 된다. 이때 부록 윌콕슨 부호순위 검정에 대한 기각값과 유의수준을 보면 0.05에 가까운 유의수준은 양측검정에서 $\alpha = 0.054$일 것이다.
3. $n = 11$일 때 양측검정에서 임계값은 $W_l = 11$이고 $W_r = 55$이며 [그림 12.4]와 같이 기각값을 선정할 수 있다. (단, 편의를 위하여 W_l은 W검정의 왼쪽 기각값을 표시하고 W_r은 오른쪽 기각값을 표시하기록 하겠다.)

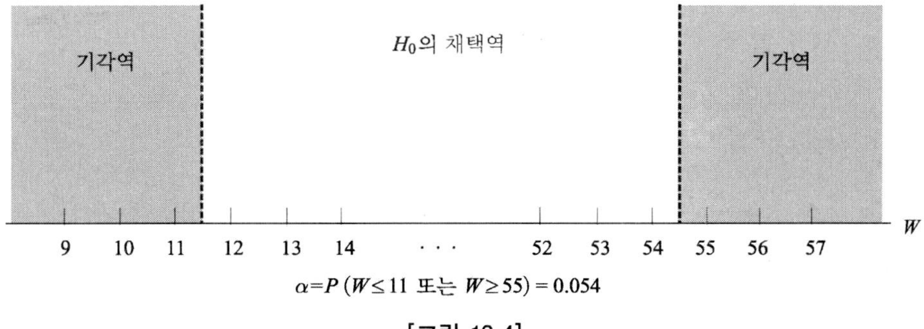

[그림 12.4]

4. 표를 작성하면 <표 12.4>와 같이 된다.

〈표 12.4〉

속도(x)	110	107	92	90	85	110	92	114	106	111	105
$D=x-100$	10	7	−8	−10	−15	10	−8	14	6	11	5
$\lvert D \rvert$	10	7	8	10	15	10	8	14	6	11	5
$\lvert D \rvert$ 의 순위	7	3	4.5	7	11	7	4.5	10	2	9	1
부호붙인 순위	7	3	−4.5	−1	−11	7	4.5	10	2	9	1

위의 표에서 $\lvert D \rvert$의 값이 같은 경우는 동일한 순위를 매긴다. 예컨대 8은 4등과 5등이므로 8에는 4와 5의 중앙값을 준다.

5. 부호붙인 순위 R에서 양수인 경우만 합하면
   $W=7+3+7+10+2+9+1=39$
6. 검정통계량 $W=39$이므로 기각역에 있지 않으므로 H_0를 기각할 수 없다.
7. 따라서 속도의 중앙값은 100km/h와 다르지 않다.

부호검정과 윌콕슨 부호순위검정은 모집난의 중앙값 η에 대할 가설검정을 할 때 사용된다. 부호검정은 가정이 전혀 없을 때 사용되고 윌콕슨 부호순위검정은 모집단이 대칭분포일 경우에만 가능하다. 다른 한편 윌콕슨 부호순위검정은 부호검정보다 더 많은 정보를 이용하게 되므로 효율면도 더욱 향상된다.

윌콕슨 부호순위검정에서 η_0 대신에 μ_0를 대입하면 평균에 대한 검정을 행할 수 있다. $t-$검정을 할 때에는 모집단이 대칭인 정규분포를 가정하게 되므로 윌콕슨 부호순위검정을 할 수도 있다. 그러나 $t-$검정은 정규분포의 가정하에서 고안됐으므로 이 방법보다는 더욱 효과적이다. 그러므로 정규분포가 아니면서 대칭인 모집단에서는 $t-$검정보다 부호순위 검정이 더욱 효율적이다.

참고로 대표본일 때 검정통계량 W는 평균이

$$\mu_w = n(n+1)/4$$

이고 표준편차는

$$\sigma_w = \sqrt{n(n+1)(2n+1)/24}$$

인 확률변수이므로

$$z = \frac{W-n(n+1)/4}{\sqrt{n(n+1)(2n+1)/24}}$$

을 이용하여 표준정규분포에 근사시켜 검정할 수 있다.

12.4 만-위트니 검정

윌콕슨 부호순위검정은 중앙값(또는 평균)에 대한 통계적 추론을 할 때 사용하는 방법이다. 반면에 모수적 방법에서 두 집단의 모평균의 차에 대한 $z-$검정이나 $t-$검정에 해당하는 비모수적 검정을 **만-위트니검정**(Man-Whitney test)이라 한다. 만-위트니 검정은 두 개의 모집단의 표본 전체에 순위를 매긴 다음 표본수가 작은 모집단의 순위만을 합하여 검정하는 방법이다.

절차 12.3 모집단이 2개인 경우, 중앙값에 대한 만-위트니 검정

가정 1. 독립표본
2. 모집단은 같은 형상모수(shape parameter)을 갖는다.
3. $n_1 \leq n_2$

단계 1. 귀무가설과 대립가설을 설정한다.
2. 유의수준 α을 결정한다.
3. 기각역을 결정한다.
4. 아래의 표를 작성한다.

첫 번째 집단의 표본	전체순위	두 번째 집단의 표본	전체순위
·	·	·	·
·	·	·	·
·	·	·	·

5. 검정통계량 M을 구한다. (첫번째 집단의 표본이 작다.)
$M=$첫번째 표본에서의 순위의 합
6. 만약 검정통계량의 값이 기각역에 놓이게 되면 H_0를 기각하고, 그렇지 않으면 H_0를 기각하지 못한다.
7. 결론을 내린다.

예제 12-5

남자 10명과 여자 10명의 초혼 나이의 조사결과가 표 12.5와 같다면, 5%의 유의수준에서 처음 결혼 시기에 대한 중앙값이 남자와 여자가 차이가 있는지를 검정하여라.

〈표 12.5〉

남자	27	23	19	36	33	22	27	21	22	41
여자	20	19	28	23	23	27	22	34	31	23

풀이 **단계** 1. η_1은 남자가 η_2는 여자가 처음 결혼한 나이의 중앙값이라고 할 때 귀무가설과 대립가설은 각각

$$H_0 : \eta_1 = \eta_2$$
$$H_1 : \eta_1 \neq \eta_2$$

이다.

2. 유의수준 $\alpha = 0.05$로 한다.
3. $n_1 = 10$, $n_2 = 10$이고 양측검정일 때 부록 표 만-위트니 검정에 대한 기각값에서 $M = 79$, $M = 131$임을 알 수 있다. 기각역은 $\alpha = 0.05$일 때 [그림 12.5]로 나타낸다.

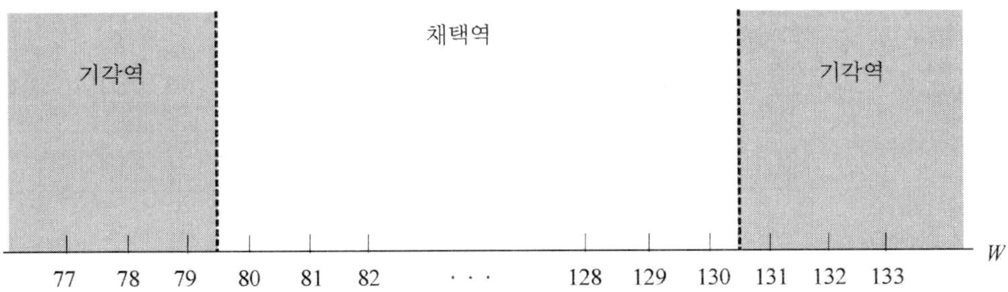

[그림 12.5]

4. 표를 작성하면 <표 12.6>과 같다.

〈표 12.6〉

남자	표본	27	23	19	36	33	22	27	21	22	41
	순위	13	9.5	1.5	19	17	6	13	4	6	20
여자	표본	20	19	28	23	23	27	22	34	31	23
	순위	3	1.5	15	9.5	9.5	13	6	18	16	9.5

5. 검정통계량의 값으로 남자의 순위를 계산하면

$$M = 13 + 9.5 + 1.5 + 19 + 17 + 6 + 13 + 4 + 6 + 20 = 109$$

가 된다. 같은 순위일 때는 앞 절에서와 동일하게 순위를 매긴다.

6. 검정통계량의 값 $M=109$이므로 그림 12.5에서 채택역에 속하므로 H_0를 기각할 수 없다.
7. 따라서 여자의 처음 결혼나이와 남자의 처음 결혼나이의 중앙값은 같다고 할 수 있다.

만-위트니 검정은 모분포가 같은 형상모수를 갖고 있을 때 두 모집단의 중앙값을 비교 사용하는데 반하여 $t-$검정은 두 모집단의 분포가 정규분포일 때 사용하는 검정이므로, 정규모집단이라는 가정이 성립하게 되면 $t-$검정법을 사용하는 것이 효과적이나, 이런 가정이 모호할 때에는 만-위트니 검정을 사용하는 것이 검정력이 뛰어나고 효율적이라 할 수 있을 것이다.

참고로 대표본일 때는 (적어도 $n_1 \geq 10,\ n_2 \geq 10,\ n_1 \geq n_2$) $H_0: \eta = \eta_0$일 때 만-위트니 검정통계량 M의 평균은

$$\mu_M = n_2(n_1+n_2+1)/2$$

이고 표준편차는

$$\sigma_M = \sqrt{n_1 n_2 (n_1+n_2+1)/12}$$

이므로 이를 표준화시켜

$$Z = \frac{M - n_2(n_1+n_2+1)/2}{\sqrt{n_1 n_2 (n_1+n_2+1)/12}}$$

을 이용하여 근사적인 정규분포 검정을 할 수 있다.

12.5 순위상관

앞에서 우리는 두 개의 변수 X, Y사이의 선형관계의 강도를 아는데 사용한 선형상관계수 r을 공부했다. 이 절에서는 선형상관계수의 비모수적 측도로서 순위상관계수 r_s에 관하여 알아보자.

순위상관계수(rank correlation coefficent)는 선형산관계수가 −1에서 +1까지의 값을 갖는다는 것과 같은 성질을 갖고 있다. 즉, r_s의 양의 값은 x가 증가하면 y도 증가하는 양의 상관을 나타내고, 반면에 r_s의 음의 값에 대해서는 음의 상관을 나타내며 x가 증가하면

y는 감소하는 것을 의미한다. 또한 r_s의 값이 0에 가까우면 x와 y는 상관이 없다는 것을 의미한다.

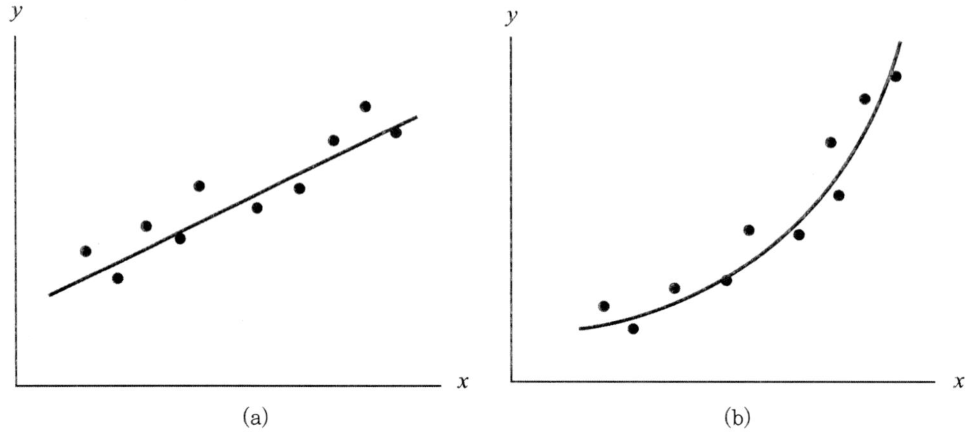

[그림 12.6]

선형상관계수는 그림 12.6(a)에서 보는 바와 같이 그 관계가 직선인 경우만 그 의미가 있지만, 순위상관계수는 (a)는 물론 비선형인 (b)인 경우도 가능하다. 왜냐하면 순위상관계수는 순위에만 의존하기 때문이다.

순위상관계수는 x와 y의 양적자료 대신에 x와 y의 순위를 양적자료라 생각하고 선형상관계수 r을 계산하면, 곧 순위상관계수 r_s가 된다.

예제 12-6

기초통계학의 중간고사 성적(x)과 기말고사 성적(y)이 <표 12.7>에 주어져 있을 때

〈표 12.7〉

중간성적 (x)	60	96	74	86	92	90	72	67	77
기말성적 (y)	52	97	48	80	86	95	49	71	73

(a) 순위상관계수 r_s을 구하여라.

(b) 중간고사 성적과 기말고사 성적사이의 관계를 설명하여라.

풀이 x값의 순위를 μ라 하고 y값의 순위를 v라 할 때 <표 12.8>은 각 표본의 순위를 나타낸다.

〈표 12.8〉

학생		1	2	3	4	5	6	7	8	9
중간고사	x	60	96	74	86	92	90	72	67	77
	μ	1	9	4	6	8	7	3	2	5
기말고사	y	52	97	48	80	86	95	49	71	73
	v	3	9	1	6	7	8	2	4	5

이 표에서 순위에 대한 선형상관계수 r을 구하기 위해 <표 12.9>를 만들었다.

〈표 12.9〉

μ	ν	$\mu\nu$	μ^2	ν^2
1	3	3	1	9
9	9	81	81	81
4	1	4	16	1
6	6	36	36	36
8	7	56	64	49
7	8	56	49	64
3	2	6	9	4
2	4	8	4	16
5	5	25	25	25
45	45	275	285	285

<표 12.9>에서 순위의 선형상관계수 r은

$$r = \frac{n(\sum uv) - (\sum u)(\sum v)}{\sqrt{n(\sum u^2) - (\sum u)^2}\sqrt{n(\sum v^2) - (\sum v)^2}}$$

$$= \frac{9(275) - (45)(45)}{\sqrt{9(285) - (45^2)}\sqrt{9(285) - (45)^2}} = 0.833$$

이다. 따라서 순위의 선형상관계수는 순위상관계수 r_s이므로 $r_s = 0.833$

(b) $r_s = 0.833$이므로 중간고사와 기말고사는 양의 상관을 갖는다는 것을 의미한다.

위의 식을 간단한 방법으로 변형시키면 순위산광계수는

$$r_s = 1 - \frac{6\sum d^2}{n(n^2-1)}, \quad 단\ d = \mu - v 이다.$$

예제 12-7

세계의 11개국의 국토면적과 인구가 <표 12.10>에 주어져 있다. 국토면적을 x, 인구를 y라 할 때, 순위상관계수 r_s를 구하고 이에 대하여 설명하여라.

풀이 <표 12.11>에 의하여 계산하면 약식 공식에 의거, $\sum d^2 = 60$이므로

$$r_s = 1 - \frac{6\sum d^2}{n(n^2-1)}$$

$$= 1 - \frac{6 \times 60}{11(11^2-1)} = \frac{960}{1320} = 0.727$$

이므로 양의 상관을 갖는다.

〈표 12.10〉

국명	면적(m^2) (x)	인구(천명) (y)
인도	1,269,346	754,225
산마리노	24	23
트란스키	16,070	3,345
영국	94,515	57,622
시리아	71,498	10314
자마이카	4,244	2,408
레소토	11,720	1,492
남예멘	148,560	2,260
말레이시아	127,317	15,499
뉴질랜드	15,770	14,466
아르헨티나	1,068,301	30,570

〈표 12.11〉

μ	v	$d = \mu - v$	d^2
11	11	0	0
1	1	0	0
5	5	0	0
7	10	−3	9
6	6	0	0
2	4	−2	4
3	2	1	1
9	3	6	36
8	8	0	0
4	7	−3	9
10	9	1	1

예제에서 $r_s = 0.727$이면 x와 y의 양의 상관이 있다고 결정내리기에 충분히 큰가? 혹은 작은가?를 결정하는 가설검정을 **순위상관검정**(rank-correlation test)이라 한다.

절차 12.4 변수가 상관이 없다는 귀무가설하에서의 순위상관검정

단계 : 1. 귀무가설과 대립가설을 설정한다.

2. 유의수준 α를 결정한다.

3. 부록 순위상관계수 r_s의 기각값에서 기각값을 결정한다.

4. 검정통계량

$$r_s = 1 - \frac{6\sum d^2}{n(n^2-1)}, \qquad \text{단 } d = \mu - v$$

의 값을 계산한다.

5. 만약 검정통계량의 값이 기각역에 있으면 H_0를 기각하고, 그렇지 않으면 H_0를 채택한다.
6. 결론을 서술한다.

예제 12-8

예제 12.7에서 유의수준 $\alpha = 0.05$로 검정하여라.

풀이 **단계** 1. H_0 : 국토면적과 인구와는 상관이 없다.
H_1 : 국토면적과 인구는 양의 상관이 있다.

2. $\alpha = 0.05$로 정한다.
3. $n = 11$이고 $\alpha = 0.05$일 때 부록 순위상관계수 r_s의 기각값표에서 임계값을 구하면 $r_{s,\,0.05} = 0.523$이므로 [그림 12.7]과 같이 기각역을 설정한다.

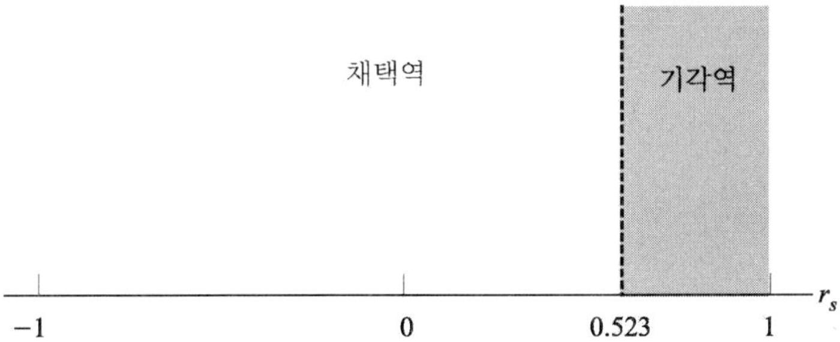

[그림 12.7] $\alpha = 0.05$일 때 기각역

4. 검정통계량 값은 앞의 예제에서 $r_s = 0.727$이다.
5. $r_s = 0.727$은 기각역에 속하므로 귀무가설 H_0를 기각한다.
6. 분명히 국토면적과 인구는 유의수준 5%에서 양의 강관을 갖고 있다고 볼 수 있다.

자료에서 동일한 순위가 있을 경우에는 앞 절에서 적용했던 방법으로 동일하게 처리한다.

■

끝으로 모수적 방법과 비모수적 방법을 비교하는 표를 <표 12.12>에서 나타내보기로 하자.

〈표 12.12〉 모수적 방법과 비모수적 방법의 비교도

형 태	모수적 검정	비모수적 검정
한 개의 평균	t - 검정 (절차 9.5)	윌콕슨 부호순위검정 (절차 12.2)
두 개의 평균 (독립표본)	2변량 t - 검정 (절차 10.3)	만-위트니 검정 (절차 12.3)
두 개의 평균 (대응표본)	t - 검정 (절차 10.6)	쌍의 차에 의한 윌콕슨 부호붙인검정
상관검정	선형상관검정 (절차 13.4)	순위상관검정 (절차 12.4)
여러개의 평균 (독립표본)	분산분석법 (절차 14.1)	크루스칼-왈리스검정(*) (Kruskal-Wallis teat)

(*) 이책에서는 서술치 않았다.

연습문제 Exercises

1. 다음 자료는 재충전을 하기전 재충전할 철조망 가위가 작동한 시간을 나타낸 것이다. 이 특수한 가위가 재충전을 오구하기전 1.8시간을 작동한다는 가설을 유의수준 0.05에 가까운 값으로 부호검정을 하여라.

1.5, 2.2, 0.9, 1.3, 2.0, 1.6, 1.8, 1.5, 2.0, 1.2, 1.7 .

2. 어떤 대학교의 박사학위를 받는 나이의 중앙값은 32.8세라고 알려져 있다. 몇 해가 지난후 이를 조사히기 위하여 나이를 알아봤더니 다음과 같았다. 이를 이용하여 $\alpha = 0.05$에 가까운 값으로 부호검정을 하여라.

37,	28,	36,	33,	37,	43
41,	28,	24,	44,	27,	24

3. 어떤 의사의 진찰실을 찾는 환자가 의사를 만나기 전에 기다리는 시간을 체크하였더니 17, 32, 25, 15, 28, 25, 20, 12, 35, 20, 26, 24(단위 분)이었다. 허지만 의사의 주장은 환자가 진찰을 받기 전에 20분 이상은 기다리지 않는다고 한다, 이 주장이 옳은지를 유의수준 5%로 부호검정을 행하여라.

4. 어떤 농작물의 가격의 중앙값이 385원이라 알려져 있다. 이의 적정성 여부를 조사하기 위하여 15개의 시장을 조사한 결과 다음과 같은 가격으로 판매됨을 알았을 때 시장 가격의 중앙값이 386원이라고 주장할 수 있을까? 유의수준 5%로 부호검정을 행하여라.

430	400	426	402	375	441	452
418	356	346	379	442	382	
424						

5. 문제 2를 윌콕슨 부호순위검정으로 검정하여라.

6. 문제 4를 윌콕슨 부호순위검정으로 검정하여라.

7. 어떤 대학의 강좌에서 이 강좌를 위하여 담당교수는 집에서 2시간 이상을 공부하라고 지시했다. 그런데 학생들이 가정에서 2시간씩 공부하는 것 같지 않아 400명을 뽑아 조사하였더니 172명은 교수의 지시를 지키지 않는 것을 hskxkskT다. 그렇다면 담당교수의 의심이 정당한지 아닌지를 5% 유의수준으로 부호검정을 이용하여 가설검정을 하여라. (대표본일 때 정규분포에 근사시키는 방법에 의하여 계산하여라.)

8. A와 B의 두 식이요법에 차이가 있나를 비교하기 위해 증세가 비슷한 10명의 환자를 5명씩 임의로 두 집단으로 나누어, 각각에 A와 B를 두 식이요법을 실시하였다. 6주 동안 식이요법을 실시한 후에 체중의 증가를 조사하였더니 다음 자료를 얻었다면 유의수준 5%로서 두 방법에 차이가 있는지를 검정하여라.

A	5.7	7.3	7.6	6.0	6.5
B	4.9	4.7	5.3	4.6	6.2

9. 두 종류의 청량음료를 20명의 지원자에게 맛을 보게 한 다음 0부터 100까지 점수로 맛을 나타내도록 하였더니 펴와 같았다. 부호순위검정을 사용하여 두 청량 음료의 맛에 심각한 차이가 있나를 유의수준 5%로 검정하여라.

A	70	85	73	75	65	50	80	71	80	51
B	65	41	45	80	84	50	71	52	42	78
A	72	76	79	65	59	72	84	90	56	57
B	62	38	80	65	54	67	87	90	38	43

10. 접목을 시킨 나무와 안 시킨 나무의 성장속도에 차이가 있나를 연구하기 위하여 15개 쌍의 나무에 실험한 결과, 일정한 기간후위 키가 다음과 같다고 할 때 물음에 답하여라.

쌍	1	2	3	4	5	6	7	
접 목	188	96	168	176	153	172	177	
비 접 목	139	163	160	160	147	149	149	
쌍	8	9	10	11	12	13	14	15
접 목	163	146	173	186	168	177	184	96
비 접 목	122	132	144	130	144	102	124	144

11. 흡연 습관이 운전기술에 영향을 미치는가를 조사키 위하여 경력 5년 이상의 모범 운전사를 임의로 추출하였다. 이들의 흡연습관, 주의력, 속도감 등을 점수화하여 다음과 같은 운전 기술의 점수를 얻었다.

흡연자	28 53 39 27 41 68 27 28 45 48 65 78
비흡연자	32 35 61 43 82 44 78 38 85 63 46 30 47 57

두 집단의 운전기술에 차가 있나를 5% 유의수준하에서 검정하여라.

12. 문제 10에서 순위 상관계수를 계산하고 5% 유의수준하에서 검정하여라.

Chapter 13 선형 회귀와 선형 상관

지금까지는 주로 하나의 변수에 대해서 이와 관련되는 통계적 방법을 논의하였다. 흔히 사회과학, 경영학, 생물학 또는 경제학의 문제를 다루는 경우에, 두 변수 혹은 세 변수 간에 관련성이 존재하는지에 관한 결정이 관심의 대상이 된다. 따라서 본 장에서는 2개 이상의 변수들에 대해서 측정치를 얻었을 때 이들 측정치 사이의 관계를 알아보기 위하여 선형상관계수(linear correlation coefficient)와 회귀(regression)에 관하여 설명하려 한다.

13.1 서론

실생활에서 두 개 혹은 세 개 이상 변수들의 상호 관련성을 분석해야 할 경우가 많이 있다. 예컨대, 교육학에서는 학생들의 공부 시간과 학업 성적 간의 관련성의 존재에 관심이 있을 것이며, 판매 관리에서는 광고비와 판매량 간의 관계에 주의를 기울일 것이며, 사회 과학자는 가계소득이 유흥비 지출액과 어떻게 관련되는지를 알고자 할 것이다.

본장에서는 선형적 관련성을 갖는 단순한 경우만을 취급하기로 한다. 특히, 학문적 연구에서 널리 사용되는 두 가지 개념인 **선형상관**(linear correlation)과 **선형회귀**(linear regression)를 소개하기로 한다. 변량 간의 연관성을 연구하는데 있어서 이 두 개념이 상호 관련되어 있으면서도 서로 다른 목적에 사용된다.

선형상관성은 변량 간의 선형 관계가 존재하는지를 발견하는데 쓰인다. 선행관계가 존재하면 상관계수는 그와 같은 관련성이 얼마나 직선에 적합한지를 나타내게 된다. 이러한 적합성이 흔히 관련성의 정도로 언급된다.

한편, 회귀이론에서는 선형적 관련성이 존재한다고 가정하고, 수량적 관점에서 특정한 선형 관계를 표현하는 방정식이 수립되면, 한 변수에 관한 정보로 또 다른 변수에 관하여 예측할 수 있게 된다. 따라서 변수들 간의 상호 관련성을 규명하는 수학적인 모형을 표본 자료로부터 추정하는 통계적 방법이 **회귀분석**(regression analysis)이다. 회귀(regression)란 용어는 영국의 유전학자 Francis Galton(1822~1911)이 부자(父子)간의 신장을 연구한 결과 키가 큰 아버지를 가진 아들의 신장은 평균 신장보다는 크나 아버지의 신장보다는 작아서 평균 신장으로 돌아가려는(**회귀**) 경향이 있으며, 반대로 신장이 작은 아버지를 갖는 아들의 신장은 평균 신장보다는 작으나 아버지의 신장보다는 커서 평균 신장으로 돌아가려는 경향이 있음을 알았고, 아버지의 신장(x)과 아들의 신장(y) 사이에

$$y = 33.73 + 0.526x$$

라는 관계가 있음을 알았다. 회귀(regression)란 용어는 여기서부터 유래되었다.

회귀 이론에서는 두 변수간에 선형적인 관련성이 존재한다고 가정하고 한 변수에 관한 정보로 다른 변수를 예측할 수 있다. 위에서 아버지의 키(x)를 알면 아들의 키(y)를 예측할 수 있고 이때 예측되는 변수를 **종속변수**(dependence variable) 혹은 **반응변수**(response variable)라고 부르고, 예측에 사용하는 변수를 **독립변수**(independence variable) 혹은 **설명변수**(explanatory variable)라고 부른다. 예를 들면 판매량의 예측에 광고비가 사용되었다면, 판매량은 종속변수, 광고비는 독립변수가 되는 것이며. 시험 성적의 예측에 IQ가 사용된다면 IQ는 독립변수이고, 시험 성적은 종속 변수가 된다. 또한 가계 소비 지출이 종속변수이고 가계 소득과 가족 규모가 독립변수들이 된다.

13.3 선형 상관계수의 계산과 회귀선에의 부합

13.2.1 선형 관계란?

앞의 개요에서 언급한 바와 마찬가지로, 두 변량 간의 선형 관계를 직선으로 도표상에 표현할 수 있는 것이다. 방정식으로는 선형 관계를 어떻게 표현하는가? 다음의 예를 생각해 보기로 한다. 모터보트를 임대해 주는데 시간당 500원의 요금을 계산한다고 하자. x는 임대 시간, 그리고 y는 요금 액수(단위 : 1,000원)를 표시하면 다음과 같이 쓸 수 있다.

$$y = 0.5x$$

여기에서 처음 임대를 시작하면서 2,000원의 요금을 기본요금으로 하고, 매 시간당 500원의 요금을 부과한다고 하자. 그러면 임대료는 다음과 같이 표시될 수 있다.

$$y = 2 + 0.5x$$

〈표 13.1〉 임대 시간과 요금액

임대 시간 x	요 금 y
0	2.0
1	2.5
2	3.0
3	3.5
4	4.0

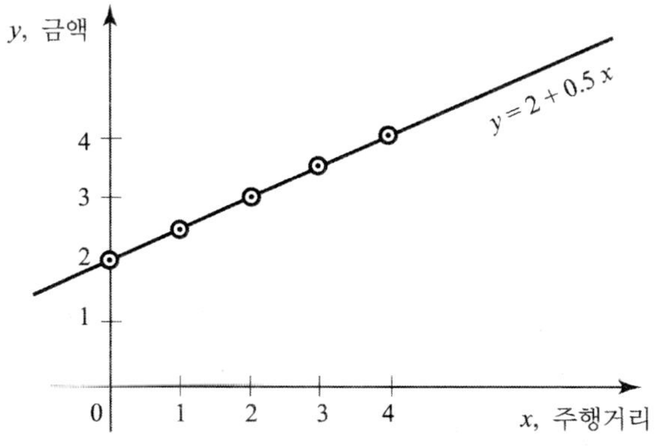

[그림 13.1] 오른쪽으로 올라간 직선

<표 13.1>에서 보는 바와 같이 서로 다른 임대 시간 x에 관하여 임대료 y를 계산할 수 있다.

이렇게 계산된 점 (x, y)가 [그림 13.1]과 같이 직각 좌표상에 도표화 되면, 오른쪽으로 올라간 직선상에 각 점들이 놓이게 되는 것을 볼 수 있다.

또 다른 예로써, 승객이 40,000원을 가지고 모터보트를 전세내어 시간당 500원의 비율로 요금을 내는 것으로 가정하자. 임대시간을 x, 그리고 보트 놀이가 끝난 후에 승객이 호주머니에 남게 되는 금액을 y(단위 : 1,000원)로 표시하면 다음과 같다.

$$y = 40 - 0.5x$$

<표 13.2>에 각각의 x값에 대한 y값이 주어져 있다. [그림 13.2]에서 볼 수 있는 바와 같이 오른쪽으로 내려간 직선상에 모든 점 (x, y)가 놓인다.

일반적으로 두 변량 x와 y간의 선형 관계는 다음과 같은 방정식을 사용하여 수학적으로 표현할 수 있다.

$$y = a + bx$$

〈표 13.2〉 임대 시간과 잔여 금액

임대 시간 x	잔여 금액 y
0	40
2	39
4	38
10	35

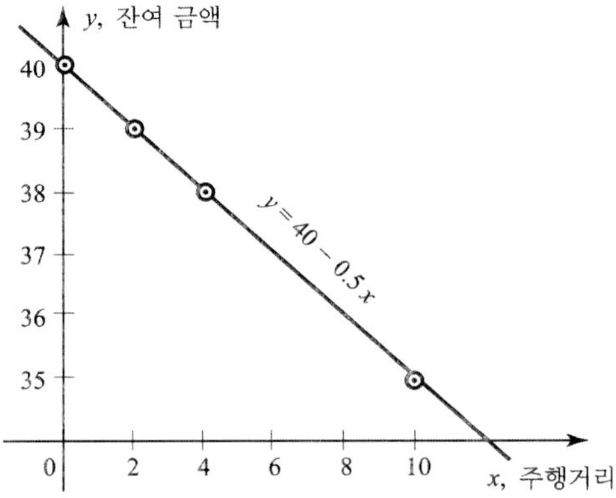

[그림 13.2] 오른쪽으로 내려간 직선

여기에서 a와 b는 직선의 특징을 결정하는 상수이다. b가 양이면 [그림 13.1]에서처럼 오른쪽으로 올라가고, 음이면 [그림 13.2]와 같이 오른쪽으로 내려간다. $x=0$일 때, y값은 a가 되며, 이를 y절편(y-intercept)이라 부른다. 상수 b의 의미를 알아보기 위하여 x의 단위증가(unit increase)를 고려해 보기로 한다. 즉, x가 $x+1$로 변화하면 그에 따라서 y가 y_1으로 변화한다고 가정하자. 그러면, y는 다음과 같다.

$$y = a + bx$$

그리고, y_1은 또한 이와 같다.

$$y_1 = a + b(x+1)$$

두 식의 차를 구해 보면 다음과 같다.

$$y_1 - y = b$$

따라서, b는 x의 단위 증가에 대한 y의 변화를 나타내며, 직선의 기울기(slope)라고 불리운다. 직선의 y-절편과 기울기를 [그림 13.3]에 표시한다.

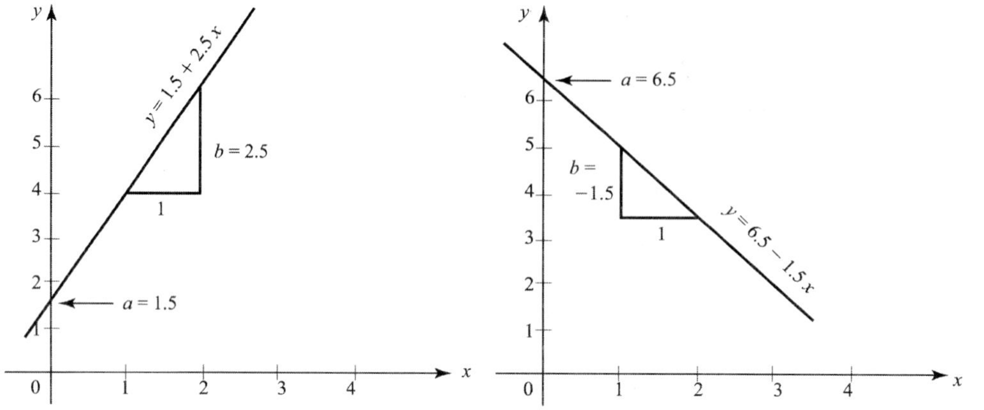

[그림 13.3] 직선 $y = 1.5 + 2.5x$와 $y = 6.5 - 1.5x$의 절편 a와 기울기 b

13.2.2 선형 상관계수

<표 13.3>에 주어진 자료에 관해 살펴보기로 한다. 학생 10명의 IQ와 평점평균이 나타나 있다. IQ를 x, 평짐 평균을 y로 표시하면 10개의 관찰점 (100, 3.0), (120, 3.8), ⋯ , (90,2.4)가 존재한다.

〈표 13.3〉 학생들 10명의 IQ와 평점 평균

IQ x	평점 평균 y
100	3.0
120	3.8
110	3.1
105	2.9
85	2.6
95	2.9
130	3.6
100	2.8
105	3.1
90	2.4

이 한 쌍을 좌표점 또는 순서쌍(ordered pairs)이라 부르며, 첫 번째 요소를 x값, 그리고 두 번째 요소는 y값을 가리키는 것으로 한다. 우선 이변량 자료를 다루는데 있어서, 자료를 직교 좌표상에 점으로 표시해 보는 것은 좋은 구상이다. 그 결과 얻은 그림표를 **점산도**(scatter diagram)라고 부른다. 점산도를 그려보면, 관찰값들이 직선 또는 곡선 등

의 특정한 형태와 관련성을 제시하면서 전개된다. <표 13.3>의 점산도가 [그림 13.4]에 나타난다.

IQ가 높은 학생들이 대체로 평점 평균도 높은 점수를 보여주고 있으며, 반면에 IQ가 낮은 학생들이 낮은 점수들 얻는 성향이 있음을 점산도를 통하여 알아볼 수 있다. 높은 x값이 높은 y값과 연관되는 경향이 있고, 한편 낮은 x값이 낮은 y값과 관련되는 경향이 있으므로, 이 자료에 관한한, IQ와 평점 평균간에 양의 상관관계(positive relationship)가 있다고 말한다. 반면에, 높은 x값이 낮은 y값과 연관되고, 낮은 x값이 높은 y값과 연관되는 것으로 판명되면, 음(역)의 상관성(negative or inverse relationship)이 존재한다고 말한다. 중고차의 가격과 사용 연수의 관련성이 역상관의 한 예가 된다.

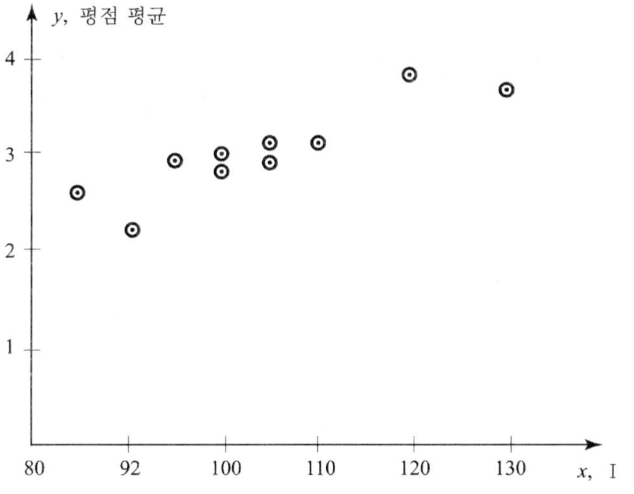

[그림 13.4] IQ와 평점 평균의 점산도

[그림 13.4]의 점산도에서, 관찰점들이 어느 정도 직선의 양상을 보이면서 흩어져 있음을 볼 수 있다. 이러한 직선에의 접근도, 즉 관련성의 정도를 측정하는 척도로서 **선형상관계수**(coefficient of linear correlation)가 사용되고 있으며, 흔히 r로써 표시한다. 그리고, 관찰치들 $(x_1, y_1), (x_2, y_2), \cdots, (x_n, y_n)$에 관하여, 상관계수는 다음과 같이 정의한다.

$$r = \frac{\sum_{i=1}^{n}(x_i - \bar{x})(y_i - \bar{y})}{\sqrt{\sum_{i=1}^{n}(x_i - \bar{x})^2 \sum_{i=1}^{n}(y_i - \bar{y})^2}}$$

이를 **Pearson의 상관계수**(Pearson product-moment correlation coefficient)라고 부르기도

하며, 계산상의 편의를 위하여 다음의 공식을 사용한다.

$$r = \frac{n\sum_{i=1}^{n} x_i y_i - \sum_{i=1}^{n} x_i \sum_{i=1}^{n} y_i}{\sqrt{\left[n\sum_{i=1}^{n} x_i^2 - (\sum_{i=1}^{n} x_i)^2\right]\left[n\sum_{i=1}^{n} y_i^2 - (\sum_{i=1}^{n} y_i)^2\right]}}$$

따라서, r를 계산하기 위하여, $\sum_{i=1}^{n} x_i$, $\sum_{i=1}^{n} y_i$, $\sum_{i=1}^{n} x_i^2$, $\sum_{i=1}^{n} y_i^2$, $\sum_{i=1}^{n} x_i y_i$, 그리고 관찰치의 갯수 n이 필요하다.

〈표 13.4〉 IQ와 평점 평균 간의 상관계수의 계산 (〈표 13.3〉의 자료를 근거로)

x	y	x^2	y^2	xy
100	3.0	10,000	9.00	300.0
120	3.8	14,400	14.44	456.0
110	3.1	2,100	19.61	341.0
105	2.9	11,025	8.41	304.5
85	2.6	7225	6.76	221.0
95	2.9	9025	8.41	275.5
130	3.6	16,900	12.96	468.0
100	2.8	10,000	7.84	280.0
105	3.1	11,025	9.61	325.5
90	2.4	8100	5.76	216.0
합 계 1040	30.2	109,800	92.80	3187.5

<표 13.3>의 자료에 근거한 IQ와 평점 평균간의 상관계수를 구하기 위한 계산 결과가 <표 13.4>에 제시되어 있다. 이를 사용하여 r를 구해 보면 다음과 같다.

$$r = \frac{(10)(3187.5) - (1040)(30.2)}{\sqrt{[(10)(109,800) - (1040)^2][(10)(92.80) - (30.2)^2]}}$$

$$= \frac{467}{\sqrt{(16,400)(15.96)}} = 0.913$$

선형관련성의 정도를 어떻게 r로써 측정하는가? r값이 0.913이라는 것은 무엇을 뜻하는가? 이 문제는 나중에 13.4절에서 상관 분석을 다룰 때에 구체적으로 언급하기로 하고, 지금은 r의 성질 가운데 몇 가지를 열거하기로 한다.

상관계수는 1과 -1사이의 값을 갖는다. 즉, $-1 \le r \le 1$

$r = 1$일 때에 **완전정상관**(perfect positive correlation)이 존재하고, 점산도인 [그림 13.5] (a)에서 보는 것처럼 오른쪽으로 올라간 직선상에 모든 관찰점들이 놓이게 됨을 뜻한다. 한편, r값이 -1이면, **완전역상관**(perfect negative correlation)이 존재하고, [그림 13.5] (b)에서처럼 오른쪽으로 내려간 직선상에 모든 관찰점들이 위치함을 말한다. 직선이 모든 관찰점들을 통과할 수 없으면, r값은 1과 -1 사이의 값이 될 것이다. 그리고, r이 0.95 또는 -0.9로서 +1 또는 -1에 가까운 값이면, 관찰점들이 직선 부근에 가까이 분포함을 알 수 있다.

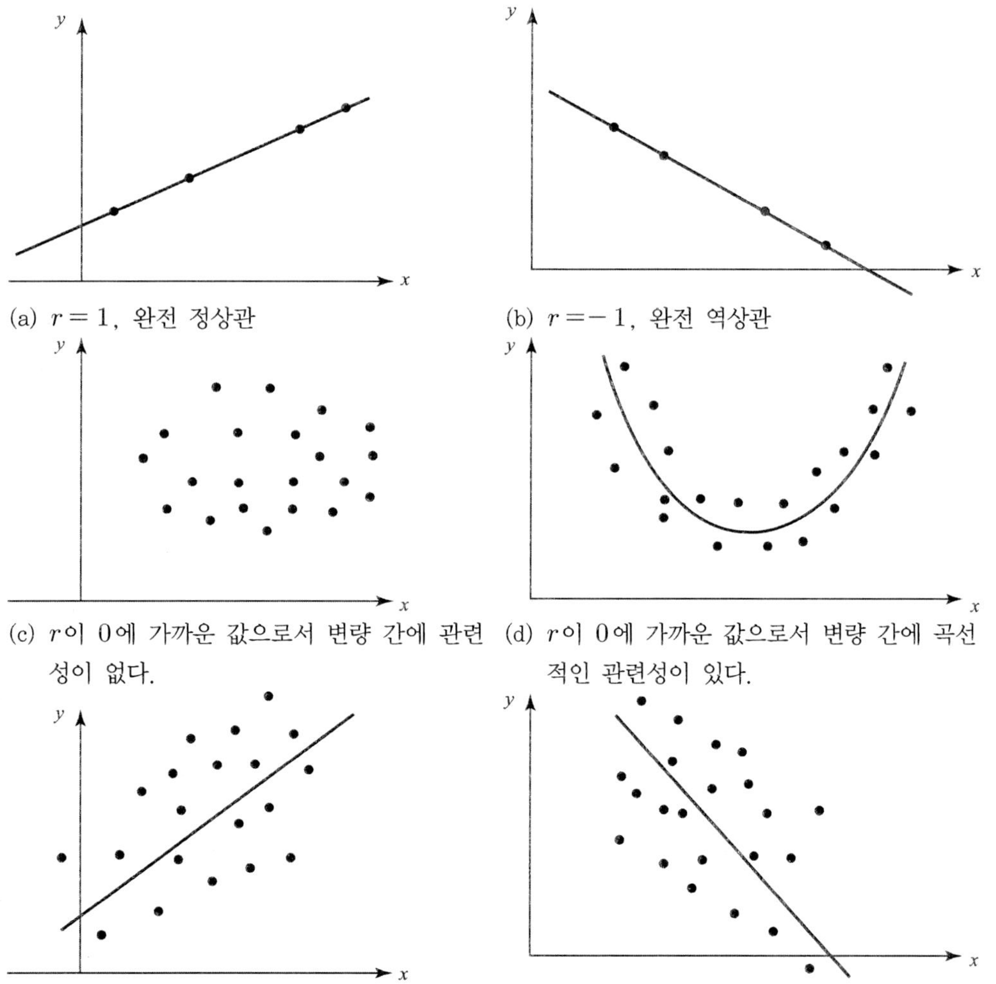

(a) $r = 1$, 완전 정상관

(b) $r = -1$, 완전 역상관

(c) r이 0에 가까운 값으로서 변량 간에 관련성이 없다.

(d) r이 0에 가까운 값으로서 변량 간에 곡선적인 관련성이 있다.

(e) $0 < r < 1$ 낮은 정상관

(f) $-1 < r < 0$낮은 역상관

[그림 13.5] 몇가지의 점산도

예를 들어, r값이 낮아서 0에 가까운 값이면, 다음의 두 가지 결론 가운데 하나에 도달하게 된다. 한 가지는 두 변량 간에 분명한 관련성이 없기 때문에, 예컨대, [그림 13.5] (c)의 점산도가 나타내는 것처럼 x와 y간에 명백한 어떤 종속적인 양상이 없으므로 상관계수가 0이라는 결론이며, 또 한 가지는 변량들이 관련되어 있으나 선형적인 관련성을 갖고 있지는 않다는 것이다. 예컨대, [그림 13.5] (d)의 점산도에 나타난 자료에서와 같이, 곡선적인 관련성이 분명히 존재함에도 불구하고, r값이 매우 0에 가끼운 값으로 계산될 수도 있다. 선형상관계수 r는 단지 변량들이 직선적으로 관련되어 있는지를 측정한다.

r값이 양인 것은 [그림 13.5] (a)와 (e)에서와 같이 오른쪽으로 올라간 선형적인 경향을 나타내며 반면에 음인 것은 [그림 13.5] (b)와 [그림 13.5] (f)에서처럼 오른쪽으로 내려가는 추세를 보여준다.

13.2.3 회귀선에의 부합

r의 크기로 두 변량 간에 선형 관련성이 있는가의 여부를 결정하고, 이러한 관련성의 크기를 정할 수 있다. 그러나 상관계수는 꽤 높은 선형 관련성을 나타낼 때에 조차도, r자체는 기울기나 y-절편에 관하여 아무 것도 제시하지 못하므로, 두 변량이 선형적으로 관련되는 방식에 대하여 설명할 수 없게 된다. 그러므로 단지 r의 값을 아는 것만으로는 예측하고자 하는 목적에 맞지 않는다. 여기에서 필요한 것이 바로 회귀분석이론이며, 우선 선형 관계가 존재한다고 가정하고, 이를 나타내는 회귀계수를 결정해 나간다. 회귀분석에서 일반적으로 독립 변수는 x로 표시하고, x축에 표현하며, 종속 변수는 y로 하고 그 값은 y축에 나타낸다. 다음의 예를 생각해 보기로 한다. 비료 투여량(단위 : 평당 kg)의 선형함수로써 곡물 수확량(단위 : 평당 톤수)을 예측하고자 한다. 수확량은 예측되는 변수이므로 종속 변수이고, 시비량은 예측에 사용되는 변수이므로 독립 변수이다. <표 13.5>는 시비량에 상응하는 곡물 수확량의 관찰치를 제시하고 있으며, [그림 13.6]에는 점산도가 그려져 있다. 분명히 선형 관계를 보여주고 있으므로, 이러한 선형 관계를 나타내는 직선에 맞추기를 원한다. 관찰점이 직선상에 놓인다면, 직선을 그리는 데는 아무런 문제가 없으나, 관찰점들이 직선상에 놓이지는 않으므로 이론상으로 그릴 수 있는 직선의 수는 무한개이다. 여기에서 문제는 관찰점들이 나타내는 선형적인 추세 또는 경향을 가장 잘 반영하는 특정 직선을 그리는 것이다. "가장 잘 들어 맞는 직선(the line of best fit)"을 구하는데 있어서의 원리는 바로최소자승법(method of least squares)이라고 불리우며, A.M. Legendre(1752~1833)에 의해 개발되었다. 이러한 원리의 중심적 개념을 살펴보기로 한다.

〈표 13.5〉 곡물 수확량과 시비량

시비량 x	수확량 y
30	43
40	45
50	54
60	53
70	61
80	63

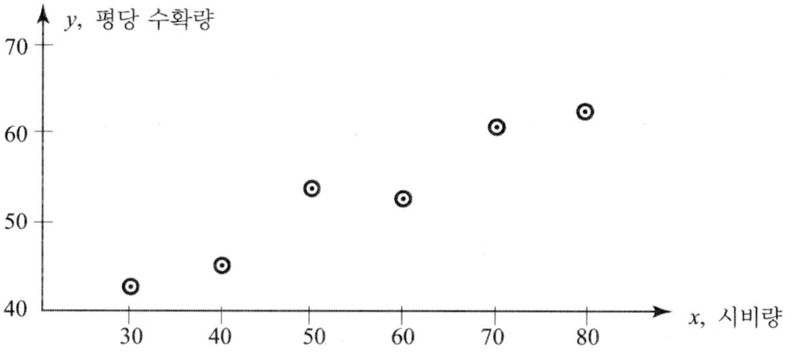

[그림 13.6] 시비량과 곡물 수확량의 점산도

$\hat{y} = a + bx$가 n개의 관찰치들 $(x_1, y_1), (x_2, y_2), \cdots, (x_n, y_n)$으로 구성된 자료에 가장 잘 부합되는 직선이라고 하자. 이를 **예측방정식**(prediction equation)이라 부르기로 한다.

예컨대, $a + bx_i$는 독립 변수 x의 값이 x_i일 때에 종속 변수 y의 예측치를 나타내고, y_i는 그에 상응하는 y의 관찰치를 나타낸다. 예측 방정식에서 다음의 값들을 구한다.

$$(x_1,\ a + x_1),\ (x_2,\ a + bx_2), \cdots, (x_n,\ a + bx_n)$$

이 모든 점들은 예측 방정식을 표시하는 선상에 놓인다. $y_1 - (a + bx_1)$, $y_2 - (a + bx_2)$, $\cdots$, $y_n - (a + bx_n)$은 관찰치와 그에 상응하는 예측치와의 편차를 보여준다. [그림 13.7] (a)와 (b)에서와 같이 $e_i = y_i - (a + bx_i)$는 관찰치 y_i와 가장 잘 부합되는 직선과의 수직 거리를 표시한다. 예측을 하기 위하여 예측 방정식을 구하는 것이 주된 목적이므로, 편차를 최소화하는 직선을 찾아내는 것이 바람직하다. **최소자승법**의 원리(principle of the method of least squares)는 다음과 같이 쓸 수 있다.

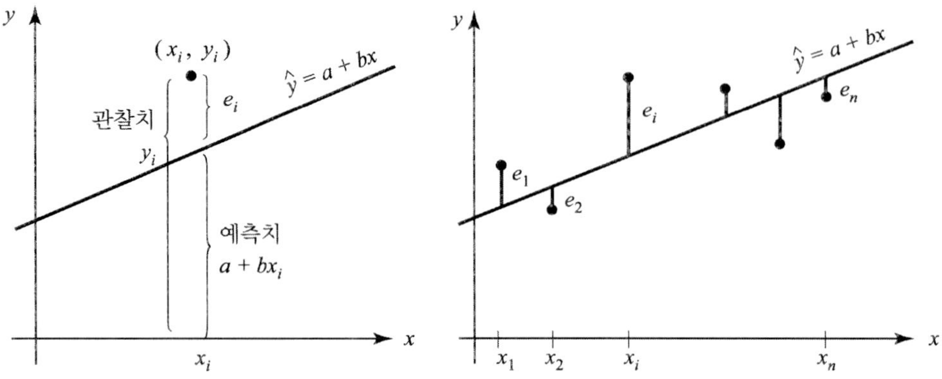

[그림 13.7] y의 예측치 $\hat{y}= a+bx$와 관찰치 y간의 편차

최량부합선(best-fitting line)은 y관찰치와 예측치와의 편차의 자승합이 최소인 직선이다. 즉, 편차의 자승합을 최소화하는 방법으로 상수 a와 b를 구한다. 편차의 자승합은 다음과 같다.

$$\sum_{i=1}^{n}[y_i - (a+bx_i)]^2$$

이러한 기준으로 구한 직선을 **최소자승회귀선**(least squares regression line)이라 부르며, 가장 잘 부합되는 직선을 결정하는 a와 b의 값은 다음의 식으로 구할 수 있다.

회귀 직선의 기울기 b와 y-절편 a는 다음과 같다.

$$b = \frac{n\sum_{i=1}^{n}x_iy_i - \sum_{i=i}^{n}x_i\sum_{i=1}^{n}y_i}{n\sum_{i=1}^{n}x_i^2 - (\sum_{i=1}^{n}x_i)^2}$$

$$a = \overline{y} - b\overline{x}$$

기울기 b를 **표본회귀계수**(sample regression coefficient)라 일컫고, 이 와 같이 구한 회귀선 $\hat{y}= a+bx$는 x에 관한 y의 **회귀선**(line of regression of y on x)이라 부른다.

필요한 값들은 $\sum_{i=1}^{n}x_i$, $\sum_{i=1}^{n}y_i$, $\sum_{i=1}^{n}x_i^2$, $\sum_{i=1}^{n}x_iy_i$, 그리고 관찰치수인 n이다. 시비량과 곡물 수확량의 경우를 다루기 위해 <표 13.6>을 보기로 한다.

〈표 13.6〉 시비량에 의한 곡물 수확량의 회귀선을 찾기 위한 계산

시비량 x	수확량 y	x^2	xy	y^2
30	43	900	1290	1849
40	45	1600	1800	2025
50	54	2500	2700	2916
60	53	3600	3180	2809
70	56	4900	3920	3136
80	63	6400	5040	3969
합 계 330	314	19,900	17,930	16,704

$n=6$, $\sum_{i=1}^{6} y_i = 314$, $\sum_{i=1}^{6} x_i^2 = 19,990$, 그리고 $\sum_{i=1}^{6} x_i y_i = 17,930$이므로, b값은 다음과 같다.

$$b = \frac{(6)(17,930)-(330)(314)}{(6)(19,900)-(330)^2} = \frac{3960}{10,500} = 0.377$$

$\overline{x} = \frac{330}{6} = 55$, 그리고 $\overline{y} = \frac{314}{6} = 52.33$이므로

$$a = \overline{y} - b\overline{x} = 52.33 - (0.377)(55) = 31.593$$

따라서 회귀선, 또는 예측 방정식은 다음과 같다.

$$\hat{y} = 31.593 + 0.377x$$

b값이 0.377이라는 것은 평당 시비량을 1kg 증가시키면 곡물 수확량이 0.377톤 증가함을 뜻한다. 회귀 방정식을 구하고 나면 회귀선을 그리기는 쉬운 일이며, 회귀선을 그리기 위하여 좌표 평면상에 두 점만 있으면 된다. 그러므로 x의 임의의 두 값을 취하고, 회귀 방정식을 사용하여 이에 상응하는 $\hat{y}$값을 구한다.

예컨대, $x=50$에 대하여, $\hat{y} = 31.593 + (0.377)(50) = 50.443$ 그리고,

$y=60$에 대하여, $\hat{y} = 31.593 + (0.377)(60) = 54.213$

이와 같이, 두 점 (50, 50.443)과 (60, 54.213)을 구하여 연결하면, [그림 13.8]과 같은 직선을 그릴 수 있다.

y-절편을 구하는 공식인 $\overline{y} = a + b\overline{x}$를 살펴보는 것은 흥미 있는 일이다. 표본회귀선은 항상 점 $(\overline{x}, \overline{y})$를 통과함을 알 수 있다.

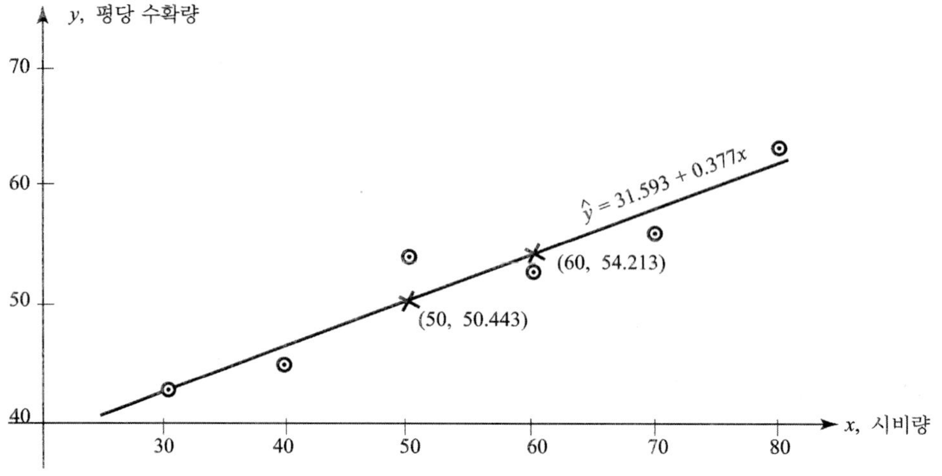

[그림 13.8] 시비량에 관한 곡물 수확량 회귀선

예제 13-1

10명의 학생들에 관한 중간고사 성적 x와 기말 고사 성적y가 <표 13.7>과 같다.

〈표 13.7〉 학생 10명의 중간 고사와 기말고사 성적

중간고사 성적 x	기말고사 성적 y	x^2	y^2	xy
58	55	3364	3025	3190
64	75	4096	5625	4800
80	82	6400	6724	6560
74	63	5476	3969	4662
40	82	1600	6724	3280
70	83	4900	6889	5810
72	78	5184	6084	5616
26	50	676	2500	1300
80	65	6400	4225	5200
74	57	5476	3249	4218
합 계 638	690	43,572	49,014	44,636

(a) 점산도를 그려라.

(b) 상관계수를 계산하여라.

(c) x에 관한 y의 회귀선을 구하여라.

(d) 회귀선을 그려라.

풀이 (a) 점산도는 다음의 [그림 13.9]와 같다.

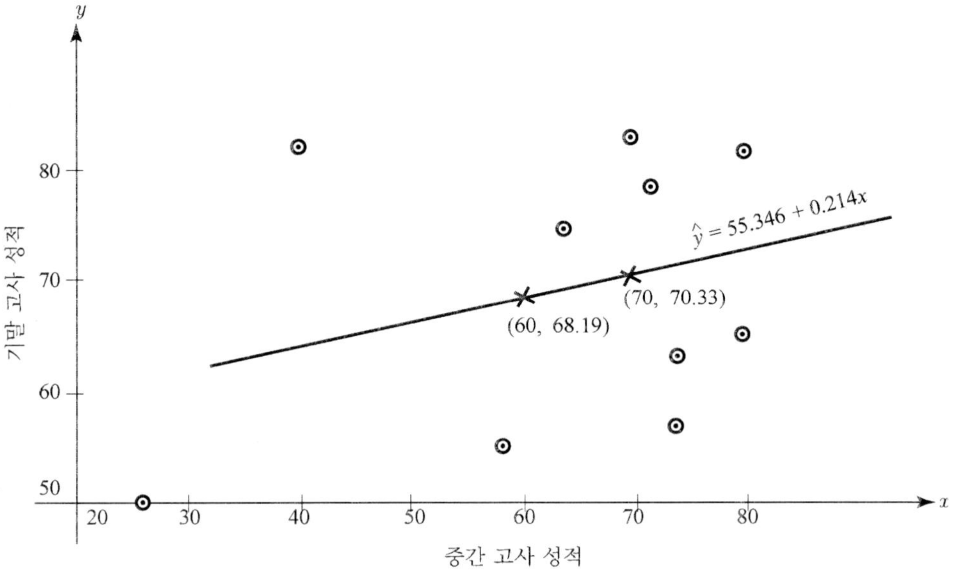

[그림 13.9] 중간고사 성적에 관한 기말고사 성적의 점산도와 회귀선

(b) <표 13.7>에 계산상 필요한 값들이 제시되어 있다. 즉, $n = 10$

$$\sum_{i=1}^{10} x_i = 638, \ \sum_{i=1}^{10} y_i = 690, \ \sum_{i=1}^{10} x_i^2 = 43,572, \ \sum_{i=1}^{10} y_i^2 = 49,014,$$

그리고, $\sum_{i=1}^{10} x_i y_i = 44,636$이므로 r값을 구해 보면 다음과 같다.

$$\begin{aligned} r &= \frac{(10)(44,636) - (638)(690)}{\sqrt{[(10)(43,5720 - (638)^2][(10)(49,014) - (690)^2]}} \\ &= \frac{6140}{\sqrt{(28,676)(14,040)}} = 0.306 \end{aligned}$$

(c) 회귀 계수 b는 다음과 같다.

$$b = \frac{(10)(44,636) - (638)(690)}{[(10)(43,572) - (638)^2]} = \frac{6140}{28,676} = 0.214$$

그리고, $\bar{x} = 638/10 = 63.8$ 및 $\bar{y} = 690/10 = 69$이므로 a는 다음과 같다.

$$a = \bar{y} - b\bar{x} = 69 - (0.214)(63.8) = 55.346$$

따라서, 회귀선은 다음과 같이 구할 수 있다.

$$\hat{y} = 55.346 + 0.214x$$

(d) 최소 자승 회귀선을 그리기 위하여 편의상 x값 두 개를 취하여 $\hat{y}$값을 구한다.

$$x = 60\text{에 대하여, } \hat{y} = 55.346 + (0.214)(60) = 68.19$$

$x = 70$에 대하여, $\hat{y} = 55.346 + (0.214)(70) = 70.33$

두 점 (60, 68.19)와 (70, 70.33)을 연결하여 [그림 13.9]와 같은 회귀선을 그릴 수 있다.

13.3 회귀분석

앞절에서 최소자승법을 적용하여 n개의 관찰치들을 가장 잘 설명하는 회귀선을 계산하였다. 물론, n개의 관찰치들은 더 큰 모집단에서 추출된 표본으로 구성된다. 따라서, 이렇게 구한 회귀선을 **표본회귀선**이라 부른다. 이러한 회귀선에 대한 관심은 n개의 관찰치에 관하여 회귀선이 무엇을 뜻하는가를 단순히 조사하는 것보다는 표본이 추출된 모집단에 있는 것이다. 일변량의 경우를 돌이켜 보면, 모수인 μ와 σ^2에 관심이 있으므로 표본평균과 표본분산에 관하여 논의해 왔다. 그리고, 모수들에 관하여 신뢰구간을 추정하고 가설검정을 하기 위한 여러 가지 기법들을 개발하였다. 이와 마찬가지로 표본회귀선에 대해 논하는 것은 모집단에서의 선형적인 추세를 연구하기 위함이다. 모집단에서의 선형적 추세를 표현하는데 수반되는 모수에 관한 추정과 신뢰구간설정이 본절의 주된 목적이다.

13.3.1 선형 모형

앞절에서 다룬 바 있는 시비량에 관한 곡물 수확량의 회귀분석의 예를 생각해 보자 (본절에서도 이 예를 계속 다룰 것이다). 시비량의 수준은 실험 설계의 관리하에 놓인다. 따라서, 시비량이 우연히 결정되지 않는 점에서, 이를 확률 변수가 아닌 **고정변수**(fixed variable)로 가정한다. 1평의 경작지에 동일한 시비량을 사용함에도 똑같은 양의 곡물을 생산해내지는 않을 것이기 때문에 곡물 생산량 Y는 확률 변수이다. 50kg의 비료를 사용하는 모든 경작지의 수확량들을 알고 있다고 하자. 이러한 경작지의 수확량은 어떤 분포를 하는 **부분모집단** 또는 **부모집단**(subpopulation)을 이룰 것이다. 이러한 분포는 평균이 $A + 50B$, 분산이 σ^2인 정규 분포를 따른다고 가정하자. 여기에서 A와 B는 상수이고 특정한 모집단의 특징을 나타낸다. 마찬가지로, 여타의 시비량의 경우도 각각의 곡물 수확량에 관한 부분 모집단을 생각할 수 있다. 임의의 시비량 x에 대하여, 곡물 수확량의 부분모집단은 동일한 분산σ^2을 갖고 평균이 $A + Bx$인 정규 분포를 한다고 가정한다. 즉, 각 부분 모집단의 평균은 y-절편이 A이고 기울기가 B인 직선상에 놓인다고 가정한다. 시비

량이 x일 때에 수확량의 평균을 $\mu_{Y|x}$로 표시하면 다음과 같다.

$$\mu_{Y|x} = A + Bx$$

끝으로 한 경작지의 수확량이 다른 곳의 수확량에 영향을 미치지 않는다고 가정한다. 다시 말해서, 경작지들의 수확량은 독립적이다. 요약하면, 단순선형회귀모형의 기초가 되는 기본적인 가정들을 다음과 같이 들 수 있다.

1. 독립 변수의 값은 주어져 있다. 즉, 확률 변수가 아니다.
2. 각각의 x에 관하여, Y는 평균이 $A+Bx$인 정규 분포를 한다. 여기에서 A와 B는 상수이다. 즉, $\mu_{Y|x} = A + Bx$이다. $\mu_{Y|x} = A + Bx$에 의하여 구해지는 직선을 **모회귀선**(population regression line) 또는 **참모회귀선**(true regression line)이라 부른다.
3. 각각의 x에 관해, Y의 분포에서의 분산은 동일한 σ^2이다. [그림 13.10]에서와 같이 각기 다른 x값에 대하여, 정규 곡선의 형태가 일정함을 뜻한다.
4. 반응 변수를 나타내는 확률 변수 Y는 독립적으로 분포한다.

회귀 모형을 세움에 있어서, 회귀분석의 통계적인 문제는 다음과 같다.

(a) 모수 $\mu_{Y|x}$ 및 σ^2의 점추정치를 구한다.
(b) 위의 모수들의 신뢰구간을 설정한다.
(c) 이러한 모수들에 관한 가설을 검정한다.

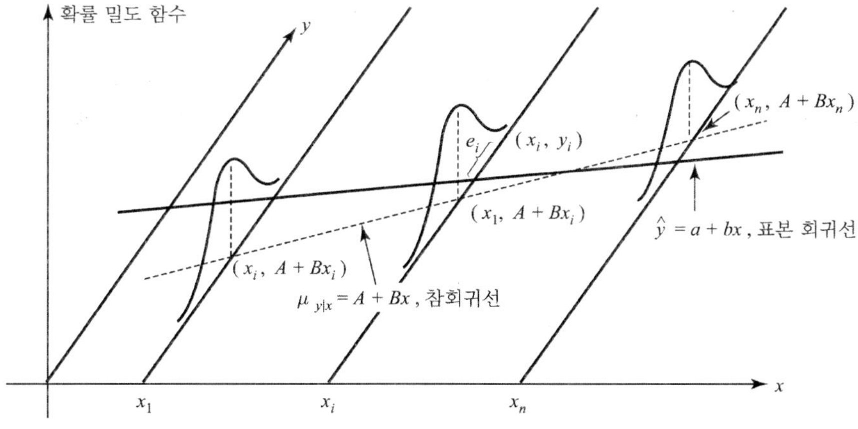

[그림 13.10] 주어진 x의 값에서의 Y분포. 참 회귀선 및 표본 회귀선

13.2절에서의 표본 자료에 부합된 최소자승회귀선 $\hat{y} = a + bx$는 모회귀방정식에 관한 불편추정치를 제공함을 보일 수 있다. 또한 a와 b는 각기 A와 B의 불편추정치이다. 사

실상 A, B, $\mu_{Y|x}$의 점추정량을 $\hat{A}$, $\hat{B}$, $\hat{Y}(=\hat{A}+\hat{B}x)$로 표시하며, 이러한 점추정량들은 정규 분포를 하고 그의 평균과 분산은 다음과 같음을 알 수 있다. $\hat{A}$, $\hat{B}$ 및 $\hat{Y}$는 추정량이므로 확률 변수에 해당한다. 그리고 표본에서 계산되는 이 값들은 a, b 및 $\hat{y}$로서 각기 A, B 및 $\mu_{Y|x}$의 추정치를 제시한다.

$$E(\hat{A}) = A \quad \text{그리고} \quad \mathrm{Var}(\hat{A}) = \left[\frac{1}{n} + \frac{(\bar{x})^2}{\sum_{i=1}^{n}(x_i - \bar{x})^2}\right]\sigma^2$$

$$E(\hat{B}) = B \quad \text{그리고} \quad \mathrm{Var}(\hat{B}) = \frac{\sigma^2}{\sum_{i=1}^{n}(x_i - \bar{x})^2}$$

$$E(\hat{Y}) = A + Bx \quad \text{그리고} \quad \mathrm{Var}(\hat{Y}) = \left[\frac{1}{n} + \frac{(x - \bar{x})^2}{\sum_{i=1}^{n}(x_i - \bar{x})^2}\right]\sigma^2$$

13.3.2 분산의 추정치

추론으로 들어가기 전에 σ^2의 추정치를 구해야 한다. 바꾸어 말하면, $\hat{A}$, $\hat{B}$와 $\hat{Y}$의 분산을 추정하기 위하여, σ^2의 추정치를 사용하게 된다. 선형회귀모형에서의 가정 가운데 하나는 각 x에 관하여 Y의 분포가 평균 $A+Bx$, 그리고 x와는 독립인 동일한 분산 σ^2을 갖는다는 것이다. 그러므로, s_e^2로 표시되는 σ^2의 불편추정치는 다음과 같다.

$$s_e^2 = \frac{\sum_{i=1}^{n}(y_i - \hat{y}_i)^2}{n-2}$$

n 대신에 $(n-2)$로 나누는 이유는 $\sum_{i=1}^{n}(y_i - \hat{y}_i)^2$에서 사용되는 $\hat{y}_i$를 구하려고 2개의 모수 A와 B를 추정하였기 때문이다. 따라서, 2개의 자유도를 잃게 된다. 앞절의 <표 13.5>의 자료로 σ^2 추정치 s_e^2을 구하기로 한다. 이 경우에 표본회귀선이 $\hat{y} = 31.593 + 0.377x$로

구해졌음을 기억하자. 따라서, s_e^2의 계산은 <표 13.8>에서 보는 바와 같이 진행된다. 그러므로, σ^2의 추정치 s_e^2은 다음과 같다.

$$s_e^2 = \frac{22.421}{6-2} = 5.61$$

〈표 13.8〉 〈표 13.5〉의 자료에 의한 σ^2추정치의 계산 과정

시바량 x	수확량 y	$\hat{y} = 31.593 + 0.377x$	$(y-\hat{y})^2$
30	43	42.903	0.010
40	45	46.673	2.800
50	54	50.443	12.652
60	53	54.213	1.472
70	56	57.983	3.932
80	63	61.753	1.555
합 계			22.421

s_e^2을 계산하기 위하여, 각 x_i값에 대한 예측치 $\hat{y}_i$를 구해야만 한다. 관찰치가 많으면, 이러한 절차는 바람직하지 않으며, 계산의 편의상 다음의 공식이 더 취급하기가 쉽다.

$$s_e^2 = \frac{1}{n-2}\left[\sum_{i=1}^{n} y_i^2 - a\sum_{i=1}^{n} y_i - b\sum_{i=1}^{n} x_i y_i\right]$$

13.2절에서 이미 위의 공식에 포함되는 항들을 구했다.

$$n = 6,\ a = 31.593,\ b = 0.377,$$

$$\sum_{i=1}^{n} y_i = 314,\quad \sum_{i=1}^{n} y_i^2 = 16.704,\quad \sum_{i=1}^{n} x_i y_i = 17,930$$

따라서, s_e^2은 다음과 같이 계산된다.

$$s_e^2 = \frac{1}{4}[16.704 - (31.593)(314) - (0.377)(17,930)] = 5.61$$

$\hat{A}$, $\hat{B}$ 및 $\hat{Y}$의 분산추정치를 s_a^2, s_b^2 및 $s_{\hat{y}}^2$으로써 표시하면 다음과 같다.

$$s_a^2 = \left[\frac{1}{n} + \frac{\bar{x}^2}{\sum_{i=1}^{n}(x_i - \bar{x})^2}\right] s_e^2 \qquad S_b^2 = \frac{s_e^2}{\sum_{i=1}^{n}(x_i - \bar{x})^2}$$

그리고, $\hat{y}_0 = a + bx_0$이면

$$s_{\hat{y}_0}^2 = \left[\frac{1}{n} + \frac{(x_o - \overline{x})^2}{\sum_{i=1}^{n}(x_i - \overline{x})^2}\right] s_e^2$$

13.2절의 <표 13.5> 자료로 이를 계산해 보기로 한다. $n = 6$, $\overline{x} = \frac{330}{6} = 55$. 그리고 $\sum_{i=1}^{n} x_i^2 = 19{,}900$ 이므로 다음을 얻는다.

$$\sum_{i=1}^{n}(x_i - \overline{x})^2 = \sum_{i=1}^{n} x_i^2 - \frac{\left(\sum x_i\right)^2}{n} = 19{,}900 - \frac{(330)^2}{6} = 1750$$

따라서,

$$s_a^2 = \left[\frac{1}{6} + \frac{(55)^2}{1750}\right](5.61) = 10.6323$$

그리고,

$$s_b^2 = \frac{5.61}{1750} = 0.00321$$

45kg의 비료를 투여할 때에 곡물 수확량의 추정치는 다음과 같다.

$$\hat{y} = 31.593 + (0.377)(45) = 48.558$$

$x_0 = 45$ 이므로 수확량 추정치의 분산추정치는 이와 같다.

$$s_{\hat{y}}^2 = \left[\frac{1}{6} + \frac{(45 - 55)^2}{1750}\right](5.61) = 1.2556$$

요컨대, 45kg의 비료를 투여할 때의 수확량을 추정하는 경우에, $s_a = 3.261$, $s_b = 0.0566$ 및 $s_{\hat{y}} = 1.121$을 얻게 된다.

13.3.3 신뢰구간

모수 A, B 및 $\mu_{Y|x}$의 신뢰구간을 구하는 것이 그 다음 목표이다. 추정량이 정규 분포이고, 그의 분산을 추정하여야 하는 경우의 문제를 이미 8장에서 다룬 바 있으며, 이 경우에도 신뢰구간의 상한과 하한은 다음 규칙을 적용하여 구할 수 있다.

(모수의 추정치)±(t값) (표준 오차의 추정치)

여기에서, σ^2 추정치 s_e^2는 $\sum_{i=1}^{n}(y_i - \hat{y}_i)^2$을 $(n-2)$로 나누었으므로, t분포는 $(n-2)$의 자유도를 갖는다. 그러므로, A, B 및 $\mu_{Y|x}$의 신뢰구간은 다음과 같다.

1. A의 $(1-\alpha)100\%$ 신뢰구간은 다음과 같다.
   $a-t_{\alpha/2}(n-2)\ S_a < A < a+t_{\alpha/2}(n-2)\ S_a$
2. B의 $(1-\alpha)100\%$ 신뢰구간은 다음과 같다.
   $b-t_{\alpha/2}(n-2)\ S_b < B < b+t_{\alpha/2}(n-2)\ S_b$
3. $\mu_{Y|x_0}(=A+Bx_0)$의 $(1-\alpha)100\%$ 신뢰구간은 다음과 같다.
   $(a+bx)-t_{a/2}(n-2)\ S_{\hat{y}} < A+Bx_0 < (a+bx_0)+t_{a/2}(n-2)\ S_{\hat{y}}$

예컨대, 앞에서 다뤘던 시비량과 수확량의 회귀분석에서 모수에 관한 신뢰구간을 구해 보기로 한다. $\alpha=0.05$로 하자.

$n=6$이므로 자유도는 4가 되고 $t_{a/2}(n-2)=t_{0.025}(4)=2.776$ 이다. 따라서, 95% 신뢰구간은 다음과 같다.

1. $a=31.593$이고 $s_a=3.261$이므로, A의 95% 신뢰구간은 다음과 같다.
   $31.593-(2.776)(3.261) < A < 31.593+(2.776)(3.261)$
   $22.540 < A < 40.646$ 따라서 $(22.540,\ 40.646)$
2. $B=0.377$이고 $S_b=0.0566$이므로, B의 95% 신뢰구간은 다음과 같다.
   $0.377-(2.776)(0.0566) < B < 0.377+(2.776)(0.0566)$
   $0.220 < B < 0.534$ 따라서 $(0.220,\ 0.534)$
3. 45kg의 비료를 투여할 때에 수확량의 평균에 관한 신뢰구간을 구하기로 한다. 위에서 본 바와 같이 수확량의 추정치는 48.558이다. $s_{\hat{y}}=1.121$이므로, $\mu_{Y|45}$의 신뢰구간은 다음과 같다.
   $48.558-(2.776)(1.121) < \mu_{Y|45} < 48.558+(2.776)(1.121)$
   $45.446 < \mu_{Y|45} < 51.670$ 따라서 $(45.446,\ 51.670)$

13.3.4 가설 검정

회귀 이론의 주요 기능은 독립 변수에 관한 지식으로 종속 변수의 평균치를 예측하는 것이므로, 독립 변수가 예측 목적에 합당한지의 여부가 매우 중요한 문제이다. 따라서, 가설 $H_0: B=0$을 검정하게 된다($B=0$이면, $\mu_{Y|x}=A+0x$, 즉 $\mu_{Y|x}=A$이며, Y의 평균치가 x값에 의존하지 않음을 뜻한다.)

일반적으로 B_0가 주어지면 다음의 가설을 검정하게 된다.

$$H_0 : B = B_0$$

대립가설은 단측가설 또는 양측가설이 될 수도 있다. 단측검정인가 또는 양측검정인가에 따라서, 검정의 성격이 결정됨을 상기하자. 검정에서의 결정은 $\frac{B - b_0}{s_b}$ 값과 $(n-2)$의 자유도를 갖는 t분포에 의존한다.

비료 투여량과 수확량의 예제에서 귀무가설을 검정하기로 한다.

$$H_0 : B = 0$$

이의 대립가설은 다음과 같다.

$$H_a : B \neq 0$$

5%의 유의수준에서 $t_{\alpha/2}(n-2) = 2.776$이므로, $\frac{b-0}{S_b} = \frac{b}{S_b}$의 계산된 값이 -2.766보다 작거나 또는 2.776보다 크면 H_0를 기각하게 된다.

$b = 0.377$이고 $S_b = 0.0566$이므로 b/S_b는 다음과 같다.

$$\frac{b}{S_b} = \frac{0.377}{0.0566} = 6.66$$

이 값이 2.776 보다 크므로 $B = 0$의 귀무가설을 기각하고, 곡물 수확량이 시비량에 의존한다고 결론이 내린다.

예제 13-2

<표 13.9>에는 여러 종류의 자동차들에 관한 사용 연수와 전매가격(단위 : 십만원)이 나타나 있다.

(a) 점산도를 그려라.

(b) 사용 연수로 전매 가격을 회귀하여라.

(c) 5년 후의 전매 가격을 추정하여라.

(d) 분산 σ^2을 추정하여라.

(e) $x = 5$일 때에 S_a, S_b, 및 $S_{\hat{y}}$을 구하여라.

(f) A, B 및 $\mu_{Y|5}$의 95% 신뢰구간을 추정하여라.

(g) 연간 감가 상각률이 40만원인지를 가설검정하여라.

〈표 13.9〉 자동차의 사용 연수와 전매 가격 (단위: 십만원)

사용연수 x	전매가격 y	x^2	y^2	xy
1	30	1	30	900
1	32	1	32	1024
2	25	4	50	625
2	27	4	54	729
2	26	4	52	676
4	16	16	64	256
4	18	16	72	324
4	16	16	64	256
4	20	16	80	400
6	10	36	60	100
6	8	36	48	64
6	11	36	66	121
합 계 42	239	186	672	5475

풀이 (a) [그림 13.11]의 점산도에서 보는 바와 같이 선형적인 추세가 분명히 나타난다.

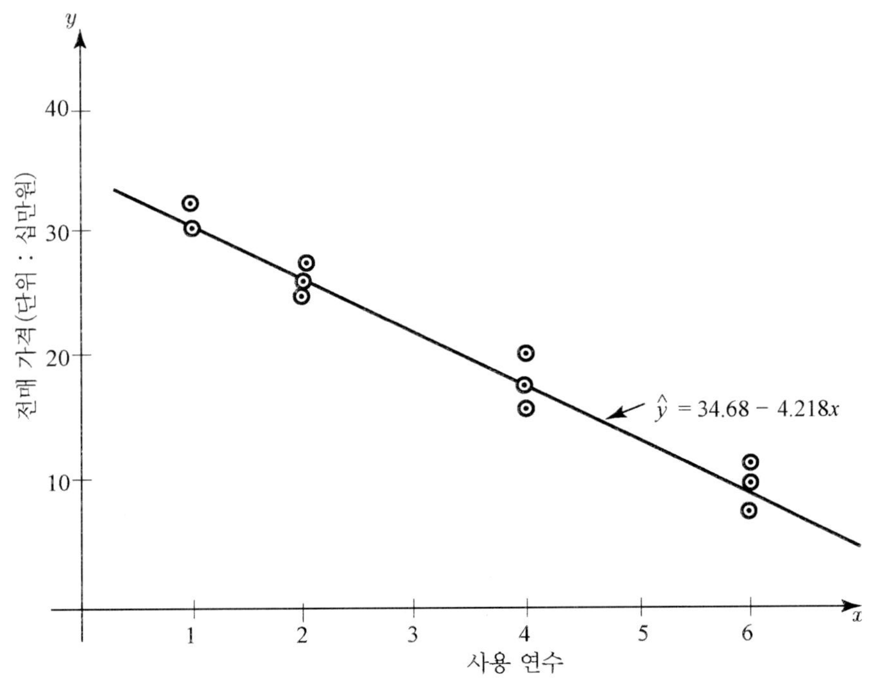

[그림 13.11] 사용연수와 전매 가격의 점산도와 회귀선

(b) <표 13.9>에 계산상 필요한 수치들이 주어져 있다. 즉, $n=12$

$$\sum_{i=1}^{n} x_i = 42, \quad \sum_{i=1}^{n} y_i = 239, \quad \sum_{i=1}^{n} x_i^2 = 186, \quad \sum_{i=1}^{n} x_i y_i = 672, \quad \sum_{i=1}^{n} y_i^2 = 5475$$

이므로, b를 아래와 같이 구할 수 있다.

$$b = \frac{(12)(672)-(42)(239)}{(12)(186)-(42)^2} = \frac{-1974}{468} = -4.218$$

그리고, a는 다음과 같이 계산된다.

$$a = \frac{239}{12} - (-4.218)\left(\frac{42}{12}\right) = 34.68$$

그러므로, 회귀식은 다음과 같다.

$$\hat{y} = 34.68 - 4.218x$$

또한, 연간 자동차의 감가상각 평균치는 421,800원이다.

(c) 5년 후의 전매 가격 추정치는 다음과 같다.

$$\hat{y} = 34.68 - (4.218)(5) = 13.59$$

즉, 5년 후의 자동차의 전매 가격은 1,359,000원이다.

(d) S_e^2을 구해 보면 다음과 같다.

$$\begin{aligned} S_e^2 &= \frac{1}{n-2}\left[\sum_{i=1}^{n} y_i^2 - a\sum_{i=1}^{n} y_i - b\sum_{i=1}^{n} x_i y_i\right] \\ &= \frac{1}{12-2}[5{,}475 - (34.68)(239) - (-4.218)(672)] \\ &= 2.098 \end{aligned}$$

(e) $\displaystyle\sum_{i=1}^{n}(x_i - \overline{x})^2 = \sum_{i=1}^{n} x_i^2 - \frac{\left(\sum_{i=1}^{n} x_i\right)^2}{n} = 186 - \frac{(42)^2}{12} = 39$이고

$\overline{x} = \dfrac{42}{12} = 3.5$이므로, S_a^2과 S_b^2을 다음과 같이 구할 수 있다.

$$S_a^2 = \left[\frac{1}{12} + \frac{(3.5)^2}{39}\right](2.098) = 0.8338$$

$$S_b^2 = \frac{2.098}{39} = 0.0538$$

그리고, $x=5$이면 $S_{\hat{y}}^2$은 다음과 같다.

$$S_{\hat{y}}^2 = \left[\frac{1}{12} + \frac{(5-3.5)^2}{39}\right](2.098) = 0.2959$$

따라서, $s_a = 0.913$, $s_b = 0.232$, 그리고 $s_y = 0.544$이다.

(f) 여기에서 몇 가지 가정을 할 필요가 있다. 사용 연수인 x가 주어지면, 전매 가격은 정규 분포를 한다고 가정한다. 또한, 전매 가격의 분포에서 분산은 x의 임의

의 값에 대하여 동일하다고 가정한다. $n=12$이므로 t-분포는 자유도 10을 갖고 $t_{a/2}(n-2)=t_{0.025}(10)=2.228$이 된다.

① $a=34.68$이고 $s_a=0.913$이므로, A의 95% 신뢰구간은 다음과 같다.

$34.68-(2.228)(0.913)<A<34.68+(2.228)(0.913)$

$32.646<A<36.714$ 따라서 신뢰구간은 $(32.646,\ 36.714)$이다.

② $b=-4.218$이고 $s_b=0.232$이다. 따라서, B의 95% 신뢰구간은 다음과 같이 계산된다.

$-4.218-(2.228)(0.232)<B<-4.218+(2.228)(0.232)$

$-4.735<B<-3.701$ 따라서 신뢰구간은 $(-4.735,\ -3.701)$이다.

③ (c)에서 $\hat{y}=13.59$이고, 또한 $s_y=0.544$이다. 그러므로 $\mu_{y|5}$의 신뢰구간은 다음과 같다.

$13.59-(2.228)(0.544)<\mu_{y|5}<13.59+(2.228)(0.544)$

$12.378<\mu_{y|5}<14.802$ 따라서 신뢰구간은 $(12.378,\ 14.802)$이다.

(g) 연간 감각 상각이 40만원이라는 귀무가설을 검정하기로 한다. 바꾸어 말하면, 가설 $H_0: B=-4$를 검정하고자 한다. 대립가설을 $H_A: B\neq-4$로 놓는다. $b=-4.218$이고 $S_b=0.232$이므로 검정통계량의 값은 다음과 같이 계산된다.

$$\frac{b-B_0}{S_b}=\frac{-4.218-(-4)}{0.232}=-0.94$$

$t_{0.025}(10)=2.228$이고, 검정 통계량의 수치가 -2.228과 2.228사이에 놓이므로 귀무가설을 기각하지 않는다.

13.4 상관분석

13.4.1 선형관계의 측도로서의 상관계수

상관계수가 선형 관련성 정도의 측도로서 취급되는 이유를 설명하기로 한다. y값이 변량 x와 아무런 관련성이 없다고 한다면, y값의 전변동을 통상적으로 $\sum_{i=1}^{n}(y_i-\bar{y})^2$으로 구할 것이다. 이를 **전체자승합**(total sum of squares)이라고 흔히 부른다. [그림 13.12]에서 보는 바와 같이 y의 $\bar{y}$로 부터의 편차는 두 부분으로 나뉜다. 하나는 회귀선으로부터 관찰치까지의 편차, $y_i-\hat{y}_i$를 말하고, 또 다른 하나는 평균 $\bar{y}$에서 예측치까지의 편차 즉

$\hat{y}_i - \overline{y}$을 말한다. 대표적으로 이는 다음과 같이 표시된다.

$$y_i - \overline{y} = (y_i - \hat{y}_i) + (\hat{y}_i - \overline{y})$$

위의 식에서 $\sum_{i=1}^{n}(y_i - \overline{y})^2$, $\sum_{i=1}^{n}(y_i - \hat{y}_i)^2$ 및 $\sum_{i=1}^{n}(\hat{y}_i - \overline{y})^2$ 을 계산할 수 있다. 그리고 다음이 성립한다.

$$\sum_{i=1}^{n}(y_i - \overline{y})^2 = \sum_{i=1}^{n}(y_i - \hat{y}_i)^2 + \sum_{i=1}^{n}(\hat{y}_i - \overline{y}_i)^2$$

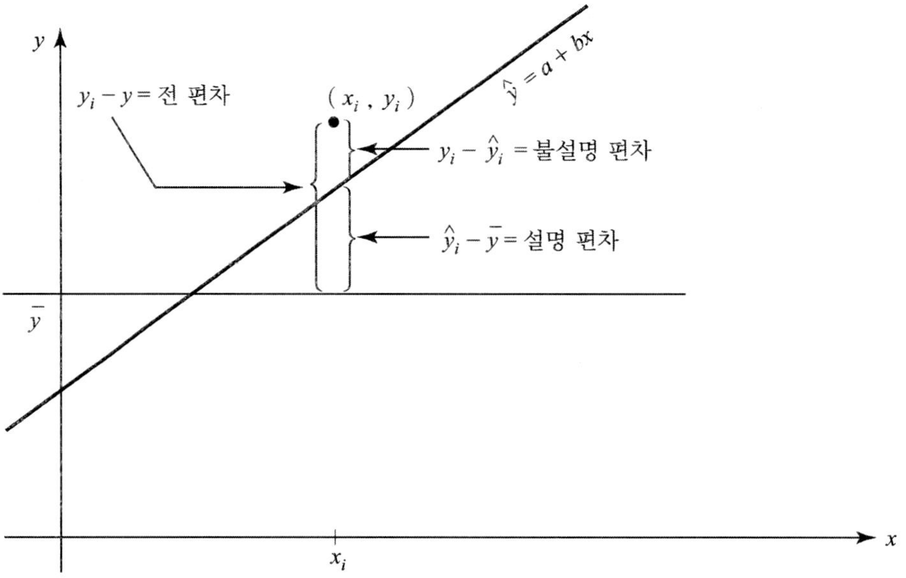

[그림 13.12] 전편차 $y_i - y$를 불설명편차 $y_i - \hat{y}_i$와 설명편차 $\hat{y}_i - \overline{y}$의 합으로 표시

여기서 $\sum_{i=1}^{n}(\hat{y}_i - \overline{y})^2$은 **전체 자승합**(total sum of squares) 또는 **전변동**이라 불리운다. 위 식은 전체자승합이 두 가지 요소인 $\sum_{i=1}^{n}(y_i - \hat{y}_i)^2$과 $\sum_{i=1}^{n}(\hat{y}_i - \overline{y})^2$으로 구성됨을 보여 준다.

x와 y간의 선형 관련성의 정도로 회귀선에 적합되어 설명되는 전변동의 한 구성 요소는 $\sum_{i=1}^{n}(\hat{y}_i - \overline{y})^2$이다. 이를 **설명자승합**(explained sum of squares)이라 부른다. 이는 x와 y간의 선형 관련성으로 전변동의 일부를 설명함을 뜻한다. 선형 관련성이 완전하면 모든 관찰치가 예측치와 일치 할 것이다. 즉, $y_i = \hat{y}_i$가 된다. 그에 따라서 다음과 같이 된다.

$$\sum_{i=1}^{n}(y_i - \hat{y}_i)^2 = 0$$

$$\sum_{i=1}^{n}(y_i - \overline{y})^2 = \sum_{i=1}^{n}(\hat{y}_i - \overline{y})^2$$

이는 전변동이 선형 관련성으로 모두 설명됨을 보여준다. $y_i - \hat{y}_i$은 관찰치의 예측치로부터의 편차를 나타내므로, $\sum_{i=1}^{n}(y_i - \hat{y}_i)^2$은 선형회귀관련성으로부터의 편차의 자승합이다. 이를 **불설명자승합**(unexplained sum of squares)이라 부른다. 여기에서도 관련성이 완전하면, 모든 관찰치가 회귀선 상에 떨어지므로 모든 i에 대해 $\sum_{i=1}^{n}(y_i - \hat{y}_i) = 0$이 되어 불설명 변동은 없다.

앞에서 이미 논의된 바와 같이 전체 자승합 $\sum_{i=1}^{n}(y_i - \overline{y})^2$의 일부로 표현된 $\sum_{i=1}^{n}(\hat{y}_i - \overline{y})^2$은 x와 y간의 선형 관련성의 정도를 측정하는데 중요한 역할을 하게 되며, 이 두 값의 비율을 r^2으로 표시하고, **결정계수**(coefficient of determination)라 부른다.

따라서, r^2은 다음과 같다

$$r^2 = \frac{\sum_{i=1}^{n}(\hat{y}_i - \overline{y})^2}{\sum_{i=1}^{n}(y_i - \overline{y})^2} = \frac{\text{설명자승합}}{\text{전체자승합}}$$

이에 약간의 대수적 조작을 통하여, 이 수치가 정확히 13.2절에서 논의한 바 있는 Pearson의 상관계수의 자승이 됨을 보일 수 있다. 여기에서 설명 변동이 전변동을 초과할 수 없음을 주목할 필요가 있다. 즉, $r^2 \le 1$이다. 또한 r^2은 두 양의 값의 비율이므로 r^2은 0보다 크다.

따라서, $0 \le r^2 \le 1$, 즉 $-1 \le r \le 1$이다.

앞에서 서술한 바와 같이, 모든 관찰치들이 회귀 직선상에 놓이면 다음과 같이 된다.

$$\sum_{i=1}^{n}(y_i - \overline{y})^2 = \sum_{i=1}^{n}(\hat{y}_i - \overline{y})^2$$

따라서, $r^2 = 1$이다. 즉, $r = 1$ 또는 $r = -1$이다. 반면에 $r^2 = 1$은 다음을 뜻한다.

$$\sum_{i=1}^{n}(y_i - \hat{y}_i)^2 = 0$$

이때에는 모든 관찰치들이 직선상에 놓임을 보여 준다. r이 $+1$또는 -1이라는 것은 완전선형관련성이 존재함을 말한다. 그리고, 관찰치가 회귀 직선에 가까우면 상관율 r^2은 1에 근사한 값이 된다. 한편, 관찰점들이 회귀 직선에 멀리 떨어짐에 따라서 r^2의 값도 낮아져서 0으로 접근한다.

상관계수를 계산하는 방법에는 두 가지가 있음을 알 수 있는데, 그 하나는 13.2절에서 다룬 바 있으며, 나머지 하나는 지금 소개한 결정 계수의 평방근을 구하는 것이다. 계산상의 목적에서 13.2절에서 소개된 공식이 더 낫다. 후자의 방법으로 r을 계산하면 다음과 같다.

$$r = \pm \sqrt{\frac{\sum_{i=1}^{n} (\hat{y}_i - \overline{y})^2}{\sum_{i=1}^{n} (y_i - \overline{y})^2}}$$

여기서 r의 부호는 회귀 직선의 기울기 b의 부호와 같기 때문에 이에 따라 r의 부호를 결정한다. 지금부터 IQ와 평점 평균에 관한 <표 13.4>의 자료에 대한 회귀분석을 실시하여 보자. <표 13.4>에서 다음을 계산하였다.

$$n = 10,\ \sum_{i=1}^{10} x_i = 1{,}040,\ \sum_{i=1}^{n} y_i = 30.2,\ \sum_{i=1}^{n} x_i^2 = 109{,}800,$$

$$\sum_{i=1}^{10} y_i^2 = 92.80,\ \sum_{i=1}^{10} x_i\, y_i = 3187.5$$

따라서,

(a) 회귀계수는 다음과 같이 계산된다.

$$b = \frac{(10)(3187.5) - (1{,}040)(30.2)}{(10)(109{,}800) - (1{,}040)^2} = 0.0285$$

(b) $y-$절편은 다음과 같다.

$$a = \overline{y} - b\overline{x} = 3.02 - (0.0285)(104) = 0.056$$

(c) 전체자승합은 다음과 같다.

$$\sum_{i=1}^{10} (y_i - \overline{y})^2 = \sum_{i=1}^{10} y_i^2 - \frac{\left(\sum y_i\right)^2}{n} = 92.80 - \frac{(30.2)^2}{10} = 1.596$$

(d) 다음 공식을 사용하여

$$\sum_{i=1}^{n} (y_i - \hat{y}_i)^2 = \sum_{i=1}^{n} y_i^2 - a\sum_{i=1}^{n} y_i - b\sum_{i=1}^{n} x_i\, y_i$$

불설명자승합을 구하면 다음과 같다.

$$\sum_{i=1}^{n}(y_i - \hat{y}_i)^2 = 92.80 - (0.056)(30.2) - (0.0285)(3187.5) = 0.265$$

(c)와 (d)에서 설명자승합. $\sum_{i=1}^{10}(\hat{y}_i - \overline{y})^2$은 다음과 같다.

$$\begin{aligned}\sum_{i=1}^{10}(\hat{y}_i - \overline{y})^2 &= \sum_{i=1}^{10}(y_i - \overline{y})^2 - \sum_{i=1}^{10}(y_i - \hat{y}_i)^2 \\ &= 1.59 - 0.265 = 1.331\end{aligned}$$

지금까지의 결과를 요약하면 <표 13.10>과 같다.

〈표 13.10〉 구성요소별 변동

구성 요소	자승합
불설명	0.265
설 명	1.331
전 체	1.596

그러므로, 결정 계수는 다음과 같다.

$$r^2 = \frac{\text{설명변동}}{\text{전변동}} = \frac{1.331}{1.596} = 0.834$$

b가 양이므로 0.834의 평방근을 취하여 $r = \sqrt{0.834} = 0.913$을 얻게 되고, 이는 앞에서 구한 값과 일치한다. 그리고, 결정 계수가 0.834인 것은 평점 평균의 83.4%를 선형회귀 관련성으로 설명할 수 있음을 뜻한다.

13.4.2 모상관계수에 관한 가설 검정

n개의 표본 관찰치에서 계산된 상관계수가 갖는 의미를 살펴 보았다. 좀 더 명확히 말하면 표본상관계수 r에 관하여 논의해 왔다. 모집단에서 n개의 표본을 달리 취하면 또 다른 r값을 갖게 되므로, 개념적으로 r이 분포를 생각할 수 있다. 5장에서 다룬 바 있는 모집단에서 두 변량 간의 관련성에 관한 측도를 표시하는 모수를 모상관계수(population correlation coefficient)라 부르고, 그리이스 문자인 ρ(roho)로써 표기한다. 주어진 자료에서 r값을 구했다고 가정하면 이 값은 ρ에 관하여 무엇을 제시하는가? 귀무가설이 다음과 같이 단순한 경우를 생각해 보기로 한다.

$$H_0 : \rho = 0$$

이는 모집단에서 두 변량 간에 아무런 선형 관련성이 존재하지 않음을 뜻한다. 여기에서 두 변량의 분포에 관한 가정을 세울 필요가 있다. 회귀분석에서는 한 변수가 확률 변수이고, 또 다른 변수가 확률 변수가 아닌 반면에, 상관 분석에서는 두 변수가 모두 확률 변수이어야 한다. 두 변수의 결합확률분포는 이변량정규분포(bivariate normal distribution)라 하자. 이 경우에 $\rho = 0$이라는 것은 두 변량이 독립임을 뜻한다. 귀무가설 $H_0 : \rho = 0$을 검정하기 위한 통계량은 다음과 같다.

$$r\sqrt{\frac{n-2}{1-r^2}}$$

H_0가 참이면, 이 검정통계량은 자유도 $(n-2)$를 갖는 t-분포를 한다. IQ와 평점 평균에 관한 예제문제에서 $n = 10$일 때에 $r = 0.913$을 얻었다. $H_1 : \rho \neq 0$에 대하여 $H_0 : \rho = 0$을 검정하기로 한다. 대립가설에 비추어서 양측 검정을 하게 된다. 검정 통계량 값을 계산하면 다음과 같다.

$$r\sqrt{\frac{n-2}{1-r^2}} = (0.913)\sqrt{\frac{10-2}{1-(0.913)^2}} = 6.33$$

5%의 유의 수준에서 $t_{a/2}(n-2) = t_{0.025}(8) = 2.306$이다. 산출된 검정 통계량이 -2.306과 2.306 사이에 놓이지 않으므로 H_0를 기각하게 되고, IQ와 평점 평균 간에는 선형 관련성이 있다고 결론을 내린다.

예제 13-3

13.2절의 [예제 13.1]의 자료에서

(a) 각 변동들을 구하여라.

(b) 결정계수를 구하여라.

(c) 모상관계수가 0이라는 가설을 검정하여라.

풀이 (a) 13.2절의 [예제 13.1]에서 다음을 알 수 있다.

$$n = 10,\ \sum_{i=1}^{10} y_i = 690,\ \sum_{i=1}^{10} y_i^2 = 49{,}014,\ \sum_{i=1}^{10} x_i\, y_i = 44{,}636$$

$$a = 55.346,\ b = 0.214$$

따라서, 전체자승합은 다음과 같이 계산된다.

$$\sum_{i=1}^{n}(y_i - \overline{y_i})^2 = \sum_{i=1}^{10} y_i^2 - \frac{\left(\sum_{i=1}^{10} y_i\right)^2}{10}$$

$$= 49{,}014 - \frac{(690)^2}{10} = 1404$$

그리고 불설명자승합은 다음과 같다.

$$\sum_{i=1}^{10}(y_i - \hat{y}_i)^2 = \sum_{i=1}^{10} y_i^2 - a\sum_{i=1}^{10} y_i - b\sum_{i=1}^{10} x_i\, y_i$$

$$= 49{,}014 - (55.346)(690) - (0.214)(44{,}636)$$

$$= 1273.16$$

그러므로, <표 13.11>의 결과를 얻는다. 설명자승합은 총자승합과 불설명자승합의 차로써 구한다.

〈표 13.11〉 구성요소별 변동

구성 요소	자승합	비
불설명	1273.16	
설 명	130.84	0.09319
전 체	1404.00	

(b) <표 13.11>의 3번째 열에 결정 계수가 주어져 있다. 0.09319라는 값은 기말 고사 성적의 변동의 약 9.3%만이 중간 고사 성적에 의한 선형회귀로 설명될 수 있음을 말해 준다.

(c) b값이 양이므로 상관계수는 결정 계수의 평방근이 되어서, $\sqrt{0.09319} = 0.306$이며, 13.2절의 [예제13. 1]에서 구한 값과 같음을 알 수 있다.

가설 $H_0 : \rho = 0$을 검정하기 위하여, 중간고사 성적과 기말고사 성적이 이변량 정규분포를 한다고 가정하고 검정통계량을 계산한다.

$$r\sqrt{\frac{n-2}{1-r^2}} = (0.306)\sqrt{\frac{10-2}{1-(0.306)^2}} = 0.909$$

대립 가설 $H_A : \rho \neq 0$에 대하여 귀무가설을 검정하기로 한다. 5%의 유의수준에서 $t_{a/2}(n-2) = t_{0.025}(8) = 2.306$이다. 계산된 수치가 임계치보다 작으므로 H_0를 기각할 수 없다. 따라서, 기말고사 성적과 중간고사 성적 간의 관련성이 선형적이 아님을 강력히 시사해 준다.

13.5 결 론

n개의 관찰치가 주어지면 항상 회귀선과 선형상관계수를 구할 수 있다. 연구에 추론적인 것이 포함될 때에는 X와 Y의 분포에 관한 가정을 해야 한다. 회귀분석에서 독립 변수 값은 상수로 고정된다. 그리고, x의 각 값에 대한 y값의 부모집단은 정규분포를 한다. 상관 분석에서는 x와 y가 둘 다 확률변수이다.

회귀분석법은 예측의 목적에서 중요하게 취급된다. 그러나, 예측은 독립 변수 값의 범위 내에 국한되어야 한다.

그러므로, 곡물 수확량에 관한 예측을 위한 회귀 방정식이 평당 30kg에서 80kg 사이의 비료량 수준에 국한되는 경우에, 100kg의 시비량에 관한 수확량을 예측하기 위하여 이 회귀 방정식을 사용하는 것은 분별없는 결과를 가져온다. 즉, 비료를 과다하게 투여할 때에 농작물은 말라서 죽게 된다.

어떤 경우에는 경제 예측에서와 같이 범위 밖의 예측이 필요하기도 하다. 예컨대, 1970년에서 1975년 간의 경제 활동에 근거하여 예측 방정식이 설정되었다면, 경제 학자가 그 이후인 1976년 또는 1977년에 어떻게 될는지 예측하고자 원할 수도 있다. 이러한 때에는 언제나 최대 한도로 신중을 기하여, 결론을 무효화할지도 모르는 여타의 관련 요인들을 충분히 알고 있어야 한다.

끝으로 변량 간의 관련성을 논할 때에는 원인과 결과의 관계가 있음을 뜻하는 것으로 해석해서는 안 됨을 분명히 알아야 한다. 독립 변수 또는 종속 변수와 같은 용어를 사용할 때 조차도 한 변수가 또 다른 변수의 원인이 됨을 의미하지는 않는다. 즉, 원인과 결과의 관계가 존재할 수도 있고 그렇지 않을 수도 있다.

예컨대, 시비량과 곡물 수확량 간의 관련성을 생각할 때에 분명히 원인과 결과관계를 고려하게 된다.

그러나, 다음의 상황을 놓고 보자. 1980년대 이후 우리 나라 자동차 생산량은 매년 증가하였으며, 학생수도 또한 증가하였다. 자동차 생산량과 학생수 간에 관련성을 나타내는 수식을 세울 수도 있다. 그러나, 자동차의 수의 증가가 학생수의 증가를 초래한다거나, 또는 그 반대의 결론을 내리는 것은 어리석은 일이다. 관련성이 원인과 결과적인 것인지, 아니면 단지 수리적인 것인지의 여부를 지각있게 결정되어야 한다.

연습문제 Exercises

1. 아래의 산점도 중에서 회귀방정식을 구할 수 있는 것은?

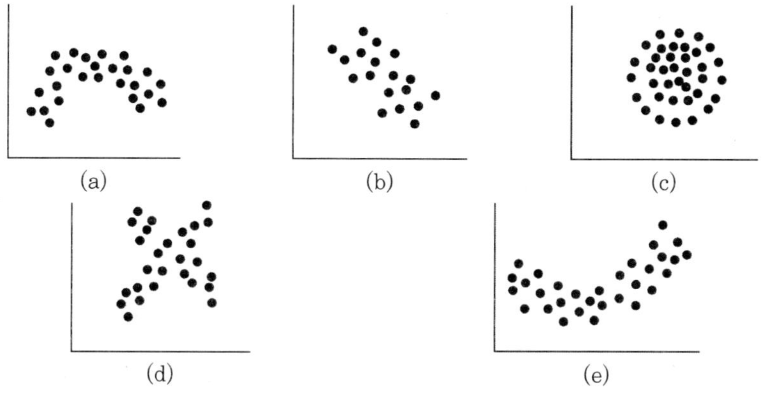

2. 다음 표는 표준 이산화망간 용액의 농도와 광도계의 기록을 나타낸다.

망간 용액 농도 mg Mn/250 ml x	광도계 기록 y
0.5	57
1.0	110
2.0	205
3.0	298
5.0	492

(a) 광도계 기록을 용액 농도로 단순선형회귀분석하고, 회귀 방정식의 절편을 구하여라.

(b) 5%의 유의 수준에서 용액 농도가 1mg 증가하면 광도계 기록이 100단위 증가한다는 귀무가설을 검정하여라.

3. 한 생물 학자가 묘목의 크기(단위 : cm) y와 식수 후의 기간(단위 : 주) x에 관한 자료를 수집하였다.

기간 : x(주)	2	3	4	5	6	8
크기 : y(인치)	6.2	12.0	20.0	26.2	32.5	45.0

(a) 식수 후의 기간으로 묘목 크기를 회귀하여라.

(b) B의 95% 신뢰구간을 추정하여라.

(c) $B = 2.4$의 귀무가설을 검정하여라.

두 변량 x와 y에 관한 40개의 관찰치로 계산한 결과가 다음과 같다.

$$\sum_{i=1}^{40} x_i = 293,\ \sum_{i=1}^{40} y_i = 357,\ \sum_{i=1}^{40} x_i^2 = 2685,\ \sum_{i=1}^{40} x_i y_i = 3667$$

(a) 회귀선의 기울기와 절편을 구하여라.

(b) 회귀 방정식을 구하여라.

8명의 학생을 확률 표본 하여 수학, 물리학 및 영어의 기말고사 성적을 보면 다음과 같다.

수 학	50	58	67	70	75	82	86	92
물리학	62	54	63	78	81	78	88	90
영 어	79	82	70	74	67	62	64	56

(a) 수학 성적으로 물리학 성적을 회귀분석하여라.

(b) 수학 성적으로 영어 성적을 회귀분석하여라.

(c) 물리학 성적과 수학 성적의 점산도 및 회귀선을 그려라.

(d) 영어 성적과 수학 성적의 점산도 및 회귀선을 그려라.

6. 학생들의 시험 성적 y와 공부 시간 x의 회귀선이 다음과 같다고 가정하자.

$$\hat{y} = 55.28 + 4.1x$$

다음과 같은 공부 시간을 갖는 학생의 성적을 예측하여라.

(a) 1 시간 (b) 4 시간

7. 이변량자료의 통계적 분석에서 선형 상관과 선형 회귀의 역할을 기술하여라.

8. 선형 상관계수의 기본적 성질을 열거하여라.

9. 다음은 흰쥐들을 대상으로 한 달 동안 서로 다른 양의 비타민 A(단위 : mg)를 먹였을 때의 체중 증가를 기록한 것이다.

투여량(mg)	0.3	0.6	0.9	1.2	1.5
체중 증가	33 29	36 34	40 37	41	45

0.3mg, 0.6mg 및 0.9mg을 각기 두 마리씩의 흰쥐에 투여하였으며, 1.2mg 및 1.5mg은 한 마리씩을 대상으로 실시하였다. 체중 증가를 비타민 투여량으로 회귀분석하고, 회귀 계수 $B=12$라는 귀무가설을 $\alpha=0.05$에서 검정하여라.

10. 어떤 경제학자가 연간수입과 월평균식료품 지출액간의 관계를 조사하기 위하여 8가구를 랜덤하게 조사한 결과가 다음과 같다. 이 자료를 사용하여

연간수입 (단위 10만원)	30	36	27	20	16	24	19	25
식교품 지출액 (단위 천원)	55	60	42	470	37	26	39	43

(a) 회귀방정식을 구하여라.

(b) 산점도를 그려보라.

(c) 회귀계수를 설명하여라.

(d) 연간 수입이 250만원인 사람의 예상 월평균 식료품 지출액은?

12. 연량과 최대 심장 박동수와의 관계를 조사하기 위하여 10명을 조사한 결과가 다음과 같다.

연령 (x)	10	20	20	25	30	30	30	40	45	50
최대 심장 속도 (y)	210	200	195	195	190	180	185	180	170	165

(a) 회귀방정식을 구하여라.

(b) 상관계수 r을 구하여라.

(c) $H_0: B=0,\ H_1: \beta \neq 0$을 $\alpha=0.05$로 검정하여라.

(d) β의 95% 신뢰구간을 구하여라.

(e) $H_0: \rho=0,\ H_1: \rho<0$을 $\alpha=0.05$로 검정하여라.

13. 18~24세 사이의 성인 남·녀 11명의 신장과 체중을 조사한 결과가 다음과 같다.

신장 (인치) x	65	67	71	71	66	75	67	70	71	69	69
체충 (1b) y	175	133	185	163	126	198	153	163	159	151	155

(a) 회귀방정식을 구하여라.

(b) r^2을 계산해 보라.

(c) $H_0 : \beta = 0$, $H_1 : \beta \neq 0$을 $\alpha = 0.1$로 검정하여라.

(d) $H_0 : \rho = 0$, $H_1 : \rho \neq 0$을 $\alpha = 0.025$로 검정하여라.

14. β의 $(1-\alpha)$신뢰수준에서 신뢰구간이

$$\hat{\beta} \pm t_{\frac{\alpha}{2}}(n-2) S_e / \sqrt{\sum x^2 - (\sum x)^2/n}$$

임을 증명하여라.

15. a) $\sum(y - \hat{y}) = 0$과 $\sum x(y - \hat{y}) = 0$임을 보이고

$SSE = \sum y^2 - \hat{\alpha}(\sum y) - \hat{\beta}(\sum xy)$임을 보여라.

16. 다음은 흰쥐들을 대상으로 한 달 동안 서로 다른 양의 비타민 A(단위 : mg)를 먹였을 때의 체중 증가를 기록한 것이다.

투여량(mg)	0.3	0.6	0.9	1.2	1.5
체중증가	33 29	36 34	40 37	41	45

0.3mg, 0.6mg 및 0.9mg을 각기 두 마리씩 흰쥐에 투여하였으며 1.2mg 및 1.5mg은 한 마리씩을 대상으로 실시하였다. 체중 증가를 비타민 투여량으로 회귀분석하고, 회귀계수 $B = 12$라는 귀무가설을 $\alpha = 0.05$에서 검정하여라.

Chapter 14 분산분석

앞에서는 두 모집단 사이의 평균값 差를 비교하는 추론방법을 설명하였다. 이제는 두 모집단 이상의 경우로 일반화할 것이다. 이와 같이 분산분석(analysis of variance: ANOVA)은 2개 이상의 모집단 사이의 평균값을 비교하는데 사용된다. 두 모집단 사이의 평균값을 비교하는데 몇 가지 다른 절차가 있다.

이 장에서는 가장 간단한 형태의 ANOVA인 일원배치법(one-way analysis of variance)을 소개한다. 일원배치법은 합동 $t-$절차(pooled-t procedure)를 2개 이상의 모집단으로 일반화한 방법이다.

14.1 서론

우리는 제 10장에서 두 모분산을 알지 못하지만 같다고 가정할 때에 $t-$검정법을 사용하여 두 모평균을 비교하는 방법을 다룬 바 있다. 이제 두 모집단 이상의 경우로 일반화할 것이다.

예컨대, 여러 종류의 비료, 또는 제조 과정, 교육 방법, 광고 기법들을 비교하고자 한다. $k(k \geq 3)$종류의 비료를 비교할 때 모집단은 k개가 된다. 분산분석에서는 k개 종류의 비료를 k개의 **처리**(treatment)라 부른다. 이 k개의 모집단에서 각각 표본을 독립적으로 뽑아 k개의 독립인 표본을 바탕으로 모집단을 비교하려 한다.

각 표본에서 구한 k개의 표본 평균 들은 차이를 보이게 된다.

여기에서 연구 목적은 관찰된 표본 평균의 차이가 우연한데 기인하는 것인지를 알아내는 것이다. 또는 이러한 차이가 너무 커서, 우연한 것으로 돌릴 수가 없고 표본이 동일하지 않은 모집단에서 추출되어졌음에 기인하는지를 알아보는 것이다.

두 개 이상의 모평균에 관한 가설검정에 있어서, 한 번에 2개씩 $t-$검정법을 사용하여 비교할 수도 있다.

그러나, 적당한 수의 모집단들을 비교하는 경우에는, 첫째 $t-$검정의 수가 너무 많아지게 된다.

여컨대, 8개의 모집단들을 서로 비교하려면 $\binom{8}{2} = 28$번의 $t-$검정을 해야만 한다.

둘째, 특히 제 1종의 과오를 너무 크게 증가시킴으로써 또 다른 복잡성이 개입된다. 따라서, 두 평균을 검정하는데 사용되는 $t-$검정법이 확장된 그러한 검정기법이 필요한데 이것이 바로 분산분석인 것이다.

분산분석(analysis of variance; ANOVA)은 요컨대 여러 개의 평균들을 비교하기 위한 검정 방법으로서 마련된 것이다. 말 그대로 평균들의 균등성에 관한 검정에 있어서 분산을 분석하여 검정하는 것이다.

분산분석법은 Ronald A. Fisher(1890~1962)가 처음으로 발표하였으며, 농업에 관한 연구에 적용되어 일찍부터 좋은 반응을 보여 왔다.

분산분석법은 이와 같은 강력한 통계적 도구로서 발표된 이래 경제학, 심리학, 시장조사, 산업공학 등을 포함하는 각 학문적 연구 분야에 적용되어 왔음은 잘 알려진 사실이다.

본장에서는 관찰치가 단 하나의 분류 기준에 근거하여 여러 처리 군으로 나누어지는 경우인 **일원배치법**(one-way classification)만을 다룬다. 두 개 이상의 분류 기준에 근거하여 여러 관찰치를 나누는 다원 배치법은 생략하겠다.

14.1.1 $F-$분포

분산분석에는 $F-$분포라고 불리우는 연속확률분포가 유용하게 사용된다. (F는 분산분석 절차를 처음 고안한 Ronald A. Fisher을 기념하기 위해 Fisher의 첫자를 취했음)

$F-$분포를 갖는 확률변수의 확률은 $F-$곡선(F-curve)이라 불리우는 곡선의 면적과 동일하다. $t-$분포나 χ^2-분포가 자유도에 의존했듯이 $F-$분포는 2개의 자유도에 의존한다. 따라서 자유도를 $(\nu_1,\ \nu_2)$로 나타내자. 여기서 자유도 ν_1은 분자의 자유도, 자유도 ν_2는 분모의 자유도이다. $F-$분포의 확률 밀도 함수는 상당히 복잡하므로 생략한다. [그림 14.1]에 자유도가 $(10,\ 2)$와 $(9,\ 50)$을 갖는 2개의 $F-$곡선을 표시했다. $F-$분포는 봉우리가 하나이고 오른쪽으로 치우친 분포이다. 두 개의 자유도가 커짐에 따라 $F-$분포의 최빈수는 1에 접근한다.

[그림 14.1]에서 $df = (10,\ 2)$의 첫 번째 숫자 10은 분자의 자유도 두 번째 숫자 2는 분

모의 자유도를 타나낸다.

확률변수 $F(\nu_1,\ \nu_2)$의 평균과 분산은 다음과 같다.

$$E[F(\nu_1,\ \nu_2)] = \frac{\nu_1}{\nu_2 - 2},\quad Var[F(\nu_1,\ \nu_2)] = \frac{2\nu_2^2(\nu_1 + \nu_2 - 2)}{\nu_1(\nu_2 - 2)^2(\nu_2 - 4)}$$

여기에서 평균은 ν_2가 3이상일 때 정의되고, 분산은 자유도 ν_2가 5 이상일 때 정의된다. 즉, $\nu_2 \leq 2$일 때 평균이 정의되지 않고 $\nu_2 \leq 4$일 때 분산이 정의되지 않는다.

$F-$곡선은 다음과 같은 기본적인 특징을 갖는다.

(a) $F-$곡선 아래의 면적은 1이다.

(b) $F-$곡선의 범위는 0부터 무한대이다.

(c) $F-$곡선은 일반적으로 대칭이 아닌 오른쪽으로 기울어져 있다.

즉 처음에는 급경사를 이루며 올라갔다가 완만한 경사를 이루면 내려온다.

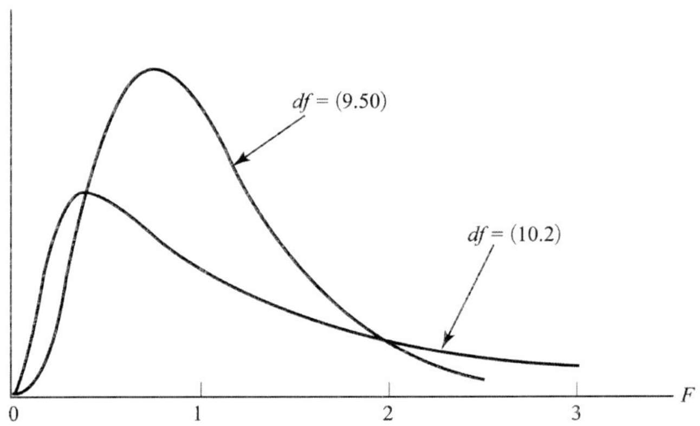

[그림 14.1]

부록 $F-$분포표에 $\alpha =- 0.01$과 $\alpha = 0.05$일 때의 F값이 있다. 표를 찾는 방법은 먼저 α를 결정하고, 표 상단의 분자의 자유도와 표 왼편의 분모의 자유도가 교차하는 점을 찾으면 된다.

예제 14-1

$df = (4,\ 12)$를 갖는 $F-$곡선에서 $F_{0.05}$를 찾아보아라. 즉 [그림 14.2]와 같이 오른쪽으로 면적이 0.05되는 F값을 찾는 것이다. 이것을 다음과 같이 표시한다. $F(4,\ 12\,;\ 0.05)$

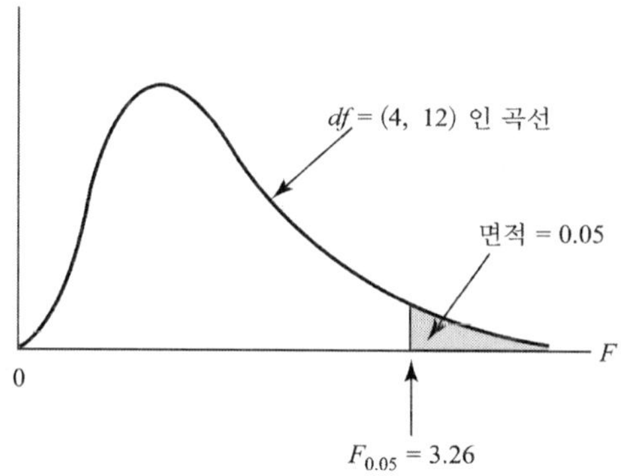

[그림 14.2]

풀이 부록 F분포 표에서 $\alpha = 0.05$를 먼저 찾는다. 다음 분자의 자유도가 4이고, 분모의 자유도가 12인 교차점을 찾으면 3.26임을 알 수 있다.

14.2 일원 배치법

14.2.1 모집단이 3개인 경우

다음의 예를 생각해 보기로 한다. 어느 자동차 임대 회사에서 3가지 종류의 휘발유를 비교하는데 관심이 있다고 하자. 각종의 휘발유에 대하여 4번의 주행을 하여 반응 변수로서 각 주행에 대한 리터당 주행 거리를 구한다고 가정한다. 물론 각 휘발유에 대해 서로 다른 규모의 엔진을 사용하여서는 아니된다.

사실상, 차 한 대만을 사용하여 모든 주행을 실시하는 것이 바람직하다. 그리고, 1번째 제품의 휘발유로 실험 순서를 2, 5, 9 및 11번째 실험 주행하고, 2번째 휘발유로 1, 6, 8 및 12번째 실험 주행하며, 3번째 휘발유로는 3, 4, 7 및 10번째 실험 주행하는 것이 바람직할 것이다.

이와 같이 차의 성능이 나빠진 상태에 기인할는지도 모르는 편의를 최소화하려고, 주행 순서를 확률적으로 정한다. 또한 가능한 한 동일한 지역에서 주행을 하는 것이 바람직하다. 이러한 고려는 잘 계획된 실험에 없어서는 안 되는 것이다. 가능한 한도까지 휘발유 이외의 다른 요인에 의해 실험결과가 변화는 것을 줄인다. 휘발유에 의해서가 아닌 다른 설명할 수 없는 것에 의해 변하는 것을 **실험오차**(experimental error)라 한다.

12번의 실험 주행 결과가 <표 14.1>에 나타나 있다. <표 14.1>은 휘발유라는 한 가지 분류 기준에 근거하여 자료를 분류한 것이다. 여기서 휘발유를 **인자**(factor) 또는 요인이라 부르고 세 종류의 휘발유를 3가지의 **인자수준** (혹은 처리)이라 부른다.

〈표 14.1〉 각 휘발유 종류별 리터당 주행 거리

(단위 : km)

휘발유 종류	제품 Ⅰ	제품 Ⅱ	제품 Ⅲ
	15	19	22
	19	17	17
	14	16	19
	16	20	18
평균 주행 거리	16	18	19

이 표에서 휘발유 종류에 따른 각 평균 주행 거리가 서로 다른 것과 마찬가지로 한 처리 내에 각 수치도 다양한 것을 알 수 있다. 여기서 관찰된 각 휘발유 종류에 따른 평균의 차이는 우연한 변동에 기인하는가, 또는 휘발유 제품의 근본적인 차이에 기인하는가를 알아보려 한다. 바꾸어 말하면 μ_1, μ_2 및 μ_3는 제품 Ⅰ, Ⅱ, Ⅲ의 리터당 주행 거리의 평균을 표시한다고 할 때에, 검정하고자 하는 귀무가설은 다음과 같다.

$$H_0 : \mu_1 = \mu_2 = \mu_3$$

모집단 전체 평균을 μ로 나타내기로 한다. 그리고, 위의 귀무가설을 다음의 대립가설에 대하여 검정하려고 한다.

H_1 : 모든 제품별 평균들이 다 같지는 않다.

따라서, 대립가설은 모든 모평균들이 서로 다르거나, 또는 그 가운데 2개의 평균은 같지만 또 다른 평균과는 서로 다른 경우를 포함한다.

다음은 분산분석법을 적용하기 위한 기본적인 몇 가지 가정을 하려고 한다. 각 제품마다 리터당 주행 거리가 정규분포를 하고, 그 분포의 분산이 일정하다고 가정하자.

분산에 관한 가정은 각기 다른 종류의 휘발유의 리터당 평균 주행 거리 값이 서로 달라도 각 주행 거리의 분포에서 산포도가 같음을 뜻한다. 또한, 각 표본은 확률 표본이라 가정한다. 그리고, 각 표본들은 서로 독립이다. 이러한 가정은 10장에서 2개의 평균 간의 동등성에 관한 검정에서의 가정과 같음을 상기할 수 있다.

분명히, 표본평균들이 매우 작은 차이를 보이면, H_0의 타당성을 지지하는 증거가 될 수 있다. 반면에 표본 평균들이 충분히 차이가 나면 H_0를 의심하게 되고, 제품들이 서로 다르다고 생각하게 됨은 자연스러운 것 같다.

〈표 14.2〉 각 휘발유 종류 내의 변동이 심한 경우의 종류별 리터당 주행 거리

	제품 Ⅰ	제품 Ⅱ	제품 Ⅲ
	13	14	19
	15	19	15
	19	21	24
	17	18	18
평균 거리	16	18	19

〈표 14.3〉 각 휘발유 종류 내의 변동이 작은 경우의 종류별 리터당 주행 거리

	제품 Ⅰ	제품 Ⅱ	제품 Ⅲ
	15.2	18.5	19.6
	16.1	17.5	19.3
	16.8	18.2	18.4
	15.9	17.8	18.7
평균 거리	16.0	18.0	19.0

그러나 <표 14.2>와 <표 14.3>의 자료를 보면 이러한 생각이 잘못이라는 것을 다음에서 알 수 있다. 즉, <표 14.2>의 자료는 모평균들이 동일하다는 귀무가설을 지지해 준다. 각 제품별 수치들이 너무 변이성이 크고 또한 수치들이 완전히 중복되는 경우가 많으므로 3가지 제품에서의 표본들은 [그림 14.1]에서 보는 바와 같이 한 모집단에서 추출된 하나의 커다란 표본으로 간주 할 수 있다.

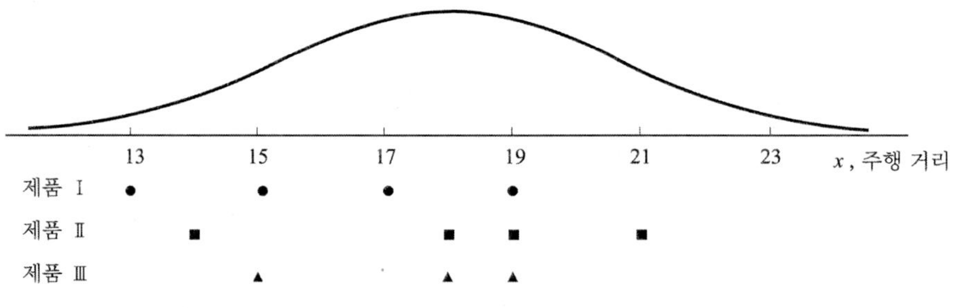

[그림 14.3] 〈표 14.2〉의 자료의 분포

위 경우는 제품 간의 평균차는 실험에 의한 우연한 변동에 기인한 것이라 할 수 있다. 이때에 품종들의 평균값이 16, 18 및 19는 단지 공동적인 전체 모평균 μ에 관한 3개의 점추정치로 간주하는 것이 일리가 있다. 반면에, <표 14.3>의 자료는 또 다른 모습으로

나타난다. 각 제품 내의 변동이 매우 작아서 [그림 14.4]와 같이 그려 볼 수 있다. 표본평균들 간의 차이가 제품 간의 실질적인 차에 기인한다는 대립가설의 주장을 지지하게 된다.

<표 14.2>와 <표 14.3>을 비교하여 보면, 각 제품별 표본 평균이 같음을 알 수 있으나, 각기 서로 다른 결론에 도달하게 된다. 가설검정 과정에서는 표본 평균 간의 차이뿐만 아니라 각 표본 내의 변동도 또한 고려해야만 된다는 것을 알 수 있다.

그러므로 우리는 표본 평균 간의 변동이 표본 내의 변동에 비해서 클 때 대립 가설을 받아 들여야겠다는 생각을 자연스럽게 가질 수 있다. 그러면 어느 정도로 커야 대립 가설을 받아 들이느냐 하는 기준을 설정할 필요가 있게 된다.

우선은 문제를 간단히 하기 위하여, 각 표본이 동일한 관찰치의 개수 n으로 구성된다고 가정한다. <표 14.4>에서와 같이 관찰치를 x_{ij}로 표기할 수 있으며, 첫 번째 첨자 i는 제품(처리, 또는 모집단)을, 그리고 두 번째 첨자 j는 제품 내의 관찰치를 나타낸다.

예컨대, x_{24}는 2번째 제품의 4번째 관찰치를 표시한다. 그러므로, <표 14.1>에서 $x_{24}=20$, $x_{31}=22$, $x_{14}=16$ 등으로 놓을 수 있다.

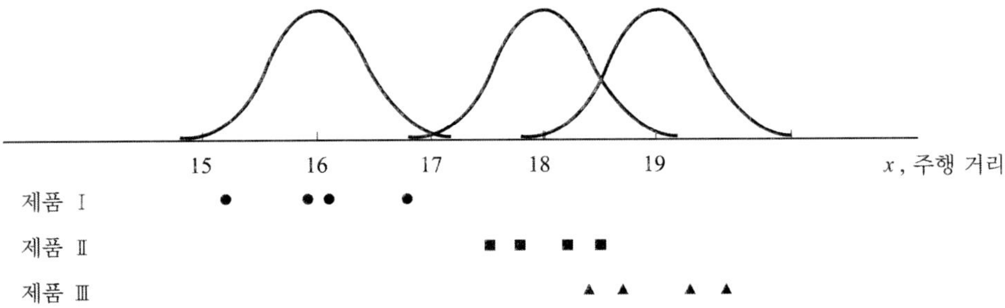

[그림 14.4] 〈표 14.3〉의 자료 부분

〈표 14.4〉 각 제품별 n개의 관찰치

	제품 Ⅰ	제품 Ⅱ	제품 Ⅲ
	x_{11}	x_{21}	x_{31}
	x_{12}	x_{22}	x_{32}
	⋮	⋮	⋮
	x_{1n}	x_{2n}	x_{3n}
평균	$x_1 = \frac{\sum_{j=1}^{n} x_{1j}}{n}$	$x_2 = \frac{\sum_{j=1}^{n} x_{2j}}{n}$	$x_3 = \frac{\sum_{j=1}^{n} x_{3j}}{n}$

전체 평균(grand mean)은 $\bar{\bar{x}}$로 나타내며, 모든 관찰치들을 합하여 총 관찰치의 수인 $3n$으로 나누어서 구한다. 각 표본의 크기가 같다고 가정했으므로 전체 평균은 표본 평균의 평균과 일치한다. 즉,

$$\bar{\bar{x}} = \frac{\bar{x}_1 + \bar{x}_2 + \bar{x}_3}{3}$$

(1) 급내 변동 또는 급내 자승합(within sum of squares)

각 모집단은 동일한 분산 σ^2을 갖는 정규분포를 한다고 가정한다.(어떠한 이유로 이러한 가정이 만족되지 않을 때에, 평균들이 같다는 가설에 대한 검정은 분산분석법으로 접근해서는 안 된다.) x_{11}, x_{12}, …, x_{1n}은 표본이므로

$$S_1^2 = \frac{\sum_{j=1}^{n}(x_{1j} - \bar{x}_1)^2}{n-1}$$

은 모집단 Ⅰ(또는 제품 Ⅰ)의 모분산의 불편추정치이다. 마찬가지로,

$$S_2^2 = \frac{\sum_{j=1}^{n}(x_{2j} - \bar{x}_2)^2}{n-1}$$

그리고,

$$S_3^2 = \frac{\sum_{j=1}^{n}(x_{3j} - \bar{x}_3)^2}{n-1}$$

도 역시 모집단 Ⅱ, Ⅲ에서의 모분산 불편추정치가 된다. 각 모집단이 동일한 분산 σ^2을 갖기 때문에 S_1^2, S_2^2 및 S_3^2의 합병된 분산으로 σ^2을 추정할 수 있다.

σ^2의 불편추정치는 다음과 같이 구할 수 있다.

$$\frac{\sum_{j=1}^{n}(x_{1j} - \bar{x}_1)^2 + \sum_{j=1}^{n}(x_{2j} - \bar{x}_2)^2 + \sum_{j=1}^{n}(x_{3j} - \bar{x}_3)^2}{(n-1)+(n-1)+(n-1)}$$

이를 S_p^2으로 표기하고 다시 간결하게 쓰면 다음과 같다.

$$S_p^2 = \frac{\sum_{i=1}^{3}\sum_{j=1}^{n}(x_{ij} - \bar{x}_i)^2}{3(n-1)}$$

S_p^2의 분자를 **오차제곱합**(error sum of squares)이라 부르고 SSE로 표시한다. 표본 내 변동들을 합산하여 구하므로 이를 **급내자승합**(within sum of squares)이라고도 부른다.

SSE의 자유도는 S_1^2, S_2^2 및 S_3^2의 자유도의 합과 같아서 이 경우에 $3(n-1)$이 된다.

$$SSE = \sum_{i=1}^{3}\sum_{j=1}^{n}(x_{ij} - \bar{x}_i)^2$$

그리고, $SSE/3(n-1)$는 H_0에 관계 없이 σ^2의 불편추정치이다. <표 14.1>의 자료에서는

$$\sum_{j=1}^{n}(x_{1j} - \bar{x}_1)^2 = (15-16)^2 + (19-16)^2 + (14-16)^2 + (16-16)^2 = 14$$

$$\sum_{j=1}^{n}(x_{2j} - \bar{x}_2)^2 = (19-18)^2 + (17-18)^2 + (16-18)^2 + (20-18)^2 = 10$$

$$\sum_{j=1}^{n}(x_{3j} - \bar{x}_3)^2 = (22-19)^2 + (17-19)^2 + (19-19)^2 + (18-19)^2 = 14$$

그 결과로,

$$SSE = \sum_{i=1}^{3}\sum_{j=1}^{3}(x_{ij} - \bar{x}_i)^2 = 14 + 10 + 14 = 38$$

그러므로, σ^2의 추정치는 다음과 같이 된다.

$$SSE/[3(n-1)] = 38/[3(4-1)] = 4.222$$

(2) 급간 자승합(between sum of squares)

각 모집단이 동일한 평균 μ를 가짐을 뜻하는 귀무가설이 참이면, σ^2의 추정치를 위의 방법과는 다른 방법으로 구할 수 있다. H_0가 참이고 각 모집단의 분산이 동일하면 3개의 표본들을 평균 μ 및 분산 σ^2을 갖는 동일한 모집단에서 추출한 하나의 커다란 표본으로 간주할 수 있다.

그러면 평균 $\bar{x}_1$, $\bar{x}_2$ 및 $\bar{x}_3$는 그러한 모집단에서 추출된 3개의 표본 평균이다. 앞에서 배운 s^2의 공식을 사용하여 $\bar{x}_1$, $\bar{x}_2$, $\bar{x}_3$의 분산을 구하면 다음과 같다.

$$\frac{(\bar{x}_1 - \bar{\bar{x}})^2 + (\bar{x}_2 - \bar{\bar{x}})^2 + (\bar{x}_3 - \bar{\bar{x}})^3}{3-1} = \frac{\sum_{i=1}^{3}(\bar{x}_i - \bar{\bar{x}})^2}{3-1}$$

그리고, 이를 $S_{\bar{x}}^2$으로 표시하며, $S_{\bar{x}}^2$은 표본 평균의 분산에 관한 불편추정치임을 알 수 있다.

따라서, 7장에서 본 바와 같이 $\bar{x}$의 분산이 σ^2/n이므로, $S_{\bar{x}}^2$은 σ^2/n의 추정치가 된다.

바꾸어 말하면, $nS_{\bar{x}}^2$은 σ^2의 불편 추정치이다. 즉,

$$\frac{n\sum_{i=1}^{3}(\bar{x}_i - \bar{\bar{x}})^2}{3-1}$$

은 귀무가설이 참일 경우에 σ^2의 또 다른 불편 추정치이다. 분자의 항인 $n\sum_{i=1}^{3}(\bar{x}_i - \bar{\bar{x}})^2$을 **평균간자승합**(sum of squares between means) 또는 급내변동이라 부르며 흔히 SSB로 표시하고 3-1=2의 자유도를 갖는다.

$$SSB = n\sum_{i=1}^{3}(\bar{x}_i - \bar{\bar{x}})^2$$

그리고, $SSB/(3-1)$은 σ^2의 새로운 추정치이다.

<표 14.1>의 자료에서 총 평균은 다음과 같다.

$$\bar{\bar{x}} = \frac{16+18+19}{3} = 17.67$$

따라서,

$$\begin{aligned} SSB &= n[(\bar{x}_1 - \bar{\bar{x}})^2 + (\bar{x}_2 - \bar{\bar{x}})^2 + (\bar{x}_3 - \bar{\bar{x}})^2] \\ &= 3[(16-17.67)^2 + (18-17.67)^2 + (19-17.67)^2] \\ &= 18.667 \end{aligned}$$

그러므로, $SSB/(3-1) = 18.667/2 = 9.333$은 H_0가 참이라는 가정, 즉 3개의 모집단 평균이 같다는 가정에 근거한 σ^2의 추정치이다.

(3) 가설 검정

이러한 σ^2의 새로운 추정량은 각 모집단의 분산이 같고 모평균들이 모두 같다는 귀무가설이 참이라는 것을 조건으로 함을 중시해야 한다.

귀무가설이 참이면, 두 개의 추정량 $SSE/3(n-1)$과 $SSB/(3-1)$은 σ^2의 불편추정량이고 비슷한 값을 갖게 된다. 이를 비교하기 위하여 분산비라고 부르는 것을 사용한다.

$$f = \frac{nS_{\bar{x}}^2}{s_p^2} = \frac{SSB/(3-1)}{SSE/3(n-1)}$$

이 통계량은 자유도$(3-1,\ 3(n-1))$을 갖는 F 분포를 한다(부록 F 분포표 참조). 이런 분산비가 1에서 약간 벗어나는 것은 우연 변동으로 돌릴 수 있으나, 분산비가 1보다 충분히 크면 H_0의 타당성에 의심을 품게 된다. 왜냐하면 H_0가 참이 아니면 $nS_{\bar{x}}^2$은 실험오차

뿐만 아니라 모집단 평균간의 실질적인 차이에도 영향을 받으므로 σ^2을 과대 추정하는 경향이 있다. 그러므로 f의 값이 충분히 크면 H_0를 기각하게 된다.

따라서, 검정의 기각역은 항상 F 분포의 오른쪽 꼬리 부분으로 구성된다. 계산된 f의 값이 일정한 유의 수준 α에서 F 분포표의 값보다 크면 귀무가설을 기각하고, 적어도 모평균들 가운데 두 개는 서로 다르다고 결론을 내리게 된다.

위의 예에서, $SSB = 18.667$이고 $SSE = 38$이므로 다음과 같다.

$$f = \frac{18.667/2}{38/9} = 2.21$$

자유도(2, 9)인 $F-$분포를 하므로 5% 유의 수준에서 $F-$분포표의 값은 $f_{2,9,0,05} = 4.26$이며, 귀무가설은 기각되지 않는다. 휘발유의 종류가 서로 다름을 입증할 수가 없게 된다.

14.3 분산분석표

앞에서 우리는 두 가지의 σ^2추정치를 구하였다. 사실상 귀무가설이 참이면, 또 다른 추정치를 다음과 같이 구할 수 있다.

$$\frac{\sum_{i=1}^{3}\sum_{j=1}^{n}(x_{ij} - \overline{\overline{x}})^2}{N-1}$$

여기에서 N은 총 관찰치의 갯수이다. N은 <표 14.4>의 자료에서는 $3n$이고, <표 14.1>에서는 $3\times4(=12)$이다. 위 식의 분자는 **총자승합**(total sum of squares)이라 부르고 흔히 SST라 표기한다. 이를 계산하기 위하여 각 관찰치와 총 평균 $\overline{\overline{x}}$와의 차를 구하고, 이를 자승하여 다시 합한다. 분모 $N-1$은 SST에 관한 자유도이다.

$$SST = \sum_{i=1}^{3}\sum_{j=1}^{n}(x_{ij} - \overline{\overline{x}})^2$$

<표 14.1>의 자료에서 $\overline{\overline{x}} = 17.67$이므로 SST는 다음과 같다.

$$\begin{aligned} SST &= (15-17.67)^2 + (19-17.67)^2 + (14-17.67)^2 + (16-17.67)^2 \\ &\quad + (19-17.67)^2 + (17-17.67)^2 + (16-17.67)^2 + (20-17.67)^2 \\ &\quad + (22-17.67)^2 + (17-17.67)^2 + (19-17.67)^2 + (18-17.67)^2 \\ &= 56.667 \end{aligned}$$

요컨대, 계산된 세 가지 자승합을 살펴 보면 $SST=56.667$, $SSB=18.667$, $SSE=38$이고 또한 다음 식이 성립한다.

$$SST=SSB+SSE$$

총자승합을 이와 같이 두 가지 자승합인 SSB와 SSE로 나누는 것은 항상 가능하다. 실제로 SST와 SSB를 구하고 나서, $SSE=SST-SSB$와 같이 하여 SSE를 구한다. 또한 SST의 자유도는 SSB와 SSE의 자유도의 합이다. 이러한 관계식은 항상 성립된다. 이와 같은 관계를 **분산분석표**(ANOVA표라고도 표시)라 부르며 <표 14.5>에 요약하여 표시할 수 있다. <표 14.5>의 MS는 자승합을 자유도로 나눈 평균 자승합을 의미한다. ANOVA표의 마지막 열에 분산비가 표기된다.

〈표 14.5〉 〈표 14.1〉의 자료의 분산분석표

변 인	자승합(SS)	자유도(DF)	평균 자승합(MS)	F
급 간	18.667(SSB)	2	9.334	2.21
급 내	38.0(SSE)	9	4.222	
전 체	56.667(SST)	11		

예제 14-2

<표 14.3>의 자료를 분산분석 하여라.

휘발유 종류	I	II	III
	15.2	18.5	19.6
	16.1	17.5	19.3
	16.8	18.2	18.4
	15.9	17.8	18.7
평균 주행거리	16.0	18.0	19.0

풀이 1. $H_0 : \mu_1 = \mu_2 = \mu_3$

2. H_1 : 각 제품의 평균들이 모두 같지는 않다.

3. 분산비로써 검정의 기준을 삼는다. 제품별 평균들이 <표 14.1>의 평균들과 같으므로 SSB는 전과 같다.

$$SSB=18.667$$

$$SST = (15.2-17.67)^2 + (16.1-17.67)^2 + (16.8-17.67)^2$$
$$+ (15.9-17.67)^2 + (18.5-17.67)^2 + (17.5-17.67)^2$$
$$+ (18.2-17.67)^2 + (17.8-17.67)^2 + (19.6-17.67)^2$$
$$+ (19.3-17.67)^2 + (18.4-17.67)^2 + (18.7-17.67)^2$$
$$= 21.447$$

그러므로,

$$SSE = 21.447 - 18.667 = 2.78$$

<표 14.6>은 이러한 결과를 요약한 ANOVA표이다.

〈표 14.6〉 〈표 14.3〉의 자료의 ANOVA표

변 인	자승합(SS)	자유도(DF)	평균 자승합(MS)	F
급 간	18.667	2	9.334	30.11
급 내	2.780	9	0.310	
전 체	21.447	11		

4. $\alpha = 0.05$에서 계산된 분산비가 4.26보다 크면 H_0을 기각한다. 여기서 4.26은 자유도 (2, 9), $\alpha = 0.05$에서의 F값이다.
5. 분산비의 값은 30.11로서 ANOVA 표의 마지막 열에서 볼 수 있다. 이 값이 4.26보다 크므로 H_0를 기각하고, 품종별 평균들은 다르다고 결론을 내린다.

14.3.1 모집단이 k개인 경우

앞 절에서는 편의상 모집단이 3개이고 표본의 크기가 전부 같은 경우를 다루었지만 본 절에서는 일반적인 분석을 위해 모집단이 k개이고 표본의 크기도 같지 않을 때를 다루겠다. k개의 독립인 표본들의 크기를 각각 $n_1, n_2, \cdots, n_k$라 하면 이들은 자료를 <표 14.7> 처럼 표시할 수 있다.

〈표 14.7〉 모집단이 k개이고 표본 크기가 각기 다른 경우

	표본 1	표본 2	…	표본 k
	$X_{1,1}$	$X_{2,1}$	…	$X_{k,1}$
	$X_{1,2}$	$X_{2,2}$	…	$X_{k,2}$
	⋮	⋮		
	X_{1,n_1}	X_{2,n_2}	…	X_{k,n_k}
표본 크기	n_1	n_2	…	n_k
표본 총계	$Y_{1\cdot}$	$Y_{2\cdot}$	…	$Y_{k\cdot}$
표본 평균	$\overline{X}_1$	$\overline{X}_2$	…	$\overline{X}_k$

위의 자료에 대한 모형을 다음과 같이 쓸 수 있다.

$$X_{ij} = \mu_i + \epsilon_{ij}, \quad j = 1,\ 2,\ \ldots, \quad n_i\ ;\ i = 1,\ 2,\ \ldots,\ k$$

여기서 X_{ij}는 i번째 모집단의 j번째 관찰치이다. 또한 우리는 앞에서 처럼 ϵ_{ij}는 서로 독립이고 전부 $N(0,\ \sigma^2)$의 분포를 따르는 확률 변수라고 가정하자(ϵ_{ij}는 오차항에 해당된다). 그러면 X_{ij}는 $N(\mu_i,\ \sigma^2)$의 분포를 따른다. 여기서 우리가 하려고 하는 것은 다음의 귀무가설을 검정하는 것이다.

$$H_0 : \mu_1 = \mu_2 = \cdots = \mu_k$$

대립가설은 물론 적어도 두 개 이상의 모평균은 다르다라는 것이다.

위 검정을 수행하기 위해 다음처럼 자승합을 정의하자.

$$SST(\text{총자승합}) = \sum_{i=1}^{k}\sum_{j=1}^{n_i}(X_{ij} - \overline{\overline{X}})^2$$

$$SSB(\text{급간자승합}) = \sum_{i=1}^{k} n_i(\overline{X}_{ij} - \overline{\overline{X}})^2$$

$$SSE(\text{급내자승합}) = \sum_{i=1}^{k}\sum_{j=1}^{n_i}(X_{ij} - \overline{X}_i)^2$$

여기서 $\overline{\overline{X}}$는 총평균으로 $\overline{\overline{X}} = \frac{1}{N}\sum_{x=1}^{k}\sum_{j=1}^{n_i} X_{ij}$ (N은 관찰치의 총수로 $N = n_1 + n_2 + \cdots + n_k$ 이다)이며, $\overline{X}_i$는 i번째 표본의 평균으로 $\overline{X}_i = (1/n_i)\sum_{j=1}^{n_i} X_{ij}$, $i = 1,\ 2,\ \cdots\ k$이다.

증명은 생략하지만 우리는 여기서 $SST = SSB + SSE$가 됨을 쉽게 알 수 있다.

$\sum_{i=1}^{k}\sum_{j=1}^{n_i}(X_{ij}-\overline{\overline{X}})=0$, $\sum_{i=1}^{n_i}(X_{ij}-\overline{X}_i)=0$, $i=1, \cdots, k$이므로 자유도는 SST가 $N-1$, SSE가 $\sum_{i=1}^{k}(n_i-1)=\sum_{i=1}^{k}n_i-k=N-k$이다. 물론 SSB의 자유도는 $(N-1)-(N-k)=k-1$이다.

자승합을 계산할 때 다음의 식으로 변형시키면 더 편리할 것이다.

$$SST=\sum_{i=1}^{k}\sum_{j=1}^{n_i}X_{ij}^2-\frac{C.T.}{N}$$
$$SSB=\sum_{i=1}^{k}(X_{ij}^2/n_i)-\frac{C.T.}{N}$$
$$SSE=SST-SSB$$

여기서

$$C.T.=\sum_{i=1}^{k}\sum_{j=1}^{n_i}X_{ij}(\text{전체 총합})$$

$$X_{i.}=\sum_{j=1}^{n_i}X_{ij}(\,i\text{번째 표본의 총계})$$

이고 $C \cdot T/N$을 **수정항**(correction term)이라 부른다.

위의 결과를 정리한 것이 <표 14.8>이다.

〈표 14.8〉 표본 크기가 다른 경우의 ANOVA 표

변인	SS	DF	MS	F
급간	$\sum_{i=1}^{k}\frac{X_{i.}^2}{n_i}-C.T./N$	$k-1$	$SSB/(k-1)$	$\frac{SSB(k-1)}{SSE/(N-k)}$
급내	$SST-SSB$	$N-k$	$SSE/(N-k)$	
전체	$\sum_{i=1}^{k}\sum_{j=1}^{n_i}X_{ij}^2-C.T./N$	$N-1$		

F의 값이 크면 클수록 대립가설이 참일 것이라고 할 수 있는데, F의 분포는 H_0 하에서 자유도가 $(k-1,\ N-k)$인 $F-$분포라는 것이 알려져 있으므로 검정기준은 아래와 같이 된다.

$F>f_{k-1,\,n-k\,;\,\alpha}$일 때 H_0을 기각 한다.

예제 14-3

어느 한 생산라인 근무자의 생산성이 일주일(5일) 동안에 한결같은지를 검정하려고 그 근무자에게는 알리지 않고, 고용주가 <표 14.9>에서 보는 바와 같이 18일을 무작위로 취하여 기록하였다(생산성은 근무자가 생산한 품목의 경상 시장 가격으로 측정 하였다). $\alpha = 0.05$ 에서 검정을 하여라.

풀이 일당 근무자의 생산성은 동일한 분산을 갖는 정규 분포를 하고, 그의 매일 매일의 생산성은 다음날의 생산성에 영향을 미치지 않는다고 가정한다. 검정 절차는 다음과 같다.

〈표 14.9〉 요일별 15일간의 생산성

	월	화	수	목	금
	143	162	160	138	110
	128	136	132	168	130
	110	144	180	120	135
		158	160		
			138		
표본 크기	3	4	5	3	3
표본 합계	381	600	770	426	375
표본 평균	127	150	154	142	125

1. $H_0 : \mu_1 = \mu_2 = \mu_3 = \mu_4 = \mu_5$
2. H_1 : 적어도 두 개의 평균은 같지 않다. 즉, 적어도 두 요일 간의 평균 생산성은 서로 다르다.
3. 계산 과정

$$C \cdot T = \frac{(2552)^2}{18} = 361,817$$

$$SST = 143^2 + 128^2 + \cdots + 130^2 + 135^2 - 361,817$$

$$= 368,334 - 361,817 = 6517$$

$$SSB = \frac{381^2}{3} + \frac{600^2}{4} + \frac{770^2}{5} + \frac{426^2}{6} + \frac{375^2}{7} - 361,817$$

$$= 364,334 - 361,817 = 2517$$

$$SSE = 6517 - 2517 = 4000$$

<표 14.10>에 ANOVA 표가 제시되어 있다.

〈표 14.10〉 [예제 2]의 ANOVA 표

변 인	SS	DF	MS	F
급 간	2517	4	629.3	2.05
급 내	4000	13	307.7	
전 체	6517	17		

4. 자유도가 (4, 13)이므로, $f_{4,13;0.05} = 3.18$이다. 따라서, 분산비 값이 3.18보다 크면 H_0를 기각한다.
5. 분산분석표에서 계산된 값이 2.05이므로 H_0를 기각하지 않는다. 근무자의 평균 생산성이 5일 동안에 서로 다름을 입증 할 수 없다.

예제 14-4

<표 14.11>은 임의 추출된 직업별 공장 근무자들의 시간당 임금이 나타나있다. 1% 유의수준에서 직업별로 평균 임금이 서로 다른가?

풀이 각 직업별 시간당 임금은 동일한 분산을 갖는 정규 분포를 하며, 한 직업의 시간당 임금이 다른 직업의 임금에 영향을 미치지 않는다고 가정한다.

〈표 14.11〉 직업별 공장근로자들의 시간당 임금

	연관공	전기 기술자	페인트공	목 수
	7.6	8.5	6.8	7.4
	8.7	8.7	6.7	6.5
	7.6	7.7	6.6	6.8
		8.3	6.4	
		7.8		
표본 크기	3	5	4	3
표본 합계	23.5	41.0	26.5	20.7
표본 평균	7.83	8.20	6.63	6.90

1. $H_0 : \mu_1 = \mu_2 = \mu_3 = \mu_4$
2. H_1 : 적어도 2개의 모평균은 서로 다르다.
3. 계산 절차 : 총계 $= 23.5 + 41.0 + 26.5 + 20.7 = 111.7$

$$C \cdot T = \frac{(111.7)^2}{15} = 831.793$$

$$SST = 7.6^2 + 8.3^2 + ... + 6.5^2 + 6.8^2 - 831.793$$

$$= 840.675 - 831.793 = 8.477$$

$$SSB = (23.5)^2/3 + (41.0)^2/5 + (26.5)^2/4 + (20.7)^2/3 - 831.793$$

$$= 6.882$$

$$SSE = 8.477 - 6.882 = 1.595$$

이러한 결과가 <표 14.12>에 요약되어 있다.

〈표 14.12〉 [예제 3]의 ANOVA 표

변 인	SS	DF	MS	F
급 간	6.882	3	2.294	15.82
급 내	1.595	11	0.145	
전 체	8.477	14		

4. 자유도는 (3, 11)이며, $f_{3,11;0.01} = 6.22$이므로 분산비 값이 6.22보다 크면 H_0를 기각한다.
5. 계산된 값이 15.82이므로 1%의 유의 수준에서 H_0를 기각한다. 직업별 평균 임금 수준이 유의적으로 다름을 강력히 시사해 준다.

연습문제 Exercises

1. 다음의 분산분석표를 완성하여라.

변 인	*SS*	*DF*	*MS*	*F*
급 간		7		
급 내	187.2			
전 체	397.9	25		

2. 골퍼가 골프공 신제품과 구제품과의 제품 간에 차가 있는지를 검정하고자 한다. 다음 표는 신제품 7회 주행 거리와 구제품 6회 주행 거리가 기록되어 있다.

구 제 품	신 제 품
138	165
162	126
140	195
175	203
190	180
151	150
	185

5%의 유의 수준에서 두 제품의 주행 평균 거리 간에 유의적인 차가 있는가를 검정하여라.

(a) 9.4절의 두 평균 간의 비교 방법을 사용하여라.

(b) 분산분석법을 적용하여라.

3. 각기 4가지 상품의 담배 1갑의 타르 함유량(mg)을 다음의 표에서 보여주고 있다. 각 상품을 5번 조사하였다.

상품 A	상품 B	상품 C	상품 D
340	358	335	358
323	320	318	345
319	340	330	330
330	360	320	350
335	338	338	340

4가지 상품의 담배 1갑의 평균 타르 함유량에 유의적인 차이가 있는가를 $\alpha = 0.01$에서 검정하여라.

4. 한 연구소의 실험실에서 3가지 품종의 타이어를 비교 실험해서 각 제품에서 5개의 타이어를 검사하여 주행 거리(km)를 기록하였다.

타이어 A	타이어 B	타이어 C
32,000	34,000	37,000
35,000	27,000	29,000
41,000	36,000	41,000
31,000	30,000	37,000
36,000	27,000	38,000

$\alpha = 0.05$에서 각 품종 간에 유의적 차이가 있는가?

5. 3가지 유형의 단열재를 비교하기 위하여 건축 청부업자가 각 단열재를 5회 사용하여 총 15개의 방을 지었다. 다음 표는 밤에 4시간이 경과한 후에 각 방의 기온 강하를 측정한 것이다.
단열재 간에 유의적인 차이를 보이는가?

단열재 A	단열재 B	단열재 C
16	10	15
19	12	16
18	20	20
10	12	16
17	14	13

6. 한 농사 시험장에서 3가지의 잡종 옥수수를 비교하고자 한다. 각 품종을 6개의 실험구에서 재배하여 평당 수확량(단위 : kg)을 기록하였다.

품종 A	품종 B	품종 C
86	83	79
94	75	75
99	62	53
61	86	95
70	77	55
89	79	72

10%의 유의 수준에서 평당 평균 생산량은 품종 간에 어떤 차이가 나는가?

7. 일원배치로 분산분석을 하려면 어떠한 가정이 필요한가?

8. 분산분석을 하는데, 4개의 집단과 30개의 관찰치가 있다. 급내 자승합이 32.34라 하면 σ^2의 추정치는 얼마인가?

9. 어느 고등학교에서 국어 성적이 최상위의 속하는 학생중에서 3명을 추출하여 수학 참고서에서 랜덤하게 5문제를 골라서 5문항을 풀게 한 후 소요시간을 조사한 것이 다음 표와 같다.

(단위 : 분)

김	이	박
8	8	10
10	9	9
9	9	10
11	8	11
10	10	9

위의 자료를 이용하여 수학 참고서 전체 문제를 해결하는데 걸리는 시간은 다르다고 할 수 있는가?

10. 어느 도시 동, 서, 남, 북 4지역에서 랜덤 추출한 새로 지은 APT의 전세값이 다음과 같다.

(단위 : 만원)

동구	서구	남구	북구
528	514	649	372
586	457	506	440
680	521	556	495
718	370	413	321
	532	470	424
			332

위 자료에서 분산분석표를 작성하고 두 지역간에 평균 전세비는 다르다고 할 수 있는가? (단 α=0.01)

11. 일원배치법에서 귀무가설과 대립가설은 다음과 같다.

$$H_0 : \mu_1 = \mu_2 = \cdots = \mu_k$$

H_1: 평균이 전부 같지는 않다.

만약 귀무가설 H_0가 거짓이라면, 이는 어떤 두 모집단의 평균도 같지 않다는 의미인가? 만약 아니면 어떤 의미인가?

12. $S = \sqrt{MSE} = \sqrt{\dfrac{(n_1-1)s_1^2 + (n_2-1)s_2^2 + \cdot\cdot\cdot + (n_k-1)s_k^2}{n-k}}$ 은 무엇의 추정에 사용되는 통계량인가?

13. 다음 분산분석표의 빈칸은?

요인	자유도	제곱합	평균제곱	F
처리	2	(a)	24	1.5
잔차	(b)	(c)	(d)	
계	14			

Chapter 15 시계열분석법

지금까지 다루었던 대부분의 자료들은 시간의 변화에 따른 영향을 고려하지 않았으나 이제 시간의 흐름별로 관측되어 시간의 영향을 받게되는 시계열자료(time series data)를 다루는 문제를 생각해 보기로 한다. 시계열분석(time series analysis)의 중요한 목적은 첫째 주어진 시계열자료를 생성케 하는 확률적 시스템을 모형화하여 현상을 파악하는 데 있으며, 둘째는 과거의 시계열자료들로부터 미래의 값을 예측(forecasting)하는데 있다.

15.1 서론

경영 관리자들이나 사회과학자들은 흔히 시간이 흐름에 따라 변화하는 자료들을 다루게 된다. 이와 같이 시간이 흐름에 따라 변화하는 관찰치들을 일정한 시간 간격으로 배열해 놓은 것을 **시계열**(time series)이라 부른다. 예컨대, 월별 판매고, 연도별 GNP, 월별 및 연도별 물가 지수, 분기별 및 연도별 산업 생산 지수, 연도별 인구수 등이 시계열 자료에 속한다. 이외에도 연도별 학생수, 월별 및 연도별 강우량, 습도 등도 시계열 자료이다.

시계열 자료를 좀 더 잘 이해하고 설명할 수 있을 뿐만 아니라, 더 잘 관리하고 예측할 수 있다는 점에서 시계열 자료의 분석이 행해진다. 시계열의 변동(variation)은 추세변동(trend), 순환변동(cyclic variation), 기간변동(periodic variation), 불규칙변동(irregular variation) 등으로 나누어 볼 수 있다. 본 장에서는 시계열 분석의 기본적인 개념만을 살펴보고, 널리 사용되는 기술적인 방법을 논하고자 한다.

15.2 시계열

시계열은 시간적으로 동일한 시간 간격을 갖는 n개의 계열상의 관찰치들 $Y_1, Y_2, \cdots, Y_t, \cdots, Y_n$으로 표현될 수 있다.

일정 시간 간격은 월(예컨대 월별 판매량), 년(연도별 인구수, GNP), 시간(시간당 전력 소비량) 등이 될 수 있다.

시계열을 다음과 같이 두 가지 유형으로 나누어 볼 수 있다.

1. 일정한 간격을 가진 각 시점에서 변량들의 값을 관찰하는 경우가 있다. 예컨대, 각 분기말에 어느 제조업체의 원료 재고량을 기록한다든가, 어느 도심지 한 곳의 공기 오염도를 매일 5시에 관측한다든가 하는 경우이다.
2. 일정 시간 간격에 걸쳐서 한 변량을 총체적으로 집계하는 수도 있다. 예컨대, 월별 판매량같이 판매량을 한 달에 걸쳐서 집계한다든가, 또는 연중 강설량을 구하기 위하여 1년에 걸쳐서 누계하는 것이다.

위와 같이 정의된 시계열은 관찰치들이 시간적으로 분리된 시점에 속하기 때문에 **이산 시계열**(discrete time series)이다.

이에 반해서 변량 Y가 시간상 연속적으로 측정되는 경우에는 **연속 시계열**(continuous time series)이라고 부른다. 일정 기간의 온도 변화, 뇌파 또는 심전도의 그래프는 연속 시계열을 표현한 것이다.

15.3 평활법

평활법(smoothing)은 시계열에서 불규칙 변동을 완화시키거나 평준화시켜서 완만한 시계열의 움직임을 나타내는 구성 요소를 구하는 통계적 과정이다. 다음의 예로써 평활법을 설명하기로 한다.

한 백화점이 월요일에서 금요일까지 5일 동안 밤늦게까지 영업 시간을 연장하고, 연장 근무 시간에는 임시 점원을 둔다. 그러면 몇 시간 지나지 않아서 서비스가 거칠고 비능률적이라는 고객들의 불평이 증가되기 시작하며, 경영자는 즉시 대책을 수립하게 된다. 대책을 세우기 이전 2주간의 월요일에서 금요일까지 주 5일 동안의 고객들의 1일 불평 건수와 대책을 세운 이후 4주간의 자료가 [그림 15.1] (a)에 나타나 있다.

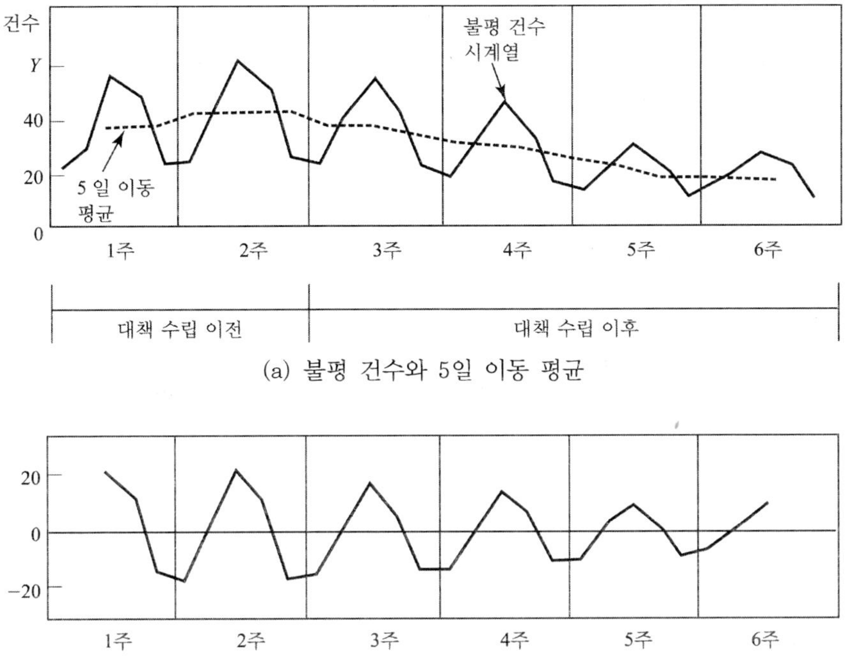

(a) 불평 건수와 5일 이동 평균

(b) 순환변동

[그림 15.1] 백화점 불평 건수 시계열과 5일 이동 평균

이 문제를 분석하는 사람은 이 시계열 자료에 관련하여 대책 수립 직후부터 시계열의 방향이 오른쪽으로 내려가고 있는 특성을 파악하고 있다.

이 점을 경영자 회의에서 효과적으로 설명할 목적으로 시계열 분석가는 변동을 평균하여 완화시켜 시계열의 움직임을 좀 더 명확히 나타내려 할 것이다. 이러한 평활법 가운데에서 가장 널리 사용되는 이동 평균법에 관해 설명하기로 한다.

이동평균법(moving average)은 한 집단의 관찰치들을 연속적으로 평균을 취하여 시계열의 변동을 줄여나가는 것이다.

시계열의 이동 평균은 연속적으로 놓인 일정한 수인 k개의 관찰치들의 평균을 취하여 구한다. 즉, 관찰치들 $Y_1, Y_2, \cdots, Y_k$에서 첫 번째 평균을 구하고, 관찰치들 $Y_2, Y_3, \cdots, Y_{k+1}$에서 두 번째 평균을 구하고, 이러한 과정을 반복해 나간다. 여기서 단위 시간인 k는 시계열의 순환 변동의 주기와 같게 하거나, 2의 배수로 한다. 일반적으로 k는 홀수를 택한다.

[그림 15.1] (a)를 보면 매주 5일의 주기가 있음을 분명히 알 수 있다. 따라서, 시계열 분석가는 **5항 이동 평균**(5-term moving average)을 하게 된다. 따라서, $(Y_1, Y_2, \cdots, Y_5)$, $(Y_2, Y_3, \cdots, Y_6)$ 등으로 계열 자료가 배열된다.

<표 15.1>은 5항 이동 평균을 구하는 과정을 보여준다. (1)열에 관찰치들이 주어져 있

으며, (2)열은 매 5항의 **이동총계**(moving total)가 구해져있다. 예컨대, 첫 번째 계열에서는 $22+30+57+51+24=184$가 5항 이동총계로 계산된다. 이렇게 구한 5항 총계는 계열의 중앙인 $t=3$에 위치한다. 두 번째 계열에서는 $30+57+51+24+24=186$이 총계가 되고, 이것은 $184-22+24=186$으로도 구할 수 있으며, $t=4$에 위치한다. 마찬가지로 $t=5$에서의 총계는 $186-30+41=197$이 된다. (2)열에 나타난 이러한 총계를 **이동 총계**(moving total)라고 부른다.

〈표 15.1〉 5항 이동 평균 계산 예

주순	요일	t	(1) 불평 건수 Y_t	(2) 5항 이동 총계	(3) 5항 이동 평균치	(4) 순환변동 (1)-(3)
1	월	1	22			
	화	2	30			
	수	3	57	184	36.8	20.2
	목	4	51	186	37.2	13.8
	금	5	24	197	39.4	−15.4
2	월	6	24	203	40.6	−16.6
	화	7	41	204	40.8	0.2
	수	8	63	205	41.0	22.0
	목	9	52	205	41.0	11.0
	금	10	25	205	41.0	−16.0
3	월	11	24	198	39.6	−15.6
	화	12	41	190	38.0	3.0
	수	13	56	186	37.2	18.8
	목	14	44	181	36.2	7.8
	금	15	21	170	34.0	−13.0
4	월	16	19	159	31.8	−12.8
	화	17	30	150	30.0	0.0
	수	18	45	146	29.2	15.8
	목	19	35	142	28.4	6.6
	금	20	17	135	27.0	−10.0
5	월	21	15	120	24.0	−9.0
	화	22	23	108	21.6	1.4
	수	23	30	101	20.2	9.8
	목	24	23	99	19.8	3.2
	금	25	10	96	19.2	−9.2
6	월	26	13	93	18.6	−5.6
	화	27	20	92	18.4	1.6
	수	28	27	92	18.4	8.6
	목	29	22			
	금	30	10			

(2)열의 총계를 5로 나누면, **이동평균**(moving average)이 나온다. $t=3$에서 첫 번째 이동총계 184를 5로 나누면 이동 평균치 36.8이 $t=3$에 위치한다. (3)열이 이러한 시계열의 이동 평균을 보여준다. $t=1, 2$, 그리고 $t=29, 30$에서 이동 평균값이 없음을 주목하자. 즉, 처음 부분의 2일간과 마지막 부분 2일간에는 이동 평균값이 존재하지 않는다. 일반적으로 k값이 홀수일 때 k항 이동 평균에서 처음과 마지막 $(k-1)/2$개 시점은 이동 평균값이 존재하지 않는다. [그림 15.1] (a)에는 불평 건수와 그의 5일 이동 평균이 표시되어 있다.

끝으로 (4)열에는 (1)열과 (3)열의 차가 나타나 있다. 이것은 관찰치에서 이동 평균을 뺀 값으로서, **순환 변동**이라 부르며, [그림 15.1] (b)에 표현되어 있다.

시계열 분석가는 다음과 같은 해석을 첨가하여 경영자 회의에서 [그림 15.1]을 제시하게 된다.

1. 불평 건수의 5항 이동 평균이 대책 수립 이후 곧 하향하고 있다. 하향의 원인이 이동 평균만으로는 설명될 수 없다. 하향이 경험에 의한 대책 수립에 기인할 수도 있고, 이러한 요인과 여타의 요인들의 결합에 기인할 수도 있는 것이다. 하향의 원인 규명은 좀 더 많은 정보를 필요로 한다.
2. 순환 변동은 주 중에 높은 값을 보인다. 이러한 현상은 주 중에 거래량이 많기 때문에 일어나는 것인지 또는 다른 요인들의 반응 결과 인지는 더 조사를 해보아야 확실해 질 것이다.

이제 k가 짝수인 경우를 살펴보자. k가 짝수인 경우, 예컨대 k가 4 또는 12인 경우의 이동 평균 계산에서는 특수한 문제가 발생한다. 다음의 7개의 시계열 자료에 대해 4항 이동 평균의 경우를 고려해 보자.

t	Y_t	4항 이동 총계	4항 이동 평균치	중심화 4항 이동 평균치
1	2			
2	6			
		20	5.00	
3	4			5.50
		24	6.00	
4	8			6.13
		25	6.25	
5	6			6.00
		23	5.75	
6	7			
7	2			

4항 이동 총계와 4항 이동 평균은 이 계열의 중앙에 위치해야 되므로, $t=2.5$, $t=3.5$에 놓이게 된다. 따라서, 관찰치들과 이동 평균치들을 비교하려면 시점, 즉 위치가 다르기

때문에 바람직하지 않다. 이에 대해서 다음과 같은 조치가 필요하다.

4항 이동 평균치들을 다시 2항 이동 평균을 구하여 중심화 4항 이동 평균을 계산하는 것이다. 첫 번째 2항 이동 평균치 $(5.0+6.0)/2=5.5$는 $t=3$에 위치하고, 두 번째 2항 이동 평균치 $(6.0+6.25)/2=6.13$은 $t=4$에 놓인다. 이렇게 제 위치를 잡기 위한 중심화 이동 평균법에는 처음부분 $k/2$시점과 끝부분 $k/2$시점의 이동 평균치를 구할 수 없다. 위의 예에서는 $k/2=2$가 되므로, 처음 부분 2개 시점과 끝부분 2개 시점에서 이동 평균치가 존재하지 않는다.

짝수항인 경우의 이동 평균법은 계열상의 관찰치들이 똑같은 가중치를 갖지 않는 **가중 이동 평균**(weighted moving average)으로 볼 수 있다.

위의 예에서는 가중 5항 이동 평균인 셈이며, 가중치들은 (1, 2, 2, 2, 1)이 된다. 따라서, 첫 번째 이동 평균치는 이와 같이 계산된다.

$$\frac{1}{8}[2(1)+6(2)+4(2)+8(2)+6(1)]=\frac{44}{8}=5.5$$

여기서 8은 가중치들의 합이다.

이동 평균의 항수 k는 이동 평균에 실실적으로 영향을 미친다. 예로써, 앞에서 다룬 백화점 고객들의 불평 건수 시계열을 보기로 하자. 순환 변동의 주기가 5일이므로, 5항 이동 평균을 구하는 것이 바람직하다. 3항이나 7항 이동 평균을 계산하면, 시계열을 평활화하는 데는 효과적인 결과가 나타나지 않는다.

예컨대, [그림 15.2] (a)와 [그림 15.2] (b)는 각기 3항과 7항 이동 평균을 보여주고 있다. $k=3$, $k=7$인 경우에, k가 시계열의 주기의 배수가 아니므로 이동 평균이 완만한 곡선으로 나타나지 않는다. 더욱이 7항 이동 평균은 원 시계열과 정반대의 변동 양상을 보이고 있다.

[그림 15.2] (c)는 10항 이동 평균을 보여주고 있다. 이 경우에는 $k=10$으로 주기인 5의 배수이므로 완만한 곡선이 된다. 그러나, $k=10$일 경우 처음 부분 5개 시점과 끝부분 5개 시점의 이동 평균을 구할 수 없으므로 마지막 주 5일간의 정보의 손실이 따른다. 이 예에서는 이동 평균의 항수 k는 시계열의 변동 주기와 같아야만 된다는 것을 보여주고 있다. 경영학, 경제학 및 여타의 사회과학 분야의 시계열은 불규칙적인 변동으로 시계열의 진동이 심한 경우가 꽤 많다. 이 경우에 변동을 완화시킬 수 있는 최소치 k를 선택하는 것이 절충안이 된다. 시계열의 평활법을 위한 컴퓨터 프로그램을 사용할 수도 있으며, 이때에는 여러 가지 k값을 이용해 실험적으로 평활화해 볼 수도 있다.

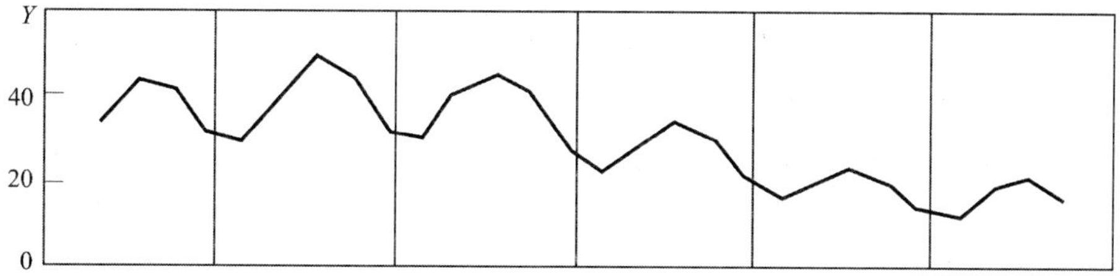

(a) $k = 3$

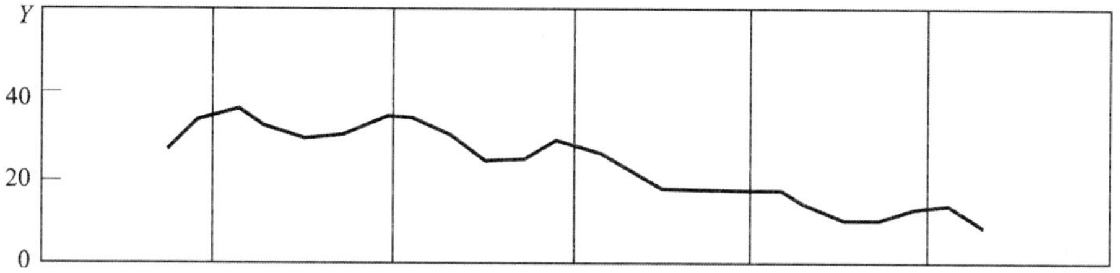

(a) $k = 7$

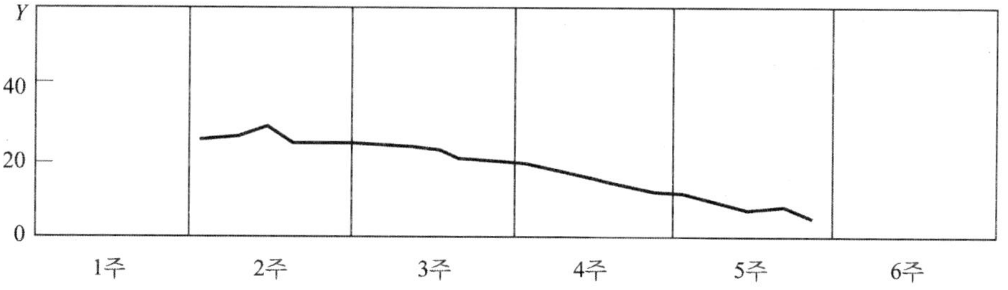

(a) $k = 10$

[그림 15.2] 백화점 고객 불평 건수의 3항, 7항 및 10항 이동 평균

15.4 고전적 시계열 모형

백화점의 예에서 비교적 단순한 시계열을 살펴보았다. 그러나, 경영학 및 경제학 분야나 사회과학에서의 시계열은 이보다 복잡한 요소들로 구성된다. 경제학자들은 경제 및 경영 부문의 시계열을 4개의 구성 요소를 포함하는 모형으로 개발해 왔다. 4가지 구성 요소를 추세 변동, 순환 변동, 기간 변동 및 불규칙 변동이라고 부르며, 이러한 모형이 가장 널리 사용된다. 고전적 복합 모형은 아래와 같다.

$$Y = T \cdot C \cdot S \cdot I$$

여기서, $T \cdot C \cdot S$ 및 I는 시계열의 추세 변동, 순환 변동, 기간 변동 및 불규칙 변동을 표시한다. 예로써 한 제조회사 제품의 2002~2011년간 판매고가 [그림 15.3] (a)에 표시되어 있다. 그리고 이러한 시계열의 4가지 구성 요소가 각기 (b)에서 (e)까지 표현되어 있다. 고전적 모형에서의 구성요소의 특성과 의미를 이 그림을 통하여 살펴보기로 하자.

15.4.1 추세 변동

이 시계열의 추세 변동(trend)이 [그림 15.3] (b)에 그려져 있다. 이러한 추세 변동은 점진적으로 변화하고 판매고의 장기적 경향성을 반영하고 있다.

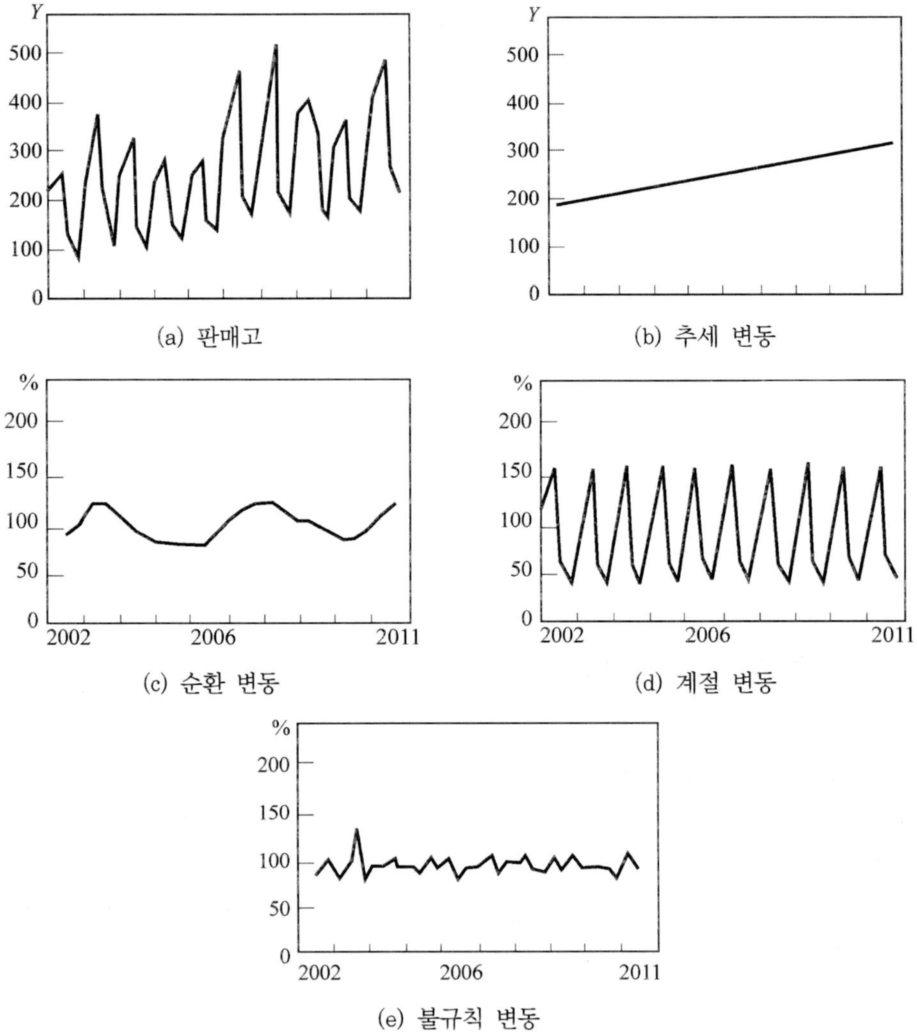

[그림 15.3] 제조회사 제품의 판매고

일반적으로 추세 변동의 예로는 첫째, 인구 통계학적 특성 및 인구의 지리적 분포, 그리고 인구수 등의 변화, 둘째 기술적 발달 정도의 변화, 셋째 경제적 발달 정도의 변화, 넷째 습관이나 태도의 점진적 변화 등을 들 수 있다. 이러한 효과가 매우 점진적으로 장기간에 걸쳐서 작용하므로 시계열 전기간에 걸쳐 연속적으로 완만한 경향을 나타낸다. 이러한 추세를 나타내는 곡선을 **추세 곡선**(trend curve)이라고 한다. [그림 15.3] (b)의 추세 곡선은 선형으로 나타나지만, 다른 예에서는 또 다른 유형의 곡선으로 나타나기도 한다.

이러한 추세 분석을 통하여 **장기적 예측**(long-term forecasting)을 할 수 있다.

15.4.2 순환 변동

[그림 15.3] (c)에서 보는 바와 같은 **순환 변동**(cyclic variation)은 장기적으로 시계열의 상승과 하락이 주기적인 형태로 나타나는 것을 말한다. 가장 대표적인 것으로는 경기변동을 들 수 있다. 일반적으로 경제 활동은 계속 점진적으로 일정한 방향으로 발전(침체)해 가는 것이 아니고, 호황과 불황이 교대로 순환하는 것이며, 이러한 순환의 주기는 비교적 단기간인 3~4년이 되기도 하고 중·장기적인 기간인 5~10년이 되기도 한다. 순환 변동은 시계열의 이와 같은 특성을 나타낸다. 순환주기와 진폭의 측정으로써 순환 변동을 분석하게 된다.

이와 같은 순환 변동의 파악을 통하여 현재의 조건을 평가할 수 있으며, 단기적 예측을 할 수도 있다.

15.4.3 기간 변동

기간 변동(periodic variation)은 [그림 15.3] (d)에 표현되어 있다. 일정 기간 예컨대, 1년, 분기, 월, 주, 일을 주기로 하여 규칙적으로 발생하는 변동을 말한다. 가장 대표적인 것이 1년을 주기로 하는 **계절변동**(seasonal variation)이다. 계절 변동의 예로 전력 소비량을 볼 것 같으면, 한 여름이나 한 겨울에 가장 높게 나타난다. 또한 백화점의 매상고의 경우도 12월에 가장 높은 수치를 보인다.

계절 변동 이외의 기간 변동의 예로써 전철 승객수는 하루 중 출퇴근 시간에 높게 나타난다. 그리고, 고속 도로 통과 차량수의 경우, 한 주일에서 주말에 가장 높은 수치를 기록한다. 기간 변동은 이와 같이 일정 기간에 규칙적으로 반복하여 그 효과가 나타난다. 따라서, 그 변화 양상이 순환 변동보다 더 규칙적인 경향이 있으므로 좀 더 좋은 예측이 가능하다. [그림 15.3] (d)에 나타난 계절 변동은 전기간에 걸쳐서 안정적이다.

과거와 현재의 시계열 움직임을 평가함에 있어서 기간 변동의 효과를 고려할 수 있으며 기간 변동을 함께 고려하여 더 나은 예측을 시도할 수 있다.

15.4.4 불규칙 변동

불규칙 변동(irregular variation, random variation)은 위에서 알아 본 3가지 변동을 고려한 후에 남은 잔차와 같은 불규칙적인 변동이다. 이러한 불규칙적인 움직임은 파업이나, 기후 조건, 정치적 위기나 전쟁 등과 같은 비반복적이며 특수한 요인을 반영한다.

[그림 15.3] (e)는 판매고 시계열의 불규칙적 변동을 보여준다. 이 변동에서도 2003년도 3사분기의 높은 수치는 특수한 수요 증가를 나타낸다.

15.4.5 정의

고전적 시계열 모형의 변동들을 좀더 명확히 정의하기로 하자.

(1) **추세 변동**은 시계열의 장기적인 흐름을 표현하며, 흔히 완만한 곡선으로 나타난다.

(2) **순환 변동**은 시계열에서 1년 이상의 주기적인 변동으로서 경기 변동이 가장 대표적이며, 그 주기가 일정치 않은 경우가 많으며, 주기와 진폭의 변화를 측정함으로써 순환 변동을 파악할 수 있다.

(3) **기간 변동**은 1년 또는 그 이하(예컨대, 분기, 월, 주일, 일)의 일정 기간 내의 반복적으로 나타나는 주기적인 변화 양상을 말한다. 1년을 주기로 하는 계절 변동이 대표적인 기간 변동이다.

(4) **불규칙 변동**은 위의 3가지 변동 이외의 요인을 반영하는 것으로서, 불규칙적이고 거의 예측 불가능하다.

15.5 선형추세

일반적으로, 추세 변동은 [그림 15.3] (b)에서 보는 바와 같은 완만한 곡선으로 표현되지만, 곡선의 추세선을 다루기가 어려우므로 선형인 경우만을 다루어 보도록 하자. 이 경우에 선형 추세선은 다음과 같다.

$$T_t = a + bX_t$$

여기서 T_t는 t시점($t = 1,\ 2,\ \ldots,\ n$)에서의 추세치, X_t는 t시점을 표시하는 수치로서 시점을 표시하며, a, b는 각기 추세선의 절편과 기울기를 나타낸다. n개의 시점을 $X_1 = 1$, $X_2 = 2$, $\cdots$, $X_t = t$, $\cdots$, $X_n = n$으로 표시하기로 한다. 예컨대, 1960년에서 1981년까지 n=22개의 연간 시계열 자료가 있을 때에, 1960년 시계열 자료의 시점은 $X_1 = 1$, 1970년의 시계열 자료의 시점은 $X_{11} = 11$, 그리고 1981년의 시계열 자료의 시점은 $X_{22} = 22$ 등으로 표시된다.

통상적으로 a와 b는 13장에서 다룬 바 있는 최소 자승법으로 계산한다. 최소 자승법에서는 Y가 어느 특정의 분포를 한다고 가정할 필요가 없기 때문에, 분포에 관해 아무런 가정을 하고 있지 않는 고전적 시계열 모형에 최소 자승법을 적용할 수 있는 것이다. 따라서, 13장의 선형 회귀 모형을 그대로 선형 추세선에 적용하면 된다. 편의상 관찰치 X와 Y의 첨자 i를 t로 바꾸어 최소 자승법에서의 a와 b의 공식을 다시 사용하기로 하면 다음과 같다.

$$b = \frac{n\sum_{t=1}^{n} X_t Y_t - \sum_{t=1}^{n} X_t \sum_{t=1}^{n} Y_t}{n\sum_{t=1}^{n} X_t^2 - (\sum_{t=1}^{n} X_t)^2}$$

$$a = \overline{Y} - b\overline{X}$$

이제 예제를 통하여 선형 추세선을 구해 보기로 하자. [그림 15.4] (a)와 <표 15.2>는 중소기업체인 어느 무역 회사의 1972년에서 1981년간에 걸친 수출액(단위 : 100만불)을 표시한다. 이러한 수출액 추세 양상에 관한 보고서를 준비하기 위하여 시계열 분석을 하게 되는 경우를 고려해 보기로 한다. 우선 시계열 분석가는 연간 수출량 시계열이 점진적으로 증가하는 경향을 주목하게 된다([그림 15.4] (a) 참조). 그는 장기적인 추세선이 거의 직선에 가깝다는 것을 발견하게 된다. 따라서, 다음 단계로 추세선의 절편과 기울기를 계산한다.

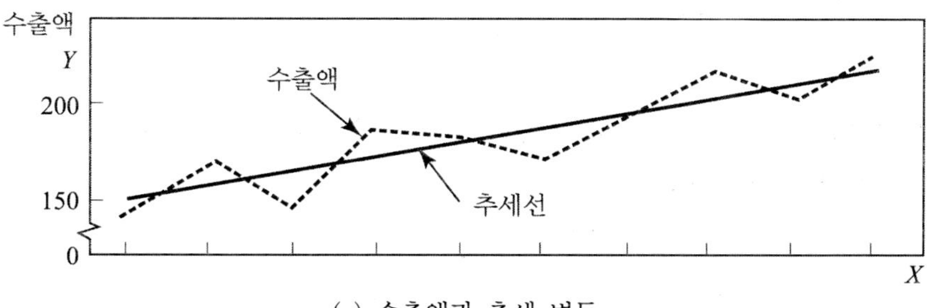

(a) 수출액과 추세 변동

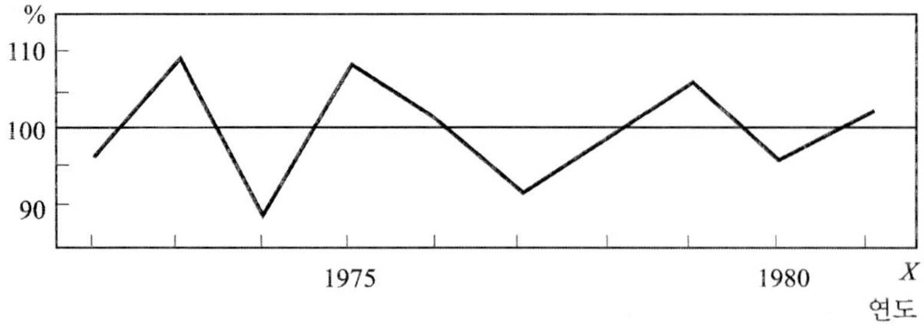

(b) 순환 · 불규칙 변동($C \cdot I$)

[그림 15.4] 연간 수출액과 선형 추세 변동

〈표 15.2〉 추세치의 계산 과정

연도	(1)	(2) 수출액 (100만불)	(3)	(4)	(5) 추세치	(6)
	X_t	Y_t	$X_t Y_t$	X_t^2	T_t	$C \cdot I = (\frac{Y_t}{T_t}) \times 100$
1972	1	147	147	1	152.09	96.7
1973	2	175	350	4	160.25	109.2
1974	3	150	450	9	168.41	89.1
1975	4	191	764	16	176.56	108.2
1976	5	188	940	25	184.72	101.8
1977	6	179	1,074	36	192.88	92.8
1978	7	200	1,400	49	201.04	99.5
1979	8	220	1,760	64	209.19	105.2
1980	9	208	1,872	81	217.35	95.7
1981	10	230	2,300	100	225.51	102.0
합계	55	1,888	11,057	385		

<표 15.2>에 a와 b를 구하기 위한 계산 절차가 제시되어 있다. 그리고 $n = 10$이므로 a와 b를 다음과 같이 구한다.

$$b = \frac{11{,}057 - \frac{55(1{,}888)}{10}}{385 - \frac{(55)^2}{10}} = 8.15758$$

$$a = \frac{1}{10}[1{,}888 - 8.15758(55)] = 143.93331$$

따라서, 추세선은 다음과 같다.

$$T_t = 143.93331 + 8.15758X_t$$

여기서 1972년이 $X_t = 1$로 나타난다. 추세선의 기울기 $b = 8.2$는 매년 수출액이 장기적으로 볼 때에, 8.2(100만불)씩 점진적으로 증가되었음을 표시한다. 추세선이 [그림 15.4] (a)에 나타나 있으며, 추세치는 위의 추세 방정식에서 구할 수 있다. 예컨대, 1974년 $(X_3 = 3)$의 추세치는 다음과 같이 구한다.

$$T_3 = 143.933331 + 8.15758(3) = 168.41$$

이러한 추세치들이 <표 15.2>의 (5)열에 나열되어 있다. 그리고 가령, 1986년 $(X_{15} = 15)$의 예측치를 구하는 경우에도 마찬가지로 구할 수 있다.

$$T_{15} = 143.9331 + 8.15758(15) = 266.30$$

따라서, 무역 여건에 커다란 변화가 없이 수출액의 흐름이 전과 같다면, 수출액의 추세치가 1986년에는 266,300,000불이 될 것이다.

15.6 순환 변동과 불규칙 변동

15.5절에서 다룬 연간 수출액 시계열 자료는 월별 자료가 아닌 연간 자료이므로 계절 변동이 나타나지 않는다. 이때에는 고전적 시계열 모형에서 계절 변동(기간 변동)을 고려할 필요가 없다. 따라서, 시계열 모형은 다음과 같이 표현된다.

$$Y = T \cdot C \cdot I$$

관찰치 Y_t를 추세치 T_t로 나누어 주면, 순환 · 불규칙 변동을 구할 수 있으며, 이를 $C \cdot I$로 표시하자.

$$C \cdot I = \frac{Y}{T} = \frac{T \cdot C \cdot I}{T}$$

순환 불규칙 변동($C \cdot I$) 값들은 편의상 백분율(%)로 표시한다.

예컨대, 15.5절의 예에서, 1972년에 시계열 관찰치 $Y_1 = 147$이고, 추세치 $T_1 = 152.09$이므로, 순환 불규칙 변동($C \cdot I$)은 (147/152.09) 100=96.7%이다. <표 15.2>의 (6)열에

순환˘불규칙 변동($C \cdot I$)이 나열되어 있으며, [그림 15.4] (b)에도 표현되어 있다.

순환 불규칙 변동($C \cdot I$)을 다시 이동 평균하여 완만한 곡선으로 표시할 수도 있으며, 이렇게 구한 이동 평균치를 순환 변동(C)으로 간주할 수 있다. 그리고, 순환 변동(C)으로 순환 불규칙 변동($C \cdot I$)를 나누어 주면, 불규칙 변동(I)를 구해낼 수 있다.

15.7 순환 분석과 단기 예측

시계열 자료의 순환 변동에 관한 분석은 주로 경영학과 경제학 분야에서 실제적으로 단기적인 예측과 평가에 적용되고 있다. 공학 및 자연 과학 분야에서는 대체로 실험 조건이 일정하게(ceteris paribus) 유지되므로 순환 변동이 매우 규칙적이며 기간 변동으로 파악이 될 수 있는 반면에 경영학이나 경제학 분야에서 다루는 시계열의 순환 변동은 한 주기와 또 다른 주기의 주기가 서로 다르며, 진폭이 매우 폭넓게 변화하므로, 기간 변동으로는 접합시키기가 어렵다.

시계열 자료의 순환 변동에 관한 분석은 시계열 움직임의 상승과 하락을 예측하는 것이 주된 목적이다. 그러나, 이러한 작업이 그리 쉽지는 않다. 따라서, 변동이 발생했을 때에 순환적인 변화시점을 찾는 것으로 만족하는 경우가 많다.

시계열의 순환 변동에 있어서 방향이 바뀌는 시점을 **순환적 변환 시점**(cyclical turning point)이라 부른다. 이러한 변환 시점을 소급하여 찾는 작업은 매우 어렵다. 그러한 이유를 다음의 예에서 확인할 수 있다. [그림 15.5]에 어느 자전거 도매상의 1956~1979년간의 월별

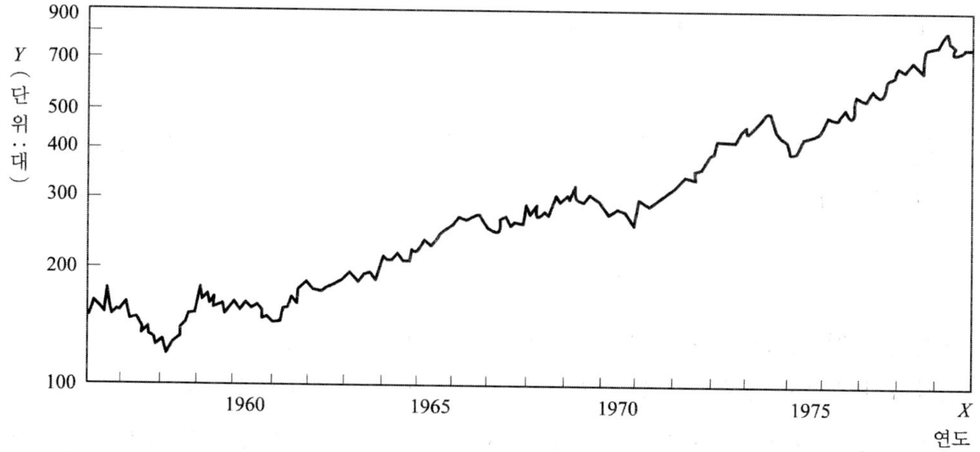

[그림 15.5] 월별 자전거 도매상의 판매량(1956~1979)

자전거 판매량이 나타나 있다. 직관적으로 대강 살펴보면 이 시계열의 순환 변동 양상을 추적할 수 있으며, 어느 정도 주관적 판단이 개입되지만 순환적 변환 시점들을 찾아낼 수는 있다. [그림 15.5]는 각기 상승기와 하강기로 나누어 볼 수 있다. 전형적인 경영·경제 분야에 관련된 주기와 진폭이 매우 다양한 양상을 보이고 있음을 알 수 있다.

그러나, [그림 15.5]의 시계열에는 실제적인 불규칙 변동이 나타나고 있다. 이러한 불규칙 변동이 순환 변동과 어울려 있으므로 시계열 자료를 직관적으로 조사해 봄으로써 정확히 순환 변동을 찾아내기란 사실상 불가능해 보인다.

15.8 계절 변동

[그림 15.1]과 [그림 15.3]에 나타난 것처럼 계절 변동은 이 시계열의 단기적 변동의 중요한 요소이다. 즉, 계절 변동은 시계열의 단기적인 움직임을 표현하고 있다. 본 절에서는 계절 변동을 계절 지수로 측정하는 방법을 다루고자 한다.

계절 변동을 측정하기 위하여 가장 널리 사용되는 방법으로 **이동평균비율법**(method of ratio to moving average)이 있다. 이 방법은 시계열이 복합적인 모형 $Y = T \cdot C \cdot S \cdot I$으로 표현될 때에 주로 사용된다.

이동 평균 비율법으로 계절 변동을 측정하는 절차는 다음 3가지 단계를 거친다.

1단계 : 원 시계열은 평활법으로 완만한 곡선으로 만든다. 완만한 곡선은 추세·순환 변동($T \cdot C$)을 나타낸다.

2단계 : 원 시계열을 완만한 곡선인 추세·순환 변동($T \cdot C$)으로 나누어 줌으로써 계절·불규칙 변동($S \cdot I$)을 구한다.

3단계 : 2단계에서 구한 계절·불규칙 변동에서 각 분기별로 평균을 취함으로써(극단적인 값이 존재할 때는 흔히 중위수를 취하기도 함), 불규칙 변동을 제거한 계절 변동(S) 지수를 구한다.

예를 들어 설명해 보자. 다음 [그림 15.6]은 어느 가전 제품 소매상의 2006년에서 2011년에 걸친 분기별 판매고를 나타내는 시계열을 보여준다. 계절적인 양상이 뚜렷이 나타나는 것을 볼 수 있다. 즉, 1사분기와 2사분기에는 비교적 낮은 판매고를 보이나 3사분기인 7, 8, 9월에는 매우 높은 판매고를 기록하고 있다. 물론 시계열에 불규칙적인 효과가 존재하므로 이러한 계절 변동이 완전히 반복적으로 나타나지는 않는다.

이제 단계별로 이 문제를 분석하여 보자.

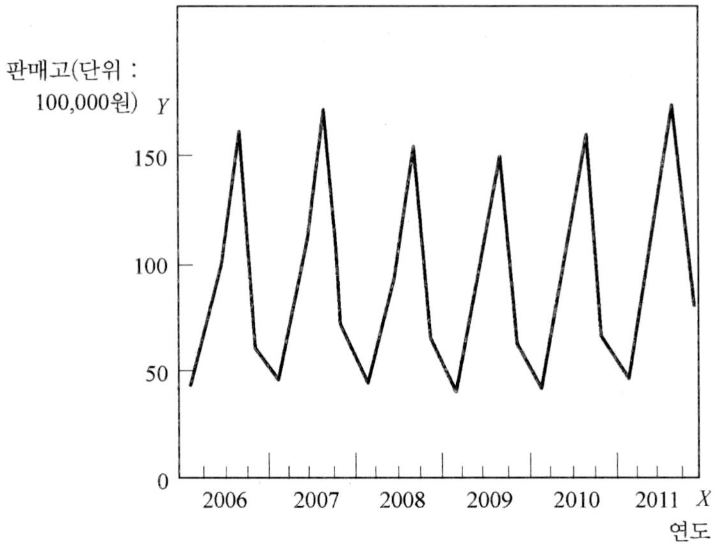

[그림 15.6] 분기별 판매고(1976–1981)

1단계 : 평활법을 사용하여 추세 · 순환 변동($T \cdot C$)를 구한다. <표 15.3>의 (1)열은 분기별 판매고 시계열 자료를 보여준다. 분기별 계절적 변동 양상이 1년을 주기로 반복되므로 앞에서 배운 것처럼 4항 이동 평균을 구하는 것이 적절하다. 계산 절차를 설명하기로 한다.

우선 첫 번째와 두 번째 4항 이동 평균을 다음과 같이 구한다.

$$\frac{43.20 + 90.00 + 162.00 + 64.80}{4} = 90.0000$$

$$\frac{90.00 + 162.00 + 64.80 + 42.35}{4} = 89.7875$$

그리고 항수가 짝수이므로 다시 2항 이동 평균을 구한다.

그러면 중심화 4개월 이동 평균치가 다음과 같다.

$$(90.0000 + 89.7875)/2 = 89.894$$

이 값이 2006년도 3사분기의 추세 · 순환 변동($T \cdot C$)이며, <표 15.3>의 (2)열에 나타나 있다.

2단계 : 계절 · 불규칙 변동($S \cdot I$) 지수를 구한다. 계절 · 불규칙 변동($S \cdot I$) 지수는 (1)열에 있는 시계열 관찰치 Y를 (2)열의 추세 · 순환 변동($T \cdot C$)으로 나누어 줌으로써 구할 수 있으며, 이 값은 %로 표시한다. 이렇게 구한 값이 (3)열에 열거되어 있다.

〈표 15.3〉 계절 불규칙 변동의 계산 예(중심화 4개월 이동 평균)

연도	분기	(1) 판매고 (100,000원) Y	(2) 중심화 4개월 이동 평균 $T \cdot C$	(3) 계절 순환 지수 $\frac{(1)}{(2)} \times 100$ $S \cdot I$
2006	1	43.20		
	2	90.00		
	3	162.00	89.894	180.21
	4	64.80	91.050	71.17
2007	1	42.35	93.719	45.19
	2	100.10	95.688	104.61
	3	173.25	96.326	179.86
	4	69.30	95.078	72.89
2008	1	42.96	91.786	46.80
	2	89.50	89.660	99.82
	3	157.52	88.874	177.24
	4	68.02	88.272	77.06
2009	1	37.95	87.582	43.33
	2	89.70	86.559	103.63
	3	151.80	86.525	175.44
	4	65.55	87.450	74.96
2010	1	40.15	89.656	44.78
	2	94.90	91.231	104.02
	3	164.25	92.186	178.17
	4	65.70	93.667	70.14
2011	1	47.64	95.514	49.88
	2	99.25	98.034	101.24
	3	174.68		
	4	75.43		

3단계 : 계절 변동 지수를 구한다. 계절·불규칙 변동($S \cdot I$) 지수에서 각 분기별로 평균을 구함으로써 순환 변동(S) 지수를 도출해 낼 수 있다. 이때 평균을 구함으로써 불규칙 변동(I) 효과가 서로 상쇄되며, 결국 계절 변동(S) 지수만을 반영하게 된다. 그러나, 극단적인 불규칙 변동(I) 효과가 존재할 때에는 흔히 중위수를 취하게 된다. 여기서는 중위수를 택하기로 한다.

<표 15.3>의 (3)열에 나타난 계절·불규칙 변동($S \cdot I$) 지수를 <표 15.4>와 같이 분기별로 재배열한다. 1사분기 계절·불규칙 변동($S \cdot I$) 지수의 중위수는 45.19가 된다. 각 분기별 중위수가 <표 15.4>에 나타나 있다.

〈표 15.4〉 계절 변동 지수 계산 예

연도	분기				계
	1	2	3	4	
2006			180.21	71.17	
2007	45.19	104.61	179.86	72.89	
2008	46.80	99.82	177.24	77.06	
2009	43.33	103.63	175.44	74.96	
2010	44.78	104.02	178.17	70.14	
2011	49.88	101.24			
중위수	45.19	103.63	178.17	72.89	399.88
계절 지수	45.2	103.7	178.2	72.9	400.0

이제는 계절 변동(S) 지수를 구하는 마지막 절차를 설명하고자 한다. 각 분기별 계절 변동 지수는 1년에 걸쳐서 평균 지수가 100%가 되어야 하기 때문에, 위에서 구한 중위수들의 평균이 최종적으로 100이 되도록 수정해 주어야 한다. 위의 예에서는 중위수 합이 400이 아니고, 399.88이다. 따라서, 각 분기별 중위수에 $400/399.88 = 1.00030$을 곱해서 수정된 변동 지수를 구할 수 있다. 흔히 이것을 수정된 **계절 지수**(adjusted seasonal indexes)라고 부른다. 이러한 계절 지수를 살펴보면, 1사분기에 45.2로 낮은 값을 보이고, 3사분기에는 178.2로 매우 높은 값을 보이므로, 아주 큰 계절적 효과가 있음을 알 수 있다.

연습문제

Exercises

1. 우리 나라의 1956년~1984년간 총 발전량(백만 kWh) 시계열 자료가 다음과 같다.

연도	1956	'57	'58	'59	'60	'61	'62	'63	'64	'65
총 발전량	1118	1323	1511	1686	1699	1772	1978	2236	2700	3249

연도	'66	'67	'68	'69	'70	'71	72'	'73	'74	'75
총 발전량	3885	4913	6026	7700	9167	10540	11839	14825	16834	19873

연도	'76	'77	'78	'79	'80	'81	'82	'83	'84
총 발전량	23116	26586	31509	35599	37238	40206	43122	48850	53807

(a) 총 발전량의 3항 이동 평균을 계산하여라.

(b) 원 시계열 관찰치와 3항 이동 평균을 같은 그래프상에 그려보아라. 그리고 이동 평균에서 무엇을 알 수 있는가?

2. 다음은 최근 3주간 어느 도서실의 이용 고객수를 조사한 결과이다.

요일	1주	2주	3주
	고객수	고객수	고객수
월	211	163	212
화	182	143	187
수	199	131	193
목	170	173	173
금	206	207	204
토	109	149	147
일	29	47	41

(a) 5항 및 7항 이동 평균을 계산하여라.

(b) 원 시계열 자료와 5항 및 7항 이동 평균을 그래프로 표현하여라.

3. 연습 문제 2번에서 각 시계열과 관찰치와 7항 이동 평균치 간의 차이, 즉 순화 변동을 나타내는 잔차를 구하여라. 그리고, 잔차들을 요일별로 그려보아라. 즉, 월요일에 2개의 잔차를 또한 화요일에 2개의 잔차를 표시하여라.

4. 다음 표는 연도별 우리 나라 인구 1인당 전력 소비량(kWh)을 표시하고 있다.

연도	1972	'73	'74	'75	'76	'77
1인당 전력 소비량	298	363	406	547	627	739
연도	'79	'80	'81	'82	'83	'84
1인당 전력 소비량	830	859	915	963	1067	1160

(a) 3항 이동 평균과 5항 이동 평균을 각각 구하여라.

(b) 원 시계열 관찰치와 두 가지 이동 평균치를 그래프로 나타내어라.

(c) 원 시계열 관찰치와 잔차들을 3항과 5항 이동 평균의 경우에 각각 구하여라.

(d) 연도별로 두 잔차들을 비교하여라.

5. 문제 5번에서 1972년을 $X_t = 1$로 놓고,

(a) 선형 추세선을 구하여라.

(b) 그래프상에 시계열 관찰치와 추세선을 그려라.

(c) 선형 추세선에 잘 부합되는가?

(d) 1988년의 예측치를 구하여라.

6. 다음은 1971~1973년간의 월별 총 발전량(백만 kWh)에 대한 시계열 자료이다.

월 \ 년	1971	1972	1973
1	812	946	1156
2	772	865	1029
3	869	952	1183
4	842	931	1145
5	879	957	1175
6	868	942	1172
7	885	981	1280
8	901	981	1326
9	903	966	1225
10	905	1053	1358
11	929	1098	1380
12	970	1163	1391

(a) 우선 12개월 이동 평균을 구하고 이를 다시 2개월 이동 평균하여 중심화 이동 평균을 구하여라.

(b) (a)의 결과를 사용하여, 계절·불규칙 변동($S \cdot I$) 지수를 구하여라.

(c) (b)의 결과를 사용하여, 계절 변동(S) 지수를 구하여라.

7. 다음은 1971년~1973년간의 무연탄 철도 수송량이다.

월 \ 년	1971	1972	1973
1	1087	1074	1136
2	889	809	921
3	956	917	1116
4	967	961	1018
5	981	1016	1089
6	963	997	1131
7	975	876	1171
8	918	628	1222
9	1040	543	1088
10	1097	1169	1201
11	1150	1158	1189
12	1089	1139	1310

(a) 12개월 이동 평균을 구하고, 다시 중심화 이동 평균을 구하여라.

(b) (a)의 결과를 사용하여, 계절 불규칙 변동($S \cdot I$) 지수를 구하여라.

(c) (b)의 결과를 사용하여, 계절 변동(S) 지수를 구하여라.

8. 평활법에 관해 설명하여라.

9. 고전적 시계열 모형을 간략히 설명하여라.

10. 시계열 분석에 의한 예측치를 어떻게 구하는가?

참고문헌

고석남 외 1인 공저, 기초응용수리통계학 : 진영사
고승곤 외 1인 공저, 일반통계학 : 교우사
김상익 외 4인 공저, 통계학의 이해와 응용 : 민영사
김연형 외 1인 공저, 표본이론 : 박영사
김우철 외 7인 공저, 통계학개론: 영지문화사
김원경 저, 확률과 통계 : 교우사
김종우 외 6인 공저, 통계학입문 : 정익사
박성현 저, 회귀분석 : 대영사
박종원 저, 통계학 원론
박종윤 외 3인 공저, 통계학 개론 : 정익사
서원주 편저, 정보처리기사대비 통계학연습 : 도서출판 정일
송문섭 외 1인 수리통계학 : 박영사
심정욱 외 4인 공저, 통계학 개론 : 경문사
양원섭 저, 신편 통계학 : 교우사
유동선 외 1인 공저 통계학원론 : 교우사
유동선 저, O R개론 : 동명사
이용구 저, 통계학원론 : 도서출판 율곡
임양택 저, 현대통계학 : 민영사
장옥배 외 2인 공저, 대학교양 통계학 : 삼아사
전명식 저, 수리통계학 : 자유아카데미
정영진 저, 수리통계학 : 탑출판사
조덕운 외 2인 공저, 확률적 O R론 : 연경문화사

Anders Hald(2003). *History of Probability and Statistics and Their Applications before 1750* John Wiley.

Bahn, Antia K.(1972). *P and the Null Hypothesis*, Annals of Interanl Medicine 76 : 674.

Barker, R.F.(1972). *Decision Model in Consumer Pricing Research*, Journal of Marketing Research 9 : 287-91.

Brown, R.V.(1979). *Do Managers Find Decision theory Useful?* Harvard Business Review 48(May) : 78-89.

Bain, Lee, J. & Engelhardt, Max(1987). *Introduction to Probability & Mathematical Statistics,* Duxbury.

Conover, W.J.(1971). *Practical Nonparametric Statistics.* Wiley, N.Y.

Dowds, J.P.(1972). *Geostatistics Aid Gas Oil Discovery and Development*, World Oil 175 : 57–60.

Draoer, N.R., and H. Smith(1966). *Applied Regression Analysis. Wiley,* N.Y.

Feinberg, Willian E.(1971). *Teaching the Type Ⅰand TypeⅡ Errors: The Judicial Process,* American Statistician 25(Jun) : 30–32.

Freund, John E.(1979). *Modern Elementary Statistics,* 5th. ed. Prentice–Hall, Im.

Gabor J. Szekely(1986). *Paradoxes in Probability Theory and Mathematical Statistics,* Riedel Publishing Company.

Gibbons, Jean D., and John W. Pratt(1975). *P Values: Interpretation and Methodology.* The American Statistician 29 : 20–25.

Johnson, Robert.(1979). *Elementary Statistics,* 2nd ed. Duxbury Press.

Johnston, J.(1972). *Econometric Methods,* 2nd ed., McGraw–Hill.

Newman, Joseph W.(1971). *Management Applications of Decision Theory.* Harper & Row, N.Y.

Smillie, K.W.(1966). *An Introduction to Regression and Correlation,* Academic Press, New York.

Ramakant Khazanie(1996). *Statistics in a World of Applications,* Harpercollins.

Robert Steel & James Torrie(1960). *Principles and Procedures of Statistics,* McGraw Hill.

Ronald Fisher(1950) *Contributions to Mathematical Statistics,* John Wiley.

Saeed Ghahramani(2000). *Fundamentals of Probability,* Hall.

Willis, Raymond E.(1972). *A Bayesian Framework for the Reporting of Experimental Results,* Decision Science 3(4) : 1–8.

Winkler, Robert L.(1972). *An Introduction to Bayesian Inference and Decision.* Holt, Rinehart and Winston, New York.

부록

1. 이항분포의 확률 $\binom{n}{x}p^{x}(1-p)^{n-x}$

		p										
n	x	0.1	0.2	0.25	0.3	0.4	0.5	0.6	0.7	0.75	0.8	0.9
1	0	0.900	0.800	0.750	0.700	0.600	0.500	0.400	0.300	0.250	0.200	0.100
	1	0.100	0.200	0.250	0.300	0.400	0.500	0.600	0.700	0.750	0.800	0.900
	0	0.810	0.640	0.563	0.490	0.360	0.250	0.160	0.090	0.063	0.040	0.010
2	1	0.180	0.320	0.375	0.420	0.480	0.500	0.480	0.420	0.375	0.320	0.180
	2	0.010	0.040	0.063	0.090	0.160	0.250	0.360	0.490	0.563	0.640	0.810
	0	0.729	0.512	0.422	0.343	0.216	0.125	0.064	0.027	0.016	0.008	0.001
	1	0.243	0.384	0.422	0.441	0.432	0.375	0.288	0.189	0.141	0.096	0.027
3	2	0.027	0.096	0.141	0.189	0.288	0.375	0.432	0.441	0.422	0.384	0.243
	3	0.001	0.008	0.016	0.027	0.064	0.125	0.216	0.343	0.422	0.512	0.729
	0	0.656	0.410	0.316	0.240	0.130	0.063	0.026	0.008	0.004	0.002	0.000
	1	0.292	0.410	0.422	0.412	0.346	0.250	0.154	0.076	0.047	0.026	0.004
4	2	0.049	0.154	0.211	0.265	0.346	0.375	0.346	0.265	0.211	0.154	0.049
	3	0.004	0.026	0.047	0.076	0.154	0.250	0.346	0.412	0.422	0.410	0.292
	4	0.000	0.002	0.004	0.008	0.026	0.063	0.130	0.240	0.316	0.410	0.656
	0	0.590	0.328	0.237	0.168	0.078	0.031	0.010	0.002	0.001	0.000	0.000
	1	0.328	0.410	0.396	0.360	0.259	0.156	0.077	0.028	0.015	0.006	0.000
	2	0.073	0.205	0.264	0.309	0.346	0.312	0.230	0.132	0.088	0.051	0.008
5	3	0.008	0.051	0.088	0.132	0.230	0.312	0.346	0.309	0.264	0.205	0.073
	4	0.000	0.006	0.015	0.028	0.077	0.156	0.259	0.360	0.396	0.410	0.328
	5	0.000	0.000	0.001	0.002	0.010	0.031	0.078	0.168	0.237	0.328	0.590
	0	0.531	0.262	0.178	0.118	0.047	0.016	0.004	0.001	0.000	0.000	0.000
	1	0.354	0.393	0.356	0.303	0.187	0.094	0.037	0.010	0.004	0.002	0.000
	2	0.098	0.246	0.297	0.324	0.311	0.234	0.138	0.060	0.033	0.015	0.001
6	3	0.015	0.082	0.132	0.185	0.276	0.313	0.276	0.185	0.132	0.082	0.015
	4	0.001	0.015	0.033	0.060	0.138	0.234	0.311	0.324	0.297	0.246	0.098
	5	0.000	0.002	0.004	0.010	0.037	0.094	0.187	0.303	0.356	0.393	0.354
	6	0.000	0.000	0.000	0.001	0.004	0.016	0.047	0.118	0.178	0.262	0.531
	0	0.478	0.210	0.133	0.082	0.028	0.008	0.002	0.000	0.000	0.000	0.000
	1	0.372	0.367	0.311	0.247	0.131	0.055	0.017	0.004	0.001	0.000	0.000
	2	0.124	0.275	0.311	0.318	0.261	0.164	0.077	0.025	0.012	0.004	0.000
	3	0.023	0.115	0.173	0.227	0.290	0.273	0.194	0.097	0.058	0.029	0.003
7	4	0.003	0.029	0.058	0.097	0.194	0.273	0.290	0.227	0.173	0.115	0.023
	5	0.000	0.004	0.012	0.025	0.077	0.164	0.261	0.318	0.311	0.275	0.124
	6	0.000	0.000	0.001	0.004	0.017	0.055	0.131	0.247	0.311	0.367	0.372
	7	0.000	0.000	0.000	0.000	0.002	0.008	0.028	0.082	0.133	0.210	0.478

1. (계속)

n	x	0.1	0.2	0.25	0.3	0.4	0.5	0.6	0.7	0.75	0.8	0.9
8	0	0.430	0.168	0.100	0.058	0.017	0.004	0.001	0.000	0.000	0.000	0.000
	1	0.383	0.336	0.267	0.198	0.090	0.031	0.008	0.001	0.000	0.000	0.000
	2	0.149	0.294	0.311	0.296	0.209	0.109	0.041	0.010	0.004	0.001	0.000
	3	0.033	0.147	0.208	0.254	0.279	0.219	0.124	0.047	0.023	0.009	0.000
	4	0.005	0.046	0.087	0.136	0.232	0.273	0.232	0.136	0.087	0.046	0.005
	5	0.000	0.009	0.023	0.047	0.124	0.219	0.279	0.254	0.208	0.147	0.033
	6	0.000	0.001	0.004	0.010	0.041	0.109	0.209	0.296	0.311	0.294	0.149
	7	0.000	0.000	0.000	0.001	0.008	0.031	0.090	0.198	0.267	0.336	0.383
	8	0.000	0.000	0.000	0.000	0.001	0.004	0.017	0.058	0.100	0.168	0.430
9	0	0.387	0.134	0.075	0.040	0.010	0.002	0.000	0.000	0.000	0.000	0.000
	1	0.387	0.302	0.225	0.156	0.060	0.018	0.004	0.000	0.000	0.000	0.000
	2	0.172	0.302	0.300	0.267	0.161	0.070	0.021	0.004	0.001	0.000	0.000
	3	0.045	0.176	0.234	0.267	0.251	0.164	0.074	0.021	0.009	0.003	0.000
	4	0.007	0.066	0.117	0.172	0.251	0.246	0.167	0.074	0.039	0.017	0.001
	5	0.001	0.017	0.039	0.0174	0.197	0.246	0.251	0.172	0.117	0.066	0.007
	6	0.000	0.003	0.009	0.021	0.074	0.164	0.251	0.267	0.234	0.176	0.045
	7	0.000	0.000	0.001	0.004	0.021	0.070	0.161	0.267	0.300	0.302	0.172
	8	0.000	0.000	0.000	0.000	0.004	0.018	0.060	0.156	0.225	0.302	0.387
	9	0.000	0.000	0.000	0.000	0.000	0.002	0.010	0.040	0.075	0.134	0.387
10	0	0.349	0.107	0.056	0.028	0.006	0.001	0.000	0.000	0.000	0.000	0.000
	1	0.387	0.268	0.188	0.121	0.040	0.010	0.002	0.000	0.000	0.000	0.000
	2	0.194	0.302	0.282	0.233	0.121	0.044	0.011	0.001	0.000	0.000	0.000
	3	0.057	0.201	0.250	0.267	0.215	0.117	0.042	0.009	0.003	0.001	0.000
	4	0.011	0.088	0.146	0.200	0.251	0.205	0.111	0.037	0.016	0.006	0.000
	5	0.001	0.026	0.058	0.103	0.201	0.246	0.201	0.103	0.058	0.026	0.001
	6	0.000	0.006	0.016	0.037	0.111	0.205	0.251	0.200	0.146	0.088	0.011
	7	0.000	0.001	0.003	0.009	0.042	0.117	0.215	0.267	0.250	0.201	0.057
	8	0.000	0.000	0.000	0.001	0.011	0.044	0.121	0.233	0.282	0.302	0.194
	9	0.000	0.000	0.000	0.000	0.002	0.010	0.040	0.121	0.188	0.268	0.387
	10	0.000	0.000	0.000	0.000	0.000	0.001	0.006	0.028	0.056	0.107	0.349
11	0	0.314	0.086	0.042	0.020	0.004	0.000	0.000	0.000	0.000	0.000	0.000
	1	0.384	0.236	0.155	0.093	0.027	0.005	0.001	0.000	0.000	0.000	0.000
	2	0.213	0.295	0.258	0.200	0.089	0.027	0.005	0.001	0.000	0.000	0.000
	3	0.071	0.221	0.258	0.257	0.177	0.081	0.023	0.004	0.001	0.000	0.000
	4	0.016	0.111	0.172	0.220	0.236	0.161	0.070	0.017	0.006	0.002	0.000
	5	0.002	0.039	0.080	0.132	0.221	0.226	0.147	0.057	0.027	0.010	0.000
	6	0.000	0.010	0.027	0.057	0.147	0.226	0.221	0.132	0.080	0.039	0.002
	7	0.000	0.002	0.006	0.017	0.070	0.161	0.236	0.220	0.172	0.111	0.016
	8	0.000	0.000	0.001	0.004	0.023	0.081	0.177	0.257	0.258	0.221	0.071
	9	0.000	0.000	0.000	0.001	0.005	0.027	0.089	0.200	0.258	0.295	0.213
	10	0.000	0.000	0.000	0.000	0.001	0.005	0.027	0.093	0.155	0.236	0.384
	11	0.000	0.000	0.000	0.000	0.000	0.000	0.004	0.020	0.042	0.086	0.314

1. (계속)

							p					
n	x	0.1	0.2	0.25	0.3	0.4	0.5	0.6	0.7	0.75	0.8	0.9
	0	0.282	0.069	0.032	0.014	0.002	0.000	0.000	0.000	0.000	0.000	0.000
	1	0.377	0.206	0.127	0.071	0.017	0.003	0.000	0.000	0.000	0.000	0.000
	2	0.230	0.283	0.232	0.168	0.064	0.016	0.002	0.000	0.000	0.000	0.000
	3	0.085	0.236	0.258	0.240	0.142	0.054	0.012	0.001	0.000	0.000	0.000
	4	0.021	0.133	0.194	0.231	0.213	0.121	0.042	0.008	0.002	0.001	0.000
	5	0.004	0.053	0.103	0.158	0.227	0.193	0.101	0.029	0.011	0.003	0.000
12	6	0.000	0.016	0.040	0.079	0.177	0.226	0.177	0.079	0.040	0.016	0.000
	7	0.000	0.003	0.011	0.029	0.101	0.193	0.227	0.158	0.103	0.053	0.004
	8	0.000	0.001	0.002	0.008	0.042	0.121	0.213	0.231	0.194	0.133	0.021
	9	0.000	0.000	0.000	0.001	0.012	0.054	0.142	0.240	0.258	0.236	0.085
	10	0.000	0.000	0.000	0.000	0.002	0.016	0.064	0.168	0.232	0.283	0.230
	11	0.000	0.000	0.000	0.000	0.000	0.003	0.017	0.071	0.127	0.206	0.377
	12	0.000	0.000	0.000	0.000	0.000	0.000	0.002	0.014	0.032	0.069	0.282
	0	0.254	0.055	0.024	0.010	0.001	0.000	0.000	0.000	0.000	0.000	0.000
	1	0.367	0.179	0.103	0.054	0.011	0.002	0.000	0.000	0.000	0.000	0.000
	2	0.245	0.268	0.206	0.139	0.045	0.010	0.001	0.000	0.000	0.000	0.000
	3	0.100	0.246	0.252	0.218	0.111	0.035	0.006	0.001	0.000	0.000	0.000
	4	0.028	0.154	0.210	0.234	0.184	0.087	0.024	0.003	0.001	0.000	0.000
	5	0.006	0.069	0.126	0.180	0.221	0.157	0.066	0.014	0.005	0.001	0.000
	6	0.001	0.023	0.056	0.103	0.197	0.209	0.131	0.044	0.019	0.006	0.000
13	7	0.000	0.006	0.019	0.044	0.131	0.209	0.197	0.103	0.056	0.023	0.001
	8	0.000	0.001	0.005	0.014	0.066	0.157	0.221	0.180	0.126	0.069	0.006
	9	0.000	0.000	0.001	0.003	0.024	0.087	0.184	0.234	0210	0.154	0.028
	10	0.000	0.000	0.000	0.001	0.006	0.035	0.111	0.218	0.252	0.246	0.100
	11	0.000	0.000	0.000	0.000	0.001	0.010	0.045	0.139	0.206	0.268	0.245
	12	0.000	0.000	0.000	0.000	0.000	0.002	0.011	0.054	0.103	0.179	0.367
	13	0.000	0.000	0.000	0.000	0.000	0.000	0.001	0.010	0.024	0.055	0.254
	0	0.229	0.044	0.018	0.007	0.001	0.000	0.000	0.000	0.000	0.000	0.000
	1	0.356	0.154	0.083	0.041	0.007	0.001	0.000	0.000	0.000	0.000	0.000
	2	0.257	0.250	0.180	0.113	0.032	0.006	0.001	0.000	0.000	0.000	0.000
	3	0.114	0.250	0.240	0.194	0.085	0.022	0.003	0.000	0.000	0.000	0.000
	4	0.035	0.172	0.220	0.229	0.155	0.061	0.014	0.001	0.000	0.000	0.000
	5	0.008	0.086	0.147	0.196	0.207	0.122	0.041	0.007	0.002	0.000	0.000
	6	0.001	0.032	0.073	0.126	0.207	0.183	0.092	0.023	0.008	0.002	0.000
14	7	0.000	0.009	0.028	0.062	0.157	0.209	0.157	0.062	0.028	0.009	0.000
	8	0.000	0.002	0.008	0.023	0.092	0.183	0.207	0.126	0.073	0.032	0.001
	9	0.000	0.000	0.002	0.007	0.041	0.122	0.207	0.196	0.147	0.086	0.008
	10	0.000	0.000	0.000	0.001	0.014	0.061	0.155	0.229	0.220	0.172	0.035
	11	0.000	0.000	0.000	0.000	0.003	0.022	0.085	0.194	0.240	0.250	0.114
	12	0.000	0.000	0.000	0.000	0.001	0.006	0.032	0.113	0.180	0.250	0.257
	13	0.000	0.000	0.000	0.000	0.000	0.001	0.007	0.041	0.083	0.154	0.356
	14	0.000	0.000	0.000	0.000	0.000	0.000	0.001	0.007	0.018	0.044	0.229

1. (계속)

n	x	0.1	0.2	0.25	0.3	0.4	0.5	0.6	0.7	0.75	0.8	0.9
		p										
	0	0.206	0.035	0.013	0.005	0.000	0.000	0.000	0.000	0.000	0.000	0.000
	1	0.343	0.132	0.067	0.031	0.005	0.000	0.000	0.000	0.000	0.000	0.000
	2	0.267	0.231	0.156	0.092	0.022	0.003	0.000	0.000	0.000	0.000	0.000
	3	0.129	0.250	0.225	0.170	0.063	0.014	0.000	0.000	0.000	0.000	0.000
	4	0.043	0.188	0.225	0.219	0.127	0.042	0.002	0.001	0.000	0.000	0.000
	5	0.010	0.103	0.165	0.206	0.186	0.092	0.007	0.003	0.001	0.000	0.000
	6	0.002	0.043	0.092	0.147	0.207	0.153	0.024	0.012	0.003	0.001	0.000
15	7	0.000	0.014	0.039	0.081	0.177	0.196	0.061	0.035	0.013	0.003	0.000
	8	0.000	0.003	0.013	0.035	0.118	0.196	0.118	0.081	0.039	0.014	0.000
	9	0.000	0.001	0.003	0.012	0.061	0.153	0.177	0.147	0.092	0.043	0.002
	10	0.000	0.000	0.001	0.003	0.024	0.092	0.207	0.206	0.165	0.103	0.010
	11	0.000	0.000	0.000	0.001	0.007	0.042	0.186	0.219	0.225	0.188	0.043
	12	0.000	0.000	0.000	0.000	0.002	0.014	0.127	0.170	0.225	0.250	0.129
	13	0.000	0.000	0.000	0.000	0.000	0.003	0.063	0.092	0.156	0.231	0.267
	14	0.000	0.000	0.000	0.000	0.000	0.000	0.022	0.031	0.067	0.132	0.343
	15	0.000	0.000	0.000	0.000	0.000	0.000	0.005	0.005	0.013	0.035	0.206
	0	0.122	0.012	0.003	0.001	0.000	0.000	0.000	0.000	0.000	0.000	0.000
	1	0.270	0.058	0.021	0.007	0.000	0.000	0.000	0.000	0.000	0.000	0.000
	2	0.285	0.137	0.067	0.028	0.003	0.000	0.000	0.000	0.000	0.000	0.000
	3	0.190	0.205	0.134	0.072	0.012	0.001	0.000	0.000	0.000	0.000	0.000
	4	0.090	0.218	0.190	0.130	0.035	0.005	0.000	0.000	0.000	0.000	0.000
	5	0.032	0.175	0.202	0.179	0.075	0.015	0.001	0.000	0.000	0.000	0.000
	6	0.009	0.109	0.169	0.192	0.124	0.037	0.005	0.000	0.000	0.000	0.000
	7	0.002	0.055	0.112	0.164	0.166	0.074	0.015	0.001	0.000	0.000	0.000
	8	0.000	0.022	0.061	0.114	0.180	020	0.035	0.004	0.001	0.000	0.000
	9	0.000	0.007	0.027	0.065	0.160	0.160	0.071	0.012	0.003	0.000	0.000
20	10	0.000	0.002	0.010	0.031	0.117	0.176	0.117	0.031	0.010	0.002	0.000
	11	0.000	0.000	0.003	0.012	0.071	0.160	0.160	0.065	0.027	0.007	0.000
	12	0.000	0.000	0.001	0.004	0.035	0.120	0.180	0.114	0.061	0.022	0.000
	13	0.000	0.000	0.000	0.001	0.015	0.074	0.166	0.164	0.112	0.055	0.002
	14	0.000	0.000	0.000	0.000	0.005	0.037	0.124	0.192	0.169	0.109	0.009
	15	0.000	0.000	0.000	0.000	0.001	0.015	0.075	0.179	0.202	0.175	0.032
	16	0.000	0.000	0.000	0.000	0.000	0.005	0.035	0.130	0.190	0.218	0.090
	17	0.000	0.000	0.000	0.000	0.000	0.001	0.012	0.072	0.134	0.205	0.190
	18	0.000	0.000	0.000	0.000	0.000	0.000	0.003	0.028	0.067	0.137	0.285
	19	0.000	0.000	0.000	0.000	0.000	0.000	0.000	0.007	0.021	0.058	0.270
	20	0.000	0.000	0.000	0.000	0.000	0.000	0.000	0.001	0.003	0.012	0.122

2. 표준정규분포표

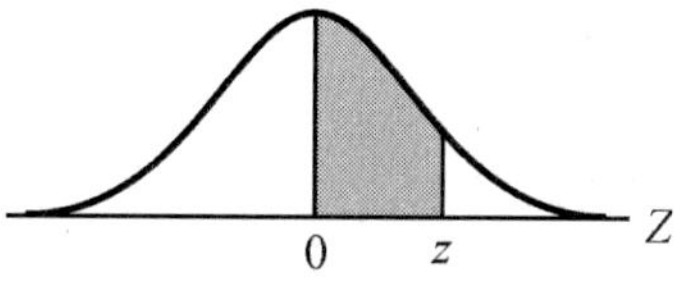

x	0.00	0.01	0.02	0.03	0.04	0.05	0.06	0.07	0.08	0.09
0.0	0.0000	0.0040	0.0080	0.0120	0.0160	0.0199	0.0239	0.0279	0.0319	0.0359
0.1	0.0398	0.0438	0.0478	0.0517	0.0557	0.0596	0.0636	0.0675	0.0714	0.0753
0.2	0.0793	0.0832	0.0871	0.0910	0.0948	0.0987	0.1026	0.1064	0.1103	0.1141
0.3	0.1179	0.1217	0.1255	0.1293	0.1331	0.1368	0.1406	0.1443	0.1480	0.1517
0.4	0.1554	0.1591	0.1628	0.1664	0.1700	0.1736	0.1772	0.1808	0.1844	0.1879
0.5	0.1915	0.1950	0.1985	0.2019	0.2054	0.2088	0.2123	0.2157	0.2190	0.2224
0.6	0.2257	0.2291	0.2324	0.2357	0.2389	0.2422	0.2454	0.2486	0.2517	0.2549
0.7	0.2580	0.2611	0.2642	0.2673	0.2704	0.2734	0.2764	0.2794	0.2823	0.2852
0.8	0.2881	0.2910	0.2939	0.2967	0.2995	0.3023	0.3051	0.3078	0.3106	0.3133
0.9	0.3159	0.3186	0.3212	0.3238	0.3264	0.3289	0.3315	0.3340	0.3365	0.3389
1.0	0.3413	0.3438	0.3461	0.3485	0.3508	0.3531	0.3554	0.3577	0.3599	0.3621
1.1	0.3643	0.3665	0.3686	0.3708	0.3729	0.3749	0.3770	0.3790	0.3810	0.3830
1.2	0.3849	0.3869	0.3888	0.3907	0.3925	0.3944	0.3962	0.3980	0.3997	0.4015
1.3	0.4032	0.4049	0.4066	0.4082	0.4099	0.4115	0.4131	0.4147	0.4162	0.4177
1.4	0.4192	0.4207	0.4222	0.4236	0.4251	0.4265	0.4279	0.4292	0.4306	0.4319
1.5	0.4332	0.4345	0.4357	0.4370	0.4382	0.4394	0.4406	0.4418	0.4429	0.4441
1.6	0.4452	0.4463	0.4474	0.4484	0.4495	0.4505	0.4515	0.4525	0.4535	0.4545
1.7	0.4554	0.4564	0.4573	0.4582	0.4591	0.4599	0.4608	0.4616	0.4625	0.4633
1.8	0.4641	0.4649	0.4656	0.4664	0.4671	0.4678	0.4686	0.4693	0.4699	0.4706
1.9	0.4713	0.4719	0.4726	0.4732	0.4738	0.4744	0.4750	0.4756	0.4761	0.4767
2.0	0.4772	0.4778	0.4783	0.4788	0.4793	0.4798	0.4803	0.4808	0.4812	0.4817
2.1	0.4821	0.4826	0.4830	0.4834	0.4838	0.4842	0.4846	0.4850	0.4854	0.4857
2.2	0.4861	0.4864	0.4868	0.4871	0.4875	0.4878	0.4881	0.4884	0.4887	0.4890
2.3	0.4893	0.4896	0.4898	0.4901	0.4904	0.4906	0.4909	0.4911	0.4913	0.4916
2.4	0.4918	0.4920	0.4922	0.4925	0.4927	0.4929	0.4931	0.4932	0.4934	0.4936
2.5	0.4938	0.4940	0.4941	0.4943	0.4945	0.4946	0.4948	0.4949	0.4951	0.4952
2.6	0.4953	0.4955	0.4956	0.4957	0.4959	0.4960	0.4961	0.4962	0.4963	0.4964
2.7	0.4965	0.4966	0.4967	0.4968	0.4969	0.4970	0.4971	0.4972	0.4973	0.4974
2.8	0.4974	0.4975	0.4976	0.4977	0.4977	0.4978	0.4979	0.4979	0.4980	0.4981
2.9	0.4981	0.4982	0.4982	0.4983	0.4984	0.4984	0.4985	0.4985	0.4986	0.4986
3.0	0.4987	0.4987	0.4987	0.4988	0.4988	0.4989	0.4989	0.4989	0.4990	0.4990
3.1	0.4990	0.4991	0.4991	0.4991	0.4992	0.4992	0.4992	0.4992	0.4993	0.4993
3.2	0.4993	0.4993	0.4994	0.4994	0.4994	0.4994	0.4994	0.4995	0.4995	0.4995
3.3	0.4995	0.4995	0.4995	0.4996	0.4996	0.4996	0.4996	0.4996	0.4996	0.4997
3.4	0.4997	0.4997	0.4997	0.4997	0.4997	0.4997	0.4997	0.4997	0.4997	0.4998
3.5	0.4998	0.4998	0.4998	0.4998	0.4998	0.4998	0.4998	0.4998	0.4998	0.4998
3.6	0.4998	0.4998	0.4999	0.4999	0.4999	0.4999	0.4999	0.4999	0.4999	0.4999
3.7	0.4999	0.4999	0.4999	0.4999	0.4999	0.4999	0.4999	0.4999	0.4999	0.4999
3.8	0.4999	0.4999	0.4999	0.4999	0.4999	0.4999	0.4999	0.4999	0.4999	0.4999
3.9	0.5000									

3. t − 분포표(t_α의 값)

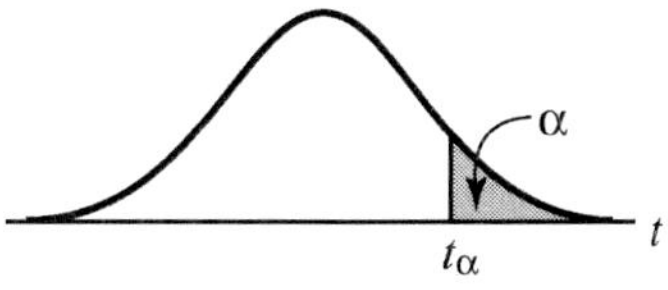

자유도	$t_{0.10}$	$t_{0.05}$	$t_{0.025}$	$t_{0.01}$	$t_{0.005}$	자유도
1	3.078	6.314	12.706	31.821	63.657	1
2	1.886	2.920	4.303	6.965	9.925	2
3	1.638	2.353	3.182	4.541	5.841	3
4	1.533	2.132	2.776	3.747	4.604	4
5	1.476	2.015	2.571	3.365	4.032	5
6	1.440	1.943	2.447	3.143	3.707	6
7	1.415	1.895	2.365	2.998	3.499	7
8	1.397	1.860	2.306	2.896	3.355	8
9	1.383	1.833	2.262	2.821	3.250	9
10	1.372	1.812	2.228	2.764	3.169	10
11	1.363	1.796	2.201	2.718	3.106	11
12	1.356	1.782	2.179	2.681	3.055	12
13	1.350	1.771	2.160	2.650	3.012	13
14	1.345	1.761	2.145	2.624	2.977	14
15	1.341	1.753	2.131	2.602	2.947	15
16	1.337	1.746	2.120	2.583	2.921	16
17	1.333	1.740	2.110	2.567	2.898	17
18	1.330	1.734	2.101	2.552	2.878	18
19	1.328	1.729	2.093	2.539	2.861	19
20	1.325	1.725	2.086	2.528	2.845	20
21	1.323	1.721	2.080	2.518	2.831	21
22	1.321	1.717	2.074	2.508	2.819	22
23	1.319	1.714	2.069	2.500	2.807	23
24	1.318	1.711	2.064	2.492	2.797	24
25	1.316	1.708	2.060	2.485	2.787	25
26	1.315	1.706	2.056	2.479	2.779	26
27	1.314	1.703	2.052	2.473	2.771	27
28	1.313	1.701	2.048	2.467	2.763	28
29	1.311	1.699	2.045	2.462	2.756	29
∞	1.282	1.645	1.960	2.326	2.576	∞

4. χ^2 – 분포표(χ^2_α의 값)

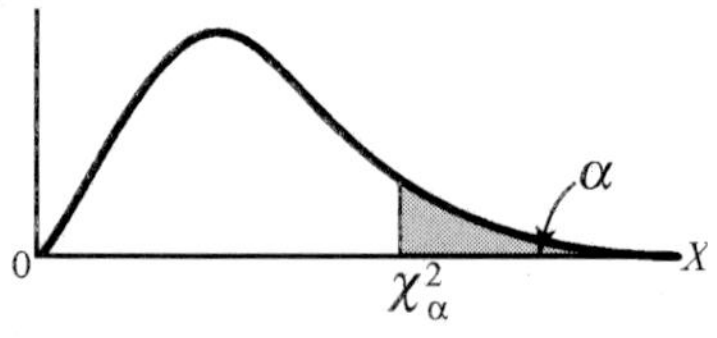

자유도	$\chi^2_{0.995}$	$\chi^2_{0.99}$	$\chi^2_{0.975}$	$\chi^2_{0.95}$	$\chi^2_{0.05}$	$\chi^2_{0.025}$	$\chi^2_{0.01}$	$\chi^2_{0.005}$	자유도
1	0.000	0.000	0.001	0.004	3.841	5.024	6.635	7.879	1
2	0.010	0.020	0.051	0.103	5.991	7.378	9.210	10.597	2
3	0.072	0.115	0.216	0.352	7.815	9.348	11.345	12.838	3
4	0.207	0.297	0.484	0.711	9.488	11.143	13.277	14.860	4
5	0.412	0.554	0.831	1.145	11.070	12.832	15.086	16.750	5
6	0.676	0.872	1.237	1.635	12.592	14.449	16.812	18.548	6
7	0.989	1.239	1.690	2.167	14.067	16.013	18.475	20.278	7
8	1.344	1.646	2.180	2.733	15.507	17.535	20.090	21.955	8
9	1.735	2.088	2.700	3.325	16.919	19.023	21.666	23.589	9
10	2.156	2.558	3.247	3.940	18.307	20.483	23.209	25.188	10
11	2.603	3.053	3.816	4.575	19.675	21.920	24.725	26.757	11
12	3.074	3.571	4.404	5.226	21.026	23.337	26.217	28.300	12
13	3.565	4.107	5.009	5.892	22.362	24.736	27.688	29.819	13
14	4.075	4.660	5.629	6.571	23.685	26.119	29.141	31.319	14
15	4.601	5.229	6.262	7.261	24.996	27.488	30.578	32.801	15
16	5.142	5.812	6.908	7.962	26.296	28.845	32.000	34.267	16
17	5.697	6.408	7.564	8.672	27.587	30.191	33.409	35.718	17
18	6.265	7.015	8.231	9.390	28.869	31.526	34.805	37.156	18
19	6.844	7.633	8.907	10.117	30.144	32.852	36.191	38.582	19
20	7.434	8.260	9.591	10.851	31.410	34.170	37.566	39.997	20
21	8.034	8.897	10.283	11.591	32.671	35.479	38.932	41.401	21
22	8.643	9.542	10.982	12.338	33.924	36.781	40.289	42.796	22
23	9.260	10.196	11.689	13.091	35.172	38.076	41.638	44.181	23
24	9.886	10.856	12.401	13.848	36.415	39.364	42.980	45.558	24
25	10.520	11.524	13.120	14.611	37.652	40.646	44.314	46.928	25
26	11.160	12.198	13.844	15.379	38.885	41.923	45.642	48.290	26
27	11.808	12.879	14.573	16.151	40.113	43.194	46.963	49.645	27
28	12.461	13.565	15.308	16.928	41.337	44.461	48.278	50.993	28
29	13.121	14.256	16.047	17.708	42.557	45.722	49.588	52.336	29
30	13.787	14.953	16.791	18.493	43.773	46.979	50.892	53.672	30

5. $\rho = 0$일 때 r의 기각값

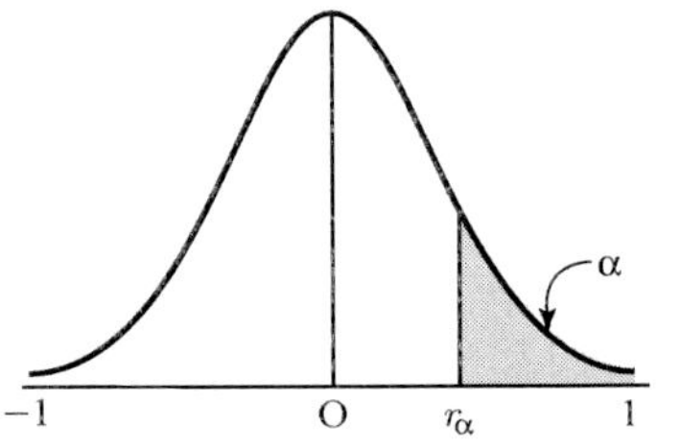

자유도	$r_{0.05}$	$r_{0.025}$	$r_{0.001}$	$r_{0.005}$	자유도
1	0.988	0.997	0.9995	0.9999	1
2	0.900	0.950	0.980	0.990	2
3	0.805	0.878	0.934	0.959	3
4	0.729	0.811	0.882	0.917	4
5	0.669	0.754	0.833	0.874	5
6	0.622	0.707	0.789	0.834	6
7	0.582	0.666	0.750	0.798	7
8	0.549	0.632	0.716	0.765	8
9	0.521	0.602	0.685	0.735	9
10	0.497	0.576	0.658	0.708	10
11	0.476	0.553	0.634	0.684	11
12	0.458	0.532	0.612	0.661	12
13	0.441	0.514	0.592	0.641	13
14	0.426	0.497	0.574	0.623	14
15	0.412	0.482	0.558	0.606	15
16	0.400	0.468	0.543	0.590	16
17	0.389	0.456	0.528	0.575	17
18	0.378	0.444	0.516	0.561	18
19	0.369	0.433	0.503	0.549	19
20	0.360	0.423	0.492	0.537	20
21	0.352	0.413	0.482	0.526	21
22	0.344	0.404	0.472	0.515	22
23	0.337	0.396	0.462	0.505	23
24	0.330	0.388	0.453	0.496	24
25	0.323	0.381	0.445	0.487	25
26	0.317	0.374	0.437	0.479	26
27	0.311	0.367	0.430	0.471	27
28	0.306	0.361	0.423	0.463	28
29	0.301	0.355	0.416	0.456	29
30	0.296	0.349	0.409	0.449	30
40	0.257	0.304	0.358	0.393	40
50	0.231	0.273	0.322	0.354	50
60	0.211	0.250	0.295	0.325	60
70	0.195	0.232	0.274	0.302	70
80	0.183	0.217	0.257	0.283	80
90	0.173	0.205	0.242	0.267	90
100	0.164	0.195	0.230	0.254	100

6. $F_{0.01}$의 값

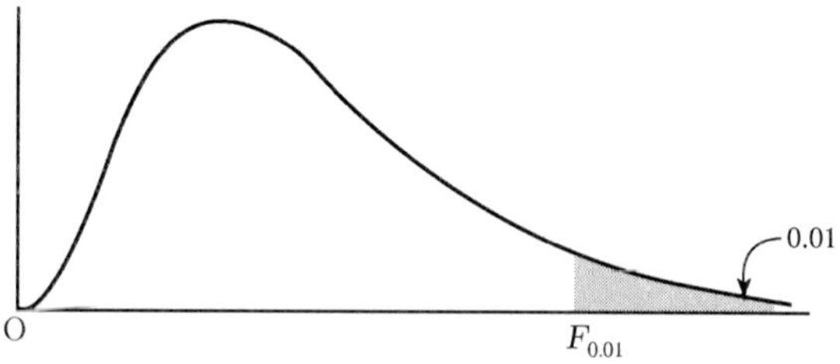

분자의 자유도 (열) / 분모의 자유도 (행)

분모의 자유도	1	2	3	4	5	6	7	8	9
1	4052	4999.5	5403	5625	5764	5859	5928	5981	6022
2	98.50	99.00	99.17	99.25	99.30	99.33	99.36	99.37	99.39
3	34.12	30.82	29.46	28.71	28.24	27.91	27.67	27.49	27.35
4	21.20	18.00	16.69	15.98	15.52	15.21	14.98	14.80	14.66
5	16.26	13.27	12.06	11.39	10.97	10.67	10.46	10.29	10.16
6	13.75	10.92	9.8	9.15	8.75	8.47	8.26	8.10	7.98
7	12.25	9.55	8.45	7.85	7.46	7.19	6.99	6.84	6.72
8	11.26	8.65	7.59	7.01	6.63	6.37	6.18	6.03	5.91
9	10.56	8.02	6.99	6.42	6.06	5.80	5.61	5.47	5.35
10	10.04	7.56	6.55	5.99	5.64	5.39	5.20	5.06	4.94
11	9.65	7.21	6.22	5.67	5.32	5.07	4.89	4.74	4.63
12	9.33	6.93	5.95	5.41	5.06	4.82	4.64	4.50	4.39
13	9.07	6.70	5.74	5.21	4.86	4.62	4.44	4.30	4.19
14	8.86	6.51	5.56	5.04	4.69	4.46	4.28	4.14	4.03
15	8.68	6.36	5.42	4.89	4.56	4.32	4.14	4.00	3.89
16	8.53	6.23	5.29	4.77	4.44	4.20	4.03	3.89	3.78
17	8.40	6.11	5.18	4.67	4.34	4.10	3.93	3.79	3.68
18	8.29	6.01	5.09	4.58	4.25	4.01	3.84	3.71	3.60
19	8.18	5.93	5.01	4.50	4.17	3.94	3.77	3.63	3.52
20	8.10	5.85	4.94	4.43	4.10	3.87	3.70	3.56	3.46
21	8.02	5.78	4.87	4.37	4.04	3.81	3.64	3.51	3.40
22	7.95	5.72	4.82	4.31	3.99	3.76	3.59	3.45	3.35
23	7.88	5.66	4.76	4.26	3.94	3.71	3.54	3.41	3.30
24	7.82	5.61	4.72	4.22	3.90	3.67	3.50	3.36	3.26
25	7.77	5.57	4.68	4.18	3.85	3.63	3.46	3.32	3.22
26	7.72	5.53	4.64	4.14	3.82	3.59	3.42	3.29	3.18
27	7.68	5.49	4.60	4.11	3.78	3.56	3.39	3.26	3.15
28	7.64	5.45	4.57	4.07	3.75	3.53	3.36	3.23	3.12
29	7.60	5.42	4.54	4.04	3.73	3.50	3.33	3.20	3.09
30	7.56	5.39	4.51	4.02	3.70	3.47	3.30	3.17	3.07
40	7.31	5.18	4.31	3.83	3.51	3.29	3.12	2.99	2.89
60	7.08	4.98	4.13	3.65	3.34	3.12	2.95	2.82	2.72
120	6.85	4.79	3.95	3.48	3.17	2.96	2.79	2.66	2.56
∞	6.63	4.61	3.78	3.32	3.02	2.80	2.64	2.51	2.41

6. (계속)

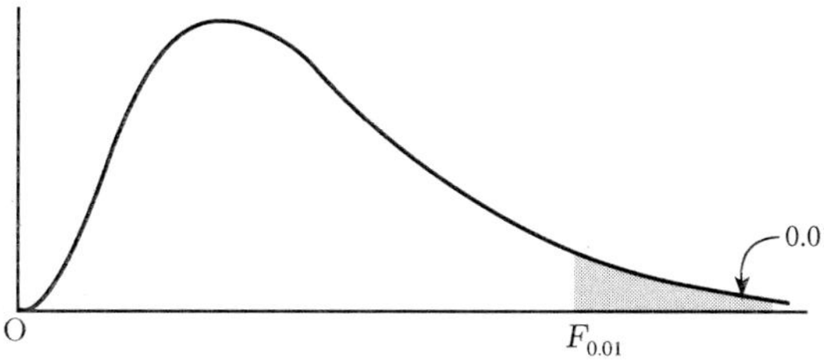

분자의 자유도										
10	12	15	20	24	30	40	60	120	∞	분모의 자유도
6056	61006	6157	6209	6209	6261	6287	6313	6339	6366	1
99.40	99.42	99.43	99.45	99.45	99.47	99.47	99.48	99.49	99.50	2
27.23	27.05	26.87	26.69	26.69	26.50	26.41	26.32	26.22	26.13	3
14.55	14.37	14.20	14.02	14.02	13.84	13.75	13.65	13.56	13.46	4
10.05	9.89	9.72	9.55	9.47	9.38	9.29	9.20	9.11	9.02	5
7.87	7.72	7.56	7.40	7.31	7.23	7.14	7.06	6.97	6.88	6
6.62	6.47	6.31	6.16	6.07	5.99	5.91	5.82	5.74	5.65	7
5.81	5.67	5.52	5.36	5.28	5.20	5.12	5.03	4.95	4.86	8
5.26	5.11	4.96	4.81	4.73	4.65	4.57	4.48	4.40	4.31	9
4.85	4.71	4.56	4.41	4.33	4.25	4.17	4.08	4.00	3.91	10
4.54	4.40	4.25	4.10	4.02	3.94	3.86	3.78	3.69	3.60	11
4.30	4.16	4.01	3.86	3.78	3.70	3.62	3.54	3.45	3.36	12
4.10	3.96	3.82	3.66	3.59	3.51	3.43	3.34	3.25	3.17	13
3.94	3.80	3.66	3.51	3.43	3.35	3.27	3.18	3.09	3.00	14
3.80	3.67	3.52	3.37	3.29	3.21	3.13	3.05	2.96	2.87	15
3.69	3.55	3.41	3.26	3.18	3.10	3.02	2.93	2.84	2.75	16
3.59	3.46	3.31	3.16	3.08	3.00	2.92	2.83	2.75	2.65	17
3.51	3.37	3.23	3.08	3.00	2.92	2.84	2.75	2.66	2.57	18
3.43	3.30	3.15	3.00	2.92	2.84	2.76	2.67	2.58	2.49	19
3.37	3.23	3.09	2.94	2.86	2.78	2.69	2.61	2.52	2.42	20
3.31	3.17	3.03	2.88	2.80	2.72	2.64	2.55	2.46	2.36	21
3.26	3.12	2.98	2.83	2.75	2.67	2.58	2.50	2.40	2.31	22
3.21	3.07	2.93	2.78	2.70	2.62	2.54	2.45	2.35	2.26	23
3.17	3.03	2.89	2.74	2.66	2.58	2.49	2.40	2.31	2.21	24
3.13	2.99	2.85	2.70	2.62	2.54	2.45	2.36	2.27	2.17	25
3.09	2.96	2.81	2.66	2.58	2.50	2.42	2.33	2.23	2.13	26
3.06	2.93	2.78	2.63	2.55	2.47	2.38	2.29	2.20	2.10	27
3.03	2.90	2.75	2.60	2.52	2.44	2.35	2.26	2.17	2.06	28
3.00	2.87	2.73	2.57	2.49	2.41	2.33	2.23	2.14	2.03	29
2.98	2.84	2.70	2.55	2.47	2.39	2.21	2.21	2.11	2.01	30
2.80	2.66	2.52	2.37	2.29	2.20	2.02	2.02	1.92	1.80	40
263	2.50	2.35	2.20	2.12	2.03	1.84	1.84	1.73	1.60	60
2.47	2.34	2.19	2.03	1.95	1.86	1.66	1.66	1.53	1.38	120
2.32	2.18	2.04	1.88	1.79	1.70	1.47	1.47	1.32	1.00	∞

7. $F_{0.05}$의 값

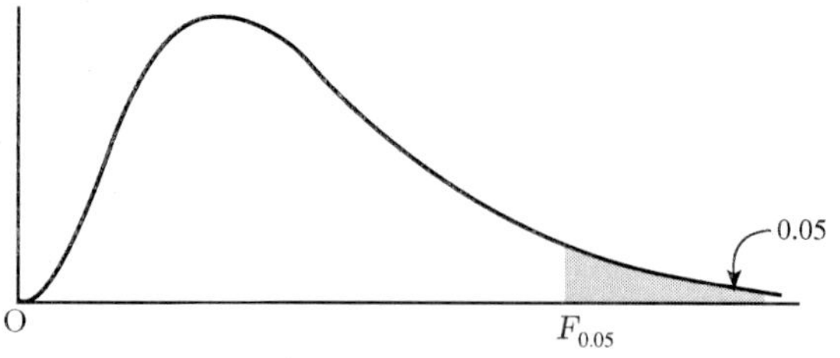

분모의 자유도	분자의 자유도 1	2	3	4	5	6	7	8	9
1	161.4	199.5	215.7	224.6	230.2	234.0	236.8	238.9	240.5
2	18.51	19.00	19.16	19.25	19.30	19.33	19.35	19.37	19.38
3	10.13	9.55	9.28	9.12	9.01	8.94	8.89	8.85	8.81
4	7.71	6.94	6.59	6.39	6.26	6.16	6.09	6.04	6.00
5	6.61	5.79	5.41	5.19	5.05	4.95	4.88	4.82	4.77
6	5.99	5.14	4.76	4.53	4.39	4.28	4.21	4.15	4.10
7	5.59	4.74	4.35	4.12	3.97	3.87	3.79	3.73	3.68
8	5.32	4.46	4.07	3.84	3.69	3.58	3.50	3.44	3.39
9	5.12	4.26	3.86	3.63	3.48	3.37	3.29	3.23	3.18
10	4.96	4.10	3.71	3.48	3.33	3.22	3.14	3.07	3.02
11	4.84	3.98	3.59	3.36	3.20	3.09	3.01	2.95	2.90
12	4.75	3.89	3.49	3.26	3.11	3.00	2.91	2.85	2.80
13	4.67	3.81	3.41	3.18	3.03	2.92	2.83	2.77	2.71
14	4.60	3.74	3.34	3.11	2.96	2.85	2.76	2.70	2.65
15	4.54	3.68	3.29	3.06	2.90	2.79	2.71	2.64	2.59
16	4.49	3.63	3.24	3.01	2.85	2.74	2.66	2.59	2.54
17	4.45	3.59	3.20	2.96	2.81	2.70	2.61	2.55	2.49
18	4.41	3.55	3.16	2.93	2.77	2.66	2.58	2.51	2.46
19	4.38	3.52	3.13	2.90	2.74	2.63	2.54	2.48	2.42
20	4.35	3.49	3.10	2.87	2.71	2.60	2.51	2.45	2.39
21	4.32	3.47	3.07	2.84	2.68	2.57	2.49	2.42	2.37
22	4.30	3.44	3.05	2.82	2.66	2.55	2.46	2.40	2.34
23	4.28	3.42	3.03	2.80	2.64	2.53	2.44	2.37	2.32
24	4.26	3.40	3.01	2.78	2.62	2.51	2.42	2.36	2.30
25	4.24	3.39	2.99	2.76	2.60	2.49	2.40	2.34	2.28
26	4.23	3.37	2.98	2.74	2.59	2.47	2.39	2.32	2.27
27	4.21	3.35	2.96	2.73	2.57	2.46	2.37	2.31	2.25
28	4.20	3.34	2.95	2.71	2.56	2.45	2.36	2.29	2.24
29	4.18	3.33	2.93	2.71	2.55	2.43	2.35	2.28	2.22
30	4.17	3.32	2.92	2.69	2.53	2.42	2.33	2.27	2.21
40	4.08	3.23	2.84	2.61	2.45	2.34	2.25	2.18	2.12
60	4.00	3.15	2.76	2.53	2.37	2.25	2.17	2.10	2.04
120	3.92	3.07	2.68	2.45	2.29	2.17	2.09	2.02	1.96
∞	3.84	3.00	2.60	2.37	2.21	2.10	2.01	1.94	1.88

7. (계속)

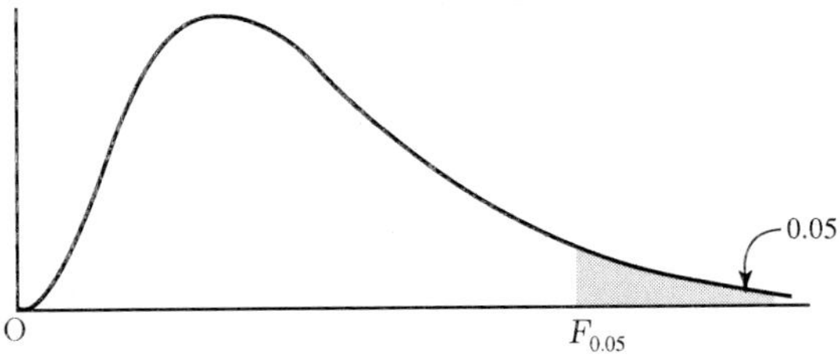

분자의 자유도										
10	12	15	20	24	30	40	60	120	∞	분모의 자유도
241.9	243.9	245.9	248.0	249.1	250.1	251.1	252.2	253.3	254.3	1
19.40	19.41	19.43	19.45	19.45	19.46	19.47	19.48	19.49	19.50	2
8.79	8.74	8.70	8.66	8.64	8.62	8.59	8.57	8.55	8.53	3
5.96	5.91	5.86	5.80	5.77	5.75	5.72	5.69	5.66	5.63	4
4.74	4.68	4.62	4.56	4.53	4.50	4.46	4.43	4.40	4.36	5
4.06	4.00	3.94	3.87	3.84	3.81	3.77	3.74	3.70	3.67	6
3.64	3.57	3.51	3.44	3.41	3.38	3.34	3.30	3.27	3.23	7
3.35	3.28	3.22	3.15	3.12	3.08	3.04	3.01	2.97	2.93	8
3.14	3.07	3.01	2.94	2.90	2.86	2.83	2.79	2.75	2.71	9
2.98	2.91	2.85	2.77	2.74	2.70	2.66	2.62	2.58	2.54	10
2.85	2.79	2.72	2.65	2.61	2.57	2.53	2.49	2.45	2.40	11
2.75	2.69	2.62	2.54	2.51	5.47	2.43	2.38	2.34	2.30	12
2.67	2.60	2.53	2.46	2.42	2.38	2.34	2.30	2.25	2.21	13
2.60	2.53	2.46	2.39	2.31	2.31	2.27	2.22	2.18	2.13	14
2.54	2.48	2.40	2.33	2.29	2.25	2.20	2.16	2.11	2.07	15
2.49	2.42	2.35	2.28	2.24	2.19	2.15	2.11	2.06	2.01	16
2.45	2.38	2.31	2.23	2.19	2.15	2.10	2.06	2.01	1.96	17
2.41	2.34	2.27	2.19	2.15	2.11	2.06	2.02	1.97	1.92	18
2.38	2.31	2.23	2.16	2.11	2.07	2.03	1.98	1.93	1.88	19
2.35	2.28	2.20	2.12	2.08	2.04	1.99	1.95	1.90	1.84	20
2.32	2.25	2.18	2.10	2.05	2.01	1.96	1.92	1.87	1.81	21
2.30	2.23	2.15	2.07	2.03	1.98	1.94	1.89	1.84	1.78	22
2.27	2.20	2.13	2.05	2.01	1.96	1.91	1.86	1.81	1.76	23
2.25	2.18	2.11	2.03	1.98	1.94	1.89	1.84	1.79	1.73	24
2.24	2.16	2.09	2.01	1.96	1.92	1.87	1.82	1.77	1.71	25
2.22	2.15	2.07	1.99	1.95	1.90	1.85	1.80	1.75	1.69	26
2.20	2.13	2.06	1.97	1.93	1.88	1.84	1.79	1.73	1.67	27
2.19	2.12	2.04	1.96	1.91	1.87	1.82	1.77	1.71	1.65	28
2.18	2.10	2.03	1.94	1.90	1.85	1.81	1.75	1.70	1.64	29
2.16	2.09	2.01	1.93	1.89	1.84	1.79	1.74	1.68	1.62	30
2.08	2.00	1.92	1.84	1.79	1.74	1.69	1.64	1.58	1.51	40
1.99	1.92	1.84	1.75	1.70	1.65	1.59	1.53	1.47	1.39	60
1.91	1.83	1.75	1.66	1.61	1.55	1.50	1.43	1.35	1.25	120
1.83	1.75	1.67	1.57	1.52	1.46	1.39	1.32	1.22	1.00	∞

8. 윌콕슨 부호순위 검정에 대한 기각값과 유의수준

표본의 크기	유의수준 α		기각값	
n	단측검정	양측검정	W_t	W_r
3	0.125	0.250	0	6
4	0.063	0.125	0	10
	0.125	0.250	1	9
5	0.031	0.063	0	15
	0.063	0.125	1	14
	0.094	0.188	2	13
6	0.016	0.031	0	21
	0.031	0.063	1	20
	0.147	0.094	2	19
	0.109	0.219	4	17
7	0.008	0.016	0	28
	0.023	0.047	2	26
	0.055	0.109	4	24
	0.109	0.219	6	22
8	0.004	0.008	0	36
	0.012	0.023	2	34
	0.027	0.055	4	32
	0.055	0.109	6	30
	0.098	0.195	8	28
9	0.006	0.012	2	43
	0.010	0.020	3	42
	0.027	0.055	6	39
	0.049	0.098	8	37
	0.102	0.203	11	34
10	0.005	0.010	3	52
	0.010	0.020	5	50
	0.024	0.049	8	47
	0.053	0.105	11	44
	0.097	0.193	14	41
11	0.005	0.010	5	61
	0.009	0.019	7	59
	0.027	0.054	11	55
	0.051	0.102	14	52
	0.103	0.206	18	48
12	0.005	0.009	7	71
	0.010	0.021	10	68
	0.026	0.052	14	64
	0.046	0.092	17	61
	0.102	0.204	22	56

8. (계속)

표본의 크기	유의수준 α		기각값	
n	단측검정	양측검정	W_t	W_r
13	0.005	0.010	10	81
	0.011	0.021	13	78
	0.024	0.048	17	74
	0.047	0.094	21	70
	0.095	0.191	26	65
14	0.005	0.011	13	92
	0.010	0.020	16	89
	0.025	0.049	21	84
	0.052	0.104	26	79
	0.097	0.194	31	74
15	0.005	0.010	16	104
	0.011	0.022	20	100
	0.024	0.048	25	95
	0.047	0.095	30	90
	0.104	0.208	37	83
16	0.005	0.009	19	117
	0.011	0.021	24	112
	0.025	0.051	30	106
	0.052	0.105	36	100
	0.096	0.193	42	94
17	0.005	0.009	23	130
	0.010	0.020	28	125
	0.025	0.051	35	118
	0.049	0.098	41	112
	0.103	0.207	49	104
18	0.005	0.010	28	143
	0.010	0.021	33	138
	0.024	0.048	40	131
	0.049	0.099	47	124
	0.098	0.196	55	116
19	0.005	0.009	32	158
	0.010	0.020	38	152
	0.025	0.049	46	144
	0.052	0.104	54	136
	0.098	0.196	62	128
20	0.005	0.009	37	173
	0.010	0.019	43	167
	0.024	0.048	52	158
	0.049	0.097	60	150
	0.101	0.202	70	140

9. 만-위트니 검정에 대한 기각값(단측검정 : $\alpha = 0.025$, 양측검정 : $\alpha = 0.05$)

n_2 \ n_1	3		4		5		6		7		8		9		10	
	M_t	M_r	M_t	M_r	M_t	M_r	M_t	M_r	M_t	M_r	M_t	M_r	M_t	M_r	M_t	M_r
3	6	15														
4	7	17	12	24												
5	7	20	13	27	19	36										
6	8	22	14	30	20	40	28	50								
7	9	24	15	33	22	43	30	54	39	66						
8	9	27	16	36	24	46	32	58	41	71	52	84				
9	10	29	17	39	25	50	33	63	43	76	54	90	66	105		
10	11	31	18	42	26	54	35	67	46	80	57	95	69	111	83	127

10. 만-위트니 검정에 대한 기각값(단측검정 : $\alpha = 0.025$, 양측검정 : $\alpha = 0.05$)

n_2 \ n_1	3		4		5		6		7		8		9		10	
	M_t	M_r	M_t	M_r	M_t	M_r	M_t	M_r	M_t	M_r	M_t	M_r	M_t	M_r	M_t	M_r
3	–	–														
4	6	18	11	25												
5	6	21	12	28	18	37										
6	7	3	12	32	19	41	26	52								
7	7	26	13	35	20	45	28	56	37	68						
8	8	28	14	38	21	49	29	61	39	73	49	87				
9	8	31	15	41	22	53	31	65	41	78	51	93	63	108		
10	9	33	16	44	24	56	32	70	43	83	54	98	66	114	79	131

11. 순위상관계수 r_s의 기각값

n	$r_{s\,0.05}$	$r_{s\,0.025}$	$r_{s\,0.001}$	$r_{s\,0.005}$	n
5	0.900	–	–	–	5
6	0.829	0.886	0.943	–	6
7	0.714	0.786	0.893	–	7
8	0.643	0.738	0.833	0.881	8
9	0.600	0.683	0.783	0.883	9
10	0.564	0.648	0.745	0.794	10
11	0.523	0.623	0.736	0.818	11
12	0.497	0.591	0.703	0.780	12
13	0.475	0.566	0.673	0.745	13
14	0.457	0.545	0.646	0.716	14
15	0.441	0.525	0.623	0.689	15
16	0.425	0.507	0.601	0.666	16
17	0.412	0.490	0.582	0.645	17
18	0.399	0.476	0.564	0.625	18
19	0.388	0.462	0.549	0.608	19
20	0.377	0.450	0.534	0.591	20

12. 포아송분포의 확률 $-\dfrac{e^{-1}\cdot\lambda^{x}}{x!}$

x \ λ	0.1	0.2	0.3	0.4	0.5	0.6	0.7	0.8	0.9	1.0
0	0.9048	0.8187	0.7408	0.6709	0.6065	0.5488	0.4966	0.4493	0.4066	0.3679
1	0.0905	0.1637	0.2222	0.2681	0.3033	0.3293	0.3476	0.3476	0.3659	0.3679
2	0.0045	0.0164	0.0333	0.0536	0.0758	0.0988	0.1216	0.1216	0.1647	0.1839
3	0.0002	0.0011	0.0033	0.0072	0.0126	0.0198	0.0284	0.0284	0.0494	0.0613
4		0.0001	0.0002	0.0007	0.0016	0.0030	0.0050	0.0050	0.0111	0.0153
5				0.0001	0.0002	0.0003	0.0007	0.0012	0.0020	0.0031
6							0.0001	0.0002	0.0003	0.0005
7										0.0001

x \ λ	1.1	1.2	1.3	1.4	1.5	1.6	1.7	1.8	1.9	2.0
0	0.3329	0.3012	0.2725	0.2466	0.2231	0.2019	0.1827	0.1653	0.1496	0.1353
1	0.3662	0.3614	0.3543	0.3452	0.3347	0.3230	0.3106	0.2975	0.2841	0.2707
2	0.2014	0.2169	0.2303	0.2417	0.2510	0.2584	0.2640	0.2678	0.2700	0.2707
3	0.0738	0.0867	0.0998	0.1127	0.1255	0.1378	0.1496	0.1607	0.1710	0.1804
4	0.0203	0.0260	0.0324	0.0395	0.0471	0.0551	0.0636	0.0723	0.0812	0.0902
5	0.0045	0.0062	0.0084	0.0111	0.0141	0.0176	0.0215	0.0260	0.0309	0.0361
6	0.0008	0.0012	0.0018	0.0026	0.0035	0.0047	0.0061	0.0078	0.0098	0.0120
7	0.0001	0.0002	0.0003	0.0005	0.0008	0.0011	0.0015	0.0020	0.0027	0.0034
8			0.0001	0.0001	0.0001	0.0002	0.0003	0.0005	0.0006	0.0009
9							0.0001	0.0001	0.0001	0.0002

x \ λ	2.1	2.2	2.3	2.4	2.5	2.6	2.7	2.8	2.9	3.0
0	0.1225	0.1108	0.1003	0.0907	0.0821	0.0743	0.0672	0.0608	0.0550	0.0498
1	0.2572	0.0238	0.2306	0.2176	0.2052	0.1931	0.1815	0.1703	0.1596	0.1494
2	0.2700	0.2681	0.2652	0.2613	0.2565	0.2510	0.2450	0.2384	0.2314	0.2240
3	0.1890	0.1966	0.2033	0.2090	0.2138	0.2176	0.2205	0.2225	0.2237	0.2240
4	0.0992	0.1082	0.1169	0.1254	0.1336	0.1414	0.1488	0.1557	0.1622	0.1680
5	0.0416	0.0476	0.0538	0.0602	0.0668	0.0735	0.0804	0.0872	0.0940	0.1008
6	0.0146	0.0174	0.0206	0.0241	0.0278	0.0319	0.0362	0.0407	0.0455	0.0504
7	0.0044	0.0055	0.0068	0.0083	0.0099	0.0118	0.0139	0.0163	0.0188	0.0216
8	0.0011	0.0015	0.0019	0.0025	0.0031	0.0038	0.0046	0.0057	0.0068	0.0081
9	0.0003	0.0004	0.0005	0.0007	0.0009	0.0011	0.0014	0.0018	0.0022	0.0027
10	0.0001	0.0001	0.0001	0.0002	0.0002	0.0003	0.0004	0.0005	0.0006	0.0008
11						0.0001	0.0001	0.0001	0.0002	0.0002
12										0.0001

x \ λ	3.1	3.2	3.3	3.4	3.5	3.6	3.7	3.8	3.9	4.0
0	0.0450	0.0408	0.0369	0.0334	0.0302	0.0273	0.0247	0.0224	0.0202	0.0183
1	0.1397	0.1304	0.1217	0.1135	0.1057	0.0983	0.0915	0.0850	0.0789	0.0733
2	0.2165	0.2087	0.2008	0.1929	0.1850	0.1771	0.1692	0.1615	0.1530	0.1465
3	0.2236	0.2226	0.2209	0.2186	0.2158	0.2125	0.2087	0.2046	0.2001	0.1954
4	0.1734	0.1781	0.1823	0.1858	0.1887	0.1912	0.1931	0.1944	0.1951	0.1954
5	0.1075	0.1140	0.1203	0.1264	0.1322	0.1377	0.1429	0.1477	0.1522	0.1563
6	0.0555	0.0607	0.0662	0.1716	0.0771	0.0826	0.0881	0.0936	0.0989	0.1042
7	0.0246	0.0278	0.0312	0.0348	0.0385	0.0425	0.0466	0.0508	0.0551	0.0595
8	0.0095	0.0111	0.0128	0.0148	0.0169	0.0191	0.0225	0.0241	0.0269	0.0298
9	0.0033	0.0040	0.0047	0.0056	0.0066	0.0076	0.0089	0.0102	0.0116	0.0132
10	0.0010	0.0013	0.0016	0.0018	0.0023	0.0028	0.0033	0.0039	0.0045	0.0053
11	0.0003	0.0004	0.0005	0.0006	0.0007	0.0009	0.0010	0.0013	0.0016	0.0019
12	0.0001	0.0001	0.0001	0.0002	0.0002	0.0003	0.0003	0.0004	0.0005	0.0006
13					0.0001	0.0001	0.0001	0.0001	0.0002	0.0002
14										0.0001

13. 난수표

00000	10097	32533	76520	13586	34673	54876	80959	09117	39292	74945
00001	37542	04805	64894	74296	24805	24037	20636	10402	00822	91665
00002	08422	68953	19645	09303	23209	02560	15953	34764	35080	33606
00003	99019	02529	09376	70715	38311	31165	88676	74397	04436	27659
00004	12807	99970	80157	36147	64032	36653	98051	16877	12171	76833
00005	66065	74717	34072	76850	36697	36170	65813	39885	11199	29170
00006	31060	10805	45571	82406	35303	42614	86799	07439	23403	09732
00007	85269	77602	02051	65692	68665	74818	73053	85247	18623	88579
00008	63573	32135	05325	47048	90553	57548	28468	28709	83491	25624
00009	73796	45753	03529	64778	35808	34282	60935	20344	35273	88435
00010	98520	17767	14905	68607	22109	40558	60970	93433	50500	73998
00011	11805	05431	39808	27732	50725	68248	29405	24201	52775	67851
00012	83452	99634	06288	98083	13746	70078	18475	40610	68711	77817
00013	88685	40200	86507	58401	36766	67951	90364	76493	29609	11062
00014	99594	67348	87517	64969	91826	08928	93785	61368	23478	34113
00015	65481	17674	17468	50950	58047	76974	73039	57186	40218	16544
00016	80124	35635	17727	08015	45318	22374	21115	72853	14385	53763
00017	74350	99817	77402	77214	43236	00210	45521	64237	96286	02655
00018	69916	26803	66252	29148	39636	87203	76621	13990	94400	56418
00019	09893	20505	14225	68514	46427	56788	96297	78822	54382	14598
00020	91499	14523	68479	27686	46162	83554	94750	89923	37089	20048
00021	80336	94598	26940	36858	70297	34135	53140	33340	42050	82341
00022	44104	81949	85157	47954	32979	26575	57600	40881	22222	06413
00023	12550	73742	11100	02040	12860	74697	96644	89439	28707	25815
00024	63606	49329	16505	34484	40219	52563	43651	77082	07207	31790
00025	61196	90446	26457	47774	51924	33729	65394	59593	42582	60527
00026	15474	45266	95270	79953	59367	83848	82396	10118	33211	59466
00027	94557	28573	67897	54387	54622	44431	91190	42592	92927	45973
00028	42481	16213	97344	08721	16868	48767	03071	12059	25701	46670
00029	23523	78317	73208	89837	68935	91416	26252	29663	05522	82562
00030	04493	52494	75246	33824	45862	51025	61962	79335	65337	12472
00031	00549	97654	64051	88159	96119	63896	54692	83291	23287	29529
00032	35963	15307	26898	09354	33351	35462	77974	50024	90103	39333
00033	59808	08391	45427	26842	83609	49700	13021	24892	78565	20106
00034	46058	85236	01390	92286	77281	44077	93910	83647	70617	42941
00035	32179	00597	87379	25241	05567	07007	86743	17157	85394	11838
00036	69234	61406	20117	45204	15956	60000	18743	92423	97118	96338
00037	19565	41430	01758	75379	40419	21585	66674	36806	84926	85207
00038	45155	14938	19476	07246	43667	94543	59047	90033	20826	69541
00039	94864	31994	36168	10851	34888	81553	01540	35456	05014	51176
00040	98086	24826	45240	28404	44999	08896	39094	73407	35441	31880
00041	33185	16232	41941	50949	89435	48581	88695	41994	37548	73043
00042	80951	00406	96382	70774	20151	23387	25016	25298	94624	61171
00043	79752	49140	71961	28296	69861	02591	74852	20539	00387	59579
00044	1863	32537	98145	06571	31010	24674	05455	61427	77938	91936
00045	74029	43902	77557	32270	97790	17119	52527	58021	80814	51748
00046	54178	45611	80993	37143	05335	12969	56127	19255	36040	90324
00047	11664	49883	52079	84827	59381	71539	09973	33440	88461	23356
00048	48324	77928	31249	64710	02295	36870	32307	57546	15020	09994
00049	69074	94138	87673	91976	35584	04401	10518	21615	01848	76938

13. (계속)

00050	09188	20097	328255	39527	04220	86304	83389	87374	64278	58044
00051	90045	85497	1981	50654	94938	81997	91870	76150	68476	64659
00052	73189	50807	47677	26269	62290	64464	27124	67018	41361	82760
00053	75768	76490	20971	87749	90429	12272	95375	05871	93823	43178
00054	54016	44056	66281	31003	00682	27398	20714	53295	07706	17813
00055	08358	69910	78542	42785	13661	58873	04618	97553	31223	08420
00056	28306	03264	81333	10591	40510	07893	32604	60475	94119	01840
00057	53840	86233	81594	13628	51215	90290	28466	68975	77762	20791
00058	91757	53741	61613	62269	50263	90212	55781	76514	83483	47055
00059	89415	92694	00397	58391	12607	17646	48949	72306	94541	37408
00060	77513	03820	86864	29901	68414	82774	51908	13980	72893	55507
00061	19502	37174	69972	20288	55210	29773	74287	75251	65344	67415
00062	21818	59313	93278	87757	05686	73156	07082	85046	31853	38452
00063	41474	66499	68107	23621	94049	91345	42836	09191	08007	45449
00064	99559	68331	62535	24170	69777	12830	74819	78142	43860	72834
00065	33713	48007	93584	72869	51926	64721	58303	29822	93174	93972
00066	86274	86893	11303	22970	28834	34137	73515	90400	71148	43643
00067	84133	89640	44035	52166	73852	70091	61222	60561	62327	18423
00068	56732	16234	17395	96131	10123	91622	85496	57560	81604	18880
00069	65138	56806	87648	85261	34313	65861	45875	21069	85644	47277
00070	38001	02176	81719	11711	71602	92937	74219	64049	65584	49698
00071	37402	96397	01304	77586	56271	10086	47324	62605	40030	37438
00072	97125	40348	87083	31417	21815	39250	75237	62047	15501	29578
00073	21826	41134	47143	34072	64638	85902	49139	06441	03856	54552
00074	73135	42742	95719	09035	85794	74296	08789	88156	64691	19202
00075	07638	77929	03061	18072	96207	23821	44156	99538	04713	66994
00076	60528	83441	07954	19814	59175	20695	05533	52139	61212	06455
00077	83596	35655	06958	92983	05128	09719	77433	53783	92301	50498
00078	10850	62746	99599	10507	13499	06319	53075	71839	06410	19362
00079	39820	98952	43622	63147	64421	80814	43800	09351	31024	73167
00080	59580	06478	75569	78800	88835	54486	23768	06156	04111	08408
00081	38508	07341	23793	48763	90822	97022	17719	04207	95954	49953
00082	30692	70668	94688	16127	56196	80091	82067	63400	05462	69200
00083	65443	95659	18288	27437	49632	24041	08337	65676	96299	90836
00084	27267	50264	13192	72294	07477	44606	17985	48911	94341	30358
00085	91307	06991	19072	24210	36699	53728	28825	35793	28976	66252
00086	68434	94688	84473	13622	62126	98408	12843	82590	09815	93146
00087	48908	15877	54745	24591	35700	04754	83824	52629	54130	55160
00088	06913	45197	42672	78601	11883	09528	63011	98901	14974	40344
00089	10455	16019	14210	33712	91342	37821	88325	80851	43667	70883
00090	12883	94343	65027	61184	04285	01392	17974	15077	90712	26769
00091	21778	30976	38807	36961	31649	42096	63281	02023	08816	47449
00092	19523	59515	65122	59659	86283	68258	69572	13798	16435	91529
00093	67245	52670	35583	16563	79246	86686	76463	34222	26655	90802
00094	60584	47377	07500	37992	45134	26529	26760	83637	41326	44344
00095	53853	41377	36066	94850	58838	73859	49364	73331	96240	43642
00096	24637	38736	74384	89342	52623	07992	12369	18601	03742	83873
00097	83080	12451	38992	22815	07759	51777	97377	27585	51972	37867
00098	16444	24334	36151	99073	27493	70939	85130	32552	54846	54759
00099	60790	18157	57187	65762	11161	78576	45819	52979	65130	04860

찾아보기

ㅊ

ㅌ

ㅍ

‖ ㅎ ‖

‖ 기타 ‖

통계학 개론

2013년 2월 25일 초판 인쇄
2013년 3월 5일 초판 발행

저 자 / 나종수 · 이영천
발행자 / 오판근
발행처 / 교우사

주 소 / 서울 동대문구 제기2동 148-19 교우빌딩 2층
전 화 / 925-2861~2, 편집부 / 925-2825
팩 스 / 925-2860
E-mail / kyowoo@kyowoo.co.kr
http://www.kyowoo.co.kr

등록 / 1994. 3. 24 제6-0256호

ISBN 978-89-8172-950-9 (93310)

값 22,000원